高职高专"十二五"规划教材

冶金工业分析

周鸿燕 主编

化学工业出版社

·北京·

本书是由校企合作共同开发的基于工业生产过程的教材，整合了钢铁冶金和有色冶金生产以及化学分析工职业资格考试内容，按化验员岗位工作所需的知识与技能要求构建知识体系与能力模块，打破传统的学科知识体系，以应用为主线，按"原材料检验→中控分析→产品质量检验"序化教学内容，并以学生对专业的认知规律及职业成长规律为依据，设计模块化的学习任务与能力训练项目。形成了集理论与实践融通合一、能力培养与工作岗位对接合一、实习实训与工学结合学做合一的内容体系。

　　本书可作为高职高专冶金技术专业、工业分析与检验专业、应用化工技术专业（工业分析方向）的教材，也可以作为冶金企业相关岗位的岗前培训和继续教育的参考书。

图书在版编目（CIP）数据

冶金工业分析/周鸿燕主编 . —北京：化学工业出版
社，2011.5（2024.8重印）
高职高专"十二五"规划教材
ISBN 978-7-122-10852-4

Ⅰ. 冶… Ⅱ. 周… Ⅲ. 冶金工业-工业分析-高等
职业教育-教材 Ⅳ. TF03

中国版本图书馆 CIP 数据核字（2011）第 048797 号

责任编辑：陈有华　　　　　　　　　文字编辑：向　东
责任校对：宋　夏　　　　　　　　　装帧设计：于　兵

出版发行：化学工业出版社（北京市东城区青年湖南街 13 号　邮政编码 100011）
印　　装：北京七彩京通数码快印有限公司
787mm×1092mm　1/16　印张 16　字数 475 千字　2024 年 8 月北京第 1 版第 6 次印刷

购书咨询：010-64518888　　　　　　售后服务：010-64518899
网　　址：http://www.cip.com.cn
凡购买本书，如有缺损质量问题，本社销售中心负责调换。

定　　价：48.00 元

前　言

冶金工业的水平是衡量一个国家工业化的标志，冶金行业属于国民经济的基础和支柱产业，包括黑色冶金工业（即钢铁工业）和有色冶金工业两大类。冶金工业是重要的原材料工业部门，为国民经济各部门提供金属材料，也是经济发展的物质基础。冶金分析工作在冶金工业生产中是一个不可缺少的环节，它对冶金工业的生产、科研、产品质量的提高都起着重要作用，被誉为冶金工业生产的"火眼金睛"。《冶金工业分析》正是在这种情况下为满足冶金技术专业和工业分析与检验专业教学需要而编写。

冶金工业分析是分析化学在冶金工业生产中的应用，主要培养学生对岩矿样品及金属材料分析的核心能力。通过本课程的学习，学生将了解分析测试的质量保证和数据评价，矿石原料和金属材料的制备、加工及分析测试方法，并通过实习、实训，使学生对冶金生产过程中的原材料、中间辅料和产品的分析方法有比较清楚的认识，为学生今后的工作奠定基础。

本教材在化验员职业岗位的任职要求的基础上，坚持"贴近学生、贴近岗位"的基本原则。根据学生的认知规律，以"检验准备（试样的采集、制备与分解、分离富集）—分析测试—测后工作"为主线，依据冶金生产过程相应的化验需要序化教学内容。提炼了以典型冶金分析为载体的学习性"工作任务"，分别与相应工作岗位的知识、能力、素质要求相吻合，将理论与实践结合在一起，实现教、学、做的合一，并强调教材的可读性、易学性、可操作性。

本教材共分九个模块：认识冶金工业分析，分析测试的质量保证和数据评价，试样的采集与加工，分离与富集，矿石及原材料分析，钢铁分析，金属材料分析，中间控制分析，气体分析；42项学习性工作任务和13项综合技能实训项目。学生在完成各专项知识学习和典型工作任务之后，集中进行综合性、系统化训练，以进一步提高学生的岗位适应能力。每个模块之后还有阅读材料和思考题，便于学生理解和掌握学习性工作任务。

本教材由周鸿燕担任主编，彭有弟担任副主编。编写分工如下：周鸿燕编写模块一、模块四、模块七，郭江编写模块二，汤长青编写模块三，彭有弟编写模块五，崔海燕编写模块六，郑伟编写模块八及附录，陶仙水编写模块九，全书由周鸿燕统稿，孙中森主审。

在本书的编写过程中，得到了河南豫光金铅集团公司、济源钢铁集团公司、济源市得利锌业有限公司、矿产品化验室和济源职业技术学院的大力支持。济源职业技术学院汤长青教授、河南省豫光金铅集团公司李文军工程师、济源钢铁集团公司张胜利主任、得利锌业张胜军副总经理、矿产品化验室李小宝为本书的编写提供了大量的资料并提出宝贵的建议，在此一并表示衷心的感谢！

本书编写参阅了有关的文献资料，在此向相关作者表示诚挚感谢！

由于编者水平有限，难免有不当之处，恳请有关专家及读者批评指正，以便进一步修订、完善。

编者
2011 年 1 月

目 录

模块一 认识冶金工业分析

【学习目标】
1. 了解冶金工业分析的内容、分析方法的分类。
2. 了解冶金工业分析的发展概况及动向。
3. 明确冶金工业分析课程的学习要求。
4. 明确分析工作者应具备的素质。

任务一 冶金工业分析在冶金工业生产与科研中的重要作用

冶金工业分析简单地说就是应用于冶金工业生产方面的分析。冶金工业分析是分析化学的重要领域之一。它的任务是分析测定冶金生产及科研过程中所涉及的各种物料的组成、含量及存在的状态，不断开发研究新的测定方法和分析技术，解决分析中的有关理论问题。

在冶金生产中对原材料的选择，冶炼工艺流程的控制与改进，冶金产品的检验，新产品的开发以及"三废"（废水、废气、废渣）处理与利用，环境的改善等，都必须以冶金工业分析的结果为依据。例如，为了进行冶炼前的配料计算，必须对原料和辅助材料进行分析，以便能准确地知道这些材料的成分；为了控制冶炼条件和调整炉料成分，往往需要从冶炼炉中取出一些炉渣和金属进行分析；在湿法冶金过程中为了控制生产条件，保证最后产品的质量，需要对各种中间产物和溶液进行分析；为了评定冶炼产品的质量，需要对成品进行分析等。因而，冶金工业分析成为支持冶金技术发展的重要因素之一，被誉为冶金工业生产与科研的眼睛。

一、入厂原材料的检验

冶金工业生产需要各种各样的原材料，如铅锌矿、铁矿石（包括球团矿和矿砂等）、原煤、石灰石、白云石、蛇纹石、萤石、铁合金以及废钢铁等，这些材料的质量，特别是原料的品位等指标，不论是在买卖双方交易中，还是在冶炼生产中，都是重要的依据。所以稍有偏差就会造成交易中费用的变动和生产的损失。特别是有时因管理不善而造成原料的混乱，其影响和损失就更不堪设想。因此，原材料的入厂及其在管理过程中对原材料的认真检验，成了冶金生产的先导。

例如，钢铁生产中原材料流动过程及品位检验可用图 1-1 说明。

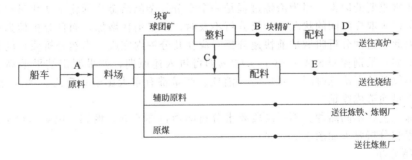

图 1-1 原料工序中的原料流动及检验
• 代表品位检验点

图 1-1 中各点检验目的如下。

A点：决定购入原料费用决算必需的品位（卸货终了时）；验证装货时所确定的品位（装货终了时）；得到生产管理时所必要的品位信息。

B、C点：整粒设备的管理（破碎效果、筛目、筛分效率）；检验整粒成品（块精矿、粉矿等）的品位。

D、E点：检验配料矿石粒度及品位。

同时，各点数据综合，可用以作为原材料长期规划和更新合同时的技术依据。

检验项目：水分、粒度分布及相应化学成分。

二、中间控制分析

中间控制分析又称中控分析，是指在冶金工业生产过程中各项工艺指标的检测控制分析，以确保生产工业稳定、产品合格。合格的原料经过一系列的变化、反应之后，最终生产出合格的产品。其中间过程的反应条件指标直接影响下一道工序的正常进行，是冶金工艺生产的关键环节。

1. 炼铁过程中的分析

炼铁过程是将铁矿石用焦炭还原为生铁的工序，为下一阶段的炼钢、铸造等提供原材料。在钢铁联合企业中，炼铁作为一种象征处于中心地位，是非常重要的环节。这道工序包括：烧结、炼焦、还原和熔化。为使烧结、焦炭和生铁等产品符合化学成分和物理性能，都要靠化学分析控制其质量。特别是，对一些复杂和特殊的矿石要进行脱硫、脱磷，控制其他成分及整体的物料平衡，都要及时、准确地分析，提供可靠的数据，指导各个工艺程序的制定和工艺执行情况的检验。无疑，分析质量对提高炼铁的效益，降低消耗和工艺研究都有重要的指导意义。

这一过程中的分析包括入炉材料的分析，炼铁过程中炉气的分析，铁水中 C、S、P、Si、Mn 的分析及炉渣的分析等。要求分析在几分钟之内完成。

2. 炼钢过程中的分析

炼钢是以铁水和废钢，或纯铁、金属、铁合金等为主要原料，生产出具有所需化学成分的、具有一定形状的钢锭或连铸坯料或各种器件的过程。在炼钢过程中常常要对铁水进行脱硫、脱磷、脱碳及脱硅等处理，甚至要脱氧去气等。在转炉和电炉等炼钢炉中，将铁水去碳调成分直到冶炼成钢，有时还要经过钢包精炼（炉外精炼），使钢水去气、去夹杂，以净化钢液，进一步提高钢质。在炼钢过程中从原料的熔清开始就要不断地取样（钢水、炉渣……）分析，并要求迅速将分析信息反馈到冶炼过程中去。根据这些分析信息，采取相应的措施，如增去碳、加合金料、氧化还原扒渣出钢以致完成炼钢的全过程。在这过程中，C、Mn、Si、S、P 及 Ti、Ni、Cr、Cu 的分析十分关键。在判断是否需要氧化，氧化过程中各元素的变化规律，是否需要改钢，改什么钢等都取决于分析后反馈到炉前的信息。对于钢水来说，除经常分析上述元素外，还要分析较高含量的 Cr、Ni、Mo、W、V、Mn 等，有时还要测定 B、Ti、Nb、As、Sn、Ca，乃至 O、N、H 等多个成分。这些元素的分析数据都是控制冶炼过程的、重要的决定性依据。也就是说，炼钢正是根据这些分析信息来决定其操作方法和加减料的规范，决定是否出钢等。这个过程的分析时间和质量都是非常重要的因素。因为冶炼过程是一个十分复杂的冶金物理化学变化过程，成分随时变化，试样是代表取样瞬间的状况，如果分析不及时，不仅消耗增加，而且分析信息也就失去其指导意义。因此，这种分析叫做炉前快速分析，应在几分钟内完成。当然分析质量的重要性更是不言而喻。例如，某钢控制 S 或 P 小于 0.02% 即可进入还原期，如果测定结果偏高了，就会造成再氧化，不仅延长了冶炼时间，对炉龄、消耗、产量都有重大影响；反之，如果分析偏低了，则会因氧化不足而造成废钢。

不同冶炼工艺、不同品种、不同阶段要求分析的项目亦不同，例如，电炉-VOD 冶炼超低碳不锈钢的过程和分析要求如图 1-2 所示。

三、成品分析

企业经过一系列工序生产出产品，其最终目标只有两个，即产品符合国家标准和成本最小化。成品分析是指产品按照国家标准进行检测、分级的过程，确保不合格产品不能进入市场或者下一级工序。例如，钢铁生产中，钢包分析是炼钢过程成果的分析。因为分析结果表示出化学成

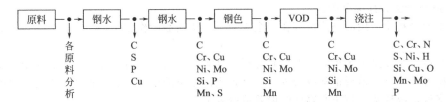

图 1-2 电炉-VOD冶炼超低碳不锈钢的过程和分析要求

分调整的结果，反映出冶炼水平，更主要的是代表着钢铁成品的化学成分，是判断钢是否合格和材质好坏的依据，即判定是否可以出厂和进入下一道工序的依据。同时在加工处理过程中，对那些容易变化和偏析的元素要经常抽查。在产品的流动过程中，也要经常检查是否因管理和操作不当而造成混钢等。

此外，在各道加工工序中所用的冷却水、洗净液、表面处理液、加热用的燃料、退火用的保护气体等的分析，都是管理中不可缺少的。尤其是表面处理过程（酸洗、电镀……）中的操作管理项目与分析有着更密切的关系。

从环保的角度出发，对水、气、渣的管理控制及排放都要作监测分析。

四、其他分析

1. 环境监测

冶金企业的固体废弃物主要来源于冶金废渣，如高炉矿渣、钢渣、各种有色金属渣、各种粉尘、污泥等。冶炼废渣中含有多种有毒物质，有毒物质一方面通过土壤进入水体，另一方面在土壤中累积而被农作物吸收，毒害农作物，进而危害人类。冶金工业废气主要来源于原料、燃料在运输、装卸及加工过程中产生大量含尘废气，工艺过程中排放的废气及冶炼厂的各种窑炉在生产过程产生大量的含尘及有害气体的废气。冶金工业废水主要来源于工艺过程用水、设备与产品冷却水、烟气洗涤和场地冲洗等。

冶金工业生产中产生的大量废水、废气与废渣在排放时必须符合国家有关的法律法规所规定的标准，企业化验室必须对本企业的"三废"排放物进行监测，确保排放符合标准。

2. 冶金研究及新材料开发中的分析

在冶金工业生产技术不断发展与产品质量不断完善与提高中乃至在新材料、新产品、新技术的开发与研究中，冶金工业分析的作用更是显而易见。例如，钢铁冶金工业分析中定氢法的确定，不仅可以弄清炼钢过程中氢在钢水中的行为，以及在凝固、加工和热处理过程中的行为，而且可以说明钢中白点缺陷的产生机理，以及确定减轻及防止白点生成的新技术。20世纪50年代，正是由于电镜观察技术和析出物分析、夹杂物分析、相分析等分析技术的迅速发展，才对了解S、Te、Pb等在易切钢中存在状态和改善切削性能作用的研究作出重大贡献。在对Al、Ti、V、Nb等对钢的细化作用分析研究及奥氏体结晶分析技术的研究，从而发展了高强度钢。利用它们的氧化物、碳化物、硫化物的析出和增溶反应发展具有结构组织取向的新材料。又如微区分析的电子探针分析（Electron probe micro-analyzer，EPMA）法的发展和应用，弄清了钢水的脱氧机理及夹杂物的形成机理，并且建立了防止产生这些宏观夹杂物的技术。电镜直接观察分析技术的发展，对详细研究碳化物的形态学特征和析出行为及它们与位错之间的作用和关系，对解释钢的强化和相变机理乃至物理冶金学的发展都有巨大的作用。通过分析检测，了解和掌握金属间化合物的析出弥散行为，不但可以显著提高热处理技术，而且开发出各种性能优异的析出碳化物型的合金钢。如低硫、超低硫钢，超低碳不锈钢等。可见冶金工业分析在冶金研究及新材料的开发中，已成为必不可少的基本手段了。

任务二 冶金工业分析方法

一、分析方法的分类

冶金工业分析的方法主要有以下几种分类。

1. 快速分析法和标准分析法

冶金工业分析中所用的方法按其在冶金工业生产中所起的作用来说，可以分为快速分析法和标准分析法。

快速分析法主要是用于车间生产控制分析。这类方法的主要特点是快速。其测定结果往往是生产车间检查工艺过程是否正常或冶炼过程是否应该结束的依据。在此种情况下通常对准确度的要求可以降低，故快速分析法所容许的误差范围较大。

标准分析法主要是对原料、辅助材料、副产品、产品等所采用的分析方法。这类方法的主要特点是准确度很高。其测定结果是工艺计算、财务计算评定产品质量等的重要依据。此种分析工作通常在中心化验室中进行。此类分析也常用于验证分析和仲裁分析。在仲裁分析中往往在进行测定时可能增添一些辅助操作，并将某些条件（例如取样的方式方法、测量器皿的校准、需用试剂的规格等）控制得更严格些，借以提高分析结果的准确度和可靠性。

2. 无机分析法和有机分析法

这种分类方法是以其分析对象的不同为依据。有机分析的对象是有机物，而无机分析的对象是无机物。这两类分析方法，原理上虽大致相同，但是在分析方法上各有特点，分析要求及分析手段有所不同。无机物所含的元素种类繁多，分析结果通常是用元素、离子、化合物或某一个相是否存在及其相对含量来表示。如钢铁、原材料、渣、溶液等样品中元素成分的测定。有机物虽组成元素很少，但由于结构复杂，化合物种类繁多，故分析方法不仅有元素分析，还有官能团分析和结构分析。冶金工业分析主要涉及无机分析的问题。应当指出，有机物中所含微量无机成分的测定也应属于无机分析范畴。

3. 化学分析法和仪器分析法

化学分析法是以物质的化学反应为基础而建立的分析或分离方法。如，滴定分析法、重量分析法、以显色反应为基础的光度法等分析方法及化学定量分离（沉淀、萃取等）。这种方法历史悠久，仪器简单，结果准确，是分析化学的基础，所以又称经典分析法。化学分析法多为人工操作，费时，有些方法中使用有毒试剂，对操作者健康及环境均不利。

仪器分析是以物质的物理或物理化学性质为基础而建立起来的分析方法。通常不需要进行化学反应而直接进行鉴定和测定，具有简单、快速、灵敏、准确、省时及自动化程度高等许多优点。因此，在生产与科研中的应用日益广泛，发展日趋加快。如光学分析法（光电光谱分析、原子吸收光谱分析、X荧光光谱分析等），电化学分析法，色谱分析法，质谱分析法，能谱分析法，热量分析法及放化分析法等。然而，这种分析方法通常需要特殊的仪器设备，有的仪器十分复杂、价格昂贵，在中小型试验室难以普及推广。

4. 常量、半微量、微量、超微量分析及常量组分、微量组分、痕量组分分析

这是从分析时取样量或被测组分含量来区分的分类方法。随着现代科学技术的飞速发展，电子技术的发展和应用以及分析化学进入更广泛的领域，常常要求分析工作者能够以极其少量的样品进行分析，或测定含量极低的组分，因而须建立一系列相应的方法。它们的具体分类及其相互关系见图1-3。

日常的分析大多属于常量及半微量分析法。被测组分从主组分到痕量均有，痕量分析是冶金工业分析发展的一个重要方向。

在冶金工业分析中，通常从分析对象还将分析方法分为钢铁分析、原材料分析、炉渣分析等；从测定对象可分为元素分析、夹杂物分析、相分析、气体分析等。

二、分析方法的标准化

1. 标准

所谓标准是为在一定的范围内获得最佳秩序，对活动或其结果规定共同的和重复使用的规则、导则或特性的文件，称为标准。该文件经协商一致制定并经一个公认机构的批准，标准应以科学、技术和经验的综合成果为基础，以促进最佳社会效益为目的。

2. 标准化

在一定的范围内获得最佳秩序，对实际的或潜在的问题制定共同的和重复使用的规则的活

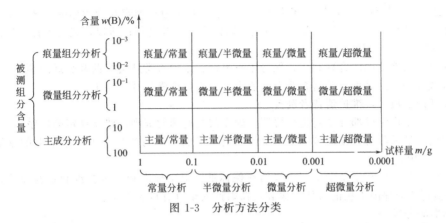

图 1-3　分析方法分类

动，称为标准化。它包括制定、发布及实施标准的过程。标准化的重要意义是改进产品、过程和服务的适用性，防止贸易壁垒，促进技术合作。标准化的实质是"通过制定、发布和实施标准，达到统一"，其目的是"获得最佳秩序和社会效益"。

3. 标准化的对象和基本特性

在国民经济的各个领域中，凡具有多次重复使用和需要制定标准的具体产品，以及各种定额、规划、要求、方法、概念等，都可称为标准化对象。标准化对象一般可以分为两大类，一类是标准化的具体对象，即需要制定标准的具体事物；另一类是标准化总体对象，即各种对象的总和所构成的整体，通过它可以研究各种具体对象的共同属性、本质和普遍规律。

标准化的基本特性主要包括：①抽象性；②技术性；③经济性；④连续性（继承性）；⑤约束性；⑥政策性。

4. 标准化的原理

标准化的基本原理通常是指统一原理、简化原理、协调原理和最优化原理。

（1）统一原理　就是为了保证事物发展所必需的秩序和效率，对事物的形成、功能或其他特性，确定适合于一定时期和一定条件的一致规范，并使这种一致规范与被取代的对象在功能上达到等效。

（2）简化原理　就是为了经济有效地满足需要，对标准化对象的结构、形式、规格或其他性能进行筛选提炼，剔除其中多余的、低效能的、可替换的环节，精炼并确定出满足全面需要所必要的高效能的环节，保持整体构成精简合理，使之功能效率最高。

（3）协调原理　就是为了使标准的整体功能达到最佳，并产生实际效果，必须通过有效的方式协调好系统内外相关因素之间的关系，确定为建立和保持相互一致，适应或平衡关系所必须具备的条件。

（4）最优化原理　按照特定的目标，在一定的限制条件下，对标准系统的构成因素及其关系进行选择、设计或调整，使之达到最理想的效果，这样的标准化原理称为最优化原理。

5. 标准化的作用

标准化的主要作用表现如下。

① 标准化为科学管理奠定了基础。所谓科学管理，就是依据生产技术的发展规律和客观经济规律对企业进行管理，而各种科学管理制度的形式，都以标准化为基础。

② 促进经济全面发展，提高经济效益。标准化应用于科学研究，可以避免在研究上的重复劳动；应用于产品设计，可以缩短设计周期；应用于生产，可使生产在科学的和有秩序的基础上进行；应用于管理，可促进统一、协调、高效率等。

③ 标准化是科研、生产、使用三者之间的桥梁。一项科研成果，一旦纳入相应标准，就能迅速得到推广和应用。因此，标准化可使新技术和新科研成果得到推广应用，从而促进技术进步。

④ 随着科学技术的发展，生产的社会化程度越来越高，生产规模越来越大，技术要求越来

越复杂，分工越来越细，生产协作越来越广泛，这就必须通过制定和使用标准，来保证各生产部门的活动，在技术上保持高度的统一和协调，以使生产正常进行；所以，我们说标准化为组织现代化生产创造了前提条件。

⑤ 促进对自然资源的合理利用，保持生态平衡，维护人类社会当前和长远的利益。

⑥ 合理发展产品品种，提高企业应变能力，以更好地满足社会需求。

⑦ 保证产品质量，维护消费者利益。

⑧ 在社会生产组成部分之间进行协调，确立共同遵循的准则，建立稳定的秩序。

⑨ 在消除贸易障碍，促进国际技术交流和贸易发展，提高产品在国际市场上的竞争能力方面具有重大作用。

⑩ 保障身体健康和生命安全。大量的环保标准、卫生标准和安全标准制定发布后，用法律形式强制执行，对保障人民的身体健康和生命财产安全具有重大作用。

6. 标准的分级

《中华人民共和国标准化法》将我国的标准分为国家标准、行业标准、地方标准和企业标准四个级别。世界各国的标准方法都是由国家选定和批准并加以公布的。我国的国家标准是由国务院标准化行政部门制定；行业标准由国务院有关行政主管部门制定；地方标准由省、自治区、直辖市标准化行政主管部门制定；企业标准由企业自己制定。标准经制定后作为"法律"公布实施。国家标准（代号 GB），行业（部颁）标准，如化工部标准（代号 HG）、冶金部标准（代号 YB）、石油部标准（代号 SY）等。此外也允许有地方标准（代号 DB）和企业标准（代号 QB），但是只能在一定范围内实施。标准的前载用字母代号，后载用数字编号和年份号。

我国标准分为强制性标准和推荐性标准。所谓强制性标准是指具有法律属性，在一定范围内通过法律、行政法规等手段强制执行的标准是强制性标准；其他是推荐性标准，在标准名称后加"/T"。如 GB/T 223.23—2008《钢铁及合金　镍含量的测定　丁二酮肟分光光度法》。

7. 标准的有效期

标准分析法不是固定不变的，随着科技的发展，旧的方法不断被新的方法代替，新的标准颁布后，旧的标准即应立即作废。

自标准实施之日起，至标准复审重新确认、修订或废止的时间，称为标准的有效期（标龄）。由于各国情况不同，标准有效期也不同。例如，ISO 标准每 5 年复审一次，平均标龄 4.92 年。我国在国家标准管理办法中规定国家标准实施 5 年内要进行复审，即国家标准的有效期一般为 5 年。

8. 国际标准和地区性标准

（1）国际标准　国际标准的代号"ISO"。国际标准是由非政府的国际标准化组织制定颁布的。

随着国际贸易的迅猛发展和经济全球化的进程，国际标准在国际贸易与交流中的作用显得更加重要。

（2）区域性标准　只限于在世界上一个指定区域的某些国家组成的标准化组织，称为地区性标准组织。例如，亚洲标准咨询委员会（ASAC），欧洲标准化协作委员会（CEN）等。这些组织有的是政府性的，有的是非政府性的。其主要职能是制定、发布和协调该地区的标准。地区标准又称为区域标准，泛指世界某一区域标准化团体所通过的标准。

（3）其他标准代号

① ANSI：美国国家标准代号；

② BS：英国国家标准代号；

③ DIN：德国国家标准代号；

④ JIS：日本工业标准代号；

⑤ NF：法国国家标准代号；

⑥ ASTM：美国试验与材料协会标准，被视为国家标准；

⑦ EPA：美国环境保护总署标准，被视为国家标准。

9. 技术标准

技术标准是对标准化领域中需要协调统一的技术事项所制定的标准。它是从事生产、建设及商品流通的一种共同遵守的技术标准和技术依据。包括基础标准、产品标准、工艺标准、检测试验方法标准，及安全、卫生、环保标准等。在冶金工业分析中，原料和产品质量的分析检验使用的是化学检验方法标准。化学检验方法标准又称为分析方法标准和试验方法标准。这类标准有基础标准和通用方法。如产品密度、相对密度测定通则、化工产品中铁含量测定的通用方法以及各种仪器分析法通则。更大量的是各种产品，如钢铁、有色金属、水泥、各种无机和有机化工产品等的化学检验方法。

化学检验方法标准包括适用范围、方法概要、使用仪器、材料、试剂、标准试样、测定条件、试验步骤、结果计算、精密度等技术规定。

标准方法是经过试验论证，取得充分可靠的数据的成熟方法。标准化组织每隔几年对已有的标准进行修订，颁布一些新的标准。因此使用标准方法时要注意是否已经有新的标准取代了旧的标准，及时使用新的标准方法。

任务三 冶金工业分析的特点及发展趋势

一、冶金工业分析的特点

冶金工业分析以各工业生产部门对生产过程的条件控制、产品质量的检测等为对象。由于生产的时间性、物料的复杂性、产品的多样性等，使冶金工业分析具有以下特点。

① 分析对象量大、组成复杂，必须正确取样和制备样品，保证用于分析测定的样品有充分的代表性。

② 由于物料的复杂性，必然带来溶（熔）样的艰巨性。因为，既要使样品分解完全，又不能引入干扰物质或丢失被测组分。

在冶金生产中需要分析的试样种类繁多。不同的试样，不但所采用的分析方法常有不同，而且取样、溶解、消除干扰作用等方法也往往不同。例如，测定试样中硅的含量时，对于金属材料，通常采用酸溶解法，因这类材料大部分可溶于酸；但对于硅酸盐矿石，则往往需用碱性熔剂进行熔融，才能制成试液。

又如在测定矿石或金属中的钛时，铁是试样中的干扰性杂质之一。当用过氧化氢比色分析法测定钛时，为了消除三价铁离子的黄色干扰，通常用磷酸使三价铁离子转变成无色的配离子，以达到掩蔽的目的；而当用极谱分析法测定钛时，则用铁粉把它还原成无干扰作用的二价铁离子；但当用重量分析法测定钛时，则要进行钛与铁的分离。因此每一种试样的工业分析方法都必须根据实际情况来决定。

③ 在保证生产要求的前提下，尽可能采用快速的测定方法，以适应生产过程的控制分析需要。

在生产过程中，完成分析过程的速度极为重要。因为生产过程中的条件是否需要改变、炉料成分是否应该调整，以及冶炼过程的进行是否可以结束等，往往都需要以反应物或反应产物的分析结果作为依据。显然，如果分析结果的数据不能迅速地提供给生产部门，势必影响人们在生产中做出正确及时的决定，甚而可能引起产生废品和浪费原料等现象，也会降低设备的生产率。

④ 根据样品的具体情况，采用单一方法或多种分析方法进行分析测定。并根据生产实际的要求，确定分析测定结果的准确度和允许差。

冶金工业分析工作一般在保证有充分准确度的前提下，尽量地提高分析速度。例如，炉前分析和生产过程的分析要求其方法应简便和快速。由于仪器分析（如比色分析、极谱分析、光谱分析等）是提高分析速度的一种有效方法，因此冶金工业分析中已日见广泛应用。

二、冶金工业分析的发展趋势

冶金工业分析与冶金工业生产有着密切的关系，因此每当生产上要求并实现了某种技术革新和重大改革时，就会对冶金工业分析提出各式各样新的要求，从而也促进了冶金工业分析的发展。反之，当冶金工业分析的方法有了新的改进和发展时，在生产中对技术条件的控制和产品质量的检定也就有了更有利的保证。

冶金工业分析是随着冶金工业及分析化学的发展而逐步发展与完善起来的，分析技术与方法的发展更是日新月异。近代工业生产要求迅速准确地提供有关原料，中间产物和成品的化学成分的资料，以便及时地采取措施来控制生产过程。同时，随着科学和技术的发展，稀有元素和痕量物质的分析日见重要，因此冶金工业分析不仅需要不断地改善化学的分析方法，而且必须采用物理化学和物理的分析方法。目前，比色分析和电化学分析法已普遍为各工厂实验室所采用，分光光度分析、极谱分析和发射光谱分析已成为黑色和有色冶金工厂不可缺少的分析手段，并且在分析工作中采用了离子交换树脂、超声波、红外线、放射性同位素等最新的科学技术成就。

科学技术的不断发展为冶金工业的腾飞提供了强大的动力。随着材料科学和冶金技术的发展，冶金工业分析技术已不仅局限于常规的元素分析，而提出了状态、结构、微粒、微区、表面界面分析及纵深分布等分析要求。近代激光、微波、真空、分子束、傅里叶变换和电子计算机等新技术已经能够实现这些要求，使分析测试从总体到微区，从表层到内部结构，从静态到动态以致追踪微观单个原子动力学反应过程。近年来，国内一些大型冶金企事业单位都引进了国外先进的大型现代化分析仪器，在冶金工业分析中发挥着重要作用。

随着科学技术水平的提高，工业分析将向着准确、高速、自动化、在线分析以及与计算机结合以实现过程质量控制分析的方向发展。

三、分析工作者的基本素质

冶金工业分析具有指导和促进生产的作用，是不可缺少的一种专门技术，被誉为冶金工业生产的"眼睛"，在生产过程中起着把关的作用。同时，冶金工业分析工作又是一项十分精细，知识性、技术性都十分强的工作。因此，每个分析工作者应当具备良好的素质，才能胜任这一工作，满足生产与科研提出的各种要求。分析工作者应具备的基本素质如下。

① 高度的责任感和"质量第一"的思想是分析工作者第一重要素质。充分认识分析检验工作的重要作用，以对人民高度负责的精神做好本职工作。

② 严谨的工作作风和实事求是的科学态度。分析工作是与"量"和"数"打交道的，稍有疏忽就会出现差错。因点错小数点而酿成重大质量事故的事例足以说明问题。随意更改数据，谎报结果更是一种严重犯罪行为。分析工作是一项十分细致的工作，这就要求心细、眼灵，对每一步操作必须严谨从事，来不得半点马虎和草率，必须严格遵守各项操作规范。

③ 掌握扎实的基础理论知识与熟练的操作技能。当今的分析化学内容十分丰富，涉及的知识领域十分广泛，分析方法不断地更新，新工艺、新技术、新设备不断涌现。如果没有一定的基础知识是不能适应的。即使是一些常规分析方法亦包含较深的理论原理，如果没有一定的基础知识去理解它、掌握它，只能是知其然不知其所以然，只能是照单抓药、照葫芦画瓢，很难对付组分多变的、复杂的试样分析，更难独立解决和处理分析中出现的各种复杂情况。那种把化验员看作是只会摇瓶子、照方抓药的"熟练工"是与时代不相符的陈旧观念。当然，掌握熟练的操作技能和过硬的操作基本功是分析工作者必不可少的起码要求。那种说起来头头是道而干起来却一塌糊涂的"理论家"也是不可取的。

④ 要有不断创新和开拓的精神。科学在发展，时代在前进。尤其是分析化学更是日新月异。作为一名分析工作者必须在掌握基础知识的前提下，不断地去学习新知识、更新旧观念、研究新问题，及时掌握本学科、本行业的发展动向，从实际工作需要出发开展新技术、新方法的研究与探索，以促进分析技术的不断进步，满足生产、科研不断提出的新要求。作为一名化验员也应对分析的新技术有所了解，尽可能多地掌握各种分析技术和多种分析方法，争当"多面手"和"技术尖子"，在本岗位上结合工作的实际积极开展技术革新和研究试验。国内已有不少化验员成为分析行家甚至成为有特长的技术人才。

四、冶金工业分析的学习要求

冶金工业分析课程的教学目的在于全面提高学生对分析化学在工业生产中的应用知识，使学生灵活掌握冶金工业分析方法，锻炼学生综合分析能力，培养学生的创新意识。其基本要求如下。

① 在基础分析化学理论指导下，进行大量的实验，掌握分析测定及其关键所在。积累经验、触类旁通，最终达到灵活应用、熟能生巧、融会贯通的目的。

② 深入生产部门了解真实的工业生产情况，了解冶金工业分析在生产实际中的具体应用，了解冶金工业分析的新技术和先进的分析测试仪器，丰富信息量。

③ 参加生产实际的具体试样分析，掌握从采样、试样的制备和分解、预测定（包括干扰的处理等）、选择分析方法、测定、正确的记录原始数据，用数理统计的方法处理数据、实验报告等分析测试的完整过程，培养分析问题和解决问题的综合能力。

综上所述，学习冶金工业分析课程，必须与基础化学和生产实践紧密结合，重视实践（实验）环节，培养具有自我获取知识、充分利用信息、加工和扩展信息的能力，为将来从事分析检验工作打下坚实的基础。

思 考 题

1. 冶金工业分析的任务和作用是什么？
2. 冶金工业分析的方法有哪些？
3. 在选择分析方法时要考虑哪些问题？
4. 如何选择分析检验方法，拟定分析方法？

模块二　分析测试的质量保证和数据评价

【学习目标】

1. 了解数理统计的基本概念。
2. 理解误差与准确度、偏差与精密度等概念及其关系。
3. 掌握冶金工业分析测试的质量控制和数据分析。

【能力目标】

1. 会对离群值、标准曲线进行检验。
2. 会对分析方法和分析结果进行评价。
3. 会对实验室用水进行质量检验。

【典型工作任务】

通过实例，会进行分析数据的取舍，能正确表示分析结果，能对分析结果进行评价；会对分析方法准确度和精密度进行检验。

分析测试的目的是获取试样组分准确可靠的定量数据或其他信息，因此，分析测试的质量主要是以准确度和精密度来衡量的。为了完成预定的测试任务，必须配备有相关仪器设备的实验室，且所用仪器必须经过校正；必须配备训练有素、技术熟练的分析人员；必须采用与所要求准确度相适应的、切实可行的分析方法；而且还必须有一套正确的处理数据和评价数据的数理统计方法。显然，为了保证分析测试质量，上述各个条件都必须具备。为此，有关部门对实验室都制订了质量保证体系，对各个环节提出具体的质量保证措施，以保证分析数据的科学性、准确性和可靠性。

质量控制是质量保证体系的核心内容。它是通过利用数理统计的方法，对分析测定组分的准确度和精密度进行控制，以保证分析测定结果的误差在一定范围内。

近代分析化学已普遍应用数理统计方法来处理分析数据，并对数据进行评价。例如，用 Q 检验法判别是否属离群值，采用 F 检验法对数据的精密度进行检验，采用 t 检验法对准确度进行检验。这些方法保证了数据处理的科学性和可靠性，避免了主观臆断和片面因素。为此，数理统计方法在质量控制、协作试验、允许差和检出限的制订等方面都有着广泛的应用。

分析测试的质量保证问题，涉及的内容较多，本模块侧重于介绍如何用数理统计方法处理数据和评价数据，并进行实验室的质量控制，以达到保证分析测试质量的目的。

基础知识一　误差和分析数据的统计处理

一、定量分析中的误差

（一）有关误差的基本概念

分析结果常用 n 次测量数据的算术平均值表示，有时也用中位数表示，平均值为：

$$\overline{x} = \frac{x_1 + x_2 + x_3 + \cdots + x_n}{n} = \frac{1}{n}\sum_{i=1}^{n} x_i$$

分析结果的准确度表示测定结果与被测组分真值的接近程度。精密度表示对样品进行几次平行测定所得测定值之间的接近程度。精密度是保证准确度的先决条件。

1. 准确度和误差

准确度指测量值与真值之间接近的程度，其好坏用误差来衡量。误差越小，准确度越高；误差越大，准确度越低。

误差是测量值（X）与真值（X_T）之间的差值（E_r）。

绝对误差（E_r）：表示测量值与真值（X_T）的差。

$$E_r = X - X_T$$

相对误差（RE）：表示误差在真值中所占的百分率。

$$RE = \frac{E_r}{X_T} \times 100\%$$

测量值大于真实值，误差为正误值；测量值小于真实值，误差为负误值。在实际分析中，待测组分含量越高，相对误差要求越小；待测组分含量越低，相对误差要求较大。组分含量不同所允许的相对误差见表 2-1。

表 2-1　组分含量不同所允许的相对误差

含量/%	>90	≈50	≈10	≈1	≈0.1	0.01~0.001
允许 E_r/%	0.1~0.3	0.3	1	2~5	5~10	≈10

2. 精密度和偏差

精密度是指用相同的方法对同一个试样平行测定多次，得到结果的相互接近程度。以偏差来衡量其好坏。偏差越小，精密度越高；偏差越大，精密度越低。

重复性：同一分析人员在同一条件下所得分析结果的精密度。

再现性：不同分析人员或不同实验室之间各自的条件下所得分析结果的精密度。

偏差表示测定结果与平均值之间的差异。

绝对偏差：$d_i = x_i - x$（$i = 1, 2, \cdots, n$）

相对偏差：$Rd_i = \frac{d_i}{\bar{x}} \times 100\%$

d_i 和 Rd_i 只能衡量每个测量值与平均值的偏离程度。一组分析结果的精密度可以用平均偏差和标准偏差两种方法来表示。

平均偏差：$\bar{d} = \dfrac{|d_1| + |d_2| + \cdots + |d_n|}{n}$

相对平均偏差：$Rd = \dfrac{\bar{d}}{\bar{x}} \times 100\%$

标准偏差是最常用的表示分析结果精密度的方法。对有限次衡量所得到的分析数据，标准偏差为：

$$S = \sqrt{\frac{\sum_{i=1}^{n}(x_i - \bar{x})^2}{n-1}}$$

相对标准偏差（变异系数）：

$$RSD = \frac{S}{\bar{x}} \times 100\%$$

3. 极差（R）和公差

极差：衡量一组数据的分散性。一组测量数据中最大值和最小值之差，也称全距或范围误差。

$$R = X_{\max} - X_{\min}$$

公差：生产部门对于分析结果允许误差的表示法，超出此误差范围为超差，分析组分越复杂，公差的范围也越大些。

4. 准确度和精密度的关系

精密度是保证准确度的先决条件。精密度差，所测结果不可靠，就失去了衡量准确度的意义。高的精密度不一定能保证高的准确度。例如，甲、乙、丙三人测定一组数据，结果如图 2-1 所示。

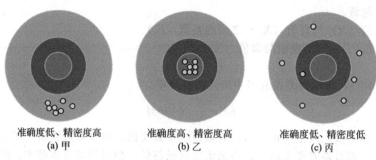

准确度低、精密度高　　　准确度高、精密度高　　　准确度低、精密度低
　　　　(a) 甲　　　　　　　　　(b) 乙　　　　　　　　　(c) 丙

图 2-1　甲、乙、丙三人测定结果

（二）误差的来源

分析结果的误差有系统误差和随机误差两类。

1. 系统误差

由固定的原因造成的，使测定结果系统偏高或偏低，重复出现，其大小可测，具有"单向性"。可用校正法消除。

根据其产生的原因分为以下 4 种。

① 方法误差：分析方法本身不完善而引起的。

② 仪器和试剂误差：仪器本身不够精确，试剂不纯引起的误差。

③ 操作误差：分析人员操作与正确操作差别引起的。

④ 主观误差：分析人员本身主观因素引起的。

2. 随机误差（偶然误差）

随机误差是由一些随机偶然原因造成的、可变的、无法避免的，符合"正态分布"。随机误差是有规律可循的。首先，小误差出现的概率大，大误差出现的概率小；其次，只要测定次数足够多，取其平均值，便可以使随机误差降低到最小，甚至正负抵消，得到准确的结果。

3. 过失误差

又叫显著误差，由于不小心引起，例如运算和记录错误。

在报告分析结果时，要报出该组数据的集中趋势（平均值）和精密度（RSD 或 Rd）。

（三）误差的传递

系统误差的传递规则为：

① 加减法运算时，对于 $R=A+B+C$，$\Delta R_{最大}=\Delta A+\Delta B+\Delta C$

分析结果的绝对误差是各步绝对误差的代数和；

② 乘除法运算时，对于 $R=AB/C$，$\left(\dfrac{\Delta R}{R}\right)_{最大}=\dfrac{\Delta A}{A}+\dfrac{\Delta B}{B}+\dfrac{\Delta C}{C}$

分析结果的相对误差是各步相对误差的代数和。

随机误差的传递规则为：

① 加减法运算时，对于 $R=A+B+C$，$S_R^2=S_A^2+S_B^2+S_C^2$

分析结果的标准偏差的平方是各步标准偏差平方的总和；

② 乘除法运算时，对于 $R=AB/C$，$\left(\dfrac{S_R^2}{R}\right)^2=\left(\dfrac{S_A^2}{A}\right)^2+\left(\dfrac{S_B^2}{B}\right)^2+\left(\dfrac{S_C^2}{C}\right)^2$

分析结果的相对标准偏差的平方是各步相对标准偏差平方的总和。

极值误差是指在最不利的情况下，各种误差相叠加而产生的最大误差。加减法计算时，极值误差为各步绝对误差绝对值的代数和，乘除法运算时，极值误差为各步相对误差绝对值的代数和。

由上可知，在一系列分析步骤中，若某一测量环节引入 1% 的误差（或者标准偏差），而其余几个测量环节都保持在 0.1% 的误差（或者标准偏差），最后，分析结果的误差（或标准偏差）也仍在 1% 以上。因此分析测定中，使每个测量环节的误差（或标准偏差）接近一致或保持相同的数量级，这对于做好定量分析是十分重要的。

（四）提高准确度的方法

1. 选择合适的分析方法

各种分析方法的准确度和灵敏度是不相同的，在实际的分析工作中要根据分析要求，选择合适的分析方法。对于组分含量高、分析准确度要求较高的试样，一般采用化学分析法；而对于组分含量低、分析灵敏度要求较高的试样，则应采用仪器分析方法。例如，要测定铁矿石中铁的含量，由于其含量高，而且对分析的准确度要求也高，就应选用滴定分析法；而要测定极板中铁的含量，因其含量低，故应选用分光光度法等灵敏度较高的仪器分析方法。此外，由于一般试样成分比较复杂，因此应尽量选用共存组分不会干扰的方法，即选择性好的方法。例如，用重量法测定镍时，若用碱做沉淀剂则会引入大量其他离子；而用丁二酮肟做沉淀剂，则干扰很少，有较好的选择性。

2. 减小误差

（1）控制测量条件，减小测量误差　根据分析化学对各项测定的相对误差不大于 $\pm 0.1\%$ 的要求，因此：

① 因分析天平称量的绝对误差为 $\pm 0.0002\mathrm{g}$（两次称量），则天平称量质量 m 不能小于 $0.2\mathrm{g}$；

因为

$$\frac{\pm 0.0002}{m} \leqslant 0.1\%, \quad m_{最小} = \frac{|\pm 0.0002|}{0.1\%} = 0.2\mathrm{g}$$

② 因滴定管的绝对误差为 $\pm 0.02\mathrm{mL}$（两次读数），则滴定剂消耗的体积 V 不能小于 $20\mathrm{mL}$。

因为

$$\frac{\pm 0.02}{V} \leqslant 0.1\%, \quad V \geqslant \frac{|\pm 0.02|}{0.1\%} = 20\mathrm{mL}$$

（2）消除系统误差　对于系统误差的减免，可以采取以下几种方法。

① 对照实验。即用标准试样对照测定或者用另外一种分析方法对照测定或者另外的人员进行对照测定。对照实验可以全面检查系统误差。

② 空白实验。即在不加试样情况下，按照试样分析方法进行同样分析测定，所得结果称为空白值，从试样分析结果中扣除空白值。空白实验可以检查试剂或者器皿带进杂质所产生的误差。

③ 校正仪器。仪器不准确引起的误差可通过校正仪器加以消除。

（3）减小随机误差　可通过多次测量，取平均值来减小随机误差。

二、数理统计的基本概念

数理统计是研究客观现象统计规律性的学科。它是以概率论为基础，利用一定的概率模型来描述随机现象的统计规律性，从而对所观察的现象作出估计、判断和预测，它在各个科学领域有着广泛的应用。下面首先对数理统计的基本概念作概要介绍。

1. 总体和个体

数理统计把研究对象的全体称为总体，总体中的一个单元（单位）称为个体。

2. 样本和样本容量

由于无法对所研究的总体无限多个个体逐个进行研究，只能从总体中抽取有代表性的一部分进行观察和研究，这一部分就称为样本。样本的数目称为样本容量，记作 n。

3. 随机事件和随机变量

对不确定现象进行试验，找出它的统计规律性，这种试验结果称为随机事件（或简称事）。随机事件所对应的数量称为随机变量。这样，就把对随机事件的研究转化为对随机变量的研究。

4. 均值和方差（标准差或均方差）

它们是随机变量两个最重要的数字特征，均值代表一组数据的集中趋势，可用算术均值（样本均值记作 $\overline{X}$，总体均值记作 μ）、几何均值（算术均值的对数）和中位数（一组数据按大小顺序排列，位于中间的数）来表示；方差反映数据的离散程度。

样本方差
$$S^2 = \frac{\sum\limits_{i=1}^{n}(X_i - \overline{X})^2}{n-1}$$

总体方差
$$\sigma^2 = \frac{\sum\limits_{i=1}^{n}(X_i - \overline{X})^2}{n}$$

$(n-1)$ 称为自由度，记做 f。样本的方差采用自由度（不同于总体方差用样本容量），是为了使估计量符合无偏误性的要求。

对于少量实验数据要用 t 分布进行统计处理。t 分布曲线下一定范围内的面积就是 t 值在该范围内出现的概率。不同自由度 $f=n-1$ 时，对应于不同概率的 t 分布曲线上横坐标的值 $t_{a,f}$ 可从 t 分布表中查得。

对无限总体，由于总体均值 μ 和总体标准差 σ 都是未知的。因此实际的分析测量只能通过有限次测定的数据，对 μ 和 σ 作出合理估计。分析化学中常用有限次测量数据的样本平均值作为总体均值 μ 的估计。用样本标准偏差作为总体标准差 σ 的估计。

5. 参数、统计量和无偏误性估计量

数理统计中主要内容之一是统计推断，其目的是通过容量为 n 的随机样本均值 $\overline{X}$ 和方差 S^2，推断出总体的均值 μ 和方差 σ^2。这就是所谓求估计量的问题。均值和方差这两个指标，如果是从总体计算出来的，就称为参数；如果由样本值计算出来的，就称统计量。计算统计量有不同的数学模式，如

$$t = \frac{\overline{X} - \mu}{S/\sqrt{n}}, \quad F = \frac{S_1^2}{S_2^2}$$

它们的临界值可由相应的 t 表和 F 表查得。

显然我们要求由样本值计算得到的指标是无偏误性的估计量，如均值和方差，为了达到这一目的，必须要求期望值等于它所估计的参数本身，即无偏误性。算术平均值 $\overline{X}$ 是总体均值 μ 的无偏误性估计量，但样本 S^2 作为总体 σ^2 无偏误性估计量时，应按自由度 $(n-1)$ 计算，而不能按 n 计算。

6. 显著性检验

显著性检验又称假设检验或统计推断，是数理统计最主要的检验方法之一。它的基本原理是根据误差要求，把正态总体的分布划出接受区域和拒绝区域。在检验时可能出现的两种错误：一是把正确的原假设 H_0 加以拒绝（即"弃真"）称为第一类错误（其概率即为显著性水平 α）；二是把错误的 H_0 加以接受（即"存伪"）称为第二类错误（其概率为 β）。在实际统计检验中，经常以犯第一类错误来要求检验的把握性，因此，在检验前要假设显著性水平 α。α 可设值为 0.10、0.05 和 0.01，一般常设 $\alpha=0.05$，即置信度 $(1-\alpha)$ 为 95%。

进行假设检验时，要弄清假设是双侧还是单侧检验。若原假设 H_0：$\mu=\mu_0$，选择假设 H_1 有 3 种可能：①H_1：$\mu \neq \mu_0$，这种假设不等式未给出方向，称为双侧检验，如果给定显著性水平为 α，则拒绝域要设在分布曲线的两边，各占 $\alpha/2$；②H_1：$\mu > \mu_0$；③H_1：$\mu < \mu_0$。②③这两种不等式给出方向的情况，称为单侧检验，这两种情况的拒绝域应分布在曲线一侧。

查拒绝域的临界值时，要注意该表是双侧表还是单侧表。例如 t 值表，该表如果是双侧表（见表 2-9），$\alpha=0.10$；如果是单侧表，则 $\alpha=0.05$。因而 α 的双侧概率和单侧概率可用同一个表表示。

进行假设检验的步骤如下：

① 写出原假设 H_0 和备择假设 H_1 的式子，大于、小于或不等于的写法，决定了是单侧检验还是双侧检验；

② 选择显著性水平 α；

③ 利用样本测量值计算统计量；

④ 确定检验的统计量的接受区域和拒绝区域；

⑤ 作出判断，统计量位于接受区域的，则接受 H_0，位于拒绝区域的，则拒绝 H_0，接受备选择假设 H_1。

最主要的显著性检验有两种：一种是均值的统计检验，统计量 $t = \dfrac{\overline{X} - \mu}{S/\sqrt{n}}$；另一种是方差检验，统计量 $F = \dfrac{S_1^2}{S_2^2}$，用于两个总体精密度的检验。对于一个测定准确度的检验，首先要用 F 检验法证明方差的一致性，即精密度一致，然后才用 t 检验法，证明均值的一致性。没有好的精密度，就谈不上方法的准确度。

7. 置信度与置信区间

置信度 P：测定值出现在 $\mu \pm tS$ 范围内的概率。

显著性水平 α：测定值在此范围之外的概率。

置信区间：一定概率下真值的取值范围。即在一定的置信度下（把握性），估计总体均值（或真值）可能存在的区间。

三、有效数字

1. 有效数字

有效数字：实际能测到的数字。在有效数字中，只有最后一位数是不确定的、可疑的。有效数字位数由仪器准确度决定，它直接影响测定的相对误差。

零的作用：

在 1.0008 中，"0" 是有效数字；

在 0.0382 中，"0" 起定位作用，不是有效数字；

在 0.0040 中，前面 3 个 "0" 不是有效数字，后面一个 "0" 是有效数字；

在 3600 中，一般看成是 4 位有效数字，但它可能是 2 位或 3 位有效数字；分别写为 3.6×10^3、3.60×10^3 或 3.600×10^3 较好。

π、e、倍数、分数关系：无限多位有效数字。

pH，pM，lg$c$，lg$K$ 等对数值，有效数字的位数取决于小数部分（尾数）位数，因整数部分代表该数的方次。如 pH $= 11.20$，有效数字的位数为两位。

有效数字的位数，直接与测定的相对误差有关。例，测定某物质的含量为 0.5180g，即 0.5180g $\pm$ 0.0001g 相对误差

$$E_r = \pm \frac{1}{5180} \times 100\% = \pm 0.02\%$$

2. 有效数字的修约规则

"四舍六入五成双，五后有数就进一，五后没数要留双" 规则：当测量值中修约的那个数字等于或小于 4 时，该数字舍去；等于或大于 6 时，进位；等于 5 时（5 后面无数据或是 0 时），如进位后末位数为偶数则进位，舍去后末位数为偶数则舍去。5 后面有数时，进位。修约数字时，只允许对原测量值一次修约到所需要的位数，不能分次修约。有效数字的修约：

$$0.32554 \rightarrow 0.3255 \qquad 150.65 \rightarrow 150.6$$
$$0.36236 \rightarrow 0.3624 \qquad 75.5 \rightarrow 76$$
$$10.2150 \rightarrow 10.22 \qquad 16.0851 \rightarrow 16.09$$

3. 计算规则

（1）加减法　当几个数据相加减时，它们和或差的有效数字位数，应以小数点后位数最少的数据为依据，因小数点后位数最少的数据的绝对误差最大。例如：

$$0.0121 + 25.64 + 1.05782 = ?$$

绝对误差　　　　　　$\pm 0.0001 \pm 0.01 \pm 0.00001$

在加和的结果中总的绝对误差值取决于 25.64。

$$0.01 + 25.64 + 1.06 = 26.71$$

（2）乘除法　当几个数据相乘除时，它们积或商的有效数字位数，应以有效数字位数最少的数据为依据，因有效数字位数最少的数据的相对误差最大。例如：

$$0.0121 \times 25.64 \times 1.05782 = ?$$

相对误差　　　　　　$\pm 0.8\%$　$\pm 0.4\%$　$\pm 0.009\%$

结果的相对误差取决于 0.0121，因它的相对误差最大，所以，$0.0121 \times 25.6 \times 1.06 = 0.328$。

用计算器运算时，正确保留最后结果的有效数字。

4. 分析化学中的数据记录

① 记录测量结果时，只保留一位可疑数据。

万分之一天平，小数点后 4 位：2.5123g。

滴定管、吸量管、移液管，小数点后 2 位：1.25mL，25.00mL，10.00mL，5.00mL，1.00mL。

容量瓶：100.0mL，250.0mL，50.0mL。

pH，小数点后 2 位：4.58。

吸光度，小数点后 3 位：0.357。

② 分析浓度，4 位有效数字：0.1025mol/L。

③ 分析结果表示的有效数字。

高含量（大于 10%）：4 位有效数字；

含量在 1%～10%：3 位有效数字；

含量小于 1%：2 位有效数字。

④ 分析中各类误差的表示：通常取 1～2 位有效数字。

⑤ 各类化学平衡计算：2～3 位有效数字。

⑥ 正确选用量器和仪器。

四、分析结果的表示

分析结果的表示，一般要以被测元素在试样中的百分含量来表示的，但具体的表示方法，要考虑以下情况。

1. 被测元素在试样中的存在状态

在冶金工业分析中，分析结果的表示方法常因试样种类和被分析元素在试样中的存在状态而不同。例如，金属及合金中铁的分析结果用 $w(Fe)/\%$ 表示，赤铁矿中的铁则以 $w(Fe_2O_3)/\%$ 表示。如果被测成分在试样中的存在状态不能确定，通常均以其元素或氧化物的质量分数来表示，此时究竟采用何种形式则决定于分析的目的。若铁矿石的分析是为了了解铁矿石中铁的总含量，则分析结果就应以试样中所含铁元素的质量分数来表示。当然，此时并不意味矿石中铁是以元素状态存在，而只是为了使用者在利用分析结果的数据时感到方便。

在分析含氧的复杂物质如硅酸盐和炉渣等时，习惯上均以各成分元素的氧化物的质量分数来表示分析结果，例如炉渣中硅、铝，铁（Ⅲ）、铁（Ⅱ）、钙、镁、锰（Ⅱ）、硫、磷的分析结果分别用 $w(SiO_2)/\%$、$w(Al_2O_3)/\%$、$w(Fe_2O_3)/\%$、$w(FeO)/\%$、$w(CaO)/\%$、$w(MgO)/\%$、$w(MnO)/\%$、$w(SO_2)/\%$ 和 $w(P_2O_5)/\%$ 表示，这是因为：①氧一般不能直接测定，用氧化物的质量分数表示分析结果可以把氧的含量包括于其他各成分中；②各成分元素的价态可以清楚地表示出来；③便于检查分析结果的正确性，因为所有各氧化物的总量应为 100%，如果全部分析结果不为 100%，则说明分析结果有误差。

2. 分析试样的聚集状态

气体试样中气体成分的分析结果常用体积分数来表示；液体试样的分析结果则常用每升或每毫升被测溶液中所含被测成分的质量（以 g 或 mg）表示；固体试样的分析结果则全用被测组分的质量分数来表示。

3. 分析结果的含量范围

实验室特别是在痕量、超痕量分析中，试样量以 g 计，被测成分量以 μg 计，如钢中含氮

8.56×10^{-6}，表示 1g 钢中含有 $8.56\mu g$ 氮，或含有 0.000856% 的氮。对气体来说，指 1L 气体中含有气体被测成分的体积是 $1\mu L$［也有用每升或每立方米中含有被测组分的质量（mg）表示］，则为 10^{-6}。试样量以 g 计，被测成分量以 ng 计则为 10^{-9}；试样量以 g 计，被测成分量以 $0.001ng$ 计则为 10^{-12}。

4. 分析结果的准确度应与测量方法的准确度相一致

分析结果的准确度应当与所用方法和测量的准确度相一致，亦即其数字应按照有效数字的规定，保留一位可疑数字。因为分析结果不仅说明被测成分的含量大小，而且还表示分析结果的准确程度。例如，铁矿中的铁的分析结果为 38.34%，不仅代表该矿石的品位，同时也说明上述结果的准确程度，即仅在小数点后第二位数字可能不可靠。所以，当以容量分析方法测定含铁约 30% 的铁矿石中的铁时，如果体积和重量的测量均准确到 0.2%（相对误差），则分析结果的绝对误差约为：

$$\frac{0.2}{100} \times 30\% = 0.06\% \left(根据公式，相对误差 = \frac{绝对误差}{真实数值} \times 100\%\right)$$

这时应把分析结果计算到 0.01% 的位数，即保留四位有效数字；而当以光谱分析法测定含铁约 0.1% 的试样中的铁时，如果方法及测定的相对误差为 10%，则分析结果的绝对误差为：

$$\frac{0.1}{100} \times 10\% = 0.01\%$$

因此需要把分析结果计算到 0.01%，即保留小数点后二位有效数字即可。

为了表明分析结果的重现度，在报告分析结果时，除了写出平行测定结果的平均值外，还应当算出结果的平均偏差，附在结果后面表明分析结果的误差范围。例如，在分析硅酸盐中 SiO_2 的含量时，平行测定三次的结果为 37.40%、37.30% 和 37.20%，结果的平均值为 37.30%，个别测定的平均偏差为：

$$\frac{0.06 + 0.04 + 0.02}{3} = 0.04$$

结果的平均偏差为：

$$\frac{0.04}{\sqrt{3}} = 0.02$$

故分析结果应报为 $37.34\% \pm 0.02\%$，但在有公差规定并且平行测定结果在公差范围以内时，则可以仅报告平均结果而省去结果的平均偏差。

【例 2-1】 测定铁矿石中铁的含量时，称取试样 0.3029g，使之溶解，并将 Fe^{3+} 还原成 Fe^{2+} 后，用 0.01643mol/L $K_2Cr_2O_7$ 标准溶液滴定，消耗 35.14mL，计算试样中铁的质量分数为多少？若用 Fe_2O_3 表示，其质量分数为多少？

解 滴定反应为

$$Cr_2O_7^{2-} + 6Fe^{2+} + 14H^+ \longrightarrow 2Cr^{3+} + 6Fe^{3+} + 7H_2O$$
$$n(Fe) = 6n(K_2Cr_2O_7)$$

则

$$w(Fe) = \frac{6c(K_2Cr_2O_7)V(K_2Cr_2O_7)M(Fe)}{m_s} \times 100\%$$

$$= \frac{6 \times 0.01643mol/L \times 35.14 \times 10^{-3}L \times 55.85g/mol}{0.3029g} \times 100\%$$

$$= 63.87\%$$

$$w(Fe_2O_3) = \frac{3c(K_2Cr_2O_7)V(K_2Cr_2O_7)M(Fe_2O_3)}{m_s} \times 100\%$$

$$= \frac{3 \times 0.01643mol/L \times 35.14 \times 10^{-3}L \times 159.69g/mol}{0.3029g} \times 100\%$$

$$= 91.31\%$$

五、分析测试中的标准曲线

1. 一元线性回归方程

用 (x_i, y_i) 表示 n 个实验点 $(i=1,2,\cdots,n)$，任一条直线方程为 $y^*=a+bx$，则对每个数据点来说，测量值的误差为：$y_i-y^*=y_i-a-bx_i$

总的误差平方和为

$$Q=\sum_{i=1}^{n}(y_i-a-bx_i)^2$$

因为回归直线是在所有直线中差方和 Q 最小的一条直线。

根据微积分求极值的原理，令

$$\frac{\partial Q}{\partial a}=0 \qquad \frac{\partial Q}{\partial b}=0$$

求解得：$a=\overline{y}-b\overline{x}$

$$b=\frac{\sum_{i=1}^{n}(x_i-\overline{x})(y_i-\overline{y})}{\sum_{i=1}^{n}(x_i-\overline{x})^2}=\frac{\sum x_iy_i-n\overline{x}\,\overline{y}}{\sum x_i^2-n\overline{x}^2}$$

为计算方便，令

$$L_{xx}=\sum x_i^2-n\overline{x}^2, \quad L_{xy}=\sum x_iy_i-n\overline{x}\,\overline{y}, \quad L_{yy}=\sum y_i^2-n\overline{y}^2, \quad b=\frac{L_{xy}}{L_{xx}}$$

$a=\overline{y}-b\overline{x}$ $y=a+bx$

2. 求回归直线的过程

① 求出 $\overline{y}$，$\overline{x}$。

② 求 L_{xx}，L_{xy}，$L_{yy}\rightarrow b$，$a=\overline{y}-b\overline{x}$。

③ 斜率 b 越大，灵敏度越高。

3. 回归直线特点

① 必定通过 $(\overline{x}, \overline{y})$ 点。

② 对所有实验点来说，误差最小。

③ 不一定通过所有的实验点。

4. 相关系数 r

$$r=\frac{L_{xy}}{\sqrt{L_{xx}L_{yy}}}$$

r 的物理意义：

① 当 $r=1$ 时，所有的实验点都落在直线上，称 x 与 y 完全线性相关；

② 当 $r=0$ 时，则 $b=0$，回归直线平行 x 轴，称 x 与 y 毫无线性相关；

③ $0<|r|<1$，测量有误差，$|r|$ 越接近 1，则 x 与 y 线性关系越好。

任务一　离群值的检验

在一组测定数据中，往往会有一些明显偏离测定结果的数据，这些数据称为离群值。离群值会使分析结果出现严重错误。在尚未确定是否为离群值之前称为可疑数据。可疑数据不能随便舍弃，必须用统计学的方法检验是离群值时，才能舍去。离群值的统计检验主要有狄克松检验法和格鲁布斯检验法两种。

一、狄克松（Dixon）检验法

对于 25 个以内数据的检验，狄克松（Dixon）引入"极差比值"统计量，其计算式的分子是可疑值与其邻近值的差值，分母是极值或是另一端截去 1、2 个值后的极差，采用各种计算式，由数据数目来决定（表 2-2），其临界值见表 2-3。

表 2-2　狄克松检验 Q 计算公式

n 值范围	可疑数据为最小值 X_1 时	可疑数据为最大值 X_n 时	n 值范围	可疑数据为最小值 X_1 时	可疑数据为最大值 X_n 时
3～7	$Q=\dfrac{X_2-X_1}{X_n-X_1}$	$Q=\dfrac{X_n-X_{n-1}}{X_n-X_1}$	11～13	$Q=\dfrac{X_2-X_1}{X_{n-1}-X_1}$	$Q=\dfrac{X_n-X_{n-2}}{X_n-X_2}$
8～10	$Q=\dfrac{X_2-X_1}{X_{n-1}-X_1}$	$Q=\dfrac{X_n-X_{n-1}}{X_n-X_2}$	14～25	$Q=\dfrac{X_3-X_1}{X_{n-2}-X_1}$	$Q=\dfrac{X_n-X_{n-2}}{X_n-X_3}$

表 2-3　狄克松检验临界值 Q

检测次数 n	显著性水平 α 0.05	显著性水平 α 0.01	检测次数 n	显著性水平 α 0.05	显著性水平 α 0.01
3	0.941	0.988	15	0.525	0.616
4	0.765	0.889	16	0.507	0.590
5	0.642	0.780	17	0.490	0.577
6	0.560	0.698	18	0.475	0.561
7	0.507	0.637	19	0.462	0.547
8	0.554	0.683	20	0.450	0.535
9	0.512	0.635	21	0.440	0.524
10	0.477	0.597	22	0.430	0.514
11	0.576	0.679	23	0.421	0.505
12	0.546	0.642	24	0.413	0.497
13	0.521	0.615	25	0.406	0.489
14	0.546	0.641			

【例 2-2】　用火焰原子吸收法测定某水样中痕量锰，5 次测定结果是 1.35、1.34、1.36、1.38、1.25mg/L，试问数据 1.25mg/L 是否是离群值？

解　将数据从小到大顺序排列：1.25，1.34，1.35，1.36，1.38

$$Q=\frac{1.34-1.25}{1.38-1.25}=0.69$$

查表 2-3 知：$Q_{0.95}=0.642$。

因为 $Q>Q_{0.95}$，故此数据为离群值，必须舍去。

二、格鲁布斯（Crubbs）检验法

此法用于 100 个以内数据的检验，引入统计量 T（偏差除以标准差 S）

检验最小值 X_1 时
$$T=\frac{\overline{X}-X_1}{S}$$

检验最大值 X_n 时
$$T=\frac{X_n-\overline{X}}{S}$$

求得的 T 值如果大于或等于表 2-4 中 $T_{(\alpha,n)}$ 临界值，则此数据必须舍去。如果 $T<T_{(\alpha,n)}$，则必须保留。

【例 2-3】　以【例 2-2】数据，计算 1.25mg/L 可否舍去？

解　由于 $\overline{X}=1.34$，$S=0.050$

得
$$T=\frac{1.34-1.25}{0.050}=1.8$$

查表 2-4，当 $\alpha=0.05$，$n=5$ 时，$T_{(0.05,5)}=1.67$，因为 $T>T_{(0.05,5)}$，故 1.25mg/L，应弃去，这与 Q 检验结果一致。

表 2-4 格鲁布斯检验临界值 T

检测次数 n	显著性水平 α		检测次数 n	显著性水平 α	
	0.05	0.01		0.05	0.01
3	1.153	1.155	15	2.409	2.705
4	1.463	1.492	16	2.443	2.747
5	1.672	1.749	17	2.475	2.785
6	1.822	1.944	18	2.504	2.821
7	1.938	2.097	19	2.532	2.854
8	2.032	2.221	20	2.557	2.884
9	2.110	2.322	21	2.580	2.912
10	2.176	2.410	22	2.603	2.939
11	2.234	2.485	23	2.624	2.963
12	2.285	2.550	24	2.644	2.987
13	2.331	2.607	25	2.663	3.009
14	2.371	2.659			

如果可疑数据不止一个，当它们处于同一侧时，可先用上述方法弃去 1 个数据，然后重新计算 $\overline{X}$ 及 S，再对第二个可疑数据进行检验；如果可疑数据处于两侧，则可用上述方法去掉 X_1，不必重新计算 $\overline{X}$ 及 S，用 X_2，…，计算值，再检验 X_n。

检验离群值的方法很多，有人对各种检验法的效果作了 1 万次模拟试验，证明格鲁布斯检验法的效果最好，并且可用于检验有两个可疑数据的情况（注意同侧和不同侧的方法不同）。

任务二 标准曲线的检验

仪器分析测定中经常用到标准曲线分析方法。能否准确绘制标准曲线，直接影响分析结果的准确度。在痕量分析中，必须采用标准曲线的线性部分，标准曲线开始弯曲的点即为定量上限。

制作标准曲线时，应对空白溶液进行测量，即空白试验，然后扣去空白值。对于复杂试样的分析，为了抵消测量条件对制作标准曲线的影响，应在与试样测量条件相同情况下（如所加试剂、加热温度、反应时间等）逐个浓度进行测量，最好在测定样品的同时，制作标准曲线。如果要应用已绘制的标准曲线，应在测定试样的同时，平行测定零浓度和中等浓度标准溶液各两份，其均值与原标准曲线点差值的精度不得大于 5%～10%，不然要重新制作标准曲线。

下面重点讨论标准曲线的线性检验、截距检验和斜率检验。

一、线性检验

根据最小二乘法原理，一元线性回归直线方程为：$Y = a + bX$

其中

$$b = \frac{\sum\limits_{i=1}^{n} X_i Y_i - \frac{1}{n}\left(\sum\limits_{i=1}^{n} X_i\right)\left(\sum\limits_{i=1}^{n} Y_i\right)}{\sum\limits_{i=1}^{n} X_i^2 - \frac{1}{n}\left(\sum\limits_{i=1}^{n} X_i\right)^2} = \frac{\sum\limits_{i=1}^{n}(X_i - \overline{X})(Y_i - \overline{Y})}{\sum\limits_{i=1}^{n}(X_i - \overline{X})^2} = \frac{L_{XY}}{L_{XX}}$$

为了便于记忆和书写，设：$L_{XX} = \sum\limits_{i=1}^{n}(X_i - \overline{X})^2$，$L_{XY} = \sum\limits_{i=1}^{n}(X_i - \overline{X})(Y_i - \overline{Y})$，$L_{YY} = \sum\limits_{i=1}^{n}(Y_i - \overline{Y})^2$。

回归方程的检验应用相关系数法。它的基本原理是把 n 次测量的总变偏，即测量点距回归线的距离，又称离差，分解为回归平方和 U 及残差平方和 Q。检验回归曲线的线性，可用 U 在 $(Q+U)$ 中的比值来衡量：

$$r^2 = \frac{U}{Q+U}$$

经推导

$$r = b\sqrt{\frac{L_{XX}}{L_{YY}}} = \frac{L_{XY}}{\sqrt{L_{XX}L_{YY}}}$$

r^2 为判定系数，r 为相关系数。当 $r>0$，X 与 Y 正相关；当 $r<0$，X 与 Y 负相关；当 $r=0$，X 与 Y 不相关；当 $|r|=1$，X 与 Y 严格相关。r 值与所给的显著性水平及自由度 $f_1 = n-2$ 有关，其临界值可在表 2-5 查得，一般要求相关系数 $|r| \geqslant 0.9990$，否则应找出原因，重新绘制。

表 2-5　相关系数检验临界值

$n-2$	显著性水平 α		$n-2$	显著性水平 α	
	0.05	0.10		0.05	0.10
1	0.997	1.000	13	0.514	0.641
2	0.950	0.990	14	0.497	0.623
3	0.878	0.959	15	0.482	0.606
4	0.811	0.917	16	0.468	0.590
5	0.754	0.874	17	0.456	0.575
6	0.707	0.834	18	0.444	0.561
7	0.666	0.798	19	0.433	0.549
8	0.632	0.765	20	0.423	0.537
9	0.602	0.735	21	0.413	0.526
10	0.576	0.708	22	0.404	0.515
11	0.553	0.684	23	0.381	0.487
12	0.532	0.661	24	0.349	0.449

【例 2-4】 用分光光度法测定某元素时，其数据如下：

$c/(mg/L)$	0.50	1.00	1.50	2.00	2.50	3.00
吸光度 A	0.092	0.182	0.271	0.368	0.457	0.540

试求回归方程及检验其线性。

解　列表计算如下：

$\sum\limits_{i=1}^{n} X_i = 10.5$	$\sum\limits_{i=1}^{n} Y_i = 1.91$	$n=6$
$\overline{X} = 1.75$	$\overline{Y} = 0.3183$	$\sum\limits_{i=1}^{n} X_i Y_i = 4.134$
$\sum\limits_{i=1}^{n} X_i^2 = 22.75$	$\sum\limits_{i=1}^{n} Y_i^2 = 0.7508$	$\dfrac{\left(\sum\limits_{i=1}^{n} X_i\right)\left(\sum\limits_{i=1}^{n} Y_i\right)}{n} = 3.343$
$\dfrac{\left(\sum\limits_{i=1}^{n} X_i\right)^2}{n} = 18.38$	$\dfrac{\left(\sum\limits_{i=1}^{n} Y_i\right)^2}{n} = 0.6080$	
$L_{XX} = 4.37$	$L_{YY} = 0.143$	$L_{XY} = 0.791$

$$b = \frac{L_{XY}}{L_{XX}} = \frac{0.791}{4.37} = 0.181$$

$$a = \overline{Y} - b\overline{X} = 0.3183 - 0.181 \times 1.75 = 0.0015$$

所以回归方程为

$$Y = a + bX = 0.0015 + 0.181X$$

$$r = \frac{L_{XY}}{\sqrt{L_{XX}L_{YY}}} = \frac{0.791}{\sqrt{4.37 \times 0.143}} = 0.9998$$

查相关系数临界表 2-5 得 $r_{(0.05,4)}=0.811$，由于 $r>r_{(0.05,4)}$，说明浓度 c 与吸光度 A 严格相关。

二、截距 a 和斜率 b 的检验

截距反映标准曲线的准确度，而斜率则表示分析方法的灵敏度。在制作回归线时，各实验点并非都落在回归直线上，各实验点围绕回归线的离散程度，即为回归线的精密度，用残余标准差 S_E 表示：

$$S_E = \sqrt{\frac{Q_E}{cn-2}} = \sqrt{\frac{\sum\limits_{i=1}^{n}\sum\limits_{j=1}^{c}(Y_{ij}-\overline{Y})^2 - cb^2\sum\limits_{i=1}^{n}(X_i-\overline{X})^2}{cn-2}}$$

式中，c 为重复测定次数。

当无重复测定时，$c=1$，上式简化为：

$$S_E = \sqrt{\frac{\sum\limits_{i=1}^{n}(Y_i-\overline{Y})^2 - b^2\sum\limits_{i=1}^{n}(X_i-\overline{X})^2}{n-2}} = \sqrt{\frac{L_{YY}-b^2 L_{XX}}{n-2}}$$

以 95.4% 概率计算，回归方程的置信区间为 $\pm 2S_E$，即这一概率实验点落在两条直线：$Y_1 = a-2S_E+bX$ 和 $Y_2 = a+2S_E+bX$ 的区间内。S_E 愈小，区间愈窄，得到的 Y 值就会更精确。

斜率标准差 S_b 和截距的标准差 S_a 可分别表示为：

$$S_b = \frac{S_E}{\sqrt{\sum\limits_{i=1}^{n}(X_i-\overline{X})^2}} = \frac{S_E}{\sqrt{L_{XX}}}$$

$$S_a = S_E\sqrt{\frac{1}{n} + \frac{\overline{X}^2}{\sum\limits_{i=1}^{n}(X_i-\overline{X})^2}} = S_E\sqrt{\frac{1}{n} + \frac{\overline{X}^2}{L_{XX}}}$$

上述残余标准差 S_E 的计算还未考虑回归方程本身稳定性的影响。如果考虑这一影响，则其表示波动程度的标准差 S_Y 比 S_E 大。

$$S_Y = S_E\sqrt{1 + \frac{1}{n} + \frac{(X-\overline{X})^2}{\sum\limits_{i=1}^{n}(X_i-\overline{X})^2}} = S_E\sqrt{1 + \frac{1}{n} + \frac{(X-\overline{X})^2}{L_{XX}}}$$

利用回归分析可以校正由分析方法引起的系统误差，从而检验该方法的准确度。当不存在系统误差时，$b=1$，$a=0$。如果 b 显著偏离 1，表明存在有正比于被测物质含量的系统误差；如果 b 显著偏离零，表明存在有与被测物质含量无关的系统误差。以上两种情况都可以利用回归分析对分析结果进行校正。

对 a 和 b 进行检验的两个统计量分别表示为：

$$t = \frac{|a-0|}{S_a} \quad (\text{检验 } a)$$

$$t = \frac{|b-1|}{S_b} \quad (\text{检验 } b)$$

当 t 值大于 t 分布表中所给定的显著性水平 α 与自由度 $f_1=n-2$ 下的临界值 $t_{(\alpha,f)}$，则表明两种分析方法之间存在系统误差。校正值 c 为：

$$c = \frac{a}{b}$$

 阅读材料一　检测限和定量下限

在近代工业分析中，已不只限于分析常量或微量组分，而且要分析痕量组分（mg/kg 级）或超痕量组分（μg/kg 级）。因此就存在着一个"在给定的可靠程度内能够从样品中检测物质的最小浓度和最小量"的问题，这就是检测限。由于分析方法繁多以及历史和实际情况的不同，分析化学中的检测限和定量下限还没有非常一致的定义。一般认为，检测限是定性的，主要回答试样中有没有被测物；定量下限是定量的，

主要回答试样中至少有多少被测物。

根据美国标准局（NBS）的分类，检测限可分为 3 种。

1. 仪器检测限

考虑到背景噪声的影响，仪器检测的最小信号用信号 N 与噪声 S 比表示（$N/S \geqslant 3$），并定义为仪器的检测限。

2. 方法检测限

所采用方法可检测到的最小浓度，由外推法求得。

3. 样品检测限

相对于样品空白值，所采用方法能够检测的最小样品含量，定义为 3 倍空白标准差（$3S_空$）。当空白值为"0"时，样品检测限即为方法检测限；空白值不为"0"时，样品检测限比方法检测限大。由于样品种类的变化以及试剂、环境的变化，同一分析方法的样品检测限可能相差很大。

检测值（limit of detection）不但能反映测定的灵敏度，并且与仪器和方法的精密度有关，是衡量分析方法的主要指标。

国际纯粹与应用化学联合会（IUPAC）定义，在光学分析中，测量的最小信号值（X_L）由下式确定：

$$X_L = \overline{X}_b + KS_b$$

式中　$\overline{X}_b$——组成与分析样品基本相同但不含待测物质的空白样品多次测定的平均值；

　　　S_b——空白样品多次测量结果的标准差；

　　　K——在一定置信度确定的数值。

一般取 $K=3$，其含义为：能产生 3 倍背景空白标准差信号的浓度或含量被认为可以检出来的。对于严格遵守正态分布的误差来说，$3S_b$ 置信度为 99.7%，但在实际应用中，测定数据不是很多，数据不呈严格的正态分布，$3S_b$ 只相当于 90% 置信度。

设 c_L 和 q_L 为与相应的最小浓度和最小量，则有

$$c_L = \frac{X_L - \overline{X}_b}{b} = \frac{KS_b}{b} \qquad \text{（相对检测限）}$$

$$q_L = KS_b V/b \qquad \text{（绝对检测限）}$$

式中　V——进样体积；

　　　b——校准曲线 $X=f(c)$ 或 $X=f(q)$ 的斜率，即方法的灵敏度。

当 c 或 q 很小时，b 一般为常数。$\overline{X}_b$ 和 S_b 必须通过空白试样求得，并且测定次数必须足够多，最好能测定 20 次。如果 $S_b=0$，并不表明检测限为 0，这时应配制能产生可测信号略大于零的一定浓度试样代替空白试验，求出标准差，再计算检测限。

从上面检测限公式可见，样品空白的标准差和校准曲线的斜率直接影响检测限。空白样品的标准差愈小，对应的空白值信号波动愈小，灵敏度愈大，则检测限愈小。因此，检测限是表示方法的灵敏度与精密度的最主要指标。

造成测定时标准差过大的原因，主要是仪器噪声大、稳定性差。此外，基体的类型和溶剂的种类也有影响。各种仪器分析的检测限有如下不同的测量和计算方法。

（1）分光光度法　水分析的推荐检测公式为：

$$DL = 2\sqrt{2}t_{(a,f)}S_b$$

式中　S_b——纯水空白的标准差；

　　　$t_{(a,f)}$——显著性水平 $\alpha=0.05$、自由度为 f 时的 t 分布值。

这一公式与前面不同的是，空白由纯水与加入分析试样相同的试剂所组成，这种空白易于制备。在某些情况下，如果不能用统计学公式进行计算，则以能够产生 0.01 吸光度（扣除空白后）相对应的浓度值为检测限。

（2）火焰原子吸收法　由 3 倍测定的标准差 S_b 除以校正曲线斜率 b 而得。

$$DL = \frac{3S_b}{b}$$

（3）无焰原子吸收　由 3 倍测定的标准差 S_b 乘进样体积 V，再除以校准曲线斜率 b 而得。

$$DL = \frac{3S_b V}{b}$$

（4）离子选择性电极法　离子活度 a 低至一定限度时，电位值与 $\lg a$ 的函数关系将偏离线性，IUPAC

规定校准曲线偏离线性 $18/n$（25℃）毫伏处离子的活度称为检测限，即图 2-2 中的 DL 线所处的活度。

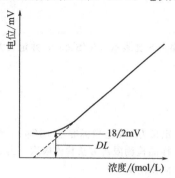

图 2-2　离子选择性电极法检测限

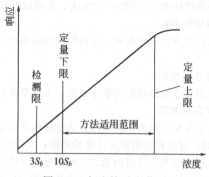

图 2-3　方法的适用范围

（5）气相色谱法　检测器产生的响应信号为噪声 2 倍时的量为最小检测量。

$$DL = \frac{nN}{S}$$

式中　N——噪声水平；

　　　S——仪器灵敏度；

　　　n——安全系数，取 $n=20$。

最小检测量除以进样体积则为最小检测浓度。

定量下限又称测定下限（limit of determination），是指能够准确地测定被测组分的最小浓度或最低量。

定量下限与所要求的分析精密度有关，同一个分析方法，要求的精密度不同则有不同的定量下限。同时，由于测定还受样晶成分、含量、校准曲线的线性关系、试剂纯度等因素的影响，定量下限一般比检测限高。当 $K=3$ 时，检测限则为其 3.3 倍，相当于空白标准差的 10 倍（$10S_b$）。

校准曲线开始弯曲的点即为定量上限，从定量下限到定量上限即为方法适用范围（图 2-3）。

基础知识二　标准物质及化学试剂

分析测试绝大多数采用相对测量方法，将标准溶液与待测样品在相同测定条件下进行比较测定。标准溶液是由"纯物质"配成的，与实际样品的基体，即样本除被测组分以外的其他组分，有很大的差异，由此产生的测量误差，或称基体效应，有时是很大的，必须设法加以避免。

解决基体效应的最好办法是采用标准物质作分析测试的标准。标准物质在组成和性质上与待测样品相似，含量已知，并且均匀稳定。

分析化学采用标准物质已有很久的历史。例如，美国国家标准局（NBS）在 1906 年就成功研制 4 种已准确测定含量的矿物、铸铁、钢铁的标准物质，对检验分析结果起了很大的作用。现在的标准物质种类繁多，已被广泛应用于分析测试工作中。

在工业分析中常用标准物质。在分析化学中使用的基准物质是纯度极高的单质或化合物。冶金行业使用的标准试样是已经确切知道化学组成的天然试样或工业产品（如矿石、金属、合金、炉渣等）以及用人工方法配制的人造物质。标准物质必须是组成均匀、稳定，化学成分已准确测定的物质。在标准物质的保证单上，除了要指出主要成分含量外，为了说明标准物质的化学组成，还注明各辅助元素的含量。在使用时必须注意区别这两种数据，不能把辅助元素的含量当作十分准确的数据在分析中作为标准。

一、标准物质

1. 标准物质的定义

所谓标准物质是指具有一种或多种足够均匀和很好地确定的特性，用以校准设备、评价测量方法或给出材料赋值的材料或物质。

标准物质是一种计量标准，都附有标准物质证书，规定了对某一种或多种特性值可溯源的确定程序，对每一个标准值都有一个确定的置信水平的不确定度。工业分析中使用标准物质的目的是检查分析结果是否正确与标定各种标准溶液（基准试剂也可直接配制各种浓度的标准溶液），借以检查和改进分析方法。

标准物质可以是纯的或混合的气体、液体或固体。如校准黏度计用的纯水，量热法中用做热容校准物质的蓝宝石，化学分析校准用的基准试剂、标准溶液，钢铁分析中使用的标准钢样，药品分析中使用的药物对照品。

2. 标准物质的作用

① 标准物质的含量是经许多有较高水平的实验室协作试验，再用统计方法处理数据而得到的公认的标准值。它与"真值"最为接近，因此用它来检验分析方法是最可靠的。

② 由于有了标准物质，分析测量的追溯性（或溯源性，tracebility）就得以实现，就能建立分析方法的标准化，使分析数据在国际之间、行业之间和实验室之间有可比性和一致性。分析方法追溯系统和标准物质准确性的传递如图 2-4 所示。

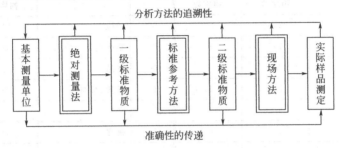

图 2-4　分析方法追溯性和准确性传递示意图

③ 利用标准物质校正并标定测定仪器。对间接测定法的仪器，可直接用标准物质作为基准，绘制校准曲线；或者用标准物质核对所用的标准溶液的浓度。

④ 在实验室质量控制中，标准物质是有力的工具。标准物质与样品采用同一分析方法作对照测定，比较测定值与标准值之间的差异，是检验测定结果可靠性的最好方法之一。

⑤ 分析数据的仲裁和在实验室的质量考核中，经常把标准物质作为评价的标准。

3. 标准物质的制备

制备标准物质是一件十分认真而严肃的工作，要保证所制备的标准物质基体具有代表性、均匀而且稳定。这些性能都要通过各项试验，并作出评价。为了做好这项工作，要求试剂有一定的纯度，天平有一定的精度，保存的容器有利于样品的稳定和不被污染。

标准物质的定值工作要十分慎重。所采用的分析方法必须首先是排除了系统误差，方法的准确度要高于实际所用分析方法的准确度。为此，必须通过一定数量的权威实验室进行样品标准化协作试验，对各实验室报来的分析结果，要用统计学原理加以处理，排除离群值，对方差的一致性进行检验，对平均值的一致性进行检验，最后计算出随机不确定度（置信区间）。

最后确定的标准物质定值要由国家标准物质专业委员会审查，经国家计量局批准后才可在全国实施。我国的标准物质的准确度分两级，即国家一级标准物质和二级标准物质（部颁标准物质）。

4. 标准试样的选择

在工业分析中，由于试样组成的广泛性和复杂性，分析方法不同程度地存在系统误差，依据基准试剂确定的标准溶液的浓度不能准确反映被测样品的组分含量，必须使用标准试样来标定标准溶液的浓度。对于不同类型的物质，应选用同类型的标准试样，并要求选用标准试样时应使其组成、结构等与被测试样相近。如冶金行业中标准钢铁样品，有普碳钢标准试样、合金钢标准试样、纯铁标准试样、铸铁标准试样等，并根据其中组分的含量不同分成一组多品种的标准试样，如在测定普碳钢样品某组分时，不能使用合金钢标准试样作对照。另外在选择同类型的标准试样时，也应注意该组分的含量范围，所测样品中某组分的含量应与标准试样中该组分含量相近，这样分析结果将不会因组成和结构等因素而产生误差。

二、标准物质的等级

我国将标准物质分为以下 2 个级别。

一级标准物质（GBW）：是指采用绝对测量方法或其他准确、可靠的方法测量其特性值，测量准确度达到国内最高水平的有证标准物质，主要用于研究与评价标准方法及对二级标准物质的定值。

二级标准物质〔GBW（E）〕：是指采用准确可靠的方法，或直接与一级标准物质相比较的方法定值的，也称为工作标准物质。主要用于评价分析方法，以及同一实验室或不同实验室间的质量保证。

标准物质的种类很多，涉及面很广，按行业特征分类如表 2-6 所示。

表 2-6　标准物质的分类

序号	类　别	一级标准物质数	二级标准物质数	序号	类　别	一级标准物质数	二级标准物质数
01	钢铁	258	142	08	环境	146	537
02	有色金属	165	11	09	临床化学与药品	40	24
03	建材	35	2	10	食品	9	11
04	核材料	135	11	11	煤炭、石油	26	18
05	高分子材料	2	3	12	工程	8	20
06	化工产品	31	369	13	物理	75	208
07	地质	238	66		合计	1168	1422

按其鉴定特性可分为三类：①化学成分标准物质；②物理和物理化学特性标准物质；③工程技术特性标准物质。

三、化学试剂的分类

按化学试剂的纯度，我国分为 7 种，分别为：高纯（又称超纯或特纯）；光谱纯；分光纯；基准纯；优级纯；分析纯；化学纯。高纯试剂，纯度要求在 99.99% 以上，杂质总含量低于 0.01%。优级纯、分析纯、化学纯试剂通称为通用化学试剂。其中常用试剂的 4 种规格是优级纯（G.R.，绿标签，可做基准）、分析纯（A.R.，红标签）、化学试剂（C.R.，蓝标签）和实验试剂（L.R.，棕黄标签）。

国际纯粹与应用化学联合会（IUPAC）将作为标准物质的化学试剂按纯度分为 5 级：

A 级，相对原子质量标准物质；

B 级，和 A 级最接近的标准物质；

C 级，$w = 100\% \pm 0.02\%$ 的标准试剂；

D 级，$w = 100\% \pm 0.05\%$ 的标准试剂；

E 级，以 C 级或 D 级试剂为标准进行对比测定所得的纯度相当于它们的试剂，但实际纯度低于 C 级或 D 级的纯度。

任务三　标准方法

一、标准方法的分类

制订和采用标准方法是质量保证的重要措施。国际标准化组织（ISO）为此下设 162 个技术委员会（TC），制订各种标准方法。他们每年都颁布一套新的标准方法，每 5 年对已有的标准方法进行修改，但是 ISO 标准不带强制性。我们国家和各部委根据我国技术发展水平，不断公布国家标准（GB）和部颁标准（化工部为 HG，冶金部为 YB，石油部为 SY，轻工部为 QB），用新标准代替旧标准。各企业也可以制定自己的标准，在一定范围内使用。一些部委主管部门为了贯国家标准，根据具体测试要求，参照国家标准，使其具体化，制定出本行业标准，并注明与国家标准"等效"。国家标准也可参照国际标准进行制订，使与之"等效"。

分析测试的标准方法一般分为以下几种。

（1）绝对测量法（或权威方法）　测定值为绝对值，与质量、时间等基本单位或导出量直接有关，有最好的准确度。例如，重量法由分析天平直接称量被测物质，库仑法测定物质的纯度，常被用作仲裁分析。

（2）相对测量法（或标准参考方法）　测定值是相对量。以标准物质或基准物含量为标准，确定被测物质的含量。这类方法已被证明没有系统误差。如果存在系统误差，也是已知并能够加以校正的，因而有足够的准确度和精密度。滴定分析法以及大多数的仪器分析法都属这一类方法。这类方法是分析化学中用得最多、最广的方法。

（3）现场方法　这类方法以能及时测定数据，指导生产和监控为主要目标，对准确度的要求往往可以降低。

二、方法的精密度

（一）一组测定值的精密度表示方法及其评价

（1）极差　即一组数据中最大值与最小值之差。极差的计算简便，但精度差。采用极差表示精密度在快速检验和质量控制图中有广泛应用。

（2）标准偏差　来自正态分布的一个参数，能较好地表示数据的分散性，对偏差较大的数据反应灵敏，因此已广泛用于表示测定的精度。

（3）变异系数　即相对标准偏差。

$$CV = \frac{S}{\overline{X}} \times 100\%$$

（4）随机不确定度　即误差限或置信区间，表示为 $\dfrac{tS}{\sqrt{n}}$，与要求的置信度有关。

两个总体分析数据的精密度评价往往采用 F 检验法，例如，一组是采用标准方法测得的数据，另一组是新试验方法测得的数据，分别计算它们的方差，再由下式求统计量：

$$F = \frac{S_{大}^2}{S_{小}^2}$$

由于，F 分布表是将大方差作分子，小方差作分母，所以由样本计算统计量 F 值时，也要使用同样方法。计算的统计量 F 值如果小于由 F 表（表2-7）查得的 F 值，根据要求的显著性水平 α 及两组数据的自由度 $f_1 = n_1 - 1$，$f_2 = n_2 - 1$ 查表，说明两组数据方差无显著性差异，新方法与标准方法的精密度一致，即方差齐性；反之，则表示精密度不一致。在进行准确度检验（如 t 检验）之前，首先要对数据进行 F 检验，因为只有精密度达到要求，检验准确度才有意义。

表 2-7　F 值表（显著性水平 $\alpha = 0.05$）

$f_大$ \ $f_小$	2	3	4	5	6	7	8	9	10	∞
2	19.00	19.16	19.25	19.30	19.33	19.36	19.37	19.38	19.39	19.50
3	9.55	9.28	9.12	9.01	8.94	8.88	8.84	8.81	8.78	8.53
4	6.94	6.59	6.39	6.26	6.16	6.09	6.04	6.00	5.96	5.63
5	5.79	5.41	5.19	5.05	4.95	4.83	4.82	4.78	4.74	4.36
6	5.14	4.76	4.53	4.39	4.28	4.21	4.15	4.10	4.06	3.07
7	4.74	4.35	4.12	3.97	3.87	3.79	3.73	3.68	3.63	3.23
8	4.46	4.07	3.84	3.69	3.58	3.50	3.44	3.39	3.34	2.93
9	4.26	3.86	3.63	3.48	3.37	3.29	3.23	3.18	3.13	2.71
10	4.10	3.71	3.48	3.33	3.22	3.14	3.07	3.02	2.97	2.54
∞	3.00	2.60	2.37	2.21	2.10	2.01	1.94	1.88	1.83	1.00

【**例 2-5**】 研究采用镧锆涂覆石墨管的无焰原子吸收法直接测定地面水中痕量锰，对某一水样平行作 10 次测定，其方差 $S_2^2 = 2.0 \times 10^{-5}$，如果采用普通石墨管的常规无焰原子吸收法，得 11 次测定方差 $S_1^2 = 6.2 \times 10^{-5}$，问新方法的测定精度是否比原方法测定精度高？

解 设原方法总体方差为 σ_1^2，新方法为 σ_2^2。

① 提出原假设，$H_0 : \sigma_1^2 = \sigma_2^2$，备择假设 $H_1 : \sigma_1^2 > \sigma_2^2$。

② 设显著性水平 $\alpha = 0.05$，本题要求检验新方法的测定精密度高于原方法，故是单侧检验，查 F 分布表 2-7，$F_{0.05(10,9)} = 3.02$。

③ 由样本值计算统计量：

$$F = \frac{S_1^2}{S_2^2} = \frac{6.2 \times 10^{-5}}{2.0 \times 10^{-5}} = 3.10$$

④ 判断：$F > F_{0.05(10,9)}$，说明样本值与原假设有显著矛盾，拒绝原假设，接受备择假设 H_1：$\sigma_1^2 > \sigma_2^2$，两种分析方法的测定精密度有显著性差异，新方法的测定精密度比原方法测定精密度高。

（二）多组测定值的精密度表示方法及评价

（1）重复性（reproducibility，r） 指用相同的方法，在相同的条件下（同一实验室、同一操作者、同一仪器）对同一试样进行测定，两份测定结果的绝对差值。

（2）再现性（repeatability，R） 指用相同的方法，在不同的条件下，对相同的试样进行测定，两份测定结果的绝对差值。

国际标准化组织对无限次测定及有限次测定表示如下。

无限次测定：

$$r = 2\sqrt{2}\sigma, \quad R = 2\sqrt{2}\sqrt{\sigma_w^2 + \sigma_b^2}$$

有限次测定：

$$r = t\sqrt{2}S, \quad R = t\sqrt{2}\sqrt{S_w^2 + S_b^2}$$

式中 σ_w^2（S_w^2）——实验室内方差；

σ_b^2（S_b^2）——实验室间方差。

检验各实验室间是否有相同的精度，属多个总体的方差检验，可采用科克伦（Cochran）最大方差检验法检验。首先由样本求得统计量 C 值，若大于科克伦检验临界值表（表 2-8）查得的 $C_{(a,f)}$ 值，则认为多个总体方差不一致。

表 2-8 科克伦检验临界值（显著性水平 $\alpha = 0.05$）

t \ $n-1$	1	2	3	4	5	6	7	8	9	10
2	0.9985	0.9750	0.9392	0.9057	0.8772	0.8534	0.8332	0.8159	0.8010	0.7880
3	0.9669	0.8709	0.7977	0.7457	0.7071	0.6771	0.6530	0.6333	0.6167	0.6025
4	0.9065	0.7679	0.6841	0.6287	0.5895	0.5598	0.5365	0.5175	0.5017	0.4884
5	0.8412	0.6838	0.5981	0.5441	0.5065	0.4783	0.4564	0.4387	0.4241	0.1118
6	0.7808	0.6161	0.5321	0.4803	0.4447	0.4184	0.3980	0.3817	0.3682	0.3568
7	0.7271	0.5612	0.4800	0.4307	0.3974	0.3726	0.3535	0.3384	0.3259	0.3154
8	0.6798	0.5157	0.4377	0.3910	0.3596	0.3362	0.3185	0.3043	0.2926	0.2829
9	0.6385	0.4775	0.4027	0.3584	0.3286	0.3067	0.2901	0.2768	0.2659	0.2568
10	0.6020	0.4450	0.3733	0.3311	0.3029	0.2823	0.2666	0.2541	0.2439	0.2353
15	0.4789	0.3346	0.2728	0.2419	0.2195	0.2034	0.1911	0.1815	0.1736	0.1671
20	0.3894	0.2705	0.2205	0.1921	0.1735	0.1602	0.1501	0.1422	0.1357	0.1303

【**例 2-6**】 6 个实验室分析同一样品，各实验室测定的标准差分别为 0.84，1.30，1.48，1.67，1.79，2.17。检验 6 个实验室的测定是否等精密度。

解　① 将标准差按大小顺序排列，其中最大方差 $S_{max}^2 = 2.17$。

② 计算统计量 C：

$$C = \frac{S_{max}^2}{\sum\limits_{i=1}^{n} S_i^2} = \frac{2.17^2}{0.84^2 + 1.30^2 + \cdots + 2.17^2} = 0.308$$

③ 设显著性水平 $\alpha = 0.05$，测定值组数 $\iota = 6$，每组测定数 $n = 6$，$f = 6 - 1 = 5$，由临界值表 2-8 查得：$C_{(0.05,5)} = 0.4447$。

④ 判断：由于 $C < C_{(0.05,5)}$，故 2.17^2 为正常方差，6 个实验室的测定为等精度。

三、方法的准确度

一个分析方法的准确度反映了该方法系统误差的大小，决定了分析结果的可靠性，是分析测试工作的重要指标。它表示在一定条件下，多次重复测定的平均值与"真值"的接近程度。但是，被测组分的"真值"是不知道的，并且分析结果所表现出来的误差是系统误差与随机误差的综合，因此一般只能近似估算准确度。例如，用标准物质或标准方法来验证方法的准确度，如证明方法不存在明显的系统误差，则标准物质证书上（或标准方法）的随机不确定度 $\pm \dfrac{tS}{\sqrt{n}}$ 可近似表示方法的准确度。准确度的评价，通常有如下方法。

（一）用标准物质来评价方法的准确度

所选用的标准物质，其准确度必须高于被验证的方法具有的准确度水平，化学组成和浓度范围与方法相匹配，基体组成也相类似。在相同操作条件下，标准物质与样品同时做平行测定。如果分析结果 $\left(\overline{X} \pm \dfrac{tS}{\sqrt{n}}\right)$ 与标准物质证书上所给的标准值一致，则表明测定方法无明显的系统误差。可用方法的精密度 $\left(\pm \dfrac{tS}{\sqrt{n}}\right)$ 近似表示方法的准确度。

也可以用被检验的分析方法来测定标准物质，通过 t 检验法来判断测定的平均值与标准值是否有显著性差异，如果无显著性差异，则表明不存在系统误差。

【例 2-7】　用火焰原子吸收法测定水样标准样品（合成水样）中 Cu 的含量，已知标准值为 1.50mg/L，10 次测定结果分别是 1.53、1.54、1.56、1.58、1.60、1.64、1.50、1.57、1.50、1.55mg/L，试根据测定结果来评价该方法的可靠性。

解　① 计算平均值 $\overline{X}$ 和标准差 S：

$$\overline{X} = 1.557\text{mg/L}, \quad S = 0.043$$

② 计算统计量 t 值：

$$t = \frac{|\overline{X} - \mu|}{S}\sqrt{n} = \frac{1.557 - 1.50}{0.043}\sqrt{10} = 4.19$$

③ 查 t 表，属双侧检验，以 $\alpha = 0.05$ 及 $f = 10 - 1 = 9$。查表 2-9 得：

$$t_{(\alpha,f)} = 2.26, \quad t > t_{(\alpha,f)}$$

④ 判断：方法的均值与标准值存在显著性差异，因此该方法存在系统误差。

（二）用标准方法来评价方法的准确度

对同一试样，用标准方法和被验证方法进行测定，得到两组数据，再用数理统计方法进行验证。

1. 用 t 检验法

这里，被检验的两个平均值都不能作真值对待（这点与标准值比较不同），要同时考虑两个平均值对检验的影响，因此必须用合并标准差进行计算。

【例 2-8】　研究采用离子色谱-火焰原子吸收联用技术同时测定电镀废水中的 Cr（Ⅲ）和 Cr（Ⅵ）。为了检验此法的准确度，与标准方法——硫酸亚铁铵容量法进行比较，两组数据如表 2-10 所示，试评价新方法的可靠性。

表 2-9 t 值

自由度 f	显著性水平①（双侧概率）			自由度 f	显著性水平①（双侧概率）		
	0.10	0.05	0.01		0.10	0.05	0.01
1	6.31	12.71	63.66	16	1.75	2.12	2.92
2	2.92	4.30	9.93	17	1.74	2.11	2.90
3	2.35	3.18	5.84	18	1.73	2.10	2.88
4	2.13	2.78	4.60	19	1.73	2.09	2.86
5	2.02	2.57	4.03	20	1.73	2.09	2.85
6	1.94	2.45	3.71	21	1.72	2.08	2.83
7	1.90	2.37	3.50	22	1.72	2.07	2.82
8	1.86	2.31	3.36	23	1.71	2.07	2.81
9	1.83	2.26	3.25	24	1.71	2.06	2.80
10	1.81	2.23	3.17	25	1.71	2.06	2.79
11	1.80	2.20	3.11	30	1.70	2.04	2.75
12	1.78	2.18	3.06	40	1.68	2.02	2.70
13	1.77	2.16	3.01	60	1.67	2.00	2.66
14	1.76	2.15	2.98	120	1.66	1.98	2.62
15	1.75	2.13	2.95	∞	1.65	1.96	2.58
	0.05	0.025	0.005		0.05	0.025	0.005
自由度 f	显著性水平（单侧概率）			自由度 f	显著性水平（单侧概率）		

① 显著性水平＝1－置信水平。

表 2-10 【例 2-8】实验数据

IC-FAAS 法/(mg/L)		硫酸亚铁胺容量法/(mg/L)	
Cr(Ⅲ)	Cr(Ⅵ)	Cr(Ⅲ)	Cr(Ⅵ)
10.00	26.50	10.00	26.45
9.90	26.60	9.89	26.40
9.95	26.55	9.89	26.50
10.10	26.40	10.05	25.40
10.05	26.48	10.10	26.48
9.98	26.51		
$\overline{X}_{A_1}=10.00$	$\overline{X}_{A_2}=26.51$	$\overline{X}_{B_1}=9.99$	$\overline{X}_{B_2}=26.25$
$S_{A_1}=0.071$	$S_{A_2}=0.068$	$S_{B_1}=0.095$	$S_{B_2}=0.047$

解 ① 计算 $\overline{X}$ 及 S；

② 计算两组平均值的合并标准差

$$S_p=\sqrt{\frac{S_A^2(n_A-1)+S_B^2(n_B-1)}{n_A+n_B-2}}$$

计算得 Cr(Ⅲ)：$S_{p1}=0.082$，$S_{p2}=0.32$

③ 计算两组平均值的 t 值：

$$t_{(\overline{X}_A-\overline{x}_n)}=\frac{(\overline{X}_A-\overline{X}_B)}{S_p}\sqrt{\frac{n_A n_B}{n_A+n_B}}$$

计算得 Cr(Ⅲ)：$t_1=0.20$；Cr(Ⅵ)：$t_2=1.34$

④ 查 t 值表 2-9 得：

$$t_{(0.05,9)}=2.26$$

因此 $t<t_{(0.05,9)}$

⑤ 判断：所研究的新方法与标准方法不存在显著性差异，即新方法是可靠的。

2. 用回归分析法

设 A 代表所用方法，B 代表校准方法，X、Y 分别表示两种方法的测定值。分别用两种方法同时测定几个浓度水平的样品，用线性回归法求回归方程 $Y=a+bX$。如果 a 的置信区间包含零，b 的置信区间包含 1，说明两种方法间不存在系统误差，因为方法 B 是准确的，所以方法 A 也是准确的。

【例 2-9】 用分析方法（A）和标准方法（B）测定 5 个不同浓度水平样品，结果如下：

（A）Y_i/(mg/L) 　0.224 　0.461 　0.988 　1.890 　3.896

（B）B_i/(mg/L) 　0.226 　0.472 　0.943 　1.880 　3.772

试问两种方法之间是否存在系统误差？

解 用线性回归法求截距 a、斜率 b 和剩余标准差 S_E：

$$b=\frac{L_{XY}}{L_{XX}}=\frac{8.571}{8.293}=1.033$$

$$a=\overline{Y}-b\overline{X}=1.492-1.033\times1.460=-0.016$$

$$S_E=\sqrt{\frac{Q}{n-2}}=\sqrt{\frac{308\times10^{-6}}{5-2}}=0.010$$

截距 a 的置信区间：

$$a\pm tS_a=a\pm tS_E\sqrt{\frac{1}{n}+\frac{\overline{X}^2}{L_{XX}}}=-0.016\pm3.18\times0.032\sqrt{\frac{1}{5}+\frac{1.460^2}{8.293}}=-0.016\pm0.069$$

当 $\alpha=0.05$ 时，$t_{(0.975,3)}=3.18$，即 a 的置信区间为（$-0.085\sim0.053$），斜率 b 的置信区间为

$$b\pm tS_b=b\pm tS_E/\sqrt{L_{XX}}=1.033\pm3.18\times0.032/\sqrt{8.293}=1.033\pm0.035$$

即 b 的置信区间从 $0.998\sim1.068$。

可见，a 的置信区间包含 0，b 的置信区间包含 1。因此方法 A 和办法 B 不存在系统误差。此判断的置信度为 95%。

3. 通过测定回收率评价方法的准确度

向不同浓度的溶液中加入已知量的标准液，回收率按下式计算：

$$回收率=\frac{加标试样测定值-试样本底值}{加标量}\times100\%$$

必须注意加标量影响回收率的大小，一般加标量应尽量与样品中待测组分含量相近。所有不同浓度的加标量，都不得大于待测组分含量的 3 倍。加标后的测定值不得超出方法的测定上限，否则测定就不准确。

任务四 选择分析方法

一、分析方法的选择

1. 分析方法选择的重要性

冶金工业分析方法很多，不同的方法使用对象和使用的条件是不同的，针对具体样品中某一特定成分的测定，也可以用不同的方法进行测定，但各种方法的准确度是不同的，所得的结果就难免有差别。所以选择合适的分析方法是十分重要的。一般在选择分析方法时要坚持适用性原则、准确度原则，即选择的分析方法要适合所分析的样品，所选择的分析方法的准确度要能满足分析目的的要求，在能满足分析结果准确度要求的基础上，优先选择分析速度快的分析方法，同时尽量考虑资源节约和环境友好。

2. 选择分析方法应考虑的问题

在国家标准、行业标准、地方标准或企业标准中，一般对某一对象的分析会提供不止一种的测试方法，各使用部门可以根据本单位的实际情况，选择能开展工作的方法来使用。对于常量组

分的测定，一般都采用化学分析方法，如质量分析法、滴定分析法和气体容量法等。而对于微量组分或痕量组分的测定则要采用仪器分析法，如光谱分析法、电化学分析法和色谱分析法等。在冶金工业分析工作中，要根据工业生产的实际要求和条件，考虑以下几方面的问题。

（1）测定的具体要求　首先要明确测定的目的和要求。它主要包括要测定哪些组分、准确度高低、对测定的速度要求等。如用碘量法测定铜，这种方法简单快速，重现性好，对一般铜的测定已足够准确。但如果是测定电解铜，碘量法就不能用了，因为误差太大了，只能用电解重量法才能满足要求（结果只能在小数点后第二位很小的范围内变化）。又如对生产过程的控制分析（如炉前分析，一般要求在 2～3min 出结果），此时分析速度是关键，而对准确度要求不是太高，只要不超过允许误差范围就行，因此，常常用快速分析法。然而对于仲裁分析、验证分析（如对标样进行分析），要求有很高的准确度，则应该选择准确度较高的分析方法。在科学研究中，有时还要求对待测组分的形态、活性、手性进行表征与测定，这时宜选用形态分析等方法。

（2）方法的使用范围　要测定常量组分，则选用适于常量组分的测定方法；要测微量组分则选用于微量组分的分析方法。因为适用于测定常量组分的分析方法大多不适用于微量组分的测定，反之亦然。因为每种分析方法都适用于一定的测定对象和一定的含量范围，如重量法、容量法（包括电位滴定、电导滴定、库仑滴定等）和 X 射线荧光衍射法等一般用于含量在 $10^{-2}\sim10^{0}$ 级的常量组分的测定。但当两种方法都可以用时，则选用简单经济快速的分析方法，如容量分析和重量分析中首选容量分析，但如果无基准试剂或标样时，则选重量法。

对于含量在 10^{-3} 级及更低级别的微量组分测定，应选具有较高灵敏度的仪器分析方法，如分光光度法、原子吸收光谱法、极谱法等。这些方法虽不能达到重量法和容量法那样高的准确度，但对微量组分的测定，这些方法的准确度是能满足要求的。

被测组分的性质也是要考虑的，如灰分、不溶性残渣的测定，只能用重量法。又如碱金属元素性质活泼，其离子既不能形成配合物，又无氧化还原性，其盐类溶解度均较大，但具有焰色反应，因此宜用火焰光度法和原子吸收分光光度法测定。

分析样品的性质、组分、结构和状态不同，试样的预处理和分解方法也不同。

试样的分解方法和成分分析方法要相适用。如硅酸盐中二氧化硅的测定，如采用氟硅酸钾容量法，在用熔融法分解试样时务必用含钾的熔剂分解试样，而不能用钠的熔剂去分解。因为氟硅酸钾的溶解度小于氟硅酸钠。

（3）共存组分的影响　在选择测定方法时，必须考虑共存组分对测定的影响。因为任何一个分析方法，其选择性或者说抗干扰性能是有限的，样品中共存物的种类和含量不同，选择的分析方法就不同。在工作中总是希望用选择性好的方法，这样对分析速度和准确度都是有利的，但实际上被测物质很复杂，其共存组分往往影响测定，所以必须考虑如何避免和分离共存的干扰组分。

（4）分析成本　分析成本相对生产成本是较低的，但作为分析工作者在实际工作中也必须重视分析成本。一般在满足分析结果要求的前提下，尽量选择分析成本较低的方法，因为成本较低的分析方法有益于分析方法的准确度和分析速度的提高，同时对企业提高经济效益有益。

（5）环境保护　在实际工作中一方面要尽量选择不使用或少使用有毒有害的试剂；同时在分析过程中要尽量不产生或少产生有毒有害物质，即尽量使用符合环保要求的分析方法。

（6）实验室的实际条件　在满足生产所需要的灵敏度、准确度和所需分析时间的前提下，要根据实验室的现有条件，如实验室现有设备、试剂和技术条件等进行全面考虑。

总之，一个理想的分析方法应是灵敏度和准确度高、检出限低、操作简便快速。但在实际中，一个测定方法很难同时满足所有的测试条件，即不存在适用于任何试样、任何组分的测定方法。因此，在选择分析方法时，首先必须了解被测组分是以常量或以微量的状态存在、试样组分的复杂性、干扰组分的性质和本单位所具备的条件等。由于实际的样品一般都比较复杂，因此，必须全面考虑各方面的具体情况，再确定选择合适的测试方法。应综合考虑各种因素，选择适宜的分析方法，以满足测定的要求。

二、分析方案的拟订

通常用于工业生产或教学的都是比较成熟的测定方法。但在实际中也会遇到一些不熟悉的物质或新产品，需要拟定分析方案进行测定。拟定分析方案的基本过程包括查阅文献、进行验证性试验、优化试验条件、完善分析方法及确定分析方案。

一个成功的分析方法的产生，一般经过几个过程才能完成。

1. 了解被分析试样的基本情况

要根据试样的来源、通过观察或定性试验的结果，或在此基础上查阅相关资料，获得试样的基本情况，如主要组分和共存组分及其大致含量范围，杂质存在情况及大致含量范围，试样的性质状况等，对测定的准确度要求以及测定速度要求等。

2. 分析目的和分析项目的确定

分析的目的一般是要确定试样中某成分的含量高低，从而判断试样的性质和用途，当然必要时也可能是作定性分析。分析方法的制定一般指的是定量分析方法的制定，定量分析的项目是随生产要求的不同而不同，一般分为组分分析和特殊项目分析。

(1) 组分分析　组分分析就是指试样中化学组成成分间的质量关系，它又分全分析、主要组分分析、指定组分分析。

① 全分析。是对样品中所含的各种成分进行分析。全分析对原料的综合利用非常有意义，特别在矿石利用方面，到底应该分析哪些项目，也不是毫无目标。对于一个已知矿石，确定要分析的项目，可以从两方面考虑，一是除主要组分外通常存在有共同组分，如 SiO_2、CaO、MgO 等，二是周期表中相邻的元素，即地球化学中伴生关系的元素可能出现，如铝矾土和闪锌矿中常含有镓，因为镓和锌、铝是相邻元素，且铝和镓离子半径相近，锌和镓原子半径又很相近。确定了分析项目，才能进行下一步的工作，当然必要的定性检查，对确定分析项目是有帮助的。对于一个未知样，显然要先进行定性检查，通常用光谱分析把各组分鉴定出来，再确定分析项目。

② 主要组分分析。前面所说的全分析通常是指全部主要组分的分析。金属材料的主要组分的分析通常是指主体组分的分析，当然有时将主要杂质组分的分析也算内，如钢样五大元素的分析就是主要组分的分析。

③ 指定组分分析。是指对样品中某一种或几种组分进行分析。究竟指定哪一种组分进行分析，应该从生产实际需要来制定，如铁矿石工业分析中测可溶性铁比测总铁更有意义，石灰工业分析中测有效氧化钙总量更有意义。

(2) 特殊项目分析　对一些工业原材料往往要求对某些特殊性质做出测定，如煤的工业分析中，一般只要求水分、灰分、挥发分、固定碳、发热量等，石油产品一般分析黏度、水分、酸值、碘值等特殊数据，而不分析其他化学成分。

3. 文献检索

文献检索是从文献检索系统中查找出所需要的文献信息。它属于信息检索的范畴，是最重要的一种信息检索，它是利用各种信息资源，迅速获得所需要文献信息的过程。无论是选择分析方法还是制定分析方法，都要检索有关文献资料。

当文献查阅到某一阶段时，就必须进行整理，或者边查阅边整理。因通过整理工作，可以查漏补缺，也可以产生新的想法和见解，为进一步查阅提供指导；当对某一研究领域的文献收录工作做得相当完备，并从文献资料的整理分析中得出了自己的一些看法和观点，便可进行系统整理，写出综述性的文章发表，更重要的是为自己要研究的课题拟定出初步的分析程序。

4. 拟定分析程序

当对分析的样品有了大致的了解，确定了要分析的项目，并查阅大量的文献资料后，就必须拟定分析程序（方案），然后按着分析程序进行试验，确定最佳条件，得出最佳实验方案。分析程序主要包括以下几个方面。

(1) 选择分析方法　从样品性质、被测成分含量、实验室现有条件等确定分析方法，用容量法、重量法还是仪器分析方法等，这些方法中具体又选用哪一种。

（2）初步确定分析步骤　这个分析步骤方案是粗糙的，可以用流程图或方框图等表示出来。

（3）确定条件实验项目　条件实验项目根据分析方法的不同而不同，大致包括仪器条件的选择（如原子吸收光谱法中光谱带宽、灯电流、光电倍增管负高压等），酸度，各种试剂的选择、用量的选择以及各种试剂的加入顺序的选择、指示剂的选择，干扰元素的干扰量试验、掩蔽、分离和解蔽等，样品用量，样品的分解方法等。

5. 进行试验

根据拟定的分析程序逐一进行实验，确定最佳试验条件，对影响因素不多的且相互独立的条件实验，可用优选法来逐一确定各因素的最佳条件。而对多因素的实验，最好用正交实验法确定最佳条件或较好条件。将所有条件实验做完后，进行总结整理，制定出最佳分析方法。

6. 分析方法的验证

在选定的实验范围内，通过大量的实验确定了最佳条件，制定了最佳分析方法。这个分析方法是否科学、是否可行（即是否能用于实际样品的分析），必须通过合理的实验来验证，只有通过验证的分析方法才能用于实际分析，用于控制产品质量。因此分析方法的验证在工业分析的制定或方法的改进中具有重要的作用。

分析方法需要验证的内容主要包括：准确度、精密度（包括重复性、重现性等）、线性、范围、检测限、定量限、专属性等。并非每个分析方法均需验证上述所有内容，要根据分析方法的特点和分析项目的要求来具体确定分析方法应验证的内容。

（1）准确度　准确度是指用该方法测定的结果与真实值或认可的参考值之间的接近程度，一般用回收率或误差表示。一定的准确度是定量测定的必要条件，因此对定量测定的分析方法的验证需要验证准确度。

准确度的验证，一般是在规定的范围内，用至少9个测定结果进行评价。如分别取低、中、高3个不同浓度（或含量）的基准试剂或标准样品，每个浓度（或含量）的试剂或样品分别制备3份溶液进行测定，然后报告已知加入量的回收率（%）或测定结果平均值与真实值之差及其可信度。具体操作是：向不同浓度的试液中加入已知量的标准溶液，按下式计算回收率。

$$回收率（\%）=\frac{加标试样测定值-试样本底值}{加标量}×100\%$$

必须注意加标量影响回收率的大小，一般加标量应尽量与样品中待测组分的含量相近。所有不同浓度的加标量，都不能大于待测组分含量的3倍，加标后的测定值不能超出方法的测定上限，否则就不准确。

准确度的验证也可以直接对样品中被测成分进行测定，将本法所得结果与已建立准确度的另一成熟方法所测定的结果进行比较。有时实际样品难以得到，也可以采用合成样品或模拟样品进行测定，然后进行回收试验。

（2）精密度　精密度是指在规定的测试条件下，同一均匀样品多次取样测定所得结果之间的接近程度。精密度一般用偏差、标准偏差、相对标准偏差表示。定量分析方法都要考察方法的精密度。精密度一般从以下三方面进行评价。

① 重复性。在相同条件下，由同一分析人员测定所得结果的精密度称为重复性。一般在规定范围内，采用低、中、高3个不同浓度（或含量）基准试剂或标准物质各测定3次，用测定的9次结果进行评价。

② 中间精密度。在同一实验室，不同分析人员在不同时间用不同仪器设备测定结果的精密度称为中间精密度。考察中间精密度是为了了解在同一实验室内各种随机变化因素（如不同日期、不同分析人员、不同仪器）对精密度的影响情况。

③ 重现性。在不同实验室由不同分析人员测定结果的精密度，叫做重现性。

对上述三个方面精密度的考察，也并非每个分析方法都要验证，科技人员从事科研工作，进行科研论文的写作，一般情况下不做中间精密度和重现性实验。但如果你的分析方法将被法定标准采用时，如建立标准分析方法则应通过中间精密度和重现性实验的验证。

（3）检测限　检测限是指样品中被测成分能被检测出的最低量（或浓度）。这个最低量（或浓度）不一定要准确定量，所以检测限是定性的，它回答试样中有没有被测物质。验证检测限的目的是考察方法是否灵敏，方法的灵敏度越高，越有利于痕量成分的准确测定，对痕量分析而言，提高了方法灵敏度也就提高了准确度。灵敏度可通过对一系列含有已知浓度被测物的样品进行分析，以能够可靠检出被测物的最低浓度或量作为检测限。

（4）定量限　定量限是指样品中的被测成分能够被定量测定的最低量（或浓度）。定量限的测定结果应具有一定的准确度和精密度，它有定量上限和定量下限。定量限是用于定量的，定量下限主要回答试样中至少有多少被测物质。定量下限与所要求的分析精密度有关，同一分析方法，要求的精密度不同则有不同的定量下限。同时，测定还受样品成分、含量范围、校准曲线的线性关系、试剂纯度等因素的影响，定量下限一般比检测限高。

校准曲线开始弯曲的点即为定量上限，从定量下限到定量上限即为方法的使用范围。

（5）线性　线性是指在设定的测量范围内，检测信号与被测成分的浓度（或量）呈线性关系的程度。线性是定量测定的基础，凡是涉及定量测定的项目，均要验证线性。具体方法是用一基准试剂或标准样品制备的储备液经精密稀释，或分别准确称样，制备一系列被测物质的浓度（由低到高至少5种不同浓度）然后进行测定，用测得响应信号作为被测物浓度的函数，作图观察是否呈线性，再用最小二乘法进行线性回归，并求出回归方程、相关系数和线性图。

（6）范围　范围是指能达到一定准确度、精密度和线性，分析方法使用的高低浓度或量的区间，通常用与分析方法的测定结果相同的单位表示。范围应根据分析方法的具体应用和线性、准确度、精密度结果和要求来确定。

当分析方法制定或改进后，通过以上项目的验证，基本上能判断它是否科学或适用。当然，工业分析方法很多，方法优劣的评价常常与生成实际的需要有关，分析的目的不同，对分析方法的要求也不同。一般来说，一个方法的好坏除考虑以上准确度、灵敏度等因素外，还要从分析方法的选择性、分析速度、分析成本及环境保护等方面综合考虑。选择性（或特殊性）是衡量一个方法在实践过程中受其他因素影响程度大小的一种尺度，一般来说，方法选择性高，受其他因素影响程度就小，适应范围就广。分析速度有时也会严重影响工业生产和科研工作的完成时间，影响效益和质量。因此分析工作者重点考虑的是分析方法的准确度、灵敏度、选择性和分析速度四个方面，因而被一些分析化学工作者称为"海上采油平台的四根支柱"。

如果选择或制定的分析方法能满足测定要求，下一步就可以着手分析方法（研究）报告的撰写工作。

7. 分析方法（研究）报告的撰写

当我们对某一问题进行了深入细致的研究，如研究制定了某一分析方法，并通过试验验证是科学可行的，此时应该及时对所研究的工作进行总结，写出分析方法报告，以便下一步着手实际工作，或及时写出研究报告并向有关刊物投稿，将自己的科研成果及时推广。分析化学的研究报告或研究论文，由于其研究的内容不同，其论文格式和写作的要领也各不相同。这里只就一般常见的分析研究报告或论文的写作方法简单介绍。

分析研究报告或论文常常包括题目、作者、作者单位、摘要、关键词（以上内容均含英文）引言、实验部分、结果与讨论、结论、参考文献、致谢，其次还包括图文类号、文献标示码、作者简介、通信联系人的联系方式等。

 阅读材料二 **质量控制的统计方法**

质量控制是质量保证的核心内容，是分析测试工作最重要的管理工作和技术工作。近代分析测试的质量控制，已普遍采用数理统计方法，使质量控制更加合理和可靠。

一、实验室内质量控制

质量控制统计技术是基于测定数据符合正态分布，因而可以利用误差的正态分布规律来控制测定误差落在允许的范围之内。

在实际生产的例行分析中，质量控制统计技术是通过绘制质量控制图来实现的。首先要取合适的"控制标准物质"，或者有本系统研制的、用标准物质校正过的"管理样"，使标准物质和试样在相同的测定条件下同时分析（一般可在分析10～20个样本插入1个标准物质）。当控制标准分析数据累积到15～20个以上时，就可制作控制图（见图2-5）。控制图的横坐标代表分析浓度，纵坐标代表试验结果。取2倍标准差（95％置信度）画水平线，表示上下"警告限"；取3倍标准差（99％置信度）画水平线表示上下"控制限"；中心线表示均值或标准差。在以后的例行分析中，继续带标样进行样品分析，将控制标准分析数据不断在控制图上打点，并计算均值和标准差。连续观察分析质量的变化，及时采取校正措施，克服质量失控。

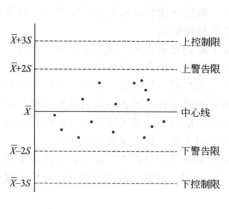

图 2-5　均值质量控制图

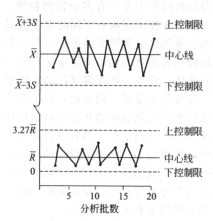

图 2-6　均值-差值质量控制图

常用的质量控制图有以下两种。

1. 均值-差值控制图

在同一张表上，同时画出均值 $\overline{X}$ 和差值 R 的控制图，即为均值-差值质量控制图（图2-6）。$\overline{X}$-R 控制图能够同时控制平行测定双样时的均值和精密度。

作 $\overline{X}$ 图时，可用真值（标准值）或15～20次分析结果的平均值作为控制图的中心线，用 $\pm 2S$ 作上下"警告限"，用 $\pm 3S$ 作上下"控制限"。

作 R 控制图时，用15～20次分析结果的差值平均值作为控制图的中心线，下控制限为零，而上控制限则为 $3.27\overline{R}$。

2. 回收率控制图

此种控制图只控制加标回收率，是控制测定准确度的最常用方法。制作控制图时，必须是试样加标回收的测定结果，而不应是控制标准物质加标的测定结果。加标回收率对常量分析的浓度范围影响不大，但在痕量分析中，则必须注意不同浓度对加标回收率的影响，必要时应建立不同浓度范围的控制图。

二、实验室间质量控制

主管部门为了考核各个实验室的分析质量，或者为了进行标准方法的协作试验，往往组织多个实验室参加测试工作。主办者可向它们分发"密码标准样"，规定用统一的分析方法进行分析，然后对报来的数据进行统计处理，以便对各实验室进行质量评价，或者计算标准方法的允许差。

各测定值与标准值的关系是统计学的相关关系，因而可用回归分析求出它们的回归方程。如以真值 T 作为自变量，测定结果的均值 $\overline{X}$ 和标准差 S 作为因变量：

$$\overline{X} = a + bT$$
$$S = a' + b'T$$

式中　a，b——均值 $\overline{X}$ 回归方程截距和斜率；

a'，b'——标准差 S 回归方程截距和斜率。

用最小二乘法计算 a、b、a'、b'：

$$a = \frac{\sum \overline{X} \sum T^2 - \sum T \sum T \overline{X}}{n \sum T^2 - (\sum T)^2}$$

$$a' = \frac{\sum S \sum T^2 - \sum T \sum TS}{n \sum T^2 - (\sum T)^2}$$

$$b = \frac{n \sum \overline{X} T - \sum T \sum \overline{X}}{n \sum T^2 - (\sum T)^2}$$

$$b' = \frac{n\sum ST - \sum T\sum S}{n\sum T^2 - (\sum T)^2}$$

然后计算 $\overline{X}$ 和 S，最后计算 95%合格限（$\overline{X} \pm tS$）。当置信度为 95%时，$t=1.96$，所以 95%的合格限为 $\overline{X} \pm 1.96S$。用真值对浓度画回归直线，以 $\pm 1.96S$ 作为上下控制限，得到图 2-7 的合格限质量控制图，该图作为检验该实验室的分析质量是否合格的指标。

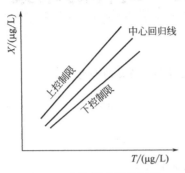

图 2-7　合格限质量控制图

思 考 题

1. 分析测试中的质量保证有什么意义？它与质量控制的提法有何差别？
2. 准确度和精密度如何评价？二者有什么关系？
3. 离群值的检验有什么方法？
4. 标准方法可以分成哪几类？标准物质有什么作用？
5. 分析方法的准确度如何评价？
6. 如何提高分析结果的准确度？
7. 何谓显著性检验？t 检验和 F 检验应用条件是什么？
8. 称取某矿石试样 0.1562g，经预处理后使铁元素呈 Fe^{2+} 状态，用 0.01214mol/L $K_2Cr_2O_7$ 标准溶液滴定，耗去 20.32mL，计算试样中以 Fe 和 Fe_2O_3 表示的质量分数各是多少？

（答案：52.92%；75.66%）

模块三　试样的采集与加工

【学习目标】

1. 熟悉采样的专业术语，理解采样的目的和意义。
2. 掌握采样方案的制定原则。
3. 掌握试样加工的程序。

【能力目标】

1. 能正确使用采样工具。
2. 能根据物料存在状态确定采样方案。
3. 能正确采取所需试样。

【典型工作任务】

通过试样的采集、制备和分解操作，会对待测物质进行适当的加工，为后续测定工作奠定基础。

样品是经过正确的采样及合理的加工而得到的。以岩矿分析为例，采样人员从采样准确度要求，对矿体中各类岩石、矿物的均匀程度及品位的高低等方面考虑，经过必要的计算，确定出合理的采样规格、采样长度和采样重量，利用各种手段所采集的样品，称为原始样品（以下简称样品）；它具有数量多、重量大、组成不均一、颗粒大小悬殊等特点。而实验室用于分析测试的样品（以下简称试样，以区别于原始样品）一般只需几克或几十克，最多几百克，并且要求其必须具有足够的细度。这样，在分析前必须对原始样品进行加工处理、缩减数量，并使之成为组成均匀（能代表整个原始样品的物质组成）、粒度很细（易于被分解）的试样。这一过程称为样品的加工或试样的制备。样品的采集和加工都是保证冶金工业分析工作质量的重要环节。

任务一　试样的采集

在工业生产中，常需测定大量物料（近 10 吨）中某些组分的平均含量。但实际分析时，仅能取少量试样（一般是十分之几克到数克）进行分析。因此，如何采取与全部物料的化学组成极为相近而又数量不多的所谓平均试样，是工业分析中的一个重要问题。显然，如果试样采取得不正确，即使分析本身达到十分精密和准确的程度，所得结果仍不能作为全部物料平均组成的依据。否则，就有可能使原材料测定、工艺计算、生产条件的控制，以及产品质量的评定等发生严重的错误。

用来分析的物料往往具有不同的聚集状态，有固态、液态和气态。固态物料可能是粒度不同的颗粒体（从大块到粉末），而组成也许是相当均匀的，也许是不均匀的。液体和气体的组成一般是比较均匀的，但在某些条件或某种原因下也可能是不均匀的或变动的，如果试料十分均匀，则平均试样的采取并不困难，在任一地点采取任一数量的物料即可；反之，对不均匀物料的取样就必须遵守一定的操作方法。

一、矿石和原材料的取样

1. 采样的基本原理和作业

矿石和其它冶金用原材料的组成常常是不均匀的。为了使所取少量试样的组成能与原始物料的平均组成相一致。应根据物料的粒度、组成的均匀性、物料堆的分层现象等因素来确定采取平均试样的数量、取样的地点和方法。但是，不论对何种对象进行取样，取样的过程和基本作业常常是相同的，即首先从大批物料中采取原始样品，然后进一步将该样品缩分到适合于分析的最终试样的数量。

2. 取样点的确定

确定取样点要根据所取样品能否有代表性、取样地点是否方便和试验的目的而定。试验的目的指取样试验是为操作提供数据，还是为考核产品的质量。对冶金原材料的布点最常遇见的情况是从矿堆、车厢中和运输皮带上布点。

（1）堆料场布点　原则上是根据采样份数均匀布点。用互相垂直的平行线把料堆表面等分区域，取平行线交点作为取样点，在深 0.5m 左右取样。若料堆为三角形断面长条布置，一般在其侧面上距地面 0.5m 处划第一条水平横线，而后距第一条线 0.5m 处划第二条横线，依此类推，然后根据所确定的采样份数划垂直线等分各区，在交点处采样。

由于堆料过程中易造成偏析以及料堆表面受到氧化、风化作用，料堆内部取样又较困难，要采出具有代表性的试样是不容易的。故一般不在料堆上取样，而在皮带堆料时（或取料时）采样。

（2）车厢布点　采样先把散料试样铲平，按照图 3-1 所示找出采样点。如果是一列货车，在第一节货车上 1 点取样，第二节货车上 2 点取样，以此类推按所要求的份数和数量取完样。在汽车货厢上可按 5 点取样，如图 3-2 所示。

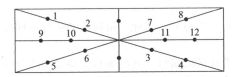

图 3-1　货车上采样点分布图

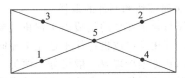

图 3-2　汽车上采样点分布

（3）运输皮带布点　采样一般在运输皮带上或落料口上。图 3-3 所示为运输带上的几种采样方式，其中如图 3-3（a）所示为手动，把采样料盒放在皮带上，随着皮带运动通过料流点把盒收回即可。

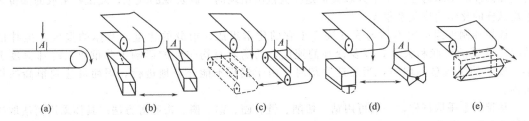

图 3-3　运输皮带上的采样方式

（a）手动料盒采样；（b）～（e）分别为溜槽型、给料型、肩斗型、摆动溜槽型截取机；

A—开口部宽；→料流方向

其他几种采样装置作为装卸设备的一部分而设置。这种设施只有在皮带达到正常载荷时才能动作，并按设定的间隔时间采样。为达到规定部分试样的质量，采样间隔时间 t：$t=$批量/试样份数。

每次采样质量应大致相同，若不能在一次采足时可采数次。大致相同是指每份样质量的差异小于平均值的 20%。

对于粉、块混合物，必须能够容易地采到粒度最大的块。当皮带机上采样时，以最大粒度 3 倍以上的长度作全流幅采取，在落料口用采样机采取时，开口部宽（见图 3-3 中 A）应是最大粒度的 3 倍以上。

对钨、锆、铌、钽等精矿取样时，如精矿是装在藏包或草袋中，则从每 3 包或 5 包中打开一包，并用取样管在该包的上、中、下三部分取样，在需要十分精确取样的情况下，应从每二或三包中取一包精矿倒在一堆，然后用四分法缩分到试样最小重量。

对铜、铅、锌等精矿的草袋取样时，可用取样管在袋口一直插到袋底取出一份小样，然后将全批草袋中取得的小样合并成一个平均试样，其中约相当于全批精矿的5/10000。

对其他精矿或物料取样的原则和上述数例类同，不过应根据具体物料的粒度、均匀性来确定应取试样的比例数，同时应根据容器的大小来确定取样点和小样份数。

3. 取样方法

（1）拣块取样　在矿料堆或矿体的适当部位，拣岩块（整体要把表面风化层去掉）作为样品，这种方法简单易行，但有相当的主观性。取样人员对矿山资源质量情况相当了解、经验丰富，取样才有代表性。

（2）方格取样　在矿体划定的方格或菱形网格的各角，采取相等的矿块，合成样品。样品大小根据需要原始样品的重量而定。采样之前，需将采样处整平扫净。此法也适用于煤堆的取样。

（3）刻槽取样　在矿体不同部位刻出规则的槽，刻槽时凿下岩块就作为样品。槽的断面一般是长方形，也有半圆或三角形的；在一般情况下，断面为（3cm×2cm）～（10cm×5cm），深度为1～10cm。刻槽前，要将岩石表面弄平扫净。

（4）炮眼取样　在矿山打眼时，取其凿出的碎屑细粉组合成样品。

二、金属的取样

要分析的金属或合金可能是制件或锭块（铸块），也可能是熔融状态的液体。不论是哪种状态的金属都可能是不均匀的，因此金属的取样也应遵守一定的规则。

1. 金属锭块和制件的取样

金属与合金锭块的组成由于偏析现象而常常是不均匀的，因此，由锭块和制件不同部位采取的试样，其化学组成也往往不是完全相同的。

我们知道偏析现象一般可分为两类：枝晶偏析和区域偏析。枝晶偏析主要是由于合金在结晶时，新形成的固相与原来液相成分的不同所引起的。由于这种偏析主要发生在金属晶粒之内，仅在显微镜下才能发现，故对宏观的试样的均匀性来说影响不大。区域偏析的主要原因是熔融金属或合金在冷却过程中，由于凝固点高的组分在靠近冷却表面处先行结晶，将凝固点低的组分排挤到熔体内部；或由于先行结晶的组分因密度不同而沉降于锭模的底部或上升至其表面，从而造成锭块和制件的不均匀性。由于区域偏析是在大范围出现的，属宏观的现象，故试样采取的部位对平均试样的化学组成关系很大。

锭块和制件组成的不均匀程度决定于它的化学组成、组分的比重、熔体的温度、搅拌的情况、锭模的形状和大小，以及冷却的速度。而后者对均匀性的影响十分重要：冷却速度愈小，锭块的组成愈不均匀，当迅速冷却时，由于偏析不能充分地进行，因而可达到很高的均匀性。

从锭块上采取试样，一般可用钻、切削、铣、刨、锯、凿、击碎等方法。具体采用何法取决于锭块的机械性能。

（1）钢的取样　钢的不均匀性主要是由于结晶过程中合金组分的不均匀性分布所造成。碳、硫、磷特别倾向于这种不均匀的分布。所以尽可能地从锭块和制件各个部分采取细屑，并仔细地混匀。

在取样之前，应用砂轮或钢丝刷将试料表面的氧化皮除净。对不太硬的钢样，可用高速切削钢制的，直径约为13～18mm的麻花钻头或平头钻（图3-4）来钻取细屑；钻头的转速不应超过150r/min。如用铇床取细屑，则应沿铇床铇取细屑，并应沿锭块整个纵面和侧面刨取。在钻取或刨取细屑期间，应防止细屑由于过热而氧化，同时应避免得到长的螺旋状切屑，因为这种切屑不易均匀混合。

将钻屑放于硬质钢制冲击钵（图3-5）中击碎，或于玛瑙乳钵中研磨，将细屑筛分成粗粒和细粒两部分，然后从两部分中按它们的重量比例取出相应的一部分进行分析。为了除去油污物质，用乙醚洗涤试样并干燥。此点在测定碳时特别重要，因有机物中含有碳，溶剂存在将使测定钢中碳时结果偏高。

对硬度很大的钢，例如钨钢，在钻取试样前需要退火以减低钢锭表面硬度。为此将锭块放于高温电炉中，在750～870℃退火15～25min，慢慢冷却之。

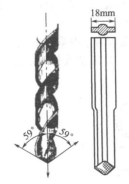

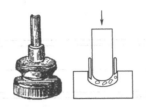

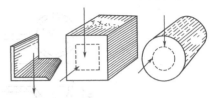

图 3-4　麻花钻和平头钻　　　　图 3-5　冲击钵　　　　图 3-6　金属制样的取样

对钢（铁）板取样时，可从板上各沿全长取 50mm 宽的狭条，将每一狭条叠成数层刨削断面。

金属丝可用剪刀；粗金属丝可先在铁砧上锤成薄片，然后再剪成试样。

现成制品零件，最好用铇床刨取样品的整个表面，或在如图 3-6 所示部位钻取。

（2）铁的取样　从一批铸铁块中取样时，每 10t 生铁取一块锭块。把这样取得的锭块分成均匀的数组，每组中的锭块不超过 10 个。然后从各组中取样，单独加以分析，按各组分分析的结果取其平均值。

如锭块为白生铁，由于其硬度太大不能钻取，可用重锤将其打碎，取出部分清洁的铁块（有新断口的表面），用硬质钢料冲击钵或气压钵打碎或压碎至试样能全部通过 20 网目的筛子（即粒度均小于 0.85mm），将试样缩分至 100g 左右，然后用 80 网目（约相当于筛孔边长 0.18mm）的筛子进行筛分，将所得两部分试样分别称其重量，然后从两个部分中按比例取出两份试样，合并为分析试样。

例如，残留在 80 网目筛上的试样重 95g，筛下试样重 5g，若需取 2g 分析试样，应从 95g 筛上试样取 1.9g，从筛下试样取 0.1g，合并为 1 个试样。

有时为了获得较精确的平均试样，可取 5g 平均试样溶于 1∶1 硝酸或盐酸硝酸的混合酸中；溶液在 250mL 容量瓶中稀释至刻度，然后取出一定量的此溶液进行分析。

对灰生铁取样时，先将锭块表面用砂纸打净，然后在现出发亮金属处钻取试样，钻时可用直径 13～18mm 的麻花钻或平头钻在锭块若干处进行钻取；将最初 5mm 深处的钻屑弃去，钻头应钻至离另一面剩有 6mm 距离的地方（如试样过厚可钻至中心）。将钻屑于淬过火的钢钵中研磨至全部通过 20 网目的筛子，然后将上述试样缩分至分析试样。

（3）铁合金的取样　铁合金是一种十分不均匀的物料，特别是钨铁、钼铁、低碳铬铁、硅铁合金。铁合金的不均匀性主要是由于它是化学成分不同的大块与小粒碎末的混合物，同时还由于偏析而产生局部不均匀现象。因此，取样时必须既取大块又取细粒，而且二者比例应与全批合金中大块和细粒的重量比接近。

对一大批铁合金取样时，可在料堆的各个部位采取重约等于全批重量的 1%～3% 的原始试样。

对大块的合金可用 10～18mm 的钻头钻入 3～4mm 深。取硬度很大的合金（如含碳铬铁合金），可使用硬质合金钻头钻取，也可在特殊的钢钵中或用气锤打碎至粒度小于 3～5mm，然后缩分至 400～500g，再缩分取出约 100g，研细至粒度小于 1mm，再缩分至 20～30g，然后再在钢制或玛瑙乳钵中研细至全部粒度小于 0.15mm（如硅铁、硅铝铁、硅锰等）或 0.075mm（如铬铁、钨铁、钼铁、钛铁、锰铁、铌铁、锆铁等）。

用钻、铇或锯所得到的试样，不应含有铁渣、油脂、泥或其他外来物质。为了除净合金细屑或粉末上的油污，可用乙醚洗涤。

2. 炉前取样

在冶炼厂和加工厂中，为了控制冶炼的生产条件，或为了缩短对产品质量检验的时间，常常直接从炉中或出炉时的金属流中，或浇注时的金属流中采取熔融状态的试样。

在进行炼铁炉（高炉）炉前取样时，可用长柄铁勺（图3-7）在铁水流入沟中时取三次试样：流出铁水量1/4、1/2、3/4时各取一次；分别倒入样模中打上号码，冷却后，用钻或打碎的方法采取分析试样。

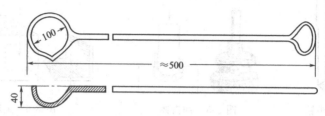

图 3-7 取熔融金属试样用的长柄勺

熔铁炉或化铁炉的试样，都是在铁水自炉子流出一半后用长柄勺采取。

炼钢炉炉前取样是用长柄勺直接从炉中取样。勺在用前必须先蘸上一层炉渣，否则会熔化。取样前应将炉中钢水搅匀，因各杂质在炉中分布情况不同，上层含碳和硫较多，下层含锰较多。

用勺自炉中取出液体钢，去渣后倒入特制的可脱开的铸铁模中（图3-8），此模内部有凸的号码。从此模中取出的试样钢锭，在A区钻取试样。取样前应将钢锭表面用砂轮磨干净。

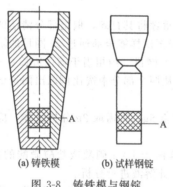

(a) 铸铁模　　(b) 试样钢锭

图 3-8 铸铁模与钢锭

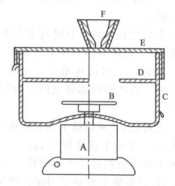

图 3-9 离心甩片机

A—电机；B—取样铜盘；C—外壳；
D—挡板；E—钢盖；F—漏斗

为加速炉前取样和简化制样手续，可用离心机或手甩法将试样制成薄片，而不必铸成锭块。

用离心甩片机或手甩法制样是先开动电机至转速稳定后，用勺取钢液倒向漏斗（图3-9）以细流倒入，钢液落至旋转的铜盘B上后，受离心力作用甩成薄片。然后停止电机转动，取出薄片供炉前分析用。

用手甩法制样是用长柄勺将铁水或钢水取出，立即以细流倒下，同时用一块稍烘热的铁片迅速横切过细流，使铁片上铺有一层铁水，立即放于冷水桶中（桶中悬放有一块铁丝网），取出迅速冷凝的薄片试样，烘干、打碎，即可作为分析试样。

上述两法适用于生铁、中碳或高碳钢中的炉前取样，由于低碳钢不脆，不易打碎，故不能用。

三、炉渣的取样

炉渣试样通常是在炉内或放渣时采取，有时也从堆积的冷渣中采取。

炉渣的成分很不均匀，即使是冶炼炉内的液态炉渣，各处的成分也不相同。因此，取样时应充分混匀，注意取样点的位置和数量。

1. 冷渣取样

从冷渣中取样的方法与矿石取样的方法相似，但由于炉渣的成分不均匀，因而应增加几个取样点。取样点处的块状炉渣应预先打碎。将所采得的各份小样合并，磨碎至 100 网目，用四分法缩分至 50g 左右，取出 10～20g，置于玛瑙乳钵研细至全部粒度小于 200 网目，混匀装瓶，以备分析之用。

2. 熔融炉渣取样

冶炼生产中，炉渣试样常常是直接从炉内或放渣时采取。自炉内取样时，用一长柄铁勺伸入炉内将炉渣搅拌一下后，自不同位置取出几勺，倒于洁净的铁板上，冷却，磨碎至 100 网目，用四分法缩分至 50g 左右，取出 10～20g，全部研细至小于 200 网目，即为分析试样。

高炉炉渣可于出铁时取样，每隔 1min 用勺自出铁槽处取一次。

从铁合金锭模中采取熔渣是在放渣后立即进行。勺应浸入渣层厚度的 1/2 深处。试样则是沿锭模长的三个点选取：锭模两短距离离模壁 30～50cm 处取两个，中央取一个试样。

3. 白渣（电炉渣）取样

白渣在空气中很快破裂为白色或灰色粉末，因成分中的 CaC_2 与空气中的水分作用即分解为 CaO 和 C_2H_2（乙炔），故取样后应立即击碎置于密闭的玻璃瓶中，并且很快地进行分析。白渣的成分变化很大，取样前必须彻底搅拌混合。炉渣内容易混入金属铁粒，它将使 Fe_2O_3 和 FeO 含量测定结果偏高。为了分离金属铁粒，用磁铁在粉碎的炉渣中吸引铁粒，然后用小软刷子仔细地将吸附在铁粒上的炉渣刷下，然后再将铁粒从磁铁上刷下。重复以上操作数次。

四、液体的取样

液体一般都比固体物料均匀，所以取样比较简单。

一切取样的工具都应该是清洁的。根据液体的性质不同，可用水、酒精、汽油来洗涤取样工具，并加以干燥，或者用要取的液体加以洗涤。

从大容器中采取不同地点的液体试样时，可用图 3-10 所示的取样瓶。

从不深的容器中采取试样时，可用一根直径 10～25mm 的长金属管或玻璃管插入被取样的液体中，管子装满液体后，用手指或塞子堵住管子的上端，然后将管子提出，将液体试样移入试样瓶中。

五、气体的取样

正确取样是气体分析时的一个关键，由于气体的物理特性，取样时容易引起下列几方面的误差：

① 取样管未经吹洗，将前一次取样时残留的气体混入这一次取得的试样内；

② 取样管或各连接处不够严密，使外界空气漏入；

③ 在热的状况下取样，冷却后管内压力降低，使外界空气漏入；

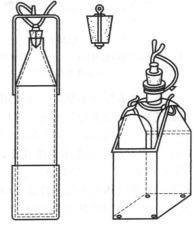

图 3-10　取样瓶

④ 原来的气体未经均匀混合，没有取到代表性试样。例如，在气体组成不均匀的较大空间中仅在某一地点取样，或在气体组成极具变化的气体管路中，迅速采取试样，都不能取得具有代表性的平均试样。在这种情况下取样，应在不同地点、不同时间，多采集试样以及尽量延长气体通过取样管的时间；同时，在采取大量试样后，应稍待片刻，使其混匀后，再取出分析。

在冶金炉或煤气发生炉内，常常要定期地由某一部分管路或容器中取得气体试样，所以在设备的管路中均预先装有取样导出管。取样时，将取样管用橡皮管或导出管连接，打开阀门，管路中的气体就会因本身压力或利用抽气设备流入取样管。

制作取样管的材料应根据所取气体的组成和温度来决定。一般使用铁制取样管，但温度高于 600℃以上时，铁可与二氧化碳及水蒸气作用生成一氧化碳和氢气，从而改变试样的组成。此外，在高于 250℃时，由于金属材料导热，可能使连接用的橡皮管损坏，因此，温度较高时，金属取样管必须有水套冷却管（图 3-11）。

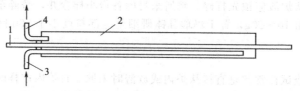

图 3-11 具有水套管的取样管

1—铜质取样管；2—水套管；3—水的进口；4—水的出口

一般玻璃管可以在 500℃ 以下应用；耐热的玻璃管可以到 1000℃；在 1000℃ 以上，可用上釉的瓷管。

取样时所用的容器，其形状应根据试样的量和性质来决定。试样的量能够供给重复测定之用。

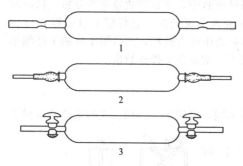

图 3-12 气体吸量管

1—取样以后可以熔封的；2—用玻璃管棒塞住的；
3—具有两路旋塞的

采用气体试样最常用的容器是气体吸量管。这是一种容积为 250～500mL 的管子，两端都附有开闭装置。最简便的几种气体吸量管见图 3-12。取样时，把两端的开闭装置打开，用橡皮管连到导管上，借气体本身的压力或抽气装置，使被取样的气体进入吸量管，直到将吸量管中原有气体冲洗除尽后，关闭开闭装置，使气体试样保留在吸量管内。

还有金属（铜或锌）制成的两端具有短管或旋塞的气体吸量管，容积可以达到 2L。

所有取样容器都应保持清洁，不得带有油脂（很易由旋塞带入）、焦油或炭黑。在旋塞上应当很好地涂以润滑剂（凡士林）使其能严密封闭。在使用之前，应当检验容器的严密性。如果试样须保存较长的时间，则容器开闭装置的外面应以蜡等物质封住。

当气体表压为负压时，必须用吸气法把试样吸入气体吸量管中。为此，常用橡皮抽气球或活塞抽气泵。采取多量气体时，可应用玻璃或金属的抽气泵（图 3-13）。

在常压下取样，最常用的方法是利用压力瓶的提高和降低，把气体吸入气体吸量管中（图 3-14）。取样前，先把压力瓶升高，使封闭液充满吸量管中，然后把气体吸量管两端的旋塞关闭（先关下面一个，后关上面一个）。用橡皮管把气体吸量管与取样管连接起来，打开旋塞，把压力瓶降低，把气体吸入气体吸量管中，最初一部分气体，应当使其通过装在气体吸量管与取样管中间的一个三通侧管排到大气中去（用提高压力的方法）。因为这一部分含有空气及前一次取样时

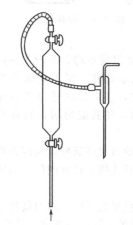

图 3-13 吸气管及水流抽气泵

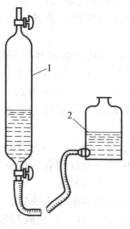

图 3-14 具有压力瓶的气体吸量管

1—气体吸量管；2—压力瓶

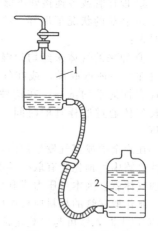

图 3-15 玻璃吸气瓶

1—吸气瓶；2—压力瓶

所余下的一部分气体。此时必须注意不让气泡附着在气体吸量管的内壁。然后把压力瓶降低，再使气体吸入气体吸量管中。压力瓶的降低应缓慢，否则将产生过低的负压，使空气可能从连接处吸入到吸量管中。

在取样后，气体吸量管中不应有封闭液，因为它可能会溶解一部分气体，结果使试样组成发生改变；并使气体吸量管压力降低，引起空气的漏入。

采取较大量的气体试样时，可利用由两个瓶组成的吸气管（图3-15）。其工作情况与使用气体吸气管时完全相同。

任务二　试样的制备

一、样品加工工作的依据

要从大量的样品中取出少量能够代表其组成的试样，必须考虑决定样品最低可靠重量的因素。这些因素包括：样品的粒度、样品的密度、被测组分的含量、样品的均匀程度和分析的允许误差等。对固体试样而言，一般来说，物料的粒度越小，均匀性越好，采样的份数和质量可以越少；物料粒度越大，均匀性越差，采样的份数和质量越大。如果对检验试样的准确度要求越高，则采样份数和质量也应增加，其检验费用也增高。部分试样采取的份数见表3-1。

表3-1　部分试样采取的份数

矿物特性	矿物粒度/cm					
	0~5		5~12		25~60	
	小样/份	每个小样质量/kg	小样/份	每个小样质量/kg	小样/份	每个小样质量/kg
不均匀	10	2.5~3	100	4~5	140	6~7
很不均匀	100	3~4	140	5~6	200	7~8

在考虑决定样品最低可靠重量的各种因素中，分析的允许误差、被测组分的含量和试样的密度等因素在同一种样品的粉碎和缩分过程中是固定不变的；并且在样品的粉碎过程中，随着样品的粒度减少，均匀程度增大，样品的最低可靠重量趋于减小。基于这种关系，切桥特等通过大量的实验事实，总结出下列经验缩分公式

$$Q = Kd^2$$

式中　Q——样品最小质量，kg；

　　　d——最大颗粒直径，mm；

　　　K——矿石特性系数，在0.05~0.1之间，特殊的在1或1以上。

各类矿种的K值参见表3-2。

表3-2　各类矿种的K值

矿　种	K值	矿　种	K值
铁(接触交代、沉积、变质型)、锰	0.1~0.2	脉金(颗粒基本上小于0.1mm)	0.2
铜、钼、钨	0.1~0.5	脉金(颗粒基本上接近0.1mm)	0.4
Ni(硫化物)、钴	0.2~0.5	脉金(颗粒基本上大于0.6mm)	0.8~1.0
铬	≤0.25~0.3	铌、钽、锆、铪、镀、锂、铷、铯及稀土元素	0.1~0.5
铅、锌、锡	0.2	磷矿石(分布均匀者)、萤石、黄铁矿	0.2
铝土矿(非均一的，如黄铁矿化铝土矿，钙质铝土角砾岩)	0.3~0.5	高岭土、黏土、石英岩	0.1~0.2
锑、汞	≥0.1~0.2	明矾、石膏、硼矿	0.2
菱镁矿、石灰石、白云石	0.05~0.1		

【例 3-1】 有一矿样全部通过 20 号筛（$d=0.84mm$），其特性系数 K 为 0.2。则缩分出来的样品的最低质量按缩分公式计算，应保留样重为：$Q=Kd^2=0.2\times0.84^2=0.141kg$。

计算表明，通过 20 号筛之后此试样最低只允许缩分到 141g。如果进一步缩分，必须继续粉碎。如不进行粉碎把 141g 分成两份是不允许的，否则就失去代表性。

缩分次数可按下法确定：当样品原始质量比它最低可靠质量大 N 倍，则缩分次数可用下式求得：

$$N=2^m$$

式中　m——缩分次数。

如样品原始质量为 2000g，全部通过 20 号筛最低可靠质量为 141g。

$N=2000/141=14$ 倍，而 $2^3<14<2^4$，则缩分次数应为 3 次而不是 4 次。

具体操作步骤：首先将全部样品通过 20 号筛，将样品混匀，用四分法弃去一半，将留下的 1000g 样品混匀，再用四分法弃去一半，留下一半得 $1000/2=500g$，重复下去，直至留下一半大于 141g 为止，这就是最低可靠质量，有足够的代表性。

在实际工作中如无特殊要求，K 值采用 0.2，不论矿样多少，一般是经过一次（或几次）破碎，缩分至通过 20 号筛，然后缩分出 141g 以上，全部细碎至所需粒度。

二、样品的质量要求

① 样品的重量、粒度必须符合缩分公式的要求。样品加工前，要先根据样品的粒度和缩分公式，检查送检样品的重量是否符合要求。若以 Q' 代表送检样品的重量，且 $Q'=nQ=nKd^2$，即 $n=Q'/Kd^2$，则 n 值可能出现三种情况：a. 当 $n>2$ 时，可以进行缩分。设缩分次数为 x，那么，$n=2x=Q'/Kd^2$，或 $x=\lg(Q'/Kd^2)/\lg2=3.32\times\lg(Q'/Kd^2)$，即送检样品需要进行 x（取整数）次缩分后，再进行加工粉碎。b. 当 $2>n>1$ 时，不必进行缩分，可以直接加工粉碎。c. 当 $n<1$ 时，送样不够；应当与送样单位协商，要求增加送样量。

② 样品要比较干燥。如果送检的样品湿度太大、不便加工，则需先将其摊开风干或晒干；必要时也可用烘箱烘干，烘样的温度主要根据岩矿样品的种类而确定。部分岩矿样品的烘样温度列于表 3-3。

表 3-3　部分岩矿样品的烘样温度及其加工后的破碎粒度

岩矿样品种类	破碎粒度/mm	烘样温度/℃
石灰石、白云石、明矾石	0.097	105
高岭土、黏土	0.097～0.074	不烘样、校正水分
磷灰石	0.125	105～110
黄铁矿	0.149	100～105，或不烘样、校正水分
硼矿	0.097	60
石膏	0.125	55
芒硝	0.250～0.177	不烘样、校正水分
铁矿	0.097～0.074	105～110
锰矿	0.097	不烘样、校正水分
铬铁矿、钛铁矿、石英岩	0.074	105
铜矿、铅锌矿	0.097	60～80
钨矿、锡矿、铝土矿、各种硅酸盐岩石	0.097～0.074	105

③ 样品中不能混杂有木片、纸屑、铁钉或铁屑等杂质，以免污染样品并损坏设备。

三、试样最小质量（缩分到最后分析试样的质量）**的确定**

送至化验室的原始试样，其原始质量自几公斤至几十公斤不等。这些原始试样往往是代表矿体的某一块段或矿层的化学组成。在化验室里进行化学分析的试样一般只需几克、几十克，最多也不过几百克。因此，对某一原始试样进行加工时，首先破碎、缩分，使制成的分析试样不仅能达到足够的细度，便于分解，并代表整个原始试样的化学组成。通过 100～200 号筛后，制成量小（100～300g）的分析用样。此时需留一个副样以备检查分析。

岩矿分析样品的加工有其特有的工艺流程，应当按照地质矿产部门颁发的《岩矿分析碎样规程》的规定进行。如果加工过程中不遵守科学方法或者操作不当，加工后的样品不均匀或没有代表性，就会使岩矿分析失去实际意义。

样品的加工通常包含四个工序：破碎、过筛、混匀和缩分。

1. 样品破碎

样品破碎加工流程一般分为粗碎、中碎和细碎三个阶段。每个阶段又分为破碎、过筛、混匀和缩分四个工序。样品加工流程见图 3-16。

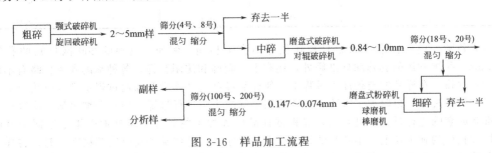

图 3-16　样品加工流程

（1）粗碎　使用颚式破碎机或锤子将原始试样破碎至 2～5mm，即破碎至全部通过 10～4 网目标准筛；充分混匀后，再进行缩分。

（2）中碎　使用对辊式中碎机或圆盘细碎机将粗碎缩分后的样品进一步破碎至 0.84～1mm，即破碎至全部通过 20 或 18 网目标准筛；充分混匀后，再进行缩分。

（3）细碎　使用圆盘细碎机将中碎缩分后的样品完全破碎至最后分析试样所需的粒度；充分混合均匀后，再进行缩分。对于防污染的样品或少量的样品，可以选用玛瑙罐行星球磨机、三头研磨机或高铝瓷球磨机进行细碎加工。

不同种类的岩石矿物样品，其分析试样所要求进行细碎加工后的粒度也不相同。部分岩矿样品加工后的破碎粒度列于表 3-3。

（4）破碎过程应注意的事项

① 在破碎样品前，每一件设备、用具都要用刷子刷净，然后用待破碎的样品洗刷 1～2 次。

② 在碎样过程中，未能磨细过筛的任何颗粒都不能弃去，必须破碎至全部过筛；同时，要尽量防止小块的样品和粉末飞溅。偶尔跳出的块状或大颗粒样品，须放回碎样器内继续破碎。

③ 某些样品在破碎过程中因挤压、摩擦等作用而有可能发生化学变化，例如，结晶水的损失；矿物元素价态发生变化等。此时，应当根据样品的具体情况，采取相应的防范措施。

2. 样品过筛

过筛的目的是加速破碎，有利缩分。过筛过程中一定要使样品全部通过，绝不能任意弃去筛上样品。

（1）标准筛的网目和孔径　筛的网目是指 1in（25.44mm）长度筛网上的筛孔数。例如，100 网目是指 1in 长度的筛网上有 100 个筛孔。标准筛是以 200 网目筛（孔径 0.074mm）为基础，按筛孔径比为 $2^{1/4}$ 的比例依次分别增大和减小网目筛的孔径而组成的一系列孔径的套筛。其中，200 网目筛称为零位筛，200 网目前第 n 个筛的孔径为 $0.074 \times 2^{n/4}$ mm；200 网目后第 n 个筛的孔径为 $0.074/2^{n/4}$ mm。例如，200 网目前第 1 个筛的孔径为 $0.074 \times 2^{1/4} = 0.088$ mm，这个筛子 1in 长度上有 170 孔，故称为 170 网目筛；200 网目后第 1 个筛的孔径为 $0.074/2^{1/4}$ mm $= 0.062$ mm，这个筛子每英寸长度上有 230 孔，故称为 230 网目筛。标准筛的网目和孔径见表 3-4。

表 3-4　标准筛的网目和孔径

网目	孔径/mm	网目	孔径/mm	网目	孔径/mm
3	6.35	16	1.19	70	0.21
3.5	5.66	18	1.00	80	0.177
4	4.76	20	0.84	100	0.149
5	4.00	25	0.71	120	0.125
6	3.36	30	0.59	140	0.105
7	2.83	35	0.50	170	0.088
8	2.38	40	0.42	200	0.074
10	2.00	45	0.35	230	0.062
12	1.68	50	0.297	270	0.053
14	1.41	60	0.25	325	0.044

世界各国采用的标准筛的型号和孔径并不完全相同。例如，英国的 200 网目筛的孔径为 0.076mm。我国常用的套筛除标准筛外，还有上海套筛和沈阳套筛，各种筛的孔径也略有不同。

（2）过筛　在样品的破碎加工过程中，使样品经反复破碎后全部通过规定型号或孔径筛子的操作过程称为过筛。粗碎加工阶段，通常使用手筛或大筛进行过筛。中碎和细碎加工阶段通常使用标准筛或套筛进行过筛；过筛时，先根据样品破碎加工的具体要求选取若干个不同型号的筛子，按大孔径的筛子在上、小孔径的筛子在下的次序，将这些筛子及筛底套接在一起；将样品倾入顶部筛子，套上顶盖，拿起整套筛子，用力摇动；然后，按从上到下的顺序逐步将残留在各个筛子中的样品进行破碎，直至所有样品完全进入筛底，即达到要求的破碎粒度。

3. 样品的混匀

为了保证样品均匀有代表性，缩分前必须将样品充分混匀。生产用试料批量较大，一般用混料机混合。图 3-17、图 3-18 所示为两种混合机示意图。小于 3mm 的细料用 V 形混合机，大于 3mm 的试料用双圆锥形混合机。对试样量不大的物料，可以用手工混匀。

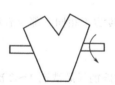
图 3-17　V 形混合机示意

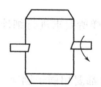
图 3-18　双圆锥形混合机示意

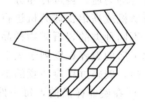
图 3-19　二分器示意

（1）用手铲混匀　对于性状差异较大的物料可用下述程序：①在干净的铁板平面上，把每一铲试料交替地在两个地方散布成薄而长的料带，重复堆积成两个细长的料堆；②沿上述两个料堆，纵向一铲一铲交替地从堆体底部掘取试料，散布成薄而长的一条新料堆；③将上述一条新料堆纵向从堆底掘取试料，反复进行操作 4～5 次。

对于性状相类似的物料用圆锥法，方法有：①在干净的铁板平面上，把试料堆积成圆锥形；②用铲把圆锥形试料摊平；③用铲从底部掘取试料，换个地方再堆积成圆锥形。

（2）使用二分器混匀　如图 3-19 所示为二分器的示意图。用二分器把试料分成两堆，再把它们合在一起，然后再用二分器分成两堆，如此进行 4～5 次即可。

（3）层状混合法　将试料在同一宽度长度上摊开，以层状形式堆积，在纵向上或横向方向取料。

（4）分样器法　将装有样品的容器在分样器的中线上来回移动，使样品慢慢而均匀地倾泻在分样器中，重复数次即可均匀。

（5）掀角法　将样品倒在一块四方的橡皮布上，提起两个对角，使试样自这一角转到那一角，然后换另两个对角同样操作。操作时必须使样品滚过橡皮布的中线，如此重复 10 次，样品就可混匀。

（6）环锥法　将样品倒在橡皮布上，用小铲将它堆成一圆锥状，然后以锥顶为中心，将锥体轻轻压平成圆饼，用铲划成一环形，再重新堆成圆锥体。

4. 样品的缩分

（1）四分法　如图3-20所示，先用铲从料堆底部掘起，见图3-20（a），堆成圆锥状见图3-20（b），这时注意料从中心堆上去，而后用铲把圆锥顶拍平，或由中心向半径方向把料摊开，见图3-20（c），把圆台料堆用金属制"十"字形分样铲堆切成四块，见图3-20（d），弃去对角的两份，收集剩余的两份。根据需要可以进行第二或第三次缩分。

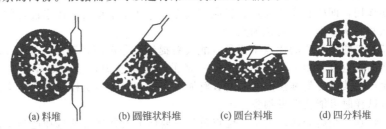

| (a) 料堆 | (b) 圆锥状料堆 | (c) 圆台料堆 | (d) 四分料堆 |

图 3-20　四分法示意

（2）分样器法　将样品均匀地倒入分样器中，即可将样品分成两等份。

对于试样量较大的试料缩分，应采用机械缩分装置，但必须满足精度高和偏差小的条件。机械缩分装置有截取缩分机，旋转圆锥缩分机，盲孔缩分机及旋转缩分机等。

5. 样品的烘干

原始试样中或多或少地含有一些水分，含水分多时使破碎、过筛等操作发生困难，会发生堵塞或粘黏现象，因而必须先将样品干燥，才能对样品进行加工。

一般大宗样品采用自然干燥法（或称风干法）干燥。少量样品可在电烘箱中烘干，控制温度为105～110℃。有些试样不可烘干，如物相分析和测定亚铁的样品；有些试样只能在较低温度下烘干，如萤铁矿等硫化矿宜在60～80℃下烘干；有些试样则需在较高温度下烘干，如铝土矿、锰矿等需在130℃烘干。

任务三　分析试样的分解

冶金工业分析中固体样品的分析，除少数分析项目的测定方法（如激光光谱分析、放射性分析）外，一般都要先将试样分解，使样品中的待测组分全部转变为适于测定的状态。在这个过程中，一方面要保证样品中的被测组分全部地、毫无损失地转变为测定所需的形态（一般是转入到溶液中）；另一方面又要尽可能地避免带入对分析有害的物质。因此，试样的分解，关系到分析结果的质量，关系到分析手续的简繁，关系到分析生产的速度和成本。有许多组分的分析，由于样品分解方法的改进，使整个分析方法与分析流程得到巨大变革。因而样品的分解是冶金工业分析的重要组成部分。

一、概述

试样分解的方法很多，归结起来可分为两大类：湿法分解法和干法分解法。

湿法分解法是将试样与溶剂相互作用，样品中待测组分转变为可供分析测定的离子或分子存在于溶液中，是一种直接分解法。湿法分解所使用的溶剂视样品及其测定项目的不同而不同，可以是水、有机溶剂、酸或碱及盐的水溶液、配位剂的水溶液等，其中应用最为广泛的是各种酸溶液（单种酸或混合酸或者酸与盐的混合溶液）。湿法分解的方法，依操作温度的不同，可分为常温分解和加热分解；依供能方式的不同，可分为电炉（或电热板、电水浴）加热分解法、水蒸气加热分解法、超声波搅拌分解法、微波加热分解法等；依分解时的压力不同，可分为常压分解和增压分解（封闭溶样）法。

干法分解法是对那些不能完全被溶剂所分解的样品，将它们与熔剂混匀在高温下作用，使之转变为易被水或酸溶解的新的化合物。然后，以水或酸溶液浸取，使样品中待测组分转变为可供分析测定的离子或分子进入溶液中。因此，干法分解法是一种间接分解法。干法分解所用的熔剂是固体的酸、碱、盐及它们的混合物。根据熔解时熔剂所处状态和所得产物的性状不同，可分为熔融（全熔）和烧结（半熔）两类。全熔分解法在高于熔剂熔点的温度下熔融分解，熔剂与样品之间反应在液相或固-液之间进行，反应完全之后形成均一熔融体；半熔分解法在低于熔剂熔点的温度下烧结分解，熔剂与样品之间的反应发生在固相之间。半熔分解反应是由于温度升高而两种结晶物质可能发生短暂的机械碰撞使质点晶格发生振荡回摆现象而引起的。实验表明，加热至熔剂熔点的 57% 左右时，由于晶格中的离子或分子获得的能量超过了其晶格能，在它们之间便可发生互相替换作用，即明显发生反应。反应完成之后仍然是不均匀的固态混合物。

湿法分解法和干法分解法各有优缺点。

湿法分解特别是酸分解法的优点主要是：酸较易提纯，分解时不致引入除氢以外的阳离子；除磷酸外，过量的酸也较易用加热方法除去；一般的酸分解法温度低，对容器腐蚀小；操作简便，便于成批生产。其缺点是湿法分解法的分解能力有限，对有些试样分解不完全；有些易挥发组分在加热分解试样时可能会挥发损失。

干法分解，特别是全熔分解法的最大优点就是只要熔剂及处理方法选择适当，许多难分解的试样均可完全分解。但是，由于熔融温度高，操作不如湿法方便。同时，正是因为其分解能力强，器皿腐蚀及其对分析结果可能带来的影响，有时不能忽略。

冶金工业分析的试样种类繁多，组成复杂，待测组分在不同样品中的含量变化极大。一个样品的分析或者一个项目的测定都可能有数种方法。在实践中，试样分解方法的选择要考虑多种因素，其一般原则如下。

① 要求所选溶（熔）剂能将样品中待测组分全部转变为适宜于测定的形态。一方面不能有损失或分解不完全的现象；另一方面也不能在试样分解中引入待测组分。有时根据送样者的要求，还要保持样品中待测组分的原有形态（或价态），或者样品中待测组分原有的不同形态全部转变为呈某一指定的形态。

② 避免引入有碍分析的组分，即使引入亦应易于设法除去或消除其影响。

③ 应尽可能与后续的分离、富集及测定的方法结合起来，以便简化操作。

④ 成本低、对环境的污染少。

二、岩矿试样的湿法分解

冶金工业分析中，不同固体试样被分解的难易程度不同，其中以岩矿试样较难分解。岩矿试样分解方法同样是有干法分解和湿法分解两大类。前者是一类间接分解法，试样与熔剂在高温下发生酸碱反应或氧化还原反应而转变成易溶于水或酸的新化合物之后，还要进一步用湿法处理，才能将待测组分转变为适宜于测定的状态进入溶液之中。

湿法分解所用的溶剂中以无机酸应用最多。无机酸中包括盐酸、硝酸、硫酸、氢氟酸、氢溴酸、氢碘酸、过氯酸、磷酸、氟硼酸、氟硅酸等。下面重点介绍盐酸、硝酸、硫酸、氢氟酸、磷酸和高氯酸分解法。至于其他无机酸、有机酸、中性盐类溶液分解法，由于它们的应用不甚广泛，这里不详细介绍。

1. 盐酸分解法

市售浓盐酸含 HCl 约 37%，相对密度约为 1.185，浓度为 12.0mol/L 左右。纯盐酸为无色液体，含 Fe^{3+} 时略带黄色。盐酸溶液的最高沸点（恒沸点）为 108.6℃（含 HCl 约 20.2%）。

盐酸对试样的分解作用主要表现在下述 5 个方面：①它是一种强酸，H^+ 的作用是显著的；②Cl^- 的还原作用，使它可以使锰矿等氧化性矿物易于分解；③Cl^- 是一个配位体，可与 Bi（Ⅲ）、Cd、Cu（Ⅰ）、Fe（Ⅲ）、Hg、Pb、Sn（Ⅱ）、Ti、Zn、U（Ⅵ）等形成配离子，因而 HCl 较易于溶解含这些元素的矿物；④它和 H_2O_2、$KClO_3$、HNO_3 等氧化剂联用时产生初生态氯和氯气或氯化亚硝酰的强氧化作用，使它能分解许多铀的原生矿物和如黄铁矿等金属硫化物；⑤Cl^- 能与 Ge、As（Ⅲ）、Sn（Ⅳ）、Se（Ⅳ）、Te（Ⅳ）、Hg（Ⅱ）等形成易挥发的氯化物，可使含这些元素的矿物分解，并作为预先分离这些元素的步骤。

盐酸可分解铁、铝、铅、镁、锰、锡、稀土、钛、钍、铬、锌等许多金属及它们生成的合金，能分解碳酸盐、氧化物、磷酸盐和一些硫化物，以及正硅酸盐矿物。盐酸加氧化剂（H_2O_2、$KClO_3$）具有强氧化性，可将铀矿、磁铁矿、磁黄铁矿、辉钼矿、方铅矿、辉砷镍矿、黄铜矿、辰砂等许多难溶矿物以及金、铂、钯等难溶金属溶解。

用盐酸分解试样时宜用玻璃、塑料、陶瓷、石英等器皿，不宜使用金、铂、银等器皿。

2. 硝酸分解法

市售浓硝酸含 HNO_3 65%～68%，相对密度为 1.391～1.405，浓度 14.36～15.16mol/L，为无色透明溶液。超过 69% HNO_3 的浓硝酸称为发烟硝酸，超过 97.5% HNO_3 的称为"发白烟硝酸"。很浓的硝酸不稳定，见光和热分解放出 O_2、H_2O 和氮氧化物。

硝酸水溶液加热时，最高沸点 120.5℃（含 HNO_3 68%）。

硝酸既是强酸，又是强氧化剂，它可以分解碳酸盐、磷酸盐、硫化物及许多氧化物，以及铁、铜、镍、钼等许多金属及其合金。

用硝酸分解样品时，由于硝酸的氧化性的强弱与硝酸的浓度有关，对于某些还原性样品的分解，随着硝酸浓度不同，分解产物也不同。如：

$$CuS + 10HNO_3(浓) \xrightarrow{\triangle} Cu(NO_3)_2 + 8NO_2 + 4H_2O + H_2SO_4$$

$$3CuS + 8HNO_3(稀) \xrightarrow{\triangle} 3Cu(NO_3)_2 + 2NO + 4H_2O + 3S$$

用硝酸分解样品，在蒸发过程中硅、钛、锆、铌、钽、钨、钼、锡、锑等大部分或全部析出沉淀，有的元素则生成难溶的碱式硝酸盐。另外，在单用 HNO_3 分解硫化矿时，由于单质硫的析出也有碍于进一步分解或测定，因此常用硝酸和盐酸（或硫酸、氯酸钾、溴、H_2O_2、酒石酸、硼酸等）混合使用。

当 HNO_3 与 HCl 以 1:3 或 3:1 的体积比混合时，分别称为王水和逆王水。由于它们混合时反应生成氯化亚硝酰和氯气均为强氧化剂，加上 Cl^- 是部分金属离子的配位体，因此具有很强的分解能力。它们可以有效地分解各种单质贵金属和各种硫化物。

3. 硫酸分解法

市售浓硫酸含 H_2SO_4 约 98%，相对密度为 1.84，浓度为 18.0mol/L。硫酸溶液加热时生成含 H_2SO_4 为 98.3% 的恒沸点（338℃）溶液。

硫酸是强酸，而且沸点高，具有强氧化性，硫酸根离子可以和铀、钍、稀土、钛、锆等许多金属离子形成中等稳定的配合物。因此它是许多矿物和矿石的有效溶剂。硫酸与其他溶剂（或硫酸盐）的混合物可以分解硫化物、氟化物、磷酸盐、含氟硅酸盐及大多数含铌、钽、钛、锆、钍、稀土、铀的化合物。

硫酸加碱金属（或铵）的硫酸盐时其分解能力增强是由于提高了酸的沸点或者降低了硫酸酐的分压的结果。

4. 氢氟酸分解法

市售氢氟酸含 H_2F_2 约 48%，相对密度为 1.15，浓度约为 27mol/L。氢氟酸溶液的恒沸点为 120℃（含 H_2F_2 约 37%）。

H_2F_2 在水中的离解常数为 6.6×10^{-4}，它比其他氢卤酸及硫酸、硝酸、高氯酸、磷酸的酸性弱。但 F^- 有两个显著特点：① F^- 可与 Al、Cr(Ⅲ)、Fe(Ⅲ)、Ga、In、Re、Sb、Sn、Th、Ti、U、Nb、Ta、Zr、Hf 等生成稳定的配合物；② F^- 与硅作用可生成易挥发的 SiF_4。因此，H_2F_2 对岩石矿物具有很强的分解能力，在常压下几乎可分解除尖晶石、斧石、电气石、绿柱石、石榴石以外的一切硅酸盐矿物，而这些不易分解的矿物，于聚四氟乙烯增压釜内加热至 300℃ 后也可被完全分解。因此，H_2F_2 对岩石矿物的分解能力主要是 F^- 的作用，而不是 H^+ 的作用。

SiF_4 是易挥发的。但是用 H_2F_2 分解样品时，SiF_4 的挥发程度与处理条件有密切关系。

H_2F_2-H_2SiF_6-H_2O 三元体系恒沸点为 116℃，恒沸溶液的组成为 10% H_2F_2、54% H_2O、36% H_2SiF_6。在溶样加热中，蒸发至近干前 H_2F_2 的浓度一般都大于 10%，而 H_2SiF_6 的浓度低

于 36%，所以在一定体积范围内，硅不致损失。有人做过实验，0.1g 岩石样品，只要溶液体积不小于 1mL，硅不会挥发损失。如果需要将硅完全除去，可以采取如下办法：①蒸发至干，则 H_2SiF_6 分解使硅呈 SiF_4 挥发除去；②加入 H_2SO_4 或 $HClO_4$ 等高沸点酸，200℃加热，则 SiF_4 可完全挥发。用氢氟酸分解样品时，生成难溶于水的沉淀主要是氟化钙、氟铝酸盐。样品中铀、稀土、钪含量高时也将沉淀，或者由于 CaF_2 沉淀的生成将它们载带下来。

实际工作中，当称出样不需测定硅，甚至硅的存在对其组分测定有干扰时，常用氢氟酸加硫酸（或高氯酸）混合液溶样，这样可增强分解能力，并除去硅。有人对 28 种主要造岩矿物用 $H_2F_2+HClO_4$（1∶1）分解，有长石、云母等 15 种矿物，于 95℃加热 20min 就完全分解；石英、磁铁矿等 6 种矿物完全分解需要 40min；绿柱石、黄铁矿等 6 种矿物需用增压技术分解；唯黄玉在增压条件下仍分解不完全。氢氟酸分解试样，不宜用玻璃、银、镍器皿，只能用铂和塑料器皿。目前国内广泛采用聚四氟乙烯器皿。

5. 磷酸分解法

磷酸有各种浓度（85%、89%、98%等），市售试剂级磷酸一般为 85% 的磷酸，其相对密度为 1.71，浓度为 14.8mol/L。

磷酸与其他酸不同，它无恒沸溶液，受热时逐步失水缩合形成焦磷酸、三聚磷酸和多聚磷酸。各种形式磷酸在溶液中的平衡取决于温度和 P_2O_5 的浓度。加热至冒 P_2O_5 烟时，溶液中以焦磷酸 $H_4P_2O_7$ 为主（约 48%），还有相当数量的三聚磷酸 $H_5P_3O_{10}$（约 30%）和正磷酸（约 28%）存在，整个溶液组成与焦磷酸（含 P_2O_5 79.76%）相近。脱水后的焦磷酸及焦磷酸盐，在加入 HNO_3 煮沸时即转化成 H_3PO_4 和磷酸盐。

H_3PO_4 的 $K_1=7.6\times10^{-3}$，$K_2=6.3\times10^{-5}$，它是一个中强酸，其酸效应仅强于 H_2F_2。但是 PO_4^{3-}，能与铝、铁（Ⅲ）、钛、钍、铀（Ⅵ、Ⅳ）、锰（Ⅲ）、钒（Ⅲ、Ⅳ、Ⅴ）钼、钨、铬（Ⅲ）等形成稳定的配离子。H_3PO_4 脱水后的缩合产物则较正磷酸具有较强的酸性和配位能力。因此，H_3PO_4 是分解矿石的有效溶剂。许多其他无机酸不能分解的矿物，如铬铁矿、钛铁矿、金红石、磷钇矿、磷铈镧矿、刚玉和铝土矿等，磷酸能溶。还有许多难溶硅酸盐矿物，像蓝晶石、红柱石、硅线石、十字石、榍石、电气石以及某些类型的石榴石等均能溶解。

尽管磷酸有很强的分解能力，但通常仅用于某些单项测定，而不用于系统分析。这是因为磷酸与许多金属离子，在酸性溶液中会形成难溶性化合物，给分析带来不便。

虽然磷酸可以将矿物中许多组分溶解出来但它往往不能使矿样彻底分解。这是因为它对许多硅酸盐矿物的作用甚微，也不能将硫化物、有机碳等物质氧化。所以，用 H_3PO_4 分解矿样时，常加入其他酸或辅助试剂。如加入硫酸，可提高分解的温度，抑制析出焦磷酸，从而提高分解能力，是许多氧化物矿的一个有效溶剂；与 H_2F_2 联用，可以彻底分解硅酸盐矿物；与 H_2O_2 联用是锰矿石的有效溶剂；与 HNO_3-HCl 联用可氧化和分解还原性矿物；磷酸中加入 Cr_2O_3，可以将碳氧化为 CO_2，用以测定沥青和石墨中的有机碳；浓磷酸加入 NH_4Br 可以使含硒试样中硒以 $SeBr_4$ 形式蒸发析出。

用磷酸分解试样时，温度不宜太高，时间不宜太长，否则会析出难溶性的焦磷酸盐或多磷酸盐；同时，对玻璃器皿的腐蚀比较严重。

6. 高氯酸分解法

稀高氯酸无论在热或冷的条件下都没有氧化性能。当它的浓度增高到 60%～72% 时，室温下无氧化作用，加热后是一个强氧化剂。100% 的高氯酸是一个危险的氧化剂，放置时，最初慢慢分解，随后发生十分激烈的爆炸。72% 以上的高氯酸加热后的分解反应如下：

$$4HClO_4 \longrightarrow 2Cl_2 + 7O_2 + 2H_2O$$

市售试剂级高氯酸有两种，一种较低浓度，含 $HClO_4$ 为 30%～31.61%，相对密度为 1.206～1.220，浓度为 3.60～3.84mol/L；另一种为浓高氯酸，含 $HClO_4$ 约 70%～72%，相对密度 ≥1.675，浓度 11.7～12mol/L。$HClO_4$ 的最高沸点为 203℃（$HClO_4$ 含量为 71.6%）。

高氯酸是一种强酸，浓溶液氧化能力强。它可氧化硫化物、有机碳，可以有效地分解硫化物、氟化物、氧化物、碳酸盐及许多铀、钍、稀土的磷酸盐等矿物，溶解后生成高氯酸盐。

高氯酸与可燃物（如炭、纸、木屑等）接触时会引起爆炸，因此，在操作时均应注意。

三、干法分解法

干法分解法虽有熔融和烧结两大类，但它们所使用熔剂大体相同，只是加热的温度和所得产物性状不同。按其所使用的熔剂的酸碱性可分为两类：酸性熔剂和碱性熔剂。

酸性熔剂主要有氟化氢钾、焦硫酸钾（钠）、硫酸氢钾（钠）、强酸的铵盐等；碱性溶剂主要有碱金属碳酸盐、苛性碱、碱金属过氧化物和碱性盐等。常用熔剂的性质及应用范围见表 3-5 和表 3-6。

1. 碱金属碳酸盐分解法

碳酸钠是分解硅酸盐、硫酸盐、磷酸盐、碳酸盐、氧化物、氟化物等矿物的有效熔剂。

熔融分解的温度一般为 950~1000℃，时间 0.5~1h，对于锆石、铬铁矿、铝土矿等难分解矿物，需在 1200℃ 下熔融约 10min。试样经熔融分解转变成易溶于水或酸的新物质。

例如，正长石、重晶石、萤石的分解反应如下：

$$Al_2Si_6O_{16}（正长石）+7Na_2CO_3 \xrightarrow{\triangle} 6Na_2SiO_3+K_2CO_3+2NaAlO_2+6CO_2$$

$$BaSO_4（重晶石）+Na_2CO_3 \xrightarrow{\triangle} BaCO_3+Na_2SO_4$$

$$CaF_2（萤石）+Na_2CO_3 \xrightarrow{\triangle} CaCO_3+2NaF$$

碳酸钾也具有相同的性质和作用。但由于它易潮解，而且钾沉淀吸附的倾向较钠盐大，从沉淀中将其洗出也要困难得多，因此，很少单独使用。然而当碳酸钠和碳酸钾混合使用时，可降低熔点，可用于测定硅酸盐中氟和氯的试样分解。另外，对于某些项目，若用碳酸钠分解对往后操作不利，如含铌、钽高的试样，由于铌钽酸的钠盐的溶解度小易析出沉淀，则改用钾盐以避免沉淀析出。

碳酸钠和其他试剂混合作为熔剂，对不少特殊样品的分解有它突出的优点，实际工作中有不少应用。碳酸钠加过氧化钠、硝酸钾、氯酸钾、高锰酸钾等氧化剂，可以提高氧化能力。

例如，$Na_2CO_3+Na_2O_2$（1∶1）可在 400℃烧结 0.5~1h，则将试样分解完全。碳酸钠中加入硫、炭粉、酒石酸氢钾等还原剂，可以使熔融过程中造成还原气氛，对某些样品分解和测定有利。例如，Na_2CO_3+S（4∶3）被称为"硫碱试剂"，可用来分解含砷、锑、铋、锡、钨、钒的试样。碳酸钠加氧化镁（艾斯卡试剂）可用来分解硫化物矿，不仅可避免各种价态的硫的损失，

表 3-5　几种常用熔剂及其熔点

分子式	熔点/℃	备　注	分子式	熔点/℃	备　注
NaOH	238		KHF_2	238	310℃（分解）
KOH	360.4		$KHSO_4$	210	＞210℃（分解）
Na_2O_2	435		$K_2S_2O_7$	325	370~420℃（分解）
Na_2CO_3	852		$NaHSO_4$	186	315℃（分解）
K_2CO_3	891		$Na_2S_2O_7$	402	460℃（分解）
$LiCO_3$	732		NH_4Cl		337.8℃（分解）
$Na_2B_4O_7$	378		NH_4NO_3	169.6	＞190℃（分解）
$LiBO_2$	845		NH_4F		≥110℃（分解）
LiB_4O_7	930		$(NH_4)_2SO_4$	355	≥335℃（分解）
$KNaCO_3$	＜852				

表 3-6 常用熔剂性质、用量及应用

熔剂名称	用量	熔融(烧结)温度/℃	适用坩埚							熔剂性质和用途
			铂	铁	镍	银	瓷	刚玉	石英	
无水碳酸钠	6～8 倍	950～1000	+	+	+	－	－	+	－	碱性熔剂,用于分解硅酸碱性熔剂,用于分解硅酸碱性熔剂,用于分解硅酸残渣、难溶硫酸盐等
碳酸氢钠	12～14 倍	900～950	+					+		
1 份无水碳酸钠＋1 份无水碳酸钾	6～8 倍	900～950	+	+	+			+		
6 份无水碳酸钠＋0.5 份硝酸钾	8～10 倍	750～800	+	+	+			+	－	碱性氧化熔剂,用于测定矿石中的全硫、砷、铬、钒,分离钒、铬等物料中的钛
3 份无水碳酸钠＋2 份硼酸钠(熔融的,研成细粉)	10～12 倍	500～850	+	+	+		+	+		碱性氧化熔剂,用于分解 铬铁矿、钛铁矿等
2 份无水碳酸钠＋1 份氧化镁	10～14 倍	750～800	+	+	+		+	+	+	碱性氧化熔剂(聚附剂),用来分解铁合金、铬铁矿等(当测定铬、锰等时)
1 份无水碳酸钠＋2 份氧化镁	4～10 倍	750～850	+	+	+		+	+	+	碱性氧化熔剂(聚附剂),用来测定煤中的硫和分解铁合金
2 份无水碳酸钠＋1 份氧化锌	8～10 倍	750～800	+	+	+		+	+		碱性氧化熔剂(聚附剂),用来测定矿石中的硫(主要硫化物)
4 份碳酸钾钠＋1 份酒石酸钾	8～10 倍	850～900	+	+	+		+	+		碱性还原熔剂,用来将铬(Cr)与钒(V_2O_5)分离
过氧化钠	6～8 倍	600～700		+	+			+		碱性氧化性熔剂,用于测定矿石和铁合金中的硫、铬、钒、锰、硅、磷、钨、钼、钛、稀土、铀等
5 份过氧化钠＋1 份无水碳酸钠	6～8 倍	650～700	+	+	+	+	－	刚玉	石英	
2 份无水碳酸钠＋4 份过氧化钠	6～8 倍	650～700	+	+	+		+	+		
氢氧化钠(钾)	8～10 倍	450～600		+	+			+		碱性熔剂用来分解硅酸盐等矿物;也可用于测定锡石中的铁时,将钛与铝分离
6 份硝酸钠(钾)＋0.5 份硝酸钠(钾)	4～6 倍	600～700		+	+			+		碱性氧化熔剂,用来代替过氧化钠
氰化钾	3～4 倍	500～700		－	－	－	+	+	+	碱性还原剂,用来分离锡和锑中铜、磷、铁等
4 份碳酸钠＋3 份硫	8～10 倍	850～900					+	+	+	碱性硫化熔剂,用来分解有色金属矿石焙烧后的产品,由铅、铜和银分解钼、锑、砷、锡以及钛和钒的分析
硫酸氢钾	12～14 倍	500～700					+	+	+	酸性熔剂,熔融钛、铝、铁、铜的氧化物,分解硅酸盐以测定二氧化硅,分解钨矿石以分离钨和硅
焦硫酸钾	8～12 倍	500～700					+	+	+	
1 份氟化氢钾＋1 份焦硫酸钾	8～12 倍	600～800					+	+	+	分解锆矿石
氧化硼	5～8 倍	600～800	+				+	+		酸性熔剂,熔点 577℃,分解硅酸盐(测定碱金属)
硫代硫酸钠(在212℃熔干)	8～10 倍		－	－	－	－	+	+	+	同"4 份碳酸钠＋3 份硫"
混合铵盐	10～20 倍					－	+	+	+	酸性溶剂,用来分解硫化物、硅酸盐、碳酸盐、氧化物、磷酸盐、铌(钽)酸盐等矿物

注:＋表示可用;－表示不宜用。

而且试样分解也较完全。碳酸钠加氯化铵（J. I. Smith 法）可以烧结分解测定硅石矿物中钾和钠。Na_2CO_3、$ZnO-KMnO_4$ 混合熔剂烧结分解，可用于硼、矾、氯和氟的测定。

2. 苛性碱熔融分解法

$NaOH$、KOH 对样品熔融分解的作用与 Na_2CO_3 类似，只是苛性碱的碱性强，熔点低。$NaOH$ 为强碱，它可以使样品中硅酸盐和铝、铬、钡、铌、钽等两性氧化物转变为易溶的钠盐。例如：

$$CaAl_2Si_6O_{16}（斜长石）+14NaOH \xrightarrow{熔融} 6Na_2SiO_3+2NaAlO_2+CaO+7H_2O$$

$$FeCr_2O_4（铬铁矿）+2NaOH \xrightarrow{熔融} 2NaCrO_2+Fe(OH)_2$$

KOH 性质与 $NaOH$ 相似，易吸湿。使用不如 $NaOH$ 普遍。但许多钾盐溶解度较钠盐大，而氟硅酸盐却相反，基于此，氟硅酸钾沉淀分离酸碱滴定法测硅时得到应用。另外，铝土矿、铌（钽）酸盐矿物宜用 KOH，不用 $NaOH$。

苛性碱熔融分解试样时，只能在铁、镍、银、金、刚玉坩埚中进行，不能使用铂坩埚。

3. 过氧化钠分解法

Na_2O_2 是强碱，又是强氧化剂，常用来分解一些 Na_2CO_3、KOH 所不能分解的试样，如锡石、钛铁矿、钨矿、辉铜矿、铬铁矿、绿柱石、独居石、硅石等。例如：

$$2Na_2O_2+2SnO_2（锡石）\xrightarrow{\triangle} 2Na_2SnO_3+O_2$$

$$2FeCr_2O_4（铬铁矿）+7Na_2O_2 \xrightarrow{\triangle} 2NaFeO_2+4NaCrO_4+2Na_2O$$

Na_2O_2 对于稀有元素，如铀、钍、稀土、钨、钼、钒等的分析都是常用的熔剂。

Na_2O_2 氧化能力强，分解效能高，可被分解的矿物多。同时，熔融体用水或配位剂（如三乙醇胺、水杨酸钠、EDTA、乙二胺、H_2O_2 等）溶液提取时，可分离许多干扰离子。尽管如此，Na_2O_2 分解在全分析中仍很少应用。这是因为试剂不易提纯，一般含硅、铝、钙、铜、锡等杂质。若采用 $Na_2O_2+Na_2CO_3$（或 $NaOH$）混合熔剂，既可保持 Na_2O_2 的长处，又可避免 Na_2O_2 对坩埚的侵蚀及 Na_2O_2 不纯而造成的影响。

用 Na_2O_2 分解含大量有机物、硫化物或砷化物的试样时，应先经灼烧再行熔融，以防因反应激烈而引起飞溅，甚至突然燃烧。

4. 硫酸氢钾（或焦硫酸钾）分解法

钠、钾的硫酸氢盐于分解温度下形成焦硫酸盐。

$$2KHSO_4 \xrightarrow{\geqslant 210℃} K_2S_2O_7+H_2O$$

$$2NaHSO_4 \xrightarrow{\geqslant 315℃} Na_2S_2O_7+H_2O$$

然后，焦硫酸盐对矿物起分解作用。钾、钠焦硫酸盐在更高温度下进一步分解产生硫酸酐。

$$K_2S_2O_7 \xrightarrow{\geqslant 370\sim420℃} K_2SO_4+SO_3$$

$$Na_2S_2O_7 \xrightarrow{\geqslant 460℃} Na_2SO_4+SO_3$$

高温下分解生成的硫酸酐可穿越矿物晶格而对矿样有很强的分解能力，使矿样中金属转化成可溶性硫酸盐。因此，用钾、钠的硫氢酸盐熔融分解与用焦硫酸盐分解的实质是相同的。

$KHSO_4$（$K_2S_2O_7$）可分解钛磁铁矿、铬铁矿、铌铁矿、铀矿、铝土矿、高铝砖以及铁、铝、钛的氧化物。但锡石、铍、锆、钍的氧化物及许多硅酸盐矿都不被分解或分解不完全。

使用硫酸氢钾熔融时，需先加热，使其中的水分除去，冷却后再加入试样，慢慢升温，以防飞溅。

5. 硼酸和硼酸盐分解法

硼酸加热失水后为硼酸酐（B_2O_3）。硼酸及硼酸酐为酸性熔剂，对碱性矿物溶解性能较好，如铝土矿、铬铁矿、钛铁矿、硅铝酸盐等。同时，当样品中含有氟时，可使氟以 BF_3 形式挥发除去，消除氟对 SiO_2 测定的影响。另外，由于不引进钾、钠盐，用硼酸（或硼酸酐）熔融分解试样，可同时测定钾和钠。

$Na_2B_4O_7$ 则为碱性熔剂，可分解刚玉、锆英石和炉渣等。

$LiBO_2$ 和 $Li_2B_4O_7$ 也是碱性熔剂，可分解硅酸盐类矿物及尖晶石、铬铁矿、钛铁矿等，但熔融物最后冷却呈球状，较难脱埚和被酸浸取。若将 Li_2CO_3 与硼酸（或硼酸酐）以（7：1）～（10：1）的比例混合，并以 5～10 倍于矿样质量的此混合物（此混合物经灼烧后成 Li_2CO_3-$LiBO_2$ 混合物）于 850℃熔融 10min，所得熔块易于被 HCl 浸取。

6. 铵盐分解法

铵盐熔融分解试样的机理是基于铵盐在加热过程中可以分解出相应的无水酸，无水酸在较高温度下能与试样反应生成相应的水溶性盐。

几种强酸的铵盐的分解反应如下：

$$NH_4Cl \xrightarrow{337.8℃} HCl + NH_3$$

$$2NH_4NO_3 \xrightarrow{>190℃} HNO_3 + N_2O + 2H_2O + NH_3$$

$$NH_4F \xrightarrow{>110℃} HF + NH_3$$

$$(NH_4)_2SO_4 \xrightarrow{\geqslant 355℃} H_2SO_4 + 2NH_3$$

使用单一铵盐或它们的混合物可以分解硫化物、硅酸盐、碳酸盐、氧化物及铌（钽）矿等。铵盐易吸湿潮解或结块，使用前应烘干，否则加热时易溅跳。铵盐分解试样时，试样粒度宜细，器皿的底面积和熔融温度均应控制适度。

四、其他分解技术

1. 增压（封闭）溶解技术

较难溶的物质往往能在高于溶剂常压沸点的温度下溶解。采用密闭容器，用酸或混合酸加热分解试样，由于蒸气压增高，酸的沸点也提高，因而使酸溶法的分解效率提高。在常压下难溶于酸的物质，在加压下可溶解，同时还可避免挥发性反应产物损失。例如，用 HF-HClO$_4$ 在加压条件下可分解刚玉（Al_2O_3）、钛铁矿（$FeTiO_3$）、铬铁矿（$FeCr_2O_4$）、铌钽铁矿 $[FeMn(Nb、Ta)_2O_5]$ 等难熔试样。

最早采用的是封闭玻璃管，该方法使用起来麻烦。后来人们普遍采用的是加压装置，类似一种微型高压锅，是双层附有旋盖的罐状容器，内层用铂或聚四氟乙烯制成，外层用不锈钢制成，溶样时将盖子旋紧加热。聚四氟乙烯内衬材料适宜于 250℃使用，更高温必须使用铂内衬。通过搅拌反应物（用外磁铁和搅拌子）或转动增压器，可缩短反应时间。各种增压器结构如图 3-21～图 3-23 所示。

图 3-21 用于氢氟酸分解的衬铂埚和增压器，图 3-22 是用于氢氟酸分解的聚四氟乙烯衬里钢增压器，图 3-23 是酸增压分解器。

2. 超声波振荡溶解技术

利用超声波振荡是加速试样溶解的一种物理方法。一般适宜室温溶解样品，把盛有样品和溶剂的烧杯置于超声换能器内把超声波变幅杆插入烧杯中，根据需要调节功率和频率，使之产生振荡，可使试样粉碎变小，还可使被溶解的组分离开样品颗粒的表面而扩散到溶液中，降低浓度梯度，从而加速试样溶解。对难溶盐的熔块溶解，使用超声波振荡更为有效。为了减少或消除超声波的噪声，可将其置于玻璃罩内进行。

3. 电解溶解技术

这是通过外加电源，使阳极氧化的方法，溶解金属。把用作电解池阳极的一块金属在适宜电解液中，通过外加电流，可使其溶解。用铂或石墨作阴极，如果电解过程的电流效率为 100%，

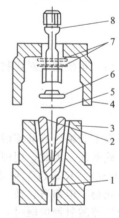

图 3-21 用于氢氟酸分解的衬铂坩埚和增压器

1—锥形镍镉合金坩埚；2—铂衬；
3—耐热镍基合金外壳；4—钢螺帽；
5—柱塞；6—铂片；
7—铜衬底；8—垫圈

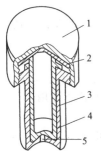  

(a) 完整的增压器　　(b) 倒出嘴(聚四氟乙烯)　　(c) 倒出位置

图 3-22　用于氢氟酸分解的聚四氟乙烯衬里钢增压器

1—可拧盖子；2—密封垫板；3—钢外壳；
4—聚四氟乙烯内衬；5—气孔

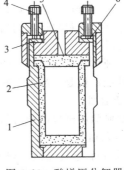

图 3-23　酸增压分解器

1—增压器主题；2—带盖的聚四氟乙烯烧杯；
3—弹簧；4—压紧螺丝；5—隔离板；6—压紧圈

可用库仑法测定金属溶解量。同时还可将阳极溶解与组分在阴极析出统一起来，用作分离提取和富集某些元素的有效方法。

4. 微波加热分解技术

利用微波的能量溶解试样是 20 世纪 70 年代发展起来的最新技术。它是利用微波对玻璃、陶瓷、塑料的穿透性和被水、含水或脂肪等物质的吸收性，使样品与酸（或水）的混合物通过吸收微波能产生瞬时深层加热（内加热）。同时，微波产生的变磁场使介质分子极化，极化分子在交变高频磁场中迅速转向和定向排列，导致分子高速振荡（其振动次数达到 24.5 亿次/s）。由于分子和相邻分子间的相互作用使这种振荡受到干扰和阻碍，从而产生高速摩擦，迅速产生很高的热量。高速振荡与高速摩擦这两种作用，使样品表面层不断搅动破坏，不断产生新鲜表面与溶剂反应，促使样品迅速溶解。因此，微波溶解技术具有如下突出优点：

① 微波加热避免了热传导，并且里外一起加热，瞬时可达高温，热损耗少，能量利用率高、快速、节能；

② 加热从介质本身开始，设备基本上不辐射能量，避免了环境高温，改善了劳动条件；

③ 微波穿透能力强，加热均匀，对某些难溶样品尤为有效；

④ 采用封闭容器微波溶解，因所用试剂量小，空白值显著降低，且避免了痕量元素的挥发损失和样品的污染，提高了分析的准确度；

⑤ 易于与其他设备联用实现自动化。

微波溶样始于 1975 年，已广泛应用于地质、冶金、环境、生物以及各种无机和有机工业物料的分析，测定元素包括 Al、As、Ba、Be、Ca、Cd、Ce、Co、Cr、Cu、Fe、Hg、I、K、Li、Mg、Mn、Mo、Na、Ni、P、Pb、S、Se、Sb、Si、Sn、Sr、Ti、Tl、U、V、W、Zr、稀土元素等。

微波溶样的装置由微波炉和反应罐组成。微波炉有家用微波炉和实验室专用微波炉。家用微波炉由于没有排气装置除去可能泄出的酸雾，易腐蚀电子元件，难以直接使用。同时，家用微波炉功率控制挡粗糙，磁控管寿命较短。从 20 世纪 80 年代开始，就有实验室专用微波炉商品上市。专用微波炉有两种类型，一种为湿法分解用，另一种为干法分解用（类似于箱型电阻炉）。反应罐是由聚四氟乙烯、聚碳酸酯等材料制成，它们可透过微波而本身不被加热，抗化学腐蚀，且强度较高，可承受一定高压，尤其以聚四氟乙烯为好。由于金属对微波反射，溶解时切忌使用金属反应容器。

五、试样分解的容器选择

选择合适的试样分解容器，是保证冶金工业分析工作质量的重要环节。在冶金工业分析中，对试样分解中使用容器的基本要求是：①不能引入含有待测组分或干扰待测组分测定的物质；②不能参与试样的分解反应；③具有足够的机械强度和耐腐蚀、耐热性能，以确保其在分解试样过程中不会破碎、被分解试剂或试样腐蚀，或被分解试样时的高温烧蚀。此外，试样分解的容器要尽量满足廉价、易得等要求。

常用的试样分解容器是以玻璃、陶瓷、石英、石墨、聚四氟乙烯和塑料等材料以及镍、铁、铂、金、银等金属材料制成的坩埚、烧杯等器皿。

1. 玻璃器皿

含硼的硬质玻璃器皿是实验室中普遍使用的容器。它能够耐弱酸、弱碱的侵蚀，并且具有较强的机械性能；但是，易被氢氟酸、热磷酸和强碱侵蚀，也不适于在高于600℃温度下使用。

2. 陶瓷器皿

陶瓷器皿耐酸碱侵蚀能力与玻璃器皿相近，可以在不超过1100℃的温度下使用。

3. 石英器皿

石英器皿除与氢氟酸、热磷酸以及碱作用外，不被一般化学试剂侵蚀；可以在不超过1300℃的温度下使用，并且能够承受冷热的骤变，但是，比玻璃易碎。

4. 镍坩埚

镍坩埚具有良好的耐碱性物质侵蚀能力，主要用于氢氧化钠、碳酸钠和过氧化钠等碱性熔剂熔融分解试样；其中，氢氧化钠、碳酸钠等碱性熔剂的熔样温度一般不宜超过700℃；过氧化钠溶剂的熔样温度必须低于500℃，并且时间要短，否则侵蚀严重。但是它不能用于沉淀的灼烧、称重，也不适于焦硫酸钾等酸性熔剂或含硫化物熔剂的熔融分解试样。

新的镍坩埚在使用前，应先于700℃灼烧数分钟，以除去油污并使其表面生成氧化膜（处理后的坩埚呈暗绿色或灰黑色）。以后，每次使用前，用水煮沸洗涤；必要时可以滴加少量盐酸稍煮片刻，再用蒸馏水洗净，烘干。

5. 铁坩埚

铁坩埚的使用性能与镍坩埚相似，不及镍坩埚耐用，并且常含有硅及其他杂质；但是，其价格较镍坩埚低廉。通常代替镍坩埚用于过氧化钠熔剂的熔融分解试样。

铁坩埚使用前，需先用稀盐酸稍洗，再用细砂纸仔细擦净，并用热水冲洗干净，然后放入5％硫酸与1％硝酸的混合液中浸泡数分钟；用水洗净、晾干后，于300～400℃灼烧10min。

6. 铂坩埚

铂坩埚化学性质非常稳定，能够抵抗包括氢氟酸、浓硝酸在内的大多数化学试剂的侵蚀；在空气中长时间灼烧后也不发生化学变化，可以耐1200℃的高温。常用于沉淀的灼烧、称重，氢氟酸的酸溶分解试样，以及碳酸钠、硼砂、焦硫酸钾、硼酸等熔剂的熔融分解试样；不能用于碱金属氢氧化物、过氧化钠等强碱性或强氧化性熔剂的熔融分解试样，以及热浓硫酸、王水等试剂的酸溶分解试样。

需要注意的是，铂坩埚对试样分解试剂的耐腐蚀性能不是绝对的，会随着试样分解时的温度和介质环境等因素的变化而发生改变。例如，以焦硫酸钾或硼砂熔剂熔融分解试样时，每次熔样通常使铂坩埚损失1～2mg；过氧化钠在熔样温度低于500℃时基本上不腐蚀铂坩埚，超过500℃则腐蚀十分激烈；以盐酸为溶剂酸溶分解试样时，若置于空气中或阳光下，或者有氧化剂存在时，对铂坩埚具有腐蚀性。

7. 金坩埚

金坩埚的化学稳定性与铂坩埚相近，能够耐碱金属氢氧化物和氢氟酸的侵蚀，价格较铂便宜，故而可以用来代替铂坩埚。但是，它不能够耐700℃以上的高温灼烧，并且质地较软，易变形，价格较贵，因而较少使用。

8. 银坩埚

银坩埚使用温度不得超过700℃。在空气中灼烧易氧化，不能用于沉淀的灼烧、称重，可用于氢氧化钠或氢氧化钾熔融。银易与硫生成黑色硫化物，含硫试样及硫化物熔剂不能在银坩埚中熔融。其他使用注意事项基本上与镍坩埚相似。

9. 石墨坩埚

石墨坩埚在使用过程中除碳素外不引入其他金属和非金属杂质，这是其他坩埚所不具备的特点；并且其热膨胀系数小，耐急冷急热性好，在高温时强度不会降低，有很好的耐腐蚀性和耐有机溶剂或无机溶剂溶解性，在常温下不与各种酸、碱发生化学变化，只是在 500℃ 以上才与硝酸、强氧化剂等作用。其缺点是耐氧化性能差，随温度的升高，氧化速度逐渐加剧。热解石墨坩埚在 700℃ 以下使用，可用于矿石全分析及超纯材料中微量杂质的多元素分析。对于高于 700℃ 的分解过程，应使用高温石墨坩埚，或者使用以石墨炭粉垫底的瓷坩埚，可以在 1000～1200℃ 下用于硼砂熔融。

10. 塑料器皿

实验室中常用的塑料器皿是由聚乙烯材料制成的。它能够耐各种酸和碱的侵蚀，但易被一些有机溶剂侵蚀，在 60℃ 开始软化和变形。高压聚乙烯器皿不透明，极限使用温度为 −100～+120℃；低压聚乙烯制品透明度好，常含有微量的 TiO_2 和 Al_2O_3 杂质，极限使用温度为 −100～+80℃。

11. 聚四氟乙烯器皿

聚四氟乙烯器皿的化学性质稳定，对各种无机和有机试剂皆显惰性，非常容易清洗；摩擦系数小，耐磨；极限使用温度为 −265～+315℃，可以在 250℃ 以内使用。但是易被划伤、导热性差。

清洗新的聚四氟乙烯器皿时，应采用浓硝酸和盐酸（3∶1）溶液浸泡两天或单独用浓硝酸浸泡三天以上。

六、试样分解过程中的误差来源及其控制

在分解试样过程中，除了分解试剂不纯、操作条件控制不当等容易引起分析结果误差的因素外，还有一些因素往往不易引起重视，如果不加以控制，有可能会给分析结果带来比较大的误差。这些因素主要有：容器的吸附和反应，试样的挥发和喷溅等。

1. 喷溅损失

当溶解伴随着气体逸出或在沸腾下溶解时，液体表面的小气泡破裂会发生雾化，一小部分溶液呈雾状而损失。这些损失一般约为液体总体积的 0.01%～0.2%，损失量取决于溶解条件以及容器大小和形状。在带有表面皿的烧杯中进行溶解，溶解后冲洗表面皿内面于烧杯中，这样可以减少溶解时的损失。

在溶液煮沸和蒸发过程中，暴沸会引起很大的误差，甚至使分析不能继续。可以采取搅拌或加入玻璃珠、瓷片等措施，或者，在水浴上或在低于溶液沸点的温度下蒸发溶液，来防止暴沸。

熔融分解或蒸发溶液时，盐类蠕升并溢出坩埚，是产生误差的另一个原因。避免的办法，最好是在油浴或砂浴中先均匀地加热坩埚，或换用其他材料的坩埚。

溶液蒸发至湿盐状后，极易跳溅，也是产生误差的一个原因。一般应置于水浴上蒸发较为适宜。

2. 挥发损失

分解试样或加热溶液时，除了卤化氢、H_2S、HCN、HCNS、SO_2、CO_2 等易挥发的酸或酸酐会损失外，还有许多化合物也会挥发损失，例如，砷、锑、锡、磷、硼、硅、锗、硒、碲等的一些卤化物可以挥发，碳、磷、砷、锑等的一些氢化物也可以挥发；在有氯化物存在的氧化条件下，铬能够以 CrO_2Cl_2 形式挥发逸去等。

3. 吸附损失

长期保存很稀的溶液常常可观察到浓度逐渐降低的现象。这种现象的产生对很浓的溶液来说是无关紧要的，但对浓度较低，特别对一些低浓度的标准溶液来说其影响则极为严重。

产生这种现象的原因很多，除简单的物理吸附外，在玻璃表面的碱金属离子可能与溶液发生离子交换反应。金属表面一般都具有一层氧化物、氢氧化物或硫化物，在这样的表层上会发生化学反应或离子交换。金属表面还会产生渗入现象。在塑料表面上发生损失的过程更为复杂，吸附、离子交换、还原、向固体内扩散以及与剩余双键的化学反应等，不仅会单独发生，还会同时发生。在使用玻璃和塑料器皿时，必须予以注意。

4. 与容器反应造成的损失

在碳化和熔融分解的过程中，一些组分可以与坩埚发生反应，如果反应产物是微溶的，一些

微粒就会附着在坩埚壁上而造成损失。

　　硅酸盐、磷酸盐和氧化物很容易与瓷舟或瓷坩埚表面的釉化合，因此最好使用石英坩埚，因为石英坩埚仅在高温下才与氧化物反应。处理氧化物或硅酸盐残渣时，最好使用铂坩埚。

　　试样中的某些金属化合物被还原为金属后，能和一些金属坩埚生成合金，也会给分析测定结果带来误差。

思 考 题

　　1. 某硅酸盐样品，其特性系数 K 为 0.3。粉碎通过 50 号筛（$d = 0.3$mm）后，按缩分公式计算，应保留样重为多少？

　　2. 试样如何在矿堆、车厢中和运输皮带上布点？

　　3. 试样分解的目的和关键是什么？试样分解时选择溶（熔）剂的原则是什么？

　　4. 湿法分解法和干法分解法各有什么优缺点？

　　5. 熔融和烧结的主要区别是什么？

　　6. 干法分解时试样在熔融过程中与熔剂的主要反应是什么？

　　7. 归纳总结列出分解岩石矿物试样的常用溶剂的以下内容：①溶剂名称；②市售浓溶液的含量和物质的量浓度、密度和沸点、恒沸点；③在分解试样时的主要性质和作用。

　　8. 归纳总结常用熔剂的如下内容：①熔剂名称；②分解试样时的通常用量；③适宜器皿及使用注意事项；④分解试样时的温度和时间；⑤熔剂性质、应用及主要反应类型。

模块四 分离与富集

【学习目标】

1. 了解分离和富集的基本概念、目的要求和常用方法。

2. 理解沉淀分离法、溶剂萃取分离法的原理、类型和方法。

3. 理解离子交换分离法的原理、离子交换树脂的种类和性质，熟悉离子交换分离技术和应用。

4. 了解色谱分离法的分类，理解柱色谱、纸色谱、薄层色谱的原理。

5. 了解挥发和蒸馏分离法的原理以及在定量化学分析中的运用。

【能力目标】

1. 熟练运用沉淀分离法、溶剂萃取分离法对待测组分进行分离和富集。

2. 掌握离子交换分离技术。

3. 会进行色谱分离操作。

4. 掌握色谱分离条件和方法。

5. 能应用所学方法解决实际样品分析中的干扰消除、富集和分析。

【典型工作任务】

通过实例，能够消除复杂样品在分析时的干扰因素，为后续分析测试打下基础。

基础知识一 分离与富集方法

对钢铁、矿石等组成复杂的试样进行测定时，必然会经常发生共存组分对测定的干扰，这种干扰往往严重影响定量测定的准确度，有时甚至可使测定无法进行。因此，当要求测定试样某一组分时，首先要考虑共存组分的种类与含量，从而确定消除共存干扰成分的方法和选用较佳的分析方法。

一、干扰成分引起干扰的原因

① 干扰成分具有与被测组分相同反应时，发生干扰影响，使结果偏高，如钢铁中磷用磷钼蓝光度法测定时，砷也生成砷钼蓝而干扰测定。又如用 EDTA 滴定铝时，钛的存在可以与铝同时被滴定。

② 干扰成分能与被测组分直接结合时，产生干扰影响，可使结果偏低，如用磺基水杨酸光度法测 Fe^{3+} 时，F^-、PO_4^{3-} 与 Fe^{3+} 形成无色配合物，而 Al^{3+} 能与磺基水杨酸形成无色配合物而消耗显色剂，这些都会影响 Fe^{3+} 的光度测定。

③ 干扰成分较快地与试剂反应（甚至破坏指示剂或显色剂），而使被测组分不产生反应。如强的氧化剂和还原剂存在时，因破坏指示剂或显色剂而影响测定，像中和滴定中，溶液里存在氯就会破坏甲基橙或甲基红指示剂，使测定无法进行；又如用 BCO（双环己酮草酰二腙）测铜时，若无柠檬酸，Fe^{3+} 就生成 $Fe(OH)_3$ 沉淀而干扰光度测定。又如离子本身的颜色也会影响光度法等。

二、消除或减弱干扰的方法

① 将被测组分与杂质分离的方法通常有沉淀分离法、溶剂萃取分离法、离子交换分离法、色谱分离法、蒸馏和挥发分离法以及电解分离法等。

分离和富集的一般要求是分离和富集要完全，干扰组分应减少到不干扰测定；另外在操作过程中不要引入新的干扰，且操作要简单、快速；被测组分在分离过程中的损失量要小到可以忽略不计。实际工作中通常用回收率来衡量分离效果。

所谓待测组分的回收率是指欲测组分经分离或富集后所得的含量与它在试样中的原始含量的比值（数值以％表示）。

$$回收率 = \frac{分离后测得量}{原始含量} \times 100\%$$

显然回收率越高，分离效果越好，说明待测组分在分离过程中损失量越小。在实际分析中，按待测组分含量的不同，对回收率的要求也不同。对常量组分的测定，要求回收率大于99.9％；而对于微量组分的测定，回收率可为95％，甚至更低。

② 用掩蔽和解蔽的方法消除干扰。

③ 在上述处理方法不能消除干扰时，可以采用补偿的办法，如设空白值、增加对照、求出干扰曲线等。

④ 在选择消除干扰的方法时，往往会遇到下面三种情况。

a. 大量与大量、大量与中量、中量与中量之间被测组分与干扰杂质的分离。一般合金和矿石的分析，试样中互相干扰元素都是较大量的，在此不论单独取样测定其中某元素的含量，还是一次取样进行多种元素的系统分析，各元素之间相互分离都是主要的。一般可采用两种办法：一是将欲测元素分离出来然后进行测定，如矿石中镍的测定，将试样溶解后，在一定条件下将镍以丁二酮肟镍沉淀，然后用重量法或容量法进行测定；二是将干扰元素分离出去，然后在剩下的试液中测定欲分析的元素。如钢铁中稀土元素总量的测定，是将试样分解后，用甲基异丁酮萃取分离铁后，在水层中用偶氮胂Ⅲ光度测定稀土总量。

b. 大量与小量或痕量组分之间的分离或富集。在纯金属中的微量杂质测定或矿石中稀有元素的测定，样品中某些元素是大量的（有时可达99％以上），这些大量元素的存在常常干扰痕量杂质的测定，因此须分离除去。对欲测定的痕量元素由于其量太小用一般方法灵敏度不高，为此必须进行富集。比如电解精铜中痕量的锑和铋，以氢氧化铁为载体，在氨性介质中使铜生成 $Cu(NH_3)_4^{2+}$ 配离子留在溶液中，而痕量的锑和铋富集在 $Fe(OH)_3$ 中，然后用适当的方法测出锑和铋。

c. 痕量与痕量之间的分离或富集。与上述情况相似，所不同的只是在除去大量元素以后，痕量的杂质间的分离或富集，常用色谱分离法或萃取分离法。

还必须注意到选择消除干扰的方法与选择分析方法是紧密联系的，如采用不同的分析方法进行同一元素的确定时，则共存离子所产生的干扰情况亦不同，因而所选用消除干扰的方法亦必然不同。同时还要考虑到所采取消除干扰的方法对后继各分析步骤的影响。这些都是选用消除干扰方法时必须考虑到的问题。

三、分离和富集的方法

在定量化学分析中为使试样中某一待测组分和其他组分分离，并使微量组分达到浓缩、富集的目的，可通过它们某些物理或化学性质的差异，使其分别存在于不同的两相中，再通过机械的方法把两相完全分开。常用的分离和富集方法如下。

1. 沉淀分离法

在被测试样中加入某种沉淀剂，使与被测离子或干扰离子反应，生成难溶于水的沉淀，从而达到分离的目的。该法在常量和微量组分中皆可采用，常用的沉淀剂有无机沉淀剂和有机沉淀剂。

2. 溶剂萃取分离法

将与水不混溶的有机溶剂与试样的水溶液一起充分振荡，使某些物质进入有机溶剂，而另一些物质则仍留在水溶液中，从而达到相互分离。该法在常量和微量组分中皆可采用，使用时应根据相似相溶原理选择适宜的萃取剂。

3. 离子交换分离法

利用离子交换树脂对阳离子和阴离子进行交换反应而进行分离，常用于性质相近或带有相同电荷的离子的分离、富集微量组分以及高纯物质的制备。通常选用强酸性阳离子交换树脂和强碱性的阴离子交换树脂进行离子交换分离。

4. 色谱分离法

色谱分离法实质上是一种物理化学分离方法，即利用不同物质在两相（固定相和流动相）中具有不同的分配系数（或吸附系数），当两相作相对运动时，这些物质在两相中反复多次分配（即组分在两相之间进行反复多次的吸附、脱附或溶解、挥发过程）从而使各物质得到完全分离。

将在玻璃或金属柱中进行操作的色谱分离称为柱色谱；将滤纸作为固定相，在其上展开分离的称为纸色谱；将吸附剂研成粉末，再压成或涂成薄膜，在其上展开分离的称为薄层色谱。

5. 挥发和蒸馏分离法

挥发是利用物质的挥发性不同而将物质彼此分离；蒸馏是将被分离的组分从液体或溶液中挥发出来，而后冷凝为液体，或者将挥发的气体吸收。

 阅读材料一　分离技术的发展趋势

混合物中各组分的分离是分析化学要解决的课题。随着分析方法朝着快速、微量、仪器化的方向发展，面临着石油、化工、地质、煤炭、冶金、空间科学等工业诸领域以及水文气象、农业、医学、卫生学、食品化学、环境科学等相关学科不断提出的分析课题，某些经典的化学分离方法如蒸馏、重结晶、萃取等已远不能适应现代分析的需要。尤其是在生物科学领域，许多需保存生理活性的微量成分（如蛋白质、肽、酶、核酸等）存在于组成复杂的生物样品中需要进行分离分析，这些都有力地推动着经典分离技术向现代分离技术发展。

分析化学工作面临的样品千差万别，尤其是生物样品组成复杂，没有一种分离纯化方法，可适用于所有样品的分离、分析。在选择具体分离方法时，主要根据该物质的物理化学性质和具体实验室条件而定。如离子交换树脂分离，DEAE-纤维素和羟基磷灰石色谱常用于多肽、酶等物质从生物样品中的早期纯化。其他方法如连续流动电泳，连续流动等电聚焦等现代分离方法，在一定条件下用于早期从生物样品的粗抽提液中分离制备小量物质，但目前仍处于探索发展阶段。总的来说，早期分离提纯的原则从低分辨能力到高分辨能力，尽量采用特异性高的分离方法。

液相色谱法是生物技术中分离纯化的一种重要方法，在多肽、蛋白质的分离纯化工艺研究中早已获得应用，并已走出实验室投入到大规模的工业化生产中。

毛细管电泳是近20年发展起来的一种新的液相色谱技术，已经研究出6种不同的分离形式，它将在生物大分子、天然有机物、医学化学、高分子化学等领域得到广泛应用。

任务一　沉淀分离法

沉淀和共沉淀是经典的化学分离方法。早期，它曾为分析化学和放射化学的发展做出过重大贡献。例如离子定性鉴定的硫化氢分离分组系统，岩石定量全分析的经典系统都是建立在沉淀分离基础上的。沉淀分离法是根据溶度积原理，利用各类沉淀剂将组分从分析的样品体系中沉淀分离出来。因此，沉淀分离法需要经过沉淀、过滤、洗涤等操作，较费时且操作繁琐，而且某些组分的沉淀分离选择性较差，因而沉淀分离不易达到定量完全，但如能很好运用沉淀原理，掌握分离操作特点，并使用选择性较好的有机沉淀剂，依然可以提高分离效率。沉淀分离法可分为用无机沉淀剂的分离法和有机沉淀剂的分离法。

一、无机沉淀剂分离法

无机沉淀剂有很多，形成的沉淀类型也很多，最常用的是氢氧化物沉淀分离法和硫化物沉淀分离法，此外还有形成硫酸盐、碳酸盐、草酸盐、磷酸盐、铬酸盐等的沉淀分离法。

1. 氢氧化物沉淀分离法

（1）氢氧化物沉淀与溶液 pH 的关系　可以形成氢氧化物沉淀的离子种类很多，除碱金属与碱土金属离子外，其他金属离子的氢氧化物的溶解度都很小。根据沉淀原理，溶度积 K_{sp} 越小，则沉淀时所需的沉淀剂浓度越低。因此只要控制好溶液中的氢氧根离子浓度，即控制合适的 pH，就可以达到分离的目的。

根据各种氢氧化物的溶度积，可以大致计算出各种金属离子开始析出沉淀时的 pH。例如 $Fe(OH)_3$ 的 $K_{sp}=3.5\times10^{-38}$，若 $[Fe^{3+}]=0.01mol/L$，则 $Fe(OH)_3$ 开始沉淀时的 pH 为：

$$[Fe^{3+}][OH^-]^3\geqslant3.5\times10^{-38}$$

即

$$[OH^-]\geqslant\sqrt[3]{\frac{3.5\times10^{-38}}{0.01}}mol/L=1.5\times10^{-12}mol/L$$

所以

$$pOH\leqslant11.8;\quad pH\geqslant2.2$$

当沉淀作用进行到溶液中残留的 $[Fe^{3+}]=10^{-6}mol/L$ 时，即已沉淀的 Fe^{3+} 达 99.99% 时，沉淀作用可以认为已进行完全，这时溶液的 pH 为：

$$[OH^-]=\sqrt[3]{\frac{3.5\times10^{-38}}{10^{-6}}}=3.3\times10^{-11}mol/L$$

$$pOH=10.5\qquad pH=3.5$$

同理，可以得到各种氢氧化物开始沉淀和沉淀完全时的 pH，见表 4-1。

表 4-1　各种金属离子氢氧化物开始沉淀和沉淀完全时的 pH

氢氧化物	溶度积 K_{sp}	开始沉淀时的 pH	沉淀完全时的 pH
$Sn(OH)_4$	1×10^{-57}	0.5	1.3
$TiO(OH)_2$	1×10^{-29}	0.5	2.0
$Sn(OH)_2$	3×10^{-27}	1.7	3.7
$Fe(OH)_3$	3.5×10^{-38}	2.2	3.5
$Al(OH)_3$	2×10^{-32}	4.1	5.4
$Cr(OH)_3$	5.4×10^{-31}	4.6	5.9
$Zn(OH)_2$	1.2×10^{-17}	6.5	8.5
$Fe(OH)_2$	1×10^{-15}	7.5	9.5
$Ni(OH)_2$	6.5×10^{-18}	6.4	8.4
$Mn(OH)_2$	4.5×10^{-13}	8.8	10.8
$Mg(OH)_2$	1.8×10^{-11}	9.6	11.6

应该指出，表 4-1 中所列出的各种 pH 只是近似值，与实际进行氢氧化物沉淀分离所需控制的 pH，往往还存在一定差距，其原因如下。

① 沉淀的溶解度和析出的沉淀的形态，颗粒大小等与条件有关，也随陈化时间的不同而改变。因此实际获得的沉淀的溶度积数值与文献上记载的 K_{sp} 值往往有一定的差距。

② 计算 pH 时是假定金属离子只以一种阳离子形式存在于溶液中，实际上金属阳离子在溶液中可能和 OH^- 结合生成各种羟基配离子，又可能和溶液中的阴离子结合成各种配离子，如 Fe^{3+} 在 HCl 溶液中就存在有 $[Fe(OH)]^{2+}$、$[FeCl]^{2+}$、$[FeCl_6]^{3-}$ 等形式。因此实际的溶解度要比由 K_{sp} 计算所得值大得多。

③ 一般文献记载的 K_{sp} 值是指稀溶液中没有其他离子存在时难溶化合物的溶度积。实际上由于溶液中其他离子的存在，影响离子的活度系数和活度，离子的活度积和 K_{sp} 之间存在一定的差距。

总之，金属离子分离的最适宜的 pH 范围与计算值常会有出入，必须由实验来确定。

（2）控制 pH 的方法　通常在某一 pH 范围内同时有几种金属离子沉淀，但如果适当控制溶液的 pH，可以达到一定程度的分离效果。下面介绍几种控制 pH 值的方法。

① 氢氧化钠法。NaOH 是强碱，用它作沉淀剂，可使两性元素和非两性元素分离，两性元素以含氧酸阴离子形态保留在溶液中，非两性元素则生成氢氧化物沉淀。

② 氨水-铵盐法。氨水-铵盐法是利用氨水和铵盐控制溶液的 pH 在 8～9 之间，使一、二价与高价金属离子分离的方法。由于溶液 pH 并不太高，可防止 $Mg(OH)_2$ 析出沉淀和 $Al(OH)_3$ 等酸性氢氧化物溶解。氨与 Ag^+、Co^{2+}、Ni^{2+}、Zn^{2+}、Cd^{2+} 和 Cu^{2+} 等离子形成配合物，使它们留

在溶液中而与其他离子分离。由于氢氧化物是胶状沉淀，加入铵盐电解质，有利于胶体凝聚，同时氢氧化物沉淀吸附的 NH_4^+，可以减少沉淀对其他离子的吸附。另外，氢氧化物沉淀会吸附一些杂质，应将沉淀用酸溶解后，用氨水-铵盐再沉淀一次。用氨水-铵盐法分离金属离子的情况见表 4-2。

表 4-2 用氨水-铵盐进行沉淀分离金属离子的情况

定量沉淀的离子	部分沉淀的离子	留于溶液中的离子
Hg^{2+}、Be^{2+}、Fe^{3+}、Al^{3+}、Cr^{3+}、Bi^{3+}、Sb^{3+}、Sn^{4+}、Ti^{4+}、Zr^{4+}、Hf^{4+}、Th^{4+}、Ga^{3+}、In^{3+}、Tl^{3+}、Mn^{4+}、$Nb(V)$、$U(VI)$、稀土等	Mn^{2+}、Fe^{2+}、Pb^{2+}	$Ag(NH_3)_2^+$、$Cu(NH_3)_4^{2+}$、$Cd(NH_3)_4^{2+}$、$Co(NH_3)_6^{3+}$、$Ni(NH_3)_4^{2+}$、$Zn(NH_3)_4^{2+}$、Ca^{2+}、Sr^{2+}、Ba^{2+}、Mg^{2+} 等

若采用氨水（加入大量 NH_4Cl）小体积沉淀分离法，可以改善分离效果。小体积沉淀分离法常用于 Cu^{2+}，Co^{2+}，Ni^{2+} 与 Fe^{3+}，Al^{3+}，Ti^{4+} 等的定量分离。

③ 金属氧化物和碳酸盐悬浊液法。以 ZnO 为例，ZnO 为难溶弱碱，用水调成悬浊液，加于微酸性的试液中，可将 pH 控制在 $5.5 \sim 6.5$。此时，Fe^{3+}、Al^{3+}、Cr^{3+}、Bi^{3+}、Ti^{4+}、Zr^4 和 Th^{4+} 等析出氢氧化物沉淀，而 Zn^{2+}、Mn^{2+}、Co^{2+}、Ni^{2+}、碱金属和碱土金属离子留在溶液中。

ZnO 在水溶液中存在下列平衡：

$$ZnO + H_2O \Longleftrightarrow Zn(OH)_2 \Longleftrightarrow Zn^{2+} + 2OH^-$$

由于

$$[Zn^{2+}][OH^-]^2 = K_{sp} = 1.2 \times 10^{-17}$$

因此

$$[OH^-] = \sqrt{\frac{1.2 \times 10^{-17}}{[Zn^{2+}]}}$$

当 ZnO 悬浊液加到酸性溶液中时，$[Zn^{2+}]$ 可达到 $0.1mol/L$ 左右，此时

$$[OH^-] = \sqrt{\frac{1.2 \times 10^{-17}}{0.1}} mol/L = 1.1 \times 10^{-8} mol/L$$

即

$$pOH \approx 8; pH \approx 6$$

ZnO 悬浊液适用于 Fe^{3+}、Al^{3+}、Cr^{3+} 与 Mn^{2+}、CO^{2+}、Ni^{2+} 等的分离，例如合金钢中钴的测定，可用 ZnO 悬浊液法分离除掉干扰元素，然后用比色法测定钴。表 4-3 列出几种悬浊液可控制的 pH 值。

表 4-3 用氧化物、碳酸盐悬浊液控制 pH

悬浊液	近似 pH	悬浊液	近似 pH
ZnO	6	$PbCO_3$	6.2
HgO	7.4	$CdCO_3$	6.5
MgO	10.5	$BaCO_3$	7.3
$CaCO_3$	7.4		

利用悬浊液控制 pH 时，会引入大量相应的阳离子，因此，只有在这些阳离子不干扰测定时才可使用。

④ 有机碱法。吡啶、六亚甲基四胺、苯胺、苯肼和尿素等有机碱，都能控制溶液的 pH 值，使金属离子生成氢氧化物沉淀，如吡啶与溶液中的酸作用，生成相应的盐：

$$C_5H_5N + HCl \longrightarrow C_5H_5N \cdot HCl$$

吡啶和吡啶盐组成 pH 为 $5.5 \sim 6.5$ 的缓冲溶液，可使 Fe^{3+}、Al^{3+}、Ti^{3+}、Zr^{4+} 和 Cr^{3+} 等形成氢氧化物沉淀，Mn^{2+}、Co^{2+}、Ni^{2+}、Cu^{2+}、Zn^{2+} 和 Cd^{2+} 形成可溶性吡啶配合物而留在溶液中。

2. 硫化物沉淀分离法

硫化物沉淀法与氢氧化物沉淀分离法相似，不少金属（大约有 40 余种金属离子）可以生成溶度积相差很大的硫化物沉淀，可以借控制硫离子的浓度使金属离子彼此分离。H_2S 是硫化物沉淀分离法常用的沉淀剂，溶液中 $[S^{2-}]$ 与 $[H^+]$ 的关系是：

$$[S^{2-}] \approx c(H_2S)K_{a_1}K_{a_2}/[H]^2$$

可见 $[S^{2-}]$ 与溶液的酸度有关，控制适当的酸度，也就控制了 $[S^{2-}]$，从而就可达到沉淀分离硫化物的目的。在常温常压下 H_2S 饱和溶液的浓度大约是 0.1mol/L。

在利用硫化物时，大多用缓冲溶液控制酸度。例如，往氯代乙酸缓冲溶液（pH≈2）中通入 H_2S 则使 Zn^{2+} 沉淀为 ZnS 而与 Mn^{2+}、Co^{2+}、Ni^{2+} 分离；往六亚甲基四胺（pH5~6）中通入 H_2S，则 ZnS、CoS、FeS、NiS 等会定量沉淀而与 Mn^{2+} 分离。

硫化物沉淀分离法的选择性不高，它主要用于分离除去某些重金属离子。硫化物沉淀大都是胶状沉淀，共沉淀现象严重，而且还有继沉淀现象，使其受到限制。如果改用硫代乙酰胺作沉淀剂，利用它在酸性或碱性溶液中加热煮沸发生水解而产生 H_2S 或 S^{2-} 进行沉淀，则可改善沉淀性能，易于过滤、洗涤，分离效果好。

二、有机沉淀剂分离法

采用有机试剂作沉淀剂有以下的优点：a. 有机化合物可在灼烧时挥发掉，不干扰测定；b. 有机试剂的分子比较大，能在很稀的溶液中，把微量组分共沉淀下来；c. 有机试剂具有较高的选择性，生成沉淀的溶解度小，沉淀完全，沉淀颗粒大，易于洗涤过滤，沉淀的表面吸附能力较弱，分离的选择性较高。

近年来有机沉淀剂以它独特的优越性得到广泛的应用。有机沉淀剂与金属离子形成的沉淀主要有螯合物沉淀、缔合物沉淀和三元配合物沉淀。

1. 生成单纯盐的反应

这是有机酸（或碱）与阳（或阴）离子作用，生成难溶的盐。

(1) 与阳离子作用的试剂　这些都是酸性化合物，具有直接连接于 O、S 或 N 上的可被金属置换的氢，例如，含有—COOH、酸性—OH 基、—AsO(OH)$_2$、—PO(OH)$_2$、—CSSH、—SH、—NOH、—SO$_3$H 等酸性基团的试剂。诸如以下几种。

① 羧酸　R—COOH　例如，上述的草酸选择性差，甲酸和苯甲酸等也是常用的阳离子沉淀剂。又如癸二酸 HOOC—(CH$_2$)$_5$—COOH 能定量地沉淀钍而不能沉淀铀、稀土元素。

② 胂酸　R—AsO(OH)$_2$　这种有机试剂与 4 价金属（如 Zr、Th、Ti、Sn 等）生成难溶盐，反应在强酸性溶液中进行。

$$R-\overset{\displaystyle OH}{\underset{\displaystyle OH}{As=O}} + Me^{4+} \longrightarrow R-\overset{\displaystyle O\quad\quad O}{\underset{\displaystyle O\quad\quad O}{As=O\quad Me\quad O=As}}-R$$

由于碱金属一般不易生成配合物，所以碱金属与有机试剂的沉淀反应，一般都是成盐反应，例如，四苯基硼化钠能沉淀 K^+、NH_4^+、Rb^+、Cs^+ 及 Cu^+、Ag^+ 和 Tl^+ 等一价金属离子。

(2) 与阴离子作用的试剂　这种通常是高含量的含氮、砷或锡的化合物，都是碱性化合物，含有碱性基团（可以接受质子的基团），最常用的碱性基团是各种氨基和含氮杂环。

可用联苯胺、硝酸试剂、氯化四苯基胂等。

联苯胺可以沉淀 SO_4^{2-}、WO_4^{2-}、MoO_4^{2-} 等阴离子。

硝酸试剂能沉淀 NO_3^-、ClO_3^-、ClO_4^-、ReO_4^-、Br^-、NO_2^-、WO_4^{2-}、CrO_4^{2-}、I^-、CNS^- 等阴离子。

氯化四苯基胂与 ClO_4^-、IO_4^-、MnO_4^-、ReO_4^- 等形成单纯盐。此试剂亦能与 $CdCl_4^{2-}$、$HgCl_4^{2-}$、$SnCl_3^{2-}$ 等配阴离子生成沉淀。

2. 形成螯合物的反应

一个有机化合物分子中，如有一个成盐基团（其中有活泼可被金属置换者，如—OH，—COOH，—CH$_2$OH，=NH，=NOH，—AsO$_3$H$_2$，—PO$_3$H$_2$，—SO$_3$H，—CSSH，—SH 等）和

另一个成络基团（该基团中含有一个给电子原子，如 $\overset{\displaystyle }{C=O}$，$C=S$，—N=，—NH$_2$，

$\overset{\displaystyle }{NH}$，—N=N—，—NH—NH$_2$，—HC=N—，—NO 等）同时存在，且性质和位置适合

时，它就可以与某一定金属离子作用而形成闭合环状结构的螯合物。

（1）8-羟基喹啉（简称"OX"）　分子式 C_8H_7ON，相对分子质量 145.16，在水中溶解度为 0.55g/L（室温），一般用乙醇或乙酸溶液。它具有—OH 及 "N"，它能与许多金属离子（除碱金属外，约 38 种）相结合，生成不溶性的螯合物。

8-羟基喹啉具有两性，既有酸性，又具有碱性。金属离子与其结合，例如：

反应中有 H^+ 放出，因此溶液的酸度对沉淀反应的进行具有重大影响，必须严格加以控制。不同金属离子对沉淀的酸度要求不同如表 4-4 所示。

表 4-4　金属离子与 8-羟基喹啉（OX）沉淀条件

金属离子	完全沉淀的 pH 范围	沉淀条件（溶液的性质）	可测定的方法
Al^{3+}	4.2～9.8	乙酸缓冲溶液,氨性溶液,氨水-酒石酸盐溶液	Al(OX) 在 130℃ 烘干,可加草酸一起灼烧为 Al_2O_3,用容量法系数 0.0687
Bi^{3+}	4.8～10.5	乙酸缓冲溶液,含有氨（但不是苛性碱）和酒石酸的溶液内	Bi(OX)$_3$ 在 130～140℃ 烘干,换算为铋的系数 0.3260,不用溴酸盐容量法
Cu^{2+}	5.4～14.5	乙酸缓冲溶液,含有氨（但不是苛性碱）和酒石酸（或其他的碱性盐）的溶液内	Cu(OX)$_3$ 在 105～110℃ 烘干,换算为铜的系数 0.1808
Cd^{2+}	5.6～14.5	乙酸缓冲溶液,氨或苛性碱溶液	Cd(OX)$_3$ 在 130℃ 烘干,换算为镉的系数 0.2629
Co^{2+}	4.4～14.5	乙酸缓冲溶液,弱乙酸溶液内	Co(OX)$_2$·2H$_2$O 不好烘干,最好与草酸灼烧成 Co_3O_4 或容量法
Fe^{3+}	2.8～11.2	乙酸缓冲溶液（不使用含有苛性碱和酒石酸的溶液）	Fe(OX)$_3$ 不好烘干,在 120℃ 烘干,也可与草酸灼烧成 Fe_2O_3
Ga^{3+}	7.0～8.0	精确的中性溶液,不使用碱性溶液	Ga(OX)$_3$ 在 110℃ 烘干,换算为镓的系数 0.1389
In^{3+}	2.5～3.0	乙酸缓冲溶液,不使用碱性溶液	In(OX)$_3$ 在 110℃ 烘干,换算为铟的系数 0.2099
Mn^{2+}	5.9～10.0	乙酸缓冲溶液	Mn(OX)$_2$·2H$_2$O 要烘恒重很难,与草酸灼烧成 Mn_3O_4 称量
Mg^{2+}	9.5～12.6	氨性溶液,苛性碱溶液或是含如苛性碱和酒石酸（或其盐）的溶液,大量铵盐没有妨碍	Mg(OX)$_2$·2H$_2$O 在 110℃（系数 0.698）或 130～140℃ 烘为 Mg(OX)$_2$（系数 0.0778）或容量法
MoO_4^{2-}	3.6～7.3	乙酸缓冲溶液,乙酸溶液	Mo(OX)$_2$·2H$_2$O 在 130～140℃ 烘,不用容量法,系数 0.0307
Ni^{2+}	4.3～14.5	乙酸缓冲溶液(NaAc),乙酸溶液	Ni(OX)$_2$·2H$_2$O 不能烘好,用容量法或与草酸灼烧成 NiO,系数 0.0307
Pb^{2+}	8.5～9.5	弱碱性溶液	Pb(OX)$_2$ 在 105℃ 烘干
TiO^{2+}	4.8～8.6	乙酸缓冲溶液,或是氨性的酒石酸溶液（但不是苛性碱溶液）	TiO(OX)$_2$ 在 110℃ 烘干（系数为 0.1361）
Th^{4+}	4.4～8.8	乙酸或乙酸缓冲溶液	Th(OX)$_4$ 在 130～160℃ 烘干
UO_2^{2+}	5.7～9.8	乙酸缓冲溶液	UO$_2$(OX)$_2$·H$_2$O 在 105～110℃ 或 200℃ 烘去水,或灼烧成 U_2O_3
WO_4^{2-}	5.0～5.8	乙酸缓冲溶液	WO$_2$(OX)$_2$ 180℃ 烘,可灼烧成 WO$_2$,不能用容量法
Zn^{2+}	6.0～13.4	乙酸缓冲溶液,氨性溶液或含有酒石酸的苛性钠溶液	Zn(OX)$_2$ 在 130～140℃ 烘,换算为锌的系数 0.1849
Zr^{4+}	4.8～8.6	乙酸缓冲溶液,氯化物和亚硫酸不应存在	Zr(OX)$_4$ 130℃ 烘,换算为锆的系数 0.1367
Sn^{4+}		邻苯二甲酸盐缓冲剂,溶剂为 CHCl$_3$	Sn(OX)$_4$ 在紫外光激发有黄绿色荧光

除上述外，它与杂多酸如磷钼酸及硅钼酸生成难溶盐：

$$3C_9H_7ON + H_7[P(Mo_2O_7)_6] \Longrightarrow (C_9H_7ON)_3 \cdot H_7[P(Mo_2O_7)_6] \downarrow$$

$$4C_9H_7ON + H_4[SiMo_{12}O_{40}] \Longrightarrow (C_9H_7ON)_4 \cdot H_4[SiMo_{12}O_{40}] \downarrow$$

8-羟基喹啉的衍生物很多，例如8-羟基喹啉哪啶（2-甲基-8-羟基喹啉），5,7-二氯-8-羟基喹啉，5-亚硝基-8-喹啉等。它们分析性质上与8-羟基喹啉相似，但由于取代基的影响，选择性好得多。

（2）铜铁试剂（亚硝基苯胲胺）　分子式：$C_6H_5NO \cdot NO \cdot NH_4$，相对分子质量：155.16。

三、四价金属与铜铁试剂作用，生成难溶性的螯合物。例如，在1：4的HCl或H_2SO_4中，Fe^{3+}与铜铁试剂反应生成$Fe(C_6H_5NO \cdot NO)_3$红褐色螯合物沉淀。

溶液的酸度对生成金属离子的铜铁试剂螯合物有很大的影响。

铜铁试剂是一种溶解度很大的试剂，它在5%～10%的HCl或H_2SO_4中（pH为0.6～2）能将Fe^{3+}、Ti^{4+}、Ta^{5+}、Nb^{5+}、Zr^{4+}、Sn^{2+}、Ce^{4+}、W^{6+}、V^{5+}、Ga^{3+}、U^{4+}、Hg_2^{4+}等离子沉淀与U^{6+}、Al^{3+}、Cr^{3+}、Co^{2+}、Ni^{2+}、Mn^{2+}、Mg^{2+}、P、B等离子分离。在微酸性及近中性铜才沉淀（实际上很少用于铜的测定），还有In^{3+}、Bi^{3+}、Mo^{6+}等沉淀。在钢铁分析中，常用于Fe、Ti、V等与Al、Cr等分离。通常主要用于铁与铝的分离。沉淀一般在冷溶液中进行（最好用冰水冷却）。金属盐沉淀的热稳定性较差，不能用于干燥后作称量形式，而需灼烧为金属氧化物。试剂本身在室温很不稳定，一般贮于棕色瓶中（最好置于碳酸铵中）放在阴凉处。

（3）铜试剂（二乙氨基二硫代甲酸钠，DDTC）　分子式：$(C_2H_5)_2NCSSNa$；相对分子质量：171.23。

此试剂为白色晶体，易溶于水。其水溶性显碱性。并且还有还原性。铜试剂是测定铜的一种重要有机试剂。它能与许多其他离子作用，生成多种难溶性的螯合物沉淀（表4-5），故可用于沉淀分离。

表4-5　不同介质中与铜试剂生成难溶性螯合物的各种金属离子

沉淀条件	能形成难溶性螯合物的金属离子
NaOH＋酒石酸盐(pH≈14)	Co^{3+}、Ni^{2+}、Cu^{2+}、Au^+、Ag^+、Cd^{2+}、Hg^{2+}、Tl^+、Pb^{2+}、铂族金属
$NH_3 \cdot H_2O$＋酒石酸盐(pH≈9)	除上述金属外还有：Mn^{2+}、Mn^{5+}、Fe^{3+}、Tl^{3+}、Co^{2+}、Zn^{2+}、In^{3+}、Sn^{2+}、Sb^{3+}、Bi^{3+}
乙酸＋酒石酸盐(pH≈5)	V^{4+}、V^{5+}、Nb^{5+}、Cr^{3+}、Mo^{6+}、U^{6+}、Ga^{3+}、Sn^{4+}、As^{3+}、Se^{6+}
NaOH＋酒石酸盐＋EDTA＋KCN(pH≈14)	Pb^{2+}
弱碱性或弱酸性溶液	As^{5+}、Sb^{5+}、Fe^{3+}在加热时沉淀缓慢且不完全

其中一部分金属的沉淀具有鲜明的颜色，如铜的螯合物为棕色，铋—黄色，钴—绿色，铁—棕色，镍—黄绿色，铀（Ⅵ）—红棕色，钼（Ⅵ）—红色，锡—橙色等。有些沉淀能溶于有机溶剂中可溶剂萃取用作光度测定。

铜试剂分离法在实际分析上应用颇多。例如，钢铁分析中，利用铜试剂在乙酸溶液中沉淀铁、铬、铜、钒等干扰元素，然后于滤液中用容量法或光度法测定铝及稀土元素。

（4）丁二酮肟　分子式：$C_4H_8O_2N_2$；相对分子质量：116.12。

丁二酮肟是镍的良好选择性沉淀剂，沉淀需在氨性、中性或乙酸缓冲溶液中进行。在用酒石酸等作掩蔽剂时，可在有大量铁、钛、铝等共存时沉淀镍。常用于钢铁，铜或铝合金中的镍的测定。丁二酮肟镍溶于矿酸中。丁二酮肟也可在 HCl 或 H_2SO_4 溶液中沉淀钯。而丁二酮肟可溶于胺溶液中。

新近合成了两种比丁二酮肟选择性更好（可在大量钴中沉淀微量镍）的沉淀剂：

α-糠偶酰二肟或 α-氧茂二肟　　　　环六烷二酮肟或环己酮肟

3. 吸附作用

这类试剂反应机理不太清楚，除可能有化学反应外，还可能有两种胶体的相互凝聚作用，故可称为吸附沉淀剂。如单宁酸、辛可宁、羟基蒽醌类染料等。

三、共沉淀分离法

沉淀分离法只在离子含量较大的情况下才能得到满意的结果，如果欲分离一些微量组分，则遇到困难，这时共沉淀分离就起着重要作用。对于沉淀分离或重量法测定来说，共沉淀现象是一个极为不利的消极因素，反之也可以利用共沉淀作用来分离、富集微量元素。例如电解精铜中痕量的锑和铋，以 $Fe(OH)_3$ 沉淀将它们吸附带下来与主体元素铜分离。这里的共沉淀物质 $Fe(OH)_3$ 称为载体又名捕集剂或共沉淀剂。

一般共沉淀剂分为无机共沉淀剂和有机共沉淀剂两大类。

共沉淀剂一般应满足下列条件：①具有强烈吸附微量欲测组分的能力或与其生成混晶的能力；②应容易溶于酸或其他溶剂中；③不应干扰所共沉淀的微量元素离子的测定或是溶剂易于破坏（例如可用灼烧法将它除去）；④最好是能具有选择性的吸附，即只吸附欲测定的离子和不干扰测定方法的其他元素离子。

1. 无机共沉淀剂

无机共沉淀剂的作用主要是对痕量元素的表面吸附、吸留或与痕量元素形成混晶，而把微量组分载带下来。

总的说来，无机共沉淀剂有强烈的吸附性，选择性不高，而且无机共沉淀剂除极少数（如汞化合物）可以经灼烧挥发除去外，在大多数情况下还需增加载体元素与痕量元素之间的进一步分离步骤。因此只有当载体离子容易被掩蔽或不干扰测定时，才能使用无机共沉淀剂。

常用的无机共沉淀剂有 $Fe(OH)_3$、$Al(OH)_3$ 或 $MnO_2 \cdot xH_2O$ 等胶状沉淀（表 4-6）。无机沉淀剂的缺点是选择性不高，大多难于挥发，不易去掉。只有当载体引入离子容易掩蔽或不干扰时，才好使用。

表 4-6　常用的吸附无机共沉淀剂

共沉淀剂	沉淀带下的金属离子
$Fe(OH)_3$	Mg、Al、Ti、V、Cr、Na、Co、Ni、Zn、Ge、As、Se、Zr、Mo、Ru、Rh、Cd、Sn、Te、W、Tl、In、Pt、Bi、Th、U
$Al(OH)_3$	Ti、Be、V、Cr、Fe、Co、Ni、Zn、Ru、Rh、Mo、Nh、Zr、W、La、Hf、Ir、Pt、Bi、Eu、U
$MnO_2 \cdot xH_2O$	Al、Cr、Fe、Mo、Sn、Sb、Bi、Tl、Au、Tl、Au、Tb、Pd、Te
HgS	Pb、Ag、Cu、As、Sb、Bi

（1）由吸附而引起的共沉淀　利用吸附作用的无机共沉淀剂在微量元素分离上应用很多。例如，在纯镉中微量铅的测定，可将试样分解后，加入少量 $La(NO_3)_3$ 溶液（约含 $2 \sim 3mg$ La^{3+}），然后再加入过量的 $NH_3 \cdot H_2O$，这时产生 $La(OH)_3$ 沉淀，表面会吸附一层 OH^-，从而就将 Pb^{2+}

吸附共沉淀下来，过滤，洗涤，以盐酸溶解，用光度法或极谱法测定铅。还可以用 $Al(OH)_3$、$MnO_2 \cdot xH_2O$ 等作为共沉淀剂。

又如，欲从金属铜中分离出微量铝。

$$溶解试样时 \begin{cases} Cu^{2+} \\ Al^{3+} \end{cases} 过量氨水 \begin{cases} [Cu(NH_3)_4]^{2+} 留在溶液中 \\ 难以形成 Al(OH)_3 \downarrow 或沉淀不完全 \end{cases}$$

$$\begin{cases} Cu^{2+} \\ Al^{3+} \end{cases} + Fe^{3+} \begin{cases} [Cu(NH_3)_4]^{2+} 留在溶液中 \\ Fe(OH)_3 \downarrow 表面吸附了一层 OH^- \\ \rightarrow 进一步吸附 Al^{3+} \\ \rightarrow 使微量 Al 全部共沉淀出来后测定 \end{cases}$$

(2) 由共晶作用所引起的共沉淀 如果微量元素与载体晶格相同，则它们可以生成混晶而一起析出。例如，硫酸铅和硫酸锶的晶形相同，如果溶液中有 Sr^{2+} 和微量的 Pb^{2+}，当加入过量硫酸盐时，全部铅离子都可以生成 $PbSO_4$ 与 $SrSO_4$ 共晶析出。又如 As^{3+} 与 $MgNH_4PO_4$，V^{5+} 与 $(NH_4)_3PO_4 \cdot 12MoO_3$ 都可以生成共晶。但是其他离子的存在对共晶作用很大，例如，在 1mol/L KCl 溶液中只有 82% Pb^{2+} 与 $SrSO_4$ 成共晶析出，如果在 2.5mol/L KCl 溶液中，则只有 30% Pb^{2+} 可以析出，其主要原因是由于 Pb^{2+} 形成了 $[PbCl_4]^{2-}$ 配离子，以致不能进入 $SrSO_4$ 结晶中。

(3) 形成晶核所引起的共沉淀 有些微量元素含量实在太少了，即使生成了沉淀以后，也无法凝集下来。但可以利用它来作为晶核，使另一种物质在它上面长大，而后沉淀下来。例如，溶液中加入极微的金、铂、钯等贵金属时，要使它析出可以在溶液中加入少量亚碲酸的碱金属盐（Na_2TeO_3），再加还原剂如 H_2SO_3 或 $SnCl_2$ 等，在贵金属离子还原为金属微粒的同时，亚碲酸盐还原成游离碲，就以贵金属微粒为晶核，碲聚集在它的表面长大成沉淀而一起析出。将沉淀过滤和洗涤后，置高温强烈灼烧，碲成氧化物挥发掉而不留有共沉淀剂，此方法即使微量贵金属与 Fe、Cu、Pb、As、Sb 等分离。

2. 有机共沉淀剂

有机共沉淀剂与无机共沉淀剂比较有如下优点：①有机化合物可在灼烧时挥发掉，载体不干扰测定；②有机试剂常是非极性或弱极性的分子，它与金属离子生成难溶螯合物时，沉淀的表面吸附能力较弱，分离的选择性较高；③有机试剂的分子比较大，能在很稀的溶液中，把微量组分共沉淀下来，富集能力强。

有机共沉淀剂主要有如下分类。

(1) 胶体共沉淀剂 动物胶、丹宁、辛可宁等，常用于凝聚硅酸、钨酸、铌酸和钽酸等胶体。例如，在酸性溶液中，H_2WO_4 以带负电的粒子存在，形成胶体溶液，而辛可宁等的粒子带正电荷，一方面由于电性中和能使胶体凝聚；另一方面，这些有机共沉淀剂本身是大分子的胶体，能起载体的作用，把钨酸共沉淀下来。

(2) 配位共沉淀剂 甲基紫、亚甲基蓝等大分子的有机试剂，在水溶液中形成带正电荷的基团，能与配阴离子形成离子缔合物（正盐）沉淀。例如，Zn^{2+} 与 SCN^- 形成的 $[Zn(CNS)_4]^{2-}$ 配离子能与碱性染料甲基紫的阳离子，形成难溶的正盐。

(3) 惰性共沉淀剂 元素以配合物状态共沉淀，这类共沉淀剂不会和其他离子配位，因此选择性较高，故又称惰性"共沉淀剂"。进行这种共沉淀时，一般是先加入一种有机配位沉淀剂，使微量元素离子配合，但因量太微而不能沉淀析出，再加入相当于有机配位沉淀剂的酯的乙醇或丙酮溶液，则由于这个酯在水中不溶会沉淀。而将微量元素离子所成的配合物溶于其中而一起下沉。

例如，溶液中的微量 Ni^{2+}，在加入丁二酮肟后，并不生成沉淀，若再加入丁二酮肟二烷酯的乙醇溶液，则微量的丁二酮肟镍就会溶于不溶于水的丁二酮肟二烷酯沉淀中而一起沉淀下来。这里二乙酰二肟二烷酯是"共沉淀剂"。

目前分析上经常用的是有机共沉淀剂，它的特点是选择性高、分离效果好、共沉淀剂经灼烧后就能除去，不致干扰微量元素的测定。它的作用原理与无机共沉淀剂不同，不是依靠表面吸附或形成混晶载带下来，而是先把无机离子转化为疏水化合物，然后用与其结构相似的有机共沉淀剂载带下来。例如微量镍与丁二酮肟在氨性溶液中形成难溶的配合物，若加入与其结构相似的丁二酮肟二烷酯乙醇溶液，由于丁二酮肟二烷酯不溶于水，可把镍的丁二酮肟配合物载带下来；不能形成配合物的其他离子仍留在溶液中，因此，沾污少、选择性高。这类共沉淀剂又称"惰性共沉淀剂"。常用的惰性共沉淀剂还有酚酞、β-萘酚、间硝基苯甲酸及 β-羟基萘甲酸等。

四、提高沉淀分离选择性的方法

为了提高沉淀分离的选择性，首先应寻找新的、选择性更好的沉淀剂；其次控制好溶液的酸度，利用配位掩蔽和氧化还原反应进行控制。

1. 控制溶液的酸度

因为无论是无机沉淀剂还是有机沉淀剂大多是弱酸或弱碱，沉淀时溶液的 pH 对于提高沉淀分离的选择性和富集效率都有影响；同时，酸度对成盐和配位反应也有很大影响；此外还影响离子存在的状态和沉淀剂本身存在状态。因此必须控制好溶液的酸度来提高沉淀分离的选择性。

2. 利用配位掩蔽作用

利用掩蔽剂来提高分离的选择性是经常被采用的手段。例如，Ca^{2+} 和 Mg^{2+} 间的分离，若用 $(NH_4)_2C_2O_4$ 作沉淀剂沉淀 Ca^{2+} 时，部分 MgC_2O_4 也将沉淀下来，但若加过量的 $(NH_4)_2C_2O_4$ 则 Mg^{2+} 与过量的 $C_2O_4^{2-}$ 会形成 $[Mg(C_2O_4)_2]^{2-}$ 配合物而被掩蔽，这样便可使 Ca^{2+} 和 Mg^{2+} 分离。

近年来在沉淀分离中常用 EDTA 作掩蔽剂，有效地提高了分离效果。如在乙酸盐缓冲溶液中，若有 EDTA 存在，以 8-羟基喹啉作沉淀剂时，只有 Mo(Ⅵ)、W(Ⅵ)、V(Ⅴ) 沉淀，而 Al^{3+}、Ni^{2+}、Fe^{3+}、Zn^{2+}、Co^{2+}、Mn^{2+}、Pb^{2+}、Bi^{3+}、Cu^{2+}、Cd^{2+}、Hg^{2+} 等离子则留在溶液中。可见，把使用掩蔽剂和控制酸度两种手段结合起来，能有效地提高分离效果。

3. 利用氧化还原反应

在沉淀分离过程中可利用加入氧化剂或还原剂来改变干扰离子的价态的办法消除干扰。例如，对微量铊的富集，可使 $TlCl_4^-$ 与甲基橙阳离子缔合，以二甲氨基偶氮苯为载体共沉淀。但选择性不好，试液中如有 $SbCl_6^-$、$AuCl_4^-$ 等存在，都可以共沉淀下来。如果先使 Tl^{3+} 还原为 Tl^+，再加入甲基橙和二甲氨基偶氮苯，则可使干扰离子共沉淀分离，Tl^+ 留于溶液中。然后把 Tl^+ 氧化为 Tl^{3+} 或转变为 $TlCl_4^-$，再用上述共沉淀剂使 $TlCl_4^-$ 共沉淀与其他组分分离。

五、沉淀分离法的应用

1. 合金钢中镍的分离

镍是合金钢中的主要组分之一。钢中加入镍可以增强钢的强度、韧性、耐热性和抗蚀性。镍在钢中主要以固熔体和碳化物形式存在，大多数含镍钢都溶于酸中。合金钢中的镍，可在氨性溶液中用丁二酮肟为沉淀剂，使之沉淀析出。沉淀用砂芯玻璃坩埚过滤后，洗涤、烘干。铁、铬的干扰可用酒石酸或柠檬酸配合掩蔽；铜、钴可与丁二酮肟形成可溶性配合物。为了获得纯净的沉淀，把丁二酮肟镍沉淀溶解后再一次进行沉淀。

2. 试液中微量锑的共沉淀分离

微量锑（含量在 10^{-6} 左右）可在酸性溶液中，用 $MnO(OH)_2$ 为载体，进行共沉淀分离和富集。载体 $MnO(OH)_2$ 是在 $MnSO_4$ 的热溶液中加入 $KMnO_4$ 溶液，加热煮沸后生成。共沉淀时溶液的酸度约为 $1 \sim 1.5 mol/L$，这时 Fe^{3+}、Cu^{2+}、As(Ⅲ)、Pb^{2+}、Tl^{3+} 等不沉淀，只有锡和锑可以完全沉淀下来［其中能够与 Sb(Ⅴ) 形成配合物的组分干扰锑的测定］，所得沉淀溶解于 H_2O_2 和 HCl 混合溶剂中。

 膜分离技术

1784 年 Abble Nelkt 发现水能自然地扩散到装有酒精的猪膀胱内，首先揭示了膜分离现象。它的主要特点是以具有选择透过性的膜作为组分分离的手段，选用对所处理的均一物系中的组分具有选择透过性的膜，当膜的两侧存在某种推动力（如压力差、浓度差、电位差等）时，半渗透膜有选择性地允许某些组分透过，同时，阻止或保留混合物中的其他组分，从而达到分离、提纯的目的。

用于分离的膜，按照其物态分为固膜、液膜和气膜三类。目前应用最多的是固膜。固膜又可分为无机膜和有机膜。从膜的结构上看，它是一很薄的薄片。用于过滤的膜一般是用具有多孔的物质作为支撑体，其表面由只有几十微米左右厚的膜层组成的。无机陶瓷膜就是在多孔陶瓷的表面经过特殊处理而形成的孔径均匀的膜，较有机膜具有孔径均匀、不易发生反应、不易堵塞、易清洗、耐酸碱和有机溶剂等优点。但无机膜造价比有机膜要高，在制作工艺上，仍在完善之中。目前已在工业上大规模应用的有渗析、电渗析、超滤、反渗透等膜分离技术。

膜分离技术具有设备简单，易于操作，无相变和化学变化，处理效率高等优点。目前已普遍用于化工、电子、轻工、纺织、冶金、食品等领域，取得了很好的经济效益和社会效益。最近，除应用膜进行工业废水处理、食品工业以外，膜技术还应用到发酵工业、医药等生物工程中，如利用膜分离超滤技术浓缩酶制剂并且分离、浓缩、纯化酶、蛋白、多糖、抗体和一些基因工程产品等，从应用前景看，其潜在的利用价值很高。

任务二　溶剂萃取分离法

溶剂萃取分离法是根据物质在两种互不混溶的溶剂中分配特性不同而进行分离的方法。这种方法设备简单，操作简易快速，既可用于分离主体组分，也可用于分离、富集痕量组分，特别适用于分离性质非常相似的元素，是分析化学中应用广泛的分离方法。

一、溶剂萃取分离的基本原理

1. 溶剂萃取分离的机理

当有机溶剂（有机相）与水溶液（水相）混合振荡时，由于一些组分的疏水性而从水相转入有机相，而亲水性的组分留在水相中，这样就实现了提取和分离。某些组分本身是亲水性，如大多数带电荷无机离子或有机物欲将它们萃取到有机相中，就要采取措施，使它们转变为疏水的形式。例如，Ni^{2+} 在水溶液以 $[Ni(H_2O)_6]^{2+}$ 的形式存在，是亲水的，要转化为疏水性必须中和其电荷，引入疏水基团，取代水分子。为此，可在 pH=9 的氨性溶液中加入丁二酮肟与 Ni^{2+} 生成不带电荷、难溶于水的丁二酮肟镍螯合物。这里丁二酮肟称为萃取剂。生成的丁二酮肟镍螯合物易被有机溶剂如 $CHCl_3$ 等萃取。

实际工作中，有时需要把有机相中的物质再转入水相，例如，前例中镍-丁二酮肟螯合物，若加入 HCl 于有机相中，当酸的浓度为 0.5～1mol/L 时，则螯合物被破坏，Ni^{2+} 又恢复了它的亲水性，可从有机相返回到水相中，这一过程称为反萃取，萃取和反萃取配合使用，能提高萃取分离的选择性。

2. 分配系数与分配比

当用有机溶剂从水溶液中萃取溶质 A 时，物质 A 在两相中的浓度分布服从分配定律，即，物质 A 在有机相与水相中分配达到平衡时，其浓度比为一常数，这常数称为分配系数 K_D。

$$A_水 \rightleftharpoons A_有$$

$$K_D = \frac{[A]_有}{[A]_水}$$

上式只适合于溶质在两相中以相同的单一形式存在，且其形式不随浓度而变化的情况。当溶质 A 在水相或有机相中发生电离、聚合等作用时，就会存在着多种化学形式，由于不同形式在两相中的分配行为不同，故总的浓度比就不是常数。在实际工作中，通常需要知道的是溶质在每一相中的总浓度 $c_有$，因此引入另一参数 D，称为分配比。

$$D = \frac{c_有}{c_水} = \frac{物质在有机相中的总浓度}{物质在水相中的总浓度}$$

显然只有在简单的体系中，溶质在两相中的存在形式相同，且低浓度时，$D=K_D$；但当溶质在两相中有多种存在形式时，$D \neq K_D$。K_D 在一定的温度和压力下为一常数，而 D 的大小与萃取条件（如酸度等）、萃取体系及物质性质有关，随实验条件而变。例如，用 CCl_4 萃取 I_2 时，在水相中 I_2 以 I_2 及 I_3^- 形式存在；而在有机相中只有 I_2 一种形式。

$$I_2 + I^- \rightleftharpoons I_3^- \qquad K = \frac{[I_3^-]}{[I_2][I^-]}$$

I_2 分配在两种溶剂中，则有如下平衡：

$$I_{2水} \rightleftharpoons I_{2有}$$

因此

$$K_D = \frac{[I_2]_有}{[I_2]_水}$$

分配比 D 为

$$D = \frac{[I_2]_有}{[I_2]_水 + [I_3^-]} = \frac{K_D}{1 + K[I^-]}$$

从上式可以看出 D 随 $[I^-]$ 的改变而改变，当 $[I^-]=0$ 时，$D=K_D$。

【例 4-1】 含有 0.120g 碘的碘化钾溶液 100mL，25℃时用 25.0mL 四氯化碳与之一起振摇，假设碘在四氯化碳和在碘化钾溶液之间的分配达到平衡后，在水中测得有 0.00539g 碘，试计算碘的分配系数。

解 0.00539g 碘存在水中，则有 0.120−0.00539=0.115g 碘进入 CCl_4 中，

$$K_D = \frac{[I_2]_有}{[I_2]_水} = \frac{\dfrac{0.115}{25}}{\dfrac{0.00539}{100}} = 85$$

故　碘的分配系数为 85。

3. 萃取率

萃取率是指物质在有机相中的总物质的量占两相中的总物质的量的百分率（数值以％表示）。它表示萃取的完全程度。

$$E = \frac{被萃取物质在有机相中的总量}{被萃取物质的总量} \times 100\%$$

所以

$$E = \frac{A 在有机相中的总量}{A 在两相中的总量} \times 100\% = \frac{c_有 V_有}{c_有 V_有 + c_水 V_水} \times 100\%$$

分子分母同除以 $c_水 V_有$，则得

$$E = \frac{c_有/c_水}{c_有/c_水 + V_水/V_有} \times 100\% = \frac{D}{D + V_水/V_有} \times 100\%$$

由上可知，萃取效率的大小与分配比 D 和体积比 $V_水/V_有$ 有关。D 越大，体积比越小，则萃取效率越高，也就说明物质进入有机相中的量越多，萃取越完全。

当等体积（$V_水 = V_有$）一次萃取时，即 $V_有 = V_水$ 时　$E = \dfrac{D}{D+1} \times 100\%$

对于等体积一次萃取时，

当 $D=1000$ 时，$E=99.9\%$，可认为一次萃取即可完全；

当 $D=100$ 时，$E=99.5\%$，一次萃取不能定量完全，一般要求连续萃取 2 次；

当 $D=10$ 时，$E=90\%$，需要连续萃取数次才能完全；

当 $D=1$ 时，$E=50\%$，萃取完全比较困难。

说明当 D 不高时，一次萃取不能满足分离或测定的要求，此时可采用多次连续萃取的方法以提高萃取率。

设体积为 $V_水$ 的水溶液中含有待萃取物质的质量为 m_0(g)，用体积为 $V_有$ 的有机溶剂萃取一次，水相中剩余的待萃取物质的质量为 m_1(g)，进入有机相中的该物质的质量则为 $(m_0 - m_1)$g。此时分配比 D 为：

$$D = \frac{c_有}{c_水} = \frac{\dfrac{m_0 - m_1}{V_有}}{\dfrac{m_1}{V_水}}$$

整理得：

$$m_1 = m_0 \left(\frac{V_水}{DV_有 + V_水} \right)$$

如用体积为 $V_有$ 的有机溶剂再萃取一次，则留在水相中的待萃取物质的质量为 m_2(g)。则有

$$m_2 = m_1 \left(\frac{V_水}{DV_有 + V_水} \right) = m_0 \left(\frac{V_水}{DV_有 + V_水} \right)^2$$

如果每次用体积为 $V_有$ 的有机溶剂萃取，萃取 n 次，水相中剩余被萃取物质 m_n(g)，则

$$m_n = m_0 \left(\frac{V_水}{DV_有 + V_水} \right)^n$$

则

$$E = \frac{m_0 - m_0 \left(\frac{V_水}{DV_有 + V_水} \right)^n}{m_0}$$

所以

$$E = 1 - \left(\frac{V_水}{DV_有 + V_水} \right)^n$$

【例 4-2】 有含碘的水溶液 10mL，其中含碘 1mg，用 9mL CCl_4 按下列两种方式萃取：(1) 9mL 一次萃取；(2) 每次用 3mL，分 3 次萃取。分别求出水溶液中剩余的碘量，并比较其萃取率。已知 $D=85$。

解 按题意，一次萃取时，根据式 $m_1 = m_0 \left(\frac{V_水}{DV_有 + V_水} \right)$

得

$$m_1 = 1 \times \frac{10}{85 \times 9 + 10} \text{mg} = 0.013 \text{mg}$$

因此

$$E = \frac{1 - 0.013}{1} \times 100\% = 98.7\%$$

若用 9mL 溶剂，分 3 次萃取时，根据式 $m_n = m_0 \left(\frac{V_水}{DV_有 + V_水} \right)^n$ 得

$$m_3 = 1 \times \left(\frac{10}{85 \times 3 + 10} \right)^3 \text{mg} = 0.00006 \text{mg}$$

$$E = \frac{1 - 0.00006}{1} \times 100\% = 99.99\%$$

计算结果表明，相同量的萃取溶剂采用少量多次比一次萃取的效率高，但增加萃取次数会增加萃取操作的工作量和操作中引起的误差。

4. 分离系数

在定量化学分析中，为了达到分离的目的，不仅要求被萃取物质的 D 比较大，萃取的效率高，而且还要求溶液中共存组间的分离效果好。分离效果的好坏一般用分离系数 β 来表示，它表示两种不同组分分配比的比值。

$$\beta = \frac{D_A}{D_B}$$

如果 D_A 与 D_B 数值相差很大，则两物质可以定量分离；如 D_A 与 D_B 数值相近，则 β 值接近于 1，此时两物质以相差不多的萃取率进入有机相，就难以定量分离。

【例 4-3】 在盐酸介质中，用乙醚萃取镓时，分配比等于 18，若萃取时乙醚的体积与试液相等，求镓的萃取百分率。

解 已知 $D=18$，$V_水 = V_有$

$$E = \frac{D}{D+1} \times 100\% = \frac{18}{18+1} \times 100\% = 94.7\%$$

【例 4-4】 用 8-羟基喹啉氯仿溶液于 pH=7.0 时，从水溶液中萃取 La^{3+}。已知它在两相中的分配比 $D=43$，取含 La^{3+} 的水溶液（1mg/mL）20.0mL，计算用萃取液 10.0mL 一次萃取和用同量萃取液分两次萃取的萃取率。

解 已知 $m_0 = 20.0$mg，$V_水 = 20.0$mL，$V_有 = 10.0$mL，$D=43$

用 10.0mL 萃取液一次萃取时：

$$m_1 = m_0 \frac{V_{水}}{DV_{有} + V_{水}} = 20.0 \times \frac{20.0}{43 \times 10.0 + 20.0} = 0.89 \text{（mg）}$$

$$E = \frac{m_0 - m_1}{m_0} \times 100\% = \frac{20.0 - 0.89}{20.0} \times 100\% = 95.6\%$$

或 $E = \left[1 - \left(\frac{V_{水}}{DV_{有} + V_{水}}\right)^n\right] \times 100\% = \left(1 - \frac{20.0}{43 \times 10.0 + 20.0}\right) \times 100\% = 95.6\%$

每次用 5.0mL 萃取液连续萃取两次时：

$$m_2 = m_0 \left(\frac{V_{水}}{DV_{有} + V_{水}}\right)^2 = 20.0 \times \left(\frac{20.0}{43 \times 5.0 + 20.0}\right)^2 = 0.145 \text{（mg）}$$

$$E = \frac{m_0 - m_2}{m_0} \times 100\% = \frac{20.0 - 0.145}{20.0} \times 100\% = 99.3\%$$

或 $E = \left[1 - \left(\frac{V_{水}}{DV_{有} + V_{水}}\right)^n\right] \times 100\% = \left[1 - \left(\frac{20.0}{43 \times 5.0 + 20.0}\right)^2\right] \times 100\% = 99.3\%$

二、主要的溶剂萃取体系

根据萃取反应的类型和所形成的可萃取物质的不同，可把萃取体系分为螯合物萃取体系、离子缔合物萃取体系和协同萃取体系等。

1. 螯合物萃取体系

螯合物萃取在定量化学分析中应用最为广泛，它是利用萃取剂与金属离子作用形成难溶于水，易溶于有机溶剂的螯合物进行萃取分离。所用的萃取剂一般是有机弱酸，也是螯合剂。例如，Cu^{2+} 在 pH≈9 的氨性溶液中，与铜试剂生成稳定的疏水性的螯合物，加入 $CHCl_3$ 振荡，螯合物就被萃取于有机层中，把有机层分出即可达到分离的目的。常用的萃取剂有双硫腙，它可与 Ag^+、Bi^{3+}、Cd^{2+}、Hg^{2+}、Cu^{2+}、Co^{2+}、Mn^{2+}、Ni^{2+}、Pb^{2+} 等离子形成螯合物，易被 CCl_4 萃取；二乙基胺二硫代甲酸钠可与 Ag^+、Hg^{2+}、Cu^{2+}、Cd^{2+}、Co^{2+}、Ni^{2+}、Mn^{2+}、Fe^{3+} 等离子形成螯合物，易被 CCl_4 或乙酸乙酯萃取等。

不是任何螯合剂都可以进行螯合萃取，例如，EDTA 或 1,10-邻二氮杂菲都是螯合剂，但它们与金属离子反应形成亲水性的带电配离子，不便于有机溶剂萃取。

2. 离子缔合物萃取体系

阳离子和阴离子通过较强的静电引力相结合形成的化合物，叫做离子缔合物。利用萃取剂在水溶液中离解出来的大体积离子，通过静电引力与待分离离子结合成电中性的离子缔合物。这种离子缔合物具有显著的疏水性，易被有机溶剂萃取，从而达到分离的目的。例如，Cu^{2+} 与新亚铜灵的螯合物带正电荷，能与 Cl^- 生成离子缔合物，可用 $CHCl_3$ 萃取。氯化四苯钾在水溶液中离解成大体积的阳离子，可与 MnO_4^-、ZO_4^-、$HgCl_4^{2-}$、$SnCl_6^{2-}$、$CdCl_4^{2-}$ 和 $ZnCl_4^{2-}$ 等阴离子缔合成难溶于水的缔合物，易被 $CHCl_3$ 萃取。这里氯化四苯钾是萃取剂。常用萃取剂有醚、酮、酯等含氧有机溶剂（与金属离子生成钋盐而被萃取），还有甲基紫染料的阳离子与 $SbCl_6^-$ 作用生成缔合物可被苯、甲苯等萃取。萃取剂的选择往往由实验确定。

近年来发展了三元配合物的萃取体系，其选择性好、萃取效率高，已被广泛采用。例如萃取 Ag^+，首先向含 Ag^+ 的溶液中加入 1,10-邻二氮杂菲，使之形成配阳离子，然后再与溴邻苯三酚红的阴离子进一步缔合成三元配合物，易被有机溶剂萃取。

3. 协同萃取体系

在萃取体系中，用混合萃取剂往往要比它们分别进行萃取时的效率的总和要大得多，主要是因为混合萃取剂分配比 D 比单个萃取剂的分配比的总和要大得多，这种现象称为"协同萃取"；所组成的萃取体系称协同萃取体系。在碱土金属、镧系和锕系元素等低含量而难分离物质的萃取分离中协同萃取体系的应用取得很大的成功。例如，用 0.02mol/L 噻吩甲酰三氟丙酮（TTA）在环己烷和 0.01mol/L HNO_3 存在下萃取 $UO_2(NO_3)_2$，分配比只有 0.063；用 0.02mol/L 三丁基磷氧（TBPO）在同样条件下萃取，分配比为 38.5；若用 0.01mol/L TTA 和 0.01mol/L TBPO 混合萃取剂，则分配比达 95.5，萃取效率高。

三、溶剂萃取分离的操作技术和应用

1. 溶剂萃取分离的操作技术

应用最普遍的溶剂萃取操作是分批萃取，即将一定体积的试液放在分液漏斗中（通常用60～125mL 容积的梨形分液漏斗），加入一定体积有机溶剂，不断振荡平衡，静置，待混合物分层后，轻转分液漏斗下面的旋塞，使下层（水相或有机相）流入另一容器中，两相便得到分离。若需要进行多次萃取，则两相分开后，再在萃取液中加入新鲜溶剂并重复操作。该法简单、速度快。

此外，还有需使用特殊装置的连续萃取法。如果溶质的分配比比较小，应用分批萃取难以达到定量分离的目的，此时可采用连续萃取技术。即使用赫伯林（Herberling）萃取器使溶剂达到平衡后蒸发，再冷凝为新鲜溶剂回滴到被萃液中；或用施玛尔（Schmall）萃取器连续从储液器中加入新鲜溶剂，使多级萃取得以连续进行。逆流萃取技术则适用于试样中 A、B 两组分均在两相中分配而分配比不同，希望通过萃取使 A、B 分离的情况。这种方法是两相接触达到平衡并分开后，分别再与新鲜的另一相接触，如此连续多次直至 A 集中在一相而 B 集中在另一相而获得分离。逆流萃取可用专门的装置如克雷格（Craig）萃取器进行。连续萃取与逆流萃取方法的详细论述可参阅有关专著。

2. 溶剂萃取分离法的应用

利用溶剂萃取法可将待测元素分离或富集，从而消除干扰，提高了分析方法的灵敏度。基于萃取建立起来的分析方法的特点是简便快速，因此发展较快，现已把萃取技术与某些仪器分析方法（如吸光光度法、原子吸收法等）结合起来，促进了微量分析的发展。

（1）应用溶剂萃取分离干扰物质　用溶剂萃取法分离干扰物质，可以通过两个途径。一是将干扰物质从试液中萃取除去，另一种是用有机溶剂将欲测定组分萃取出来而与干扰物质分离。例如，欲测定铜铁合金中微量的稀土元素含量时，应先将主体元素铁及可能存在的其他一些元素铬、锰、钴、镍、铜、钒、钼等除去。为此向溶解后的试液中（弱酸性）加入萃取剂铜铁试剂，以氯仿萃取，铁和可能存在的其他元素都被萃取到氯仿中，分离氯仿后，水相中的稀土元素可用偶氮胂作为显色剂，用光度法测定。

（2）应用溶剂萃取光度分析　这是将萃取分离与光度分析两者结合在一起进行，由于不少萃取剂同时也是一种显色剂，萃取剂与被萃取离子间的配位或缔合反应，实质上也是一种显色反应，使所生成的被萃取物质呈现明显的颜色，溶于有机相后可直接进行光度法测定。此法简单、快速、灵敏度高。

（3）应用溶剂萃取富集痕量组分　测定试样中的微量或痕量组分时，可用萃取分离法使待测组分得到富集，以提高测定的灵敏度。例如工业污水中微量有害物质的测定，可在一定萃取条件下，取大量的水样用少量的有机溶剂将待测组分萃取出来，从而使微量组分得到富集，用适当的方法进行测定。若将分层后的萃取液再经加热挥发除掉溶剂，剩余的残渣再用更少量的溶剂溶解，可达进一步富集的目的。

阅读材料三

超临界流体萃取分离法

超临界流体是指高于临界压力和临界温度时的一种物质状态。它既不是气体，也不是液体，但它兼具气体的低黏度和液体的高密度以及介于气体和液体之间的较高扩散系数等特征。如超临界状态下的 CO_2。早在 1897 年就已发现超临界状态的压缩气体对于固体有特殊的溶解作用。

超临界流体萃取（supercritical fluid extraction，SFE）分离法是利用超临界流体作萃取剂直接从固体和液体样品中萃取出某种或某类目标化合物的方法。超临界流体萃取中萃取剂的选择随萃取对象的不同而改变，通常用 CO_2 作超临界流体萃取剂分离萃取极性和非极性的化合物；用氨或氧化亚氮作超临界流体萃取剂分离萃取极性较大的化合物。超临界流体萃取的实验装置与超临界流体色谱仪类似，只是用萃取容器代替了色谱柱，在仪器后有一个馏分收集器用于收集萃取出来的样品。

超临界流体萃取分离法具有高效、快速、后处理简单等特点，它特别适合于处理烃类及非极性脂溶化

合物，如醚、酯、酮等。此法既有从原料中提取和纯化少量有效成分的功能，又能从粗品中除去少量杂质，达到深度纯化的效果。超临界流体萃取分离法被广泛地用于从各种香料、草本植物、中草药中提取有效成分。

任务三　离子交换分离法

离子交换分离法是利用离子交换树脂与试样溶液中离子发生交换反应而使离子分离的方法。各种离子与离子交换树脂交换能力不同，被交换到离子交换树脂上的离子可选用适当的洗脱剂依次洗脱，从而达到彼此之间的分离。与溶剂萃取不同，离子交换分离是基于物质在固相和液相之间的分配。离子交换分离法分离效率高，既能用于带相反电荷的离子间的分离，也能实现带相同电荷的离子间的分离，某些性质极其相近的物质如 Nb 和 Ta、Zr 和 Hf 的分离，稀土元素之间的互相分离都可用离子交换分离法来完成。离子交换分离法还可以用于微量元素、痕量物质的富集和提取，蛋白质、核酸、酶等生物活性物质的纯化等。离子交换法所用设备简单，操作也不复杂，交换容量可大可小，树脂还可反复再生使用。因此在工业生产及分析研究上应用广泛。

一、离子交换树脂的种类

离子交换剂的种类很多，主要分为无机离子交换剂和有机离子交换剂两大类。目前分析化学中应用较多的是有机离子交换剂，又称离子交换树脂。离子交换树脂是一种高分子的聚合物，具有网状结构的骨架部分。在水、酸、碱中难溶，对有机溶剂、氧化剂、还原剂和其他化学试剂具有一定的稳定性，对热也比较稳定。在骨架上连接有可以与溶液中的离子起交换作用的活性基团，如—SO_3H、—COOH 等，根据可以被交换的活性基团的不同，离子交换树脂分为阳离子交换树脂、阴离子交换树脂和螯合树脂等类型。

1. 阳离子交换树脂

这类树脂的活性基团为酸性，如—SO_3H、—PO_3H_2、—COOH、—OH 等。根据活性基团离解出 H^+ 能力的大小，阳离子交换树脂分为强酸型和弱酸型两种。强酸型树脂含有磺酸基（—SO_3H），用 R—SO_3H 表示。弱酸型树脂含有羧基（—COOH）或酚羟基（—OH），用 R—COOH、R—OH 表示。R—SO_3H 在酸性、碱性和中性溶液中都可应用，其交换反应速度快，与简单的、复杂的、无机的和有机的阳离子都可以交换，应用广泛。R—COOH 在 pH>4，R—OH 在 pH>9.5 时才具有离子交换能力，但选择性较好，可用于分离不同强度的有机碱。

阳离子交换树脂酸性基团上可交换的离子为 H^+（故又称为 H 型阳离子交换树脂），可被溶液中的阳离子所交换。它与阳离子进行交换的反应，可简单地表示如下：

$$nR-SO_3H + M^{n+} \underset{\text{再生}}{\overset{\text{交换}}{\rightleftharpoons}} (R-SO_3)_n M + nH^+$$

式中，M^{n+} 为阳离子，交换后 M^{n+} 留于树脂上。交换反应是可逆的，已经交换的树脂如果再以酸进行处理，树脂又恢复原状，又可再次使用。

2. 阴离子交换树脂

这类树脂的活性基团为碱性，如它的阴离子可被溶液中的其他阴离子交换。根据活性基团的强弱，可分为强碱型和弱碱型两类。强碱型树脂含季铵基 [—$N(CH_3)_3Cl$]，用 R—$N(CH_3)_3Cl$ 表示。弱碱型树脂含伯胺基（—NH_2）、仲胺基（=NH）及叔胺基（≡N）。这些树脂水化后，其中的 OH^- 能被阴离子所交换，故此类树脂又称为 OH 型阴离子交换树脂。其交换过程可简单表示如下：

$$nR-N(CH_3)_3OH + X^{n-} \underset{\text{再生}}{\overset{\text{交换}}{\rightleftharpoons}} [R-N(CH_3)_3]_n X + nOH^-$$

式中，X^{n-} 为阴离子。各种阴离子交换树脂中以强碱性阴离子交换树脂的应用最广，它在酸性、中性和碱性溶液中都能应用，对强酸根和弱酸根离子也能交换。弱碱性阴离子交换树脂的交换能力受酸度影响较大，在碱性溶液中就失去交换能力，故应用较少。交换后的树脂，用适当浓度的碱处理又可再生使用。

3. 螯合树脂

这类树脂含有特殊的活性基团，可与某些金属离子形成螯合物，在交换过程中能有选择性地交换某种金属离子，例如含有氨基二乙酸基的树脂对 Cu^{2+}、Co^{2+}、Ni^{2+} 有很高的选择性；含有亚硝基间苯二酚活性基团的树脂又对 Cu^{2+}、Fe^{2+}、Co^{2+} 具有选择性等。所以，螯合型离子交换树脂对化学分离有重要意义。目前已合成许多类的螯合树脂，如 $401^{\#}$ 是属于氨羧基 $[—N(CH_2COOH)_2]$ 螯合树脂。利用这种方法，可以制备含某一金属离子的树脂来分离含有某些官能团的有机化合物。如含汞的树脂可分离含巯基的化合物（如胱氨酸、谷胱甘肽）等。这对生物化学的研究有一定的意义。

4. 对离子交换树脂的要求

化学分离中对离子交换树脂有如下几点要求：

① 不溶于水，对酸、碱、氧化剂、还原剂及加热具有化学稳定性；

② 具有较大的交换容量；

③ 对不同离子具有良好的交换选择性；

④ 交换速率大；

⑤ 树脂易再生。

表 4-7 列出目前定量分析中较常用的离子交换树脂的类型和牌号，供选择时参考。

表 4-7 常用离子交换树脂的类型和牌号

类　别	交换基	树脂牌号	交换容量/(mg·mol/g)	国外对照产品
阳离子交换树脂	$—SO_3H$	$1^{\#}$ 阳离子交换树脂　强酸型	4.5	
	$—SO_3H$	732(强酸 1×7)	≥4.5	Amberlite IR-100(美国)
	$—SO_3H$ $—OH$	华东强酸 $45^{\#}$	2.0～2.2	Zerolit225(英国) Amberlite IR-100(美国)
	$—COOH$	华东弱酸-122	3～4	Zerolit 216(英国)
	$—OH$	弱酸性 $101^{\#}$	8.5	
阴离子交换树脂	$N^+(CH_3)_3$	$201^{\#}$ 阴离子交换树脂　强碱型	2.7	
	$N^+(CH_3)_3$	711(强碱 201×4)	≥3.5	Amberlite IRA-400(美国)
	$N^+(CH_3)_3$	717(强碱 201×7)	≥3	Amberlite IRA-400(美国)
	$≡N$ $—NH_2$	701(强碱 330)	≥9	Zerolit FF(英国) Doolite A-3013(美国)
	$≡N$	330(弱碱性阴离子交换树脂)	8.5	

二、离子交换树脂的结构和性质

1. 离子交换树脂的结构和交联度

离子交换树脂为具有网状结构的高聚物。例如，常用的磺酸型阳离子交换树脂是由苯乙烯和二乙烯苯聚合所得的聚合物，经浓 H_2SO_4 磺化制得。其反应式如下：

所得的聚苯乙烯的长链状结构间存在着"交联"，形成了如图 4-1 所示的网状结构。在网状结构的骨架上分布着磺酸基团，网状结构的骨架有一定大小的孔隙，即离子交换树脂的孔结构，可允许离子自由通过。显然，在合成树脂时，二乙烯苯的用量愈多，交联愈多；反之，交联就少。我们把能将链状分子联成网状结构的试剂称为交联剂，所以二乙烯苯是交联剂，在树脂中含有交联剂二乙烯苯的质量分数称为交联度（extent of crosslinking）。例如，用 90 份苯乙烯和 10 份二乙烯苯合成制得的树脂交联度为 10%。

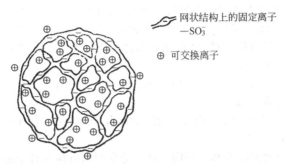

图 4-1　离子交换树脂的网状结构

交联度的大小直接影响树脂的孔隙度。交联度越大，形成网状结构越致密，孔隙越小，交换反应速度越慢，大体积离子难以进入树脂中，选择性好；反之，当交联度小时，网状结构的孔隙大，交换速度快，但选择性差。交联度的大小对离子交换树脂性质的影响见表 4-8。

表 4-8　交联度大小对离子交换树脂性质的影响

交联度	大	小	交联度	大	小
磺化反应	困难	容易	交换的选择性	好	差
交换反应速度	慢	快	溶胀程度	小	大
大体积离子进入树脂	难	易			

将干燥树脂浸泡于水中时，由于亲水性基团的存在，树脂要吸收水分而溶胀。溶胀的程度与交联度有关，交联度愈大，溶胀愈小。

2. 离子交换树脂的交换容量

离子交换树脂交换离子量的多少，可用交换容量来表示。交换容量是指每克干树脂所能交换的离子的物质的量，以 mmol/g 表示。交换容量的大小，取决于网状结构中活性基团的数目，含有活性基团越多，交换容量也越大。交换容量一般由实验方法测得。

例如，H 型阳离子交换树脂的交换容量测定如下：称取干燥的 H 型阳离子交换树脂 1.000g，放于 250mL 干燥的锥形瓶中，准确加入 0.1mol/L NaOH 标准溶液 100mL，塞紧放置过夜，移取上层清液 25mL，加酚酞溶液数滴，用 0.1mol/L 标准 HCl 溶液滴定至红色褪去。

$$交换容量(mmol/g) = \frac{c(NaOH)V(NaOH) - c(HCl)V(HCl)}{m \times \frac{25}{100}}$$

式中　$c(NaOH)$，$c(HCl)$——NaOH 和 HCl 溶液的浓度，mol/L；

　　　$V(NaOH)$，$V(HCl)$——NaOH 和 HCl 溶液的体积，mL；

　　　　　　　　　m——离子交换树脂原质量，g。

若是 OH 型阴离子交换树脂，可加入一定量的 HCl 标准溶液用 NaOH 标准溶液滴定。一般常用的树脂交换容量约为 3～6mmol/g。

3. 离子交换树脂的亲和力

离子在离子交换树脂上的交换能力称为离子交换树脂对离子的亲和力，不同离子的亲和力不同。离子交换树脂对离子交换亲和力的大小，与水合离子半径大小和所带电荷的多少有关。在低浓度、常温下，离子交换树脂对不同离子的交换亲和力一般有如下规律。

（1）强酸性阳离子交换树脂

① 不同价态的离子，电荷越高，交换亲和力越大，即 $Th^{4+} > Al^{3+} > Ca^{2+} > Na^+$。

② 相同价态离子的交换亲和力顺序：

$As^+ > Cs^+ > Rb^+ > K^+ > NH_4^+ > Na^+ > H^+ > Li^+$

$Ba^{2+} > Pb^{2+} > Sr^{2+} > Ca^{2+} > Ni^{2+} > Cd^{2+} > Ca^{2+} > Co^{2+} > Zn^{2+} > Mg^{2+} > UO_2^{2+}$

③ 稀土元素的交换亲和力随原子序数增大而减小，即：

$Lu^{3+} < Yb^{3+} < Er^{3+} < Ho^{3+} < Dy^{3+} < Tb^{3+} < Gd^{3+} < Eu^{3+} < Sm^{3+} < Nd^{3+} < Pr^{3+} < Ce^{3+} < La^{3+}$

（2）弱酸性阳离子交换树脂　对 H^+ 的亲和力比其他阳离子大，其余与上面顺序相同。

（3）强碱性阴离子交换树脂

$Cr_2O_7^{2-} > SO_4^{2-} > I^- > NO_3^- > CrO_4^{2-} > Br^- > CN^- > Cl^- > OH^- > F^- > Ac^-$

（4）弱碱性阴离子交换树脂

$OH^- > SO_4^{2-} > CrO_4^{2-} >$ 柠檬酸离子 $>$ 酒石酸离子 $> NO_3^- > AsO_4^{3-} > PO_4^{3-} > MoO_4^{2-} >$ $CH_3COO^- > I^- > Br^- > Cl^- > F^-$

同一树脂对各种离子的交换亲和力不同，这就是带相同电荷的离子能实现离子交换分离的依据。在进行交换时，交换亲和力较大的离子先交换到树脂上；交换亲和力较小的离子后交换到树脂上。离子交换作用是可逆的，如果用酸或碱处理已交换后的树脂，树脂又回到原来的状态，这一过程称为洗脱或再生过程。在进行洗脱时，交换亲和力较小的先被洗脱；交换亲和力较大的后被洗脱。这样便可使各种交换亲和力不同的离子彼此分离。

三、离子交换分离操作技术

1. 树脂的选择和处理

根据分离的对象和要求选择适当类型和粒度的树脂，表 4-9 列出不同粒度树脂的部分分离对象以供参考。

表 4-9　交换树脂粒度选择

用　　途	筛孔/目	用　　途	筛孔/目
制备分离	50～100	离子交换色谱法分离常量元素	100～200
分析中离子交换分离	80～120	离子交换色谱法分离微量元素	200～400

树脂确定后先用 3～4mol/L HCl 浸泡 1～2d，然后用蒸馏水洗至中性。经过处理后的阳离子交换树脂已转化为 H 型，阴离子交换树脂用 NaOH 或 NaCl 溶液处理转化为 OH 或 Cl 型。转化后的树脂应浸泡在去离子水中备用。

2. 装柱

离子交换柱多采用有机玻璃或聚乙烯塑料管加工成的圆柱形，亦可用滴定管代替，见图 4-2。在装柱前先在柱中充以水，在柱下端铺一层玻璃纤维，将柱下端旋塞稍打开一些，将已处理的树脂带水慢慢装入柱中，让树脂自动沉下构成交换层。待树脂层达到一定高度后（树脂高度与分离的要求有关，树脂层越高，分离效果越好），再盖一层玻璃纤维。操作过程应注意树脂层不能暴露于空气中，否则树脂干枯并混有气泡，使交换、洗脱不完全，影响分离效果，若发现柱内有气泡应重装。

3. 交换

加入待分离试液，调节适当流速，使试液按一定的流速流过树脂层。经过一段时间后，试液中与树脂发生交换反应的离子留在树脂上，不发生交换反应的物质进入流出液中，以达到分离目的。

4. 洗脱

交换完毕后，用洗涤液将树脂上残留的试液

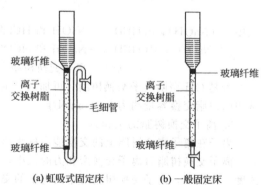

(a) 虹吸式固定床　　　(b) 一般固定床

图 4-2　离子交换柱

和被交换下来的离子洗下来，洗涤液一般用蒸馏水。洗净后用适当的洗脱液将被交换的离子洗脱下来。选择洗脱液原则是洗脱液离子的亲和力大于已交换离子的亲和力，对于阳离子交换树脂常采用 3～4mol/L HCl 溶液作为洗脱液，对于阴离子交换树脂，常用 HCl、NaCl 或 NaOH 溶液作洗脱液。

5. 树脂再生

树脂经洗脱以后，在大多数情况下，树脂已得到再生，再用去离子水洗涤后可以重复使用，若需把离子交换树脂换型，在洗脱后用适当溶液处理。

四、离子交换分离法的应用

1. 水的净化

天然水中含有许多杂质，可用离子交换法净化，除去可溶性无机盐和一些有机物。例如，用 H 型强酸性阳离子交换树脂，除去 Ca^{2+}、Mg^{2+} 等阳离子。

$$2R-SO_3H+Ca^{2+}\longrightarrow(R-SO_3H)_2Ca+2H^+$$

用 OH 型强碱性阴离子交换树脂，除去各种阴离子。

$$RN(CH_3)_3OH+Cl^-\longrightarrow RN(CH_3)_3Cl+OH^-$$

这种净化水的方法简便快速，在工业上和科研中普遍使用。

目前净化水多使用复柱法。首先按规定方法处理树脂和装柱，再把阴、阳离子交换柱串联起来，将水依次通过。为了制备更纯的水，再串联一根混合柱（阳离子交换树脂和阴离子交换树脂按 1：2 混合装柱），除去残留的离子，这时出来的水称为"去离子水"。

2. 阴阳离子的分离

根据离子亲和力的差别，选用适当的洗脱剂可将性质相近的离子分离。例如，用强酸性阳离子交换树脂柱分离 K^+、Na^+、Li^+ 等离子，由于在树脂上三种离子的亲和力大小顺序是 $K^+>Na^+>Li^+$，当用 0.1mol/L HCl 溶液淋洗时，最先洗脱下来的是 Li^+，其次是 Na^+，最后是 K^+。

3. 微量组分的富集

试样中微量组分的测定常常是一种比较困难的工作，利用离子交换法可以富集微量组分。例如，测定天然水中 K^+、Na^+、Ca^{2+}、Mg^{2+}、SO_4^{2-}、Cl^- 等组分时，可取数升水样，让它流过阳离子交换柱，再流过阴离子交换柱。然后用稀 HCl 溶液把交换在柱上的阳离子洗脱，另用稀氨水慢慢洗脱各种阴离子。经过这样交换，洗脱处理，组分的浓度就增加数十倍至 100 倍，达到富集的目的。

4. 氨基酸的分离

用离子交换树脂分离有机物质，目前获得了迅速发展和日益广泛的应用，尤其在药物分析和生物化学分析方面应用更多。

例如，分离氨基酸，用交联度为 8% 的磺酸基苯乙烯树脂，球状微粒，直径为 $50\mu m$ 或更细些。用柠檬酸钠溶液洗脱，控制适当的浓度和酸度梯度，可在一根交换柱上把各种氨基酸分离。首先流出的是"酸性"氨基酸（在其分子中含有二个羧基和一个氨基，如天冬氨酸、谷氨酸）；接着是"中性"氨基酸（分子中含有氨基和一个羧基，如丙氨酸、缬氨酸）；在分子中同时含有芳环时，则处于这一类型的最后（如酪氨酸、苯基丙氨酸）；最后流出的是"碱性"氨基酸（在这类氨基酸分子中含有两个或两个以上的氨基和一个羧基，如色氨酸、赖氨酸）。

基础知识二　纯水的制备与质量检验

化验中水是不可缺少的、必需的物质，仪器的洗涤、溶液的配制及某些冷却操作等都离不开水。通常自来水中往往含有 Ca^{2+}、Mg^{2+}、Na^+、Fe^{3+}、Al^{3+}、Cl^-、SO_4^{2-}、HCO_3^- 等杂质及某些有机物质、泥沙、细菌、微生物等。而这些杂质对分析反应会造成不同程度的干扰。因此，自来水只能在仪器的初步洗涤或降温冷却时使用，不能直接用于化验工作，必须根据化验要求将水纯化后才能使用。

一、实验用水的级别

化学实验应使用纯水，一般是蒸馏水或去离子水。有的实验要求用二次蒸馏水或更高规格的纯水，如电分析化学、液相色谱等实验。纯水并非绝对不含杂质，只是杂质含量极微而已。化学实验用水的级别及主要技术指标见表 4-10。

表 4-10　化学实验用水的级别及主要技术指标

指 标 名 称	一级	二级	三级	指 标 名 称	一级	二级	三级
pH 范围(25℃)	—	—	5.0～7.5	蒸发残渣(105℃±2℃)/(mg/L) ≤	—	1.0	2.0
电导率(25℃)/(mS/m) ≤	0.01	0.10	0.50	吸光度(254nm,1cm 光程) ≤	0.001	0.01	—
可氧化物质[以 O 计]/(mg/L) ≤	—	0.08	0.4	可溶性硅(以 SiO_2 计)/(mg/L) ≤	0.01	0.02	—

注：在一级、二级纯度的水中，难于测定真实的 pH 值，因此对其 pH 值的范围不作规定；由于在一级水的纯度下，难于测定其可氧化物质和蒸发残渣，故对其限量也不作规定。

二、化学实验用水的种类

1. 蒸馏水

通过蒸馏方法除去水中非挥发性杂质而得到的纯水称为蒸馏水。同是蒸馏所得纯水，其中含有的杂质种类和含量并不相同。用玻璃蒸馏器蒸馏所得的水含有 Na^+ 和 SiO_3^{2-} 等；而用铜蒸馏器所制得的纯水则可能含有 Cu^{2+}。

2. 去离子水

利用离子交换剂去除水中的阳离子和阴离子杂质所得的纯水，称为离子交换水或去离子水。未进行处理的去离子水可能含有微生物和有机物杂质，使用时应注意。

三、一般纯水的制备

纯水的制备方法很多，如蒸馏法、离子交换树脂法、电渗析法、电泳法等。由于制备方法不同，纯水的质量也不同。对于一般化学分析及工业分析，均可用蒸馏法制得的纯水。

蒸馏法制备纯水是根据水与杂质的沸点不同，将自来水（或其他天然水）由蒸馏器蒸馏而得到的。用这种办法制备纯水操作简单，成本低廉，不挥发的离子型和非离子型杂质均可除去。但蒸馏一次所得蒸馏水仍含有微量杂质，只能用于定性分析或一般工业分析。

必须指出的是，以生产中的废气冷凝制得的"蒸馏水"，因含杂质较多，是不能直接用于分析化验的。

四、水质的一般检验

纯水的质量检验指标很多，分析化学实验室主要对实验用水的电阻率、酸碱度、钙镁离子、氯离子的含量等进行检测。

1. 电阻率

选用适合测定纯水的电导率仪（最小量程为 $0.02\mu S/cm$）测定（见表 4-10）。

2. 酸碱度

要求 pH 为 6～7。检验方法如下。

（1）简易法　取 2 支试管，各加待测水样 10mL，其中一支加入 2 滴甲基红指示剂，不显红色为合格；另一支试管加 5 滴 0.1%溴麝香草酚蓝（或溴百里草酚蓝）不显蓝色为合格。

（2）仪器法　用酸度计测量与大气相平衡的纯水的 pH（6～7 为合格）。

3. Ca^{2+}、Mg^{2+}、Zn^{2+}、Cu^{2+}、Pb^{2+}、Fe^{3+} 定性检验

取水样 10mL，加氨性缓冲溶液 2mL、5g/L 铬黑 T 指示剂 2 滴，摇匀。溶液呈蓝色表示水合格，如呈紫红色则表示水不合格。

4. 可氧化物质限量检验

取 200mL 二次蒸馏水，置于烧杯中，加入 1.0mL 20%硫酸溶液，摇匀，加入 1.0mL $0.01mol/L\left(\frac{1}{5}KMnO_4\right)$ 标准溶液，混匀，盖上表面皿，加热至沸并保持 5min，溶液粉红色没有

完全消失即为水合格。

5. Cl^-、SO_4^{2-} 的定性检验

（1）Cl^-　水样 100mL，加入硝酸数滴、1%硝酸银溶液 2~3 滴，摇匀，溶液中无白色浑浊，表明 Cl^- 含量甚微，水合格；如有白色浑浊，表明水不合格。

（2）SO_4^{2-}　水样 100mL，加入盐酸数滴、1%氯化钡溶液 2~3 滴，摇匀。溶液中无白色浑浊，表明 SO_4^{2-} 含量甚微，水合格；如有白色浑浊，表明水不合格。

6. 不挥发物的检验

取水样 100mL 在水浴上蒸干，并在烘箱中于 105℃ 干燥 1h。所留残渣不超过 0.1mg 为合格。

化学分析法中，除络合滴定必须用去离子水外，其他方法均可采用蒸馏水。分析实验用的纯水必须注意保持纯净，避免污染。通常采用以聚乙烯为材料制成的容器盛装实验用纯水。

技能实训一　纯水的制备与检验

1. 方法要点

离子交换法是目前广泛采用的制备纯水的方法之一。水的净化过程是在离子交换树脂上进行的。离子交换树脂是有机高分子聚合物，它是由交换剂本体和交换基团两部分组成的。例如，聚苯乙烯磺酸型强酸性阳离子交换树脂就是苯乙烯和一定量的二乙烯苯的共聚物，经过浓硫酸处理，在共聚物的苯环上引入磺酸基（$-SO_3H$）而成。其中的 H^+ 可以在溶液中游离，并与金属离子进行交换。

$$R-SO_3H+M^+ \rightleftharpoons R-SO_3M+H^+$$

R：聚合物的本体；$-SO_3$：与本体联结的固定部分，不能游离和交换；M^+：代表一价金属离子。

如果在共聚物的本体上引入各种氨基，就成为阴离子交换树脂。例如，季铵型强碱性阴离子交换树脂 $R-N^+(CH_3)_3OH^-$，其中 OH^- 在溶液中可以游离，并与阴离子交换。

离子交换法制纯水的原理就是基于树脂和天然水中各种离子间的可交换性。例如，$R-SO_3H$ 型阳离子交换树脂，交换基团中的 H^+ 可与天然水中的各种阳离子进行交换，使天然水中的 Ca^{2+}、Mg^{2+}、Na^+、K^+ 等离子结合到树脂上，而 H^+ 进入水中，于是就除去了水中的金属阳离子杂质。水通过阴离子交换树脂时，交换基团中的 OH^- 具有可交换性，将 HCO_3^-、Cl^-、SO_4^{2-} 等离子除去，而交换出来的 OH^- 与 H^+ 发生中和反应，这样就得到了高纯水。

交换反应可简单表示为：
$$2R-SO_3H+Ca(HCO_3)_2 \longrightarrow (R-SO_3)_2Ca+2H_2CO_3$$
$$R-SO_3H+NaCl \longrightarrow R-SO_3Na+HCl$$
$$R-N(CH)_3OH+NaHCO_3 \longrightarrow R-N(CH_3)HCO_3+NaOH$$
$$R-N(CH)_3OH+H_2CO_3 \longrightarrow R-N(CH_3)HCO_3+H_2O$$
$$HCl+NaOH \longrightarrow H_2O+NaCl$$

本实验用自来水通过混合阳、阴离子交换树脂来制备纯水。

2. 实验用品

（1）仪器　电导率仪、电导电极、酸度计、离子交换柱（也可用碱式滴定管代替）。

（2）试剂

① 固体药品：717 强碱性阴离子交换树脂、732 强酸性阳离子交换树脂。

② 液体药品：NaOH（2mol/L）、HCl（2mol/L）、$AgNO_3$（0.1mol/L）、NH_3-NH_4Cl 缓冲溶液（pH=10）、铬黑 T 指示剂。

（3）材料　玻璃纤维（棉花）、乳胶管、螺旋夹、pH 试纸。

3. 实验步骤

（1）树脂的预处理　将 717（201×7）强碱性阴离子交换树脂用 NaOH 溶液（2mol/L）浸泡

24h，使其充分转为 OH 型（由教师处理）。取 OH 型阴离子交换树脂 10mL，放入烧杯中，待树脂沉降后倾去碱液。加 20mL 蒸馏水搅拌、洗涤，待树脂沉降后，倾去上层溶液，将水尽量倒净，重复洗涤至接近中性（用 pH 试纸检验，pH＝7～8）。

将 732（001×7）强酸性阳离子交换树脂用 HCl 溶液（2mol/L）浸泡 24h，使其充分转为 H 型（由教师处理）。取 H 型阳离子交换树脂 5mL，于烧杯中，待树脂沉降后倾去上层酸液，用蒸馏水洗涤树脂，每次大约 20mL，洗至接近中性（用 pH 试纸检验 pH＝5～6）。

最后，把已处理好的阳、阴离子交换树脂混合均匀。

（2）装柱　在一支长约 30cm、直径 1cm 的交换柱内，下部放一团玻璃纤维，下部通过橡皮管与尖嘴玻璃管相连，用螺旋夹夹住橡皮管，将交换柱固定在铁架台上（见图 4-3）。在柱中注入少量蒸馏水，排出管内玻璃毛和尖嘴中的空气，然后将已处理并混合好的树脂与水一起，从上端逐渐倾入柱中，树脂沿水下沉，这样不致带入气泡。若水过满，可打开螺旋夹放水，当上部残留的水达 1cm 时，在顶部也装入一小团玻璃纤维，防止注入溶液时将树脂冲起。在整个操作过程中，树脂要一直保持为水覆盖。如果树脂床中进入空气，会产生偏流使交换效率降低，若出现这种情况，可用玻棒搅动树脂层赶走气泡。另一种树脂交换装置见图 4-4。

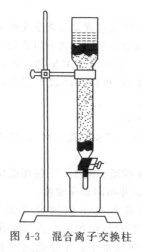

图 4-3　混合离子交换柱

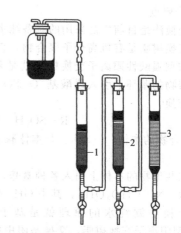

图 4-4　另一种离子交换制水装置
1—阳离子交换柱；2—阴离子交换柱；3—混合离子交换柱

（3）纯水制备　将自来水慢慢注入交换柱中，同时打开螺旋夹，使水成滴流出（流速 1～2 滴/s），等流过约 10mL 以后，截取流出液作水质检验，直至检验合格。

（4）水质检验

① 化学检验

a. 检验 Ca^{2+}、Mg^{2+}。分别取 5mL 交换水和自来水，各加入 3～4 滴 NH_3-NH_4Cl 缓冲溶液及 1 滴铬黑 T 指示剂，观察现象。交换过的水呈蓝色，表示基本上不含 Ca^{2+}、Mg^{2+}。

b. 检验 Cl^-。分别取 5mL 交换水和自来水，各加入 1 滴 5mol/L HNO_3 和 1 滴 0.1mol/L $AgNO_3$ 溶液，观察现象。交换水无白色沉淀。

② 物理检验

a. 电导率测定。用电导率仪分别测定交换水和自来水的电导率。

水中杂质离子越少，水的电导率就越小，用电导仪测定电导率可间接表示水的纯度。习惯上用电阻率（即电导率的倒数）表示水的纯度。

理想纯水有极小的电导率。其电阻率在 25℃时为 $1.8×10^7\ \Omega·cm$（电导率为 $0.056\mu S/cm$）。普通化学实验用水在 $1.0×10^5\ \Omega·cm$（电导率为 $10\mu S/cm$），若交换水的测定达到这个数值，即为合乎要求。

b. pH 测定。用酸度计分别测定交换水和自来水的 pH。

4. 思考题

① 离子交换法制纯水的基本原理是什么？

② 装柱时为何要赶净气泡？

③ 钠型阳离子交换树脂和氯型阴离子交换树脂为什么在使用前要分别用酸、碱处理，并洗至中性？

 阅读材料四　微波萃取分离法

微波萃取分离是利用微波能强化溶剂萃取，使固体或半固体试样中的某些有机成分与基体有效地分离，并能保持分析对象的原本化合物状态的分离、富集方法。微波萃取分离法包括试样粉碎、与溶剂混合、微波辐射及分离萃取液等步骤，萃取过程一般在特定的密闭容器中进行。由于微波能是通过物质内部均匀加热，热效率高，可实现时间、温度、压力的控制，故能使萃取分离过程中有机物不会分解，有利于萃取热不稳定的物质。

近年来，微波萃取分离法已广泛用于土壤中多环芳烃、杀虫剂、除草剂等污染物分离；食物中的有机成分分离；植物中的某些生物活性物质分离；天然产物中有效成分，如中草药中有效成分提取等。与传统萃取（如索氏、超声萃取）法相比，微波萃取的主要优点是快速、回收率高、能耗少、溶剂用量少，而且避免了长时间加热引起的热分解，有利于极性和热不稳定化合物的萃取。萃取溶剂选择的最基本原则是能溶解被测物，但要进行微波萃取，样品或溶剂二者中至少有一种吸收微波，所以，为了提高微波萃取速率，应在非极性溶剂中加入一些溶剂或在样品中加入一些水。

任务四　色谱分离法

色谱法（chromatography）亦称色层分析法或层析法，是根据物质在不同的两相（固定相[❶]和流动相[❷]）中的吸附作用或分配系数的差异为依据的一种物理分离法。该法的特点是分离效率高，它可以把各种性质极为相似的物质彼此分离，是物质分离、提纯和鉴定的常用手段。

一、色谱分离法的分类

色谱分离法的类型很多，主要有以下 3 种分类方法。

1. 按分离原理的不同进行分类

（1）吸附色谱法　利用混合物中各组分对固定相吸附能力强弱的差异进行分离。

（2）分配色谱法　利用混合物中各组分在固定相和流动相两相间分配系数的不同进行分离。

（3）离子交换色谱法　利用混合物中各组分在离子交换剂上的交换亲和力的差异进行分离。

（4）凝胶色谱（排阻色谱）法　利用凝胶混合物中各组分分子的大小所产生的阻滞作用的差异进行分离。

2. 按流动相所处的状态不同进行分类

（1）液相色谱法　用液体为流动相的色谱法。

（2）气相色谱法　用气体为流动相的色谱法。

3. 按固定相所处的状态不同进行分类

（1）柱色谱　将固定相装填在金属或玻璃制成的柱中，做成色谱柱以进行分离。把固定相附着在毛细管内壁，做成色谱柱进行分离，称为毛细管色谱。

（2）纸色谱　利用滤纸作为固定相进行色谱分离。

（3）薄层色谱　将固定相铺成薄层于玻璃板或塑料板上进行色谱分离。

二、柱色谱

1. 吸附柱色谱法

吸附柱色谱法是液-固色谱法的一种。方法是将固体吸附剂（如氧化铝、硅胶、活性炭等）

---

❶ 色谱固定相是指柱色谱或薄层色谱中既起分离作用又不移动的那一相。

❷ 色谱流动相是指在色谱过程中载带样品（组分）向前移动的那一相。

装在管柱中［见图 4-5（a）］，将待分离组分 A 和 B 溶液倒入柱中，则 A 和 B 被吸附剂吸附于管上端［见图 4-5（b）］，加入已选好的有机溶剂，从上而下进行洗脱，A 和 B 遇纯溶剂后，从吸附剂上被洗脱下来。但遇到新吸附剂时，又重新被吸附上去，因而在洗脱过程中，A 和 B 在柱中反复地进行着解吸、吸附、再解吸、再吸附等过程。由于 A 和 B 随着溶剂下移速度不同，因而 A 和 B 也就可以完全分开［见图 4-5（c）］，形成两处环带，每一环带内是一纯净物质，如果 A、B 两组分有颜色，则能清楚地看到色环；若继续冲洗，则 A 将先被洗出，B 后被洗出，用适当容器接受，再进行分析测定。

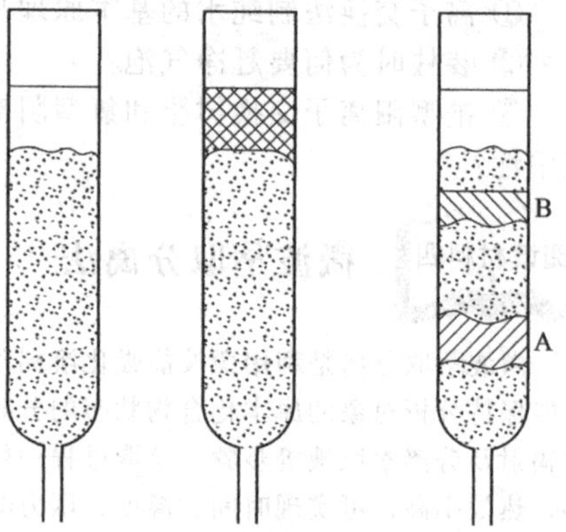

(a) 填充柱　(b) 加入试样柱　(c) A、B 两组分分开

图 4-5　二元混合物柱层析示意图

2. 分配柱色谱法

分配柱色谱法是液-液色谱法，它是根据物质在两种互相不混溶的溶剂间分配系数不同来实现分离的方法。其固定相是强极性的活性液体，如水、缓冲溶液、酸溶液、甲酰胺、丙二醇或甲醇，使用时将液体固定相涂渍在载体（纤维素、硅藻土等）上，然后装入管中，将试样加入管的上端，然后再以与固定相不相混的、极性较小的有机溶剂作流动相进行洗脱。当流动相自上而下移动时，被分离物就在固定相和流动相之间反复进行分配，因各组分的分配系数不同，而得以分离。此法多用于有机物的分离。如果固定相为低极性的有机溶剂，流动相为强极性的水或水溶液，此时称为反相分配色谱法，简称反相色谱法或称萃取色谱法。在反相分配色谱法中，疏水性组分移动慢，亲水性组分移动快。反相分配色谱中常用的载体为微孔聚乙烯球珠、聚氨酯泡沫塑料等。

3. 柱色谱操作方法

(1) 柱色谱装置

① 色谱柱　色谱柱一般用带有下旋塞或没有下旋塞的玻璃管或塑料管柱制成。柱的直径与长度比约为（1∶10）～（1∶60），吸附剂的质量是待分离物质质量的 25～30 倍。

② 吸附剂　为了使样品中各种吸附能力差异较小的组分能够分离，必须选择合适的吸附剂（固定相）和洗脱剂（流动相）。吸附柱色谱常用的吸附剂有氧化铝、硅胶、氧化镁、碳酸钙和活性炭等。氧化铝具有吸附能力强、分离能力强等优点。它是用 $w(HCl) = 1\%$ 的盐酸溶液浸泡后，用蒸馏水洗至悬浮液的 pH 为 4～4.5。酸性氧化铝适用于分离酸性有机物质，如氨基酸等；碱性氧化铝适用于分离碱性有机物质，如生物碱、醇等；中性氧化铝的应用最为广泛，适用于中性物质的分离，如醛、酮等类有机物质。

吸附剂应颗粒均匀，具有较大的表面积和一定的吸附能力。比表面积大的吸附剂分离效率好，因为比表面积越大，组分在流动相和固定相之间达到平衡越快，形成的色带就越窄。一般吸附剂颗粒大小以 100～150 目为宜。另外，吸附剂应与欲分离的试样及所用的洗脱溶剂不起化学反应。

吸附剂的活性取决于吸附剂的含水量。含水量越高，活性越低，吸附能力越弱；反之，吸附能力越强。按吸附能力的强弱可分为强极性吸附剂（如低水含量的氧化铝，活性炭）、中等极性吸附剂（如氧化镁、碳酸钙等）和弱极性吸附剂（如滑石、淀粉等）。一般分离弱极性组分时，可选用吸附性强的吸附剂；分离极性较强的组分，应选用活性弱的吸附剂。

吸附剂在使用之前，需进行"活化"。因为吸附剂吸附能力的强弱，主要决定于吸附剂吸附中心的数量多少。如果吸附剂表面的吸附中心被水分子占据，则吸附能力会减弱。通过加热活化，可提高吸附剂活性，相反，加入一定的水分，也可使吸附剂"脱活"。表 4-11 列出了氧化铝和硅胶的活性与含水量之间的关系。

表 4-11　氧化铝和硅胶的活性与含水量之间的关系

吸附剂活性	Ⅰ	Ⅱ	Ⅲ	Ⅳ	Ⅴ
氧化铝含水量/%	0	3	6	10	15
硅胶含水量/%	0	5	15	25	38

注：吸附活性取决于含水量，当含水量小于1%时活性最高，大于20%时吸附活性最低。

③ 洗脱剂　洗脱剂（流动相）的选择是否合适，直接影响色谱的分离效果。流动相的洗脱作用，实质上是流动相分子与被分离的溶质分子竞争占据吸附表面活性中心的过程。在分离洗脱过程中，若是流动相占据吸附剂表面活性中心的能力比被分离的溶质分子强，则溶剂的洗脱能力就强，反之，洗脱作用就弱。因此，流动相必须根据试样的极性和吸附剂吸附能力的强弱来选择。一般原则是：洗脱剂的极性不能大于样品中各组分的极性。否则会由于洗脱剂在固定相上被吸附，使样品一直保留在流动相中，而影响分离。色谱展开首先使用极性最小的溶剂，然后再加大洗脱液的极性，使极性不同的化合物按极性由小到大的顺序从色谱柱中洗脱下来。

在选择洗脱剂时，还应注意洗脱剂必须能够将样品中各组分溶解，但不应与组分竞争与固定相的吸附。如果被分离的样品不溶于洗脱剂，则组分会牢固地吸附在固定相上，而不随流动相移动或移动很慢。

常用的流动相按其极性强弱的排列次序为：石油醚＜环己烷＜四氯化碳＜二氯乙烯＜苯＜甲苯＜二氯甲烷＜氯仿＜乙醚＜乙酸乙酯＜丙酮＜乙醇＜甲醇＜水＜吡啶＜乙酸。

为了得到好的分离效果，单一洗脱剂达不到所要求的分离效果，也可以将各种溶剂按不同的配比，配成混合溶剂作为流动相。总之，洗脱剂的种类很多，至于选用哪种洗脱剂为最佳，应由实验确定。

（2）操作方法

① 装柱　将一洗净、干燥的色谱柱，在柱的底部铺少量玻璃棉或脱脂棉，于玻璃上放一层直径略小于色谱柱的滤纸，然后将吸附剂装入柱内，装柱的方式有干法和湿法。

a. 干法装柱。在色谱柱上端放一个干燥的玻璃漏斗，将活化好的吸附剂通过漏斗装入柱内，边装边轻轻敲打柱管，以便填装均匀。填装完毕后，在吸附剂表面再放一层滤纸，从管口慢慢加入洗脱剂，开启下端活塞，使液体慢慢流出，流速控制在1～2滴/s。干法装柱的缺点是：容易在柱内产生气泡，分离时有"沟流"现象。

b. 湿法装柱。在柱内先加入3/4已选定的洗脱剂，将一定量的吸附剂（氧化铝或硅胶）用溶剂调成糊状，慢慢倒入柱内，打开柱下活塞，使溶剂以1滴/s的速度流出。在装柱的过程中，应不断地轻敲色谱柱，使其填装均匀、无气泡。

柱子填充完后，在吸附剂上端覆盖一层石英砂，使样品能够均匀地流入吸附剂表面，并可防止加入洗脱剂时被洗脱剂冲坏。在整个装柱（干法或湿法）过程中，溶剂应覆盖住吸附剂，并保持一定的液面高度，否则柱内会出现裂痕及气泡。

② 洗脱　液体试样可以直接加入到色谱柱中，试样要适当浓。固体样品先用最少量的溶剂溶解后，再加入到色谱柱中。样品加入时，应将溶剂降至吸附剂表面，样品滴管尽量接近石英砂表面，以便使试样集中在色谱柱顶部尽可能小的范围内，以利于样品展开。

将选定的洗脱剂小心从管柱顶端加入色谱柱（切勿冲动吸附层），洗脱剂应始终覆盖住吸附剂上面，并保持一定的液面高度，控制流速，约0.5～2mL/min，不可太快，以免交换达不到平衡而分离不理想。有颜色的组分，可直接观察、收集，然后分别将洗脱剂蒸除，即可得到纯组分，然后再选用适当的方法对各组分进行定量。

所收集流出部分的体积的多少，取决于柱的大小和分离的难易程度，即根据使用吸附剂的量和样品分离情况来进行收集。一般为50mL，若洗脱剂的极性相近或样品中组分的结构相近时，可适当减少收集量。

4. 柱色谱分离法应用

柱色谱虽然费时，相对于仪器化的高效液相色谱法柱效低，但由于设备简单、容易操作，从洗脱液中获得分离样品量大等特点，应用仍然较多。对于简单的样品用此法可直接获得纯物质；对于复杂组分的样品此法可作为初步分离手段，粗分为几类组分。然后再用其他分析手段将各组分进行分离分析。在天然产物的分析中此法常作为除去干扰成分的预处理手段。

三、纸色谱

1. 纸色谱法原理

纸色谱法又称为纸上层析法（简称 PC），属于分配色谱，是在滤纸上进行的色谱分析方法。滤纸是一种惰性载体，滤纸纤维素中吸附着的水分为固定相。由于吸附水有部分是以氢键缔合形式与纤维素的羟基结合在一起，一般情况下难以脱去，因而纸层析不但可用与水不相混溶的溶剂作流动相，而且也可以用丙醇、乙醇、丙酮等与水混溶的溶剂作流动相。

选取一定规格的层析纸，在接近纸条的一端点上欲分离的试样，把纸条悬挂于层析筒内。让纸条下端浸入流动相（展开剂）中，由于层析纸的毛细管作用，展开剂将沿着纸条不断上升。当流动相接触到点在滤纸上的试样点（原点）时，试样中的各组分就不断地在固定相和展开剂之间分配，从而使试样中分配系数不同的各种组分得以分离。当分离进行一定时间后，溶剂前沿上升到接近滤纸条的上沿。取出纸条，晾干，找出纸上各组分的斑点，记下溶剂前沿的位置。

各组分在纸色谱中的位置，可用比移值 R_f 来表示：

$$R_f = \frac{原点中心至溶质最高浓度中心的距离}{原点中心至溶剂前沿间的距离}$$

如图 4-6 所示，组分 A，$R_f = a/l$；组分 B，$R_f = b/l$，R_f 在 0～1 之间。若 $R_f \approx 0$ 表明该组分基本留在原点未动，即没有被展开；若 $R_f \approx 1$，表明该组分随溶剂一起上升，即待分离组分在固定相中的浓度接近零。

在一定的条件下，R_f 值是物质的特征值，可以利用 R_f 鉴定各种物质，但影响 R_f 的因素很多，最好用已知的标准样品对照。根据各物质的 R_f 值，可以判断彼此能否用色谱法分离。一般说，两组分的 R_f 只要相差 0.02 以上，就能彼此分离。

2. 纸色谱的操作方法

（1）层析滤纸 要选用厚度均匀、无折痕、边缘整齐的层析滤纸，以保证展开速度均匀。层析滤纸的纤维素要松紧合适，过于疏松，会使斑点扩散；过于紧密，则层析速度太慢。层析滤纸的纸条，一般有 3cm×20cm，5cm×30cm，8cm×50cm 等规格。

（2）点样 若样品是液体，可直接点样。固体样品应先将样品溶解在溶剂中，溶剂最好采用与展开剂极性相似且易于挥发的溶剂，如乙醇、丙酮、氯仿等。水溶液的斑点易扩散，且不易挥发，一般不用，但无机试样可以用水作溶剂。

点样时，用管口平整的毛细管（内径约 0.5mm）或微量注射器，吸取少量试液，点于距滤

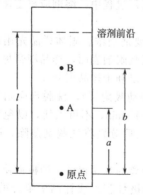

图 4-6 R_f 值计算示意图

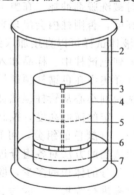

图 4-7 上行法纸色谱分离装置图

1—玻璃盖；2—玻璃缸；3—夹子；4—滤纸筒；

5—溶剂前缘；6—滴试样处；7—溶剂

纸条一端 3～4cm 处。可并排点数个样品,两点间相距 2cm 左右。原点越小越好,一般控制直径以 2～3mm 为宜。若试液较稀,可反复点样,每次点后应待溶剂挥发后再点,以免原点扩散。促使溶剂挥发的办法有:红外灯照射烘干或用电吹风吹干。

(3) 展开　纸色谱在展开样品时,常采用上行法、下行法和环行法等。一般常采用上行法,见图 4-7。上行法设备简单,应用较广,但展开速度慢。方法是:层析缸盖应密闭不漏气,缸内用配制好的展开剂蒸气饱和,将点有试样的一端放入展开剂液面下约 1cm 处,但展开剂液面的高度应低于样品斑点。展开剂沿滤纸上升,样品中各组分随之而展开,当展开结束后,记下溶剂前沿位置,进行溶剂的挥发。对于比移值较小的试样,可用下行法得到好的分离效果。下行法的操作方法是:将试液点在滤纸条的上端处,把纸条的上端浸入盛有展开剂的玻璃槽中,将玻璃槽放在架子上,玻璃槽和架子一同放入层析缸中,展开时,展开剂将沿着滤纸条向下移动。

(4) 显色　对于有色物质,当样品展开后,即可直接观察各个色斑。而对于无色物质,需采用各种物理、化学方法使其显色。常用的显色方法是用紫外灯照射。凡能吸收紫外光或吸收紫外光后能发射出各种不同颜色的荧光的组分,均可用此方法显色。用笔记录下各组分的颜色、位置、形状、大小。借助斑点的位置可以进行定性鉴定。也可喷洒各种显色剂,例如,对于氨基酸,可喷洒茚三酮试剂。多数氨基酸呈紫色,个别呈蓝色、紫红色或橙色。根据斑点的大小、颜色的深浅可做半定量测定。

该法设备简单、操作方便、分离效果好,用于无机离子和各种有机物的分离。

3. 纸色谱分离法应用

例如,铜、铁、钴、镍的纸色谱分离:将离子混合试液点在慢速滤纸上(层析纸),以丙酮-浓盐酸-水作展开剂,用上行法进行展开。1h 后从层析筒中取出,用氨水熏 5min,晾干后,用二硫代乙酰胺溶液喷雾显色,就会得到一个良好的纸色谱分离谱图,见图 4-8。亚铁离子呈黄色斑点,比移值为 1.0;铜离子呈绿色斑点,比移值为 0.70;钴离子呈深黄色斑点,比移值为 0.46;镍离子呈蓝色斑点,比移值为 0.17。若将斑点分别剪下,经灰化或用 $HClO_4$ 和 HNO_3 处理后,可测得各组分的含量。

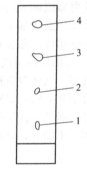

图 4-8　铁、铜、钴、镍的纸色谱
1—镍离子;2—钴离子;
3—铜离子;4—亚铁离子

四、薄层色谱

1. 薄层色谱法原理

薄层色谱法又称为薄层层析法,是在柱色谱和纸色谱基础上发展起来的。薄层色谱法是把固定相吸附剂(如中性氧化铝),铺在玻璃板或塑料板上,铺成均匀的薄层,层析就在板上的薄层中进行。把试样点在层板(薄层)的一端。离边缘一定距离处,试样中各组分就被吸附剂所吸附。把层析板放入层析缸中,使点样的一端浸入流动相展开剂中,由于薄层的毛细管作用,展开剂将沿着吸附剂薄层渐渐上升,遇到试样时,试样就溶解在展开剂中,随着展开剂沿着薄层上升,于是试样中的各种组分就沿着薄层在固定相和流动相之间不断地发生溶解、吸附、再溶解、再吸附的分配过程。

各个色斑在薄层中的位置用比移值 R_f 来表示,计算同纸色谱。

2. 薄层色谱法的操作方法

(1) 吸附剂　薄层色谱法的固定相吸附剂颗粒要比柱色谱法细得多,其直径一般为 10～40μm。由于被分离对象及所用展开剂极性不同,应选用活性不同的吸附剂作固定相。吸附剂的活性可分 I～V 级,I 级的活性最强,V 级的活性最弱。薄层色谱法固定相吸附剂类型与柱色谱相似,有硅胶、氧化铝、纤维素等。最常用的是硅胶和氧化铝,它们的吸附能力强,可分离的试样种类多。

① 硅胶　硅胶是无定形多孔物质,略显酸性,机械性能差,一般需要加入黏合剂制成“硬板”。常用的黏合剂有煅石膏($CaSO_4 \cdot H_2O$)、聚乙烯醇、淀粉、羧甲基纤维素钠(CMC)等。薄层所用的硅胶的粒度在 250～300 目,较柱色谱粒度细,适用于中性或酸性物质的分离。薄层

色谱所用的硅胶有硅胶 H（不含黏合剂和其他添加剂）、硅胶 G（含 13％～15％的煅石膏）、硅胶 GF$_{254}$（含煅石膏和荧光指示剂，可在波长 254nm 紫外光照射下呈黄绿色荧光）和硅胶 HF$_{254}$（只含荧光指示剂的硅胶）。

② 氧化铝　氧化铝铺层时一般不加黏合剂，可用氧化铝干粉直接铺层，这样得到的薄层板称为"干板"或"软板"。干法铺层的氧化铝用 150～200 目，湿法铺层为 250～300 目。氧化铝也可因加黏合剂或荧光剂而分为氧化铝 G（含煅石膏）、氧化铝 GF$_{254}$ 和氧化铝 HF$_{254}$。氧化铝的极性较硅胶稍强，适合分离极性较小的化合物。

薄层色谱的分离效果取决于吸附剂、展开剂的选择。要根据样品中各个组分的性质选择合适的吸附剂和展开剂。吸附剂和展开剂选择的一般原则是：非极性组分的分离，选用活性强的吸附剂，用非极性展开剂；极性组分的分离，选用活性弱的吸附剂，用极性展开剂。实际工作中要经过多次试验来确定。

（2）薄层板的制备　薄层板可以购买商品的预制板（有普通薄层板和高效薄层板）也可以自行制备。制备方法有干法制板、湿法制板两种。湿法铺层较为常用，即将吸附剂加水调成糊状，倒在层析板上，用适当的方法（具体操作方法见配套实验教材）铺匀，晾干。层析板要用自来水洗净后烘干，否则会使吸附剂不能均匀分布和黏附在玻璃板上，干燥后易起壳、开裂、剥落。

（3）活化　先将铺好薄层的薄层板水平放置。待糊状物凝固后，放入烘箱，于 60～70℃初步干燥。然后逐渐升温到 105～110℃，使之活化，一般活化时间约为 10～30min。但对于某些实验，薄层板铺好后阴干即可，不必活化（有时要通过实验，由分离效果来决定）。活化后，将薄层板置于干燥器中备用。

（4）点样　在经过活化处理的薄层板的一端距边沿一定距离处（一般约 1cm），用毛细管或微量注射器把试液约 0.05～0.10mL（含样品约 10～100μg）[1] 点在薄层板上，点样动作力求快速。为使样点尽量小，可分多次点样。不致使原点分散而使层析后斑点分散，影响鉴定。其方法与纸色谱相似，即溶解样品的溶剂应易于挥发，溶剂的极性和展开剂相似。一般制成质量浓度为 5～10g/L 的样品溶液。当溶剂与展开剂的极性相差较大时，应在点样后，待溶剂挥发了再进行层析展开。点样量应根据薄层厚度、试样和吸附剂的性质、显色剂的灵敏度、定量测定的方法而定。每个样品原点间距应在 2cm 左右，距薄层板一端约 1cm 处。

（5）展开　薄层板的展开需在层析缸（见图 4-9）中进行。但应注意的是：这种层析缸必须是密闭而不漏气，否则在层析展开过程中，会因展开剂的挥发而影响分离效果。

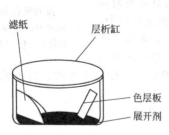

图 4-9　薄层色谱层析缸示意图

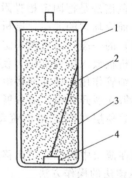

图 4-10　近于垂直的方向展开示意

1—层析缸；2—薄层板；3—展开剂蒸气；4—盛有溶剂的器皿

层析展开方式常采用上行法。但对于干板应近水平方向放置，薄层的倾斜角不宜过大（10°～20°），倾斜角过大，薄层板上薄层易脱落。而对于硬板，可采用近于垂直的方向展开，如图 4-10 所示。

---

[1] 点样量的多少，会影响检出效果。点样量少，会使微量组分检测不出来；点样量太大，斑点拖尾、重叠，组分不能分离。点样量需通过实验来确定。对于较厚的薄层板，点样量可适当增加，若样品溶液太稀，则可分几次点。

展开时，应先将展开剂放入层析缸内，液层厚度为 $5\sim7mm$，为使缸内展开剂蒸气很快达到平衡，可在缸内放入一张滤纸。然后将已点好试液的薄层板放入缸内，薄层板下端浸入展开剂约为 5mm，切勿使样品原点浸入展开剂中。盖紧缸盖，待展开剂前缘上升到薄层板顶端时（预定的高度），立即取出薄层板，计算比移值 R_f。

（6）显色 样品展开后，若本身带有颜色，可直接看到斑点的位置。若样品是无色的，就需要对薄层板进行显色。常用的显色方法有三类，紫外光下观察、蒸气熏蒸显色和喷以各种显色剂。

① 显色剂显色 对不同的化合物需采用不同的显色剂。常用的显色剂种类很多，有通用显色剂和专属显色剂。若对未知化合物，可以考虑先用通用显色剂，这种显色剂是利用它与被测组分的氧化还原反应、脱水反应及酸碱反应等而显色的。如浓硫酸或 50％的硫酸溶液，由于多数有机物质用硫酸碳化而使它们显色，一般在喷此溶剂后数分钟即会出现棕色到黑色斑点，这种焦化斑点常常显现荧光。

喷雾显色时，应将显色剂配成一定浓度的溶液，然后用喷雾器均匀地喷洒到薄层板上。对于未加黏合剂的干板，应在展开剂尚未挥发尽时喷雾，否则会将薄层吹散。

显色剂的种类繁多，需要时可参阅有关专著。表 4-12 列出了部分常用的显色剂。

表 4-12 常用的显色剂

显 色 剂	检测对象
浓硫酸或 $w(H_2SO_4)=50％$ 硫酸	大多数有机化合物显出黑色斑点
3g/L 溴甲酚绿＋80％甲醇溶液	脂肪族羧酸于绿色背景显黄色
$w(H_3PO_4)=5％$ 磷酸乙醇溶液	喷后以 120℃烘烤，还原性物质显蓝色斑点；再用氨气熏，背景变为无色
0.1mol/L 氯化铁-0.1mol/L 铁氰化钾	酚类、芳香族胺类、酚类衍族化合物
含 3g/L 乙酸的 3g/L 茚三酮丁醇溶液	氨基酸及脂肪族伯胺类化合物，背景出现红色或紫红色
碘蒸气	有机化合物，显黄棕色
5g/L 碘的氯仿溶液	有机化合物，显黄棕色
1g/L 桑色素乙醇溶液	有机化合物，背景显黑色或其他颜色

② 紫外光显色 把展开后的薄层板放在紫外灯下观察，含有共轭双键的有机物质能吸收紫外光，呈暗色斑点即为样品点。对含有荧光指示剂铺成的薄层板（如硅胶 GF_{254}）在紫外光（254nm）下观察，整个薄层板呈现黄绿色荧光，斑点部分呈现暗色更为明显。有些物质在吸收紫外光后呈现不同颜色的荧光，或需喷某种显色剂作用后显出荧光。由于这些物质只在紫外灯照射下显色，紫外光消失后，荧光随之消失，因而需要用针沿斑点周围刺孔，标出该种物质的位置。

③ 碘蒸气熏蒸显色 将易挥发的试剂放在密闭的容器中，使它们的蒸气充满整个容器，将已展开、挥发尽溶剂的薄层板放入容器中，使之显色，其显色速度和灵敏度随化合物不同而异。当斑点的颜色足够强时，将板从容器中取出，用铅笔画出斑点的轮廓。斑点是不能持久显色的，因颜色是碘和有机物形成的配合物，当碘从板上升华逸出时，斑点即褪色。

除饱和烃和卤代烃外，几乎所有的化合物均能与碘形成配合物。另外，斑点的强度并不代表存在的物料量，只是一粗略的指示而已。

常见的熏蒸溶剂除固体碘外，还有浓氨水、液体溴等。

3. 薄层色谱分离法应用

（1）痕量组分的检测 用薄层色谱法检测痕量组分既简便又灵敏。例如，3,4-苯并芘是致癌物质，在多环芳烃中含量很低。可将试样用环己酮萃取，并浓缩到几毫升。点在含有 20g/L 咖啡因的硅胶 G 板上，用异辛烷-氯仿（1∶2）展开后，置紫外灯下观察，板上呈现紫至橘黄色斑点。

将斑点刮下，用适当的方法进行测定。

（2）同系物或异构体分离　用一般的分离方法很难将同系物或同分异构体分开，但用薄层色谱可将它们分开。例如，$C_3 \sim C_{10}$ 的二元酸混合物在硅胶 G 板上，以苯-甲醇-乙酸（45：8：4）展开 10cm，就可以完全分离。

（3）无机离子的分离　对于 H_2S 组阳离子，可以在硅胶 G 薄层板上，用丙酮-苯（3：1）混合溶剂 100mL，以酒石酸饱和后，再加入 6mL $w(HNO_3)=10\%$ 硝酸溶液作为展开剂层析分离，然后用硫化物或酸性、碱性的双硫腙溶液作显色剂，得到各组分 R_f 值的次序为：$Hg>Bi>Sb>Cd>As>Pb>Cu>Tl$。再用比较色斑大小以进行半定量的方法可测定面粉中的砷、血液中的铊、小便中的汞、茶叶中的砷和镉。又如对于硫化铵组阳离子，可在硅胶 G 薄层上用丙酮-浓盐酸-己二酮（100：1：0.5）作展开剂，展开 10cm 后，以氨熏，再以 5g/L 8-羟基喹啉的 $\varphi(乙醇)=60\%$ 乙醇溶液喷雾显色，得到各组分的 R_f 值顺序为：$Fe>Zn>Co>Mn>Cr>Ni>Al$。此外还有卤素的分离和鉴定，硒、碲的分离和鉴定，贵金属的分离和鉴定，稀土元素 Ce、La、Pr、Nd 的分离等。

阅读材料五　毛细管电泳分离法

电泳（capillary electrophoresis，CE）是近年来发展最为迅速的分离、分析方法之一。它是由 Jorgenson 和 Lukace 于 1981 年首先提出的，短短 23 年中，已取得了重大进展，充分展示了其高灵敏度（检测限可达 $10^{-13} \sim 10^{-15}$ mol）、高分辨率、高速度（最快可在 1min 内完成一个样品的分析）及样品用量少（一次进样只需纳升）等特点，因此受到普遍欢迎。由于 CE 符合了以生物工程为代表的生命科学各领域中对生物大分子（肽、蛋白、DNA 等）的高分离度要求，得到了迅速发展，正逐步成为生命科学及其他学科实验室中一种常用的分离分析手段。

毛细管电泳是以高压电场为驱动力，以毛细管为分离柱，依据样品中组分之间浓度和分配容量的差异进行分离的一种液相色谱技术。目前，有 6 种不同的分离方法。

① 以高压电场为驱动力，在毛细管色谱柱中按样品各组分之间淌度和分配行为的不同而实现分离。

② 胶束电动毛细管色谱，中性粒子在水相和胶束相之间因其疏水性不同而具有不同的分配能力得以实现分离。

③ 毛细管胶凝电泳，将凝胶物质填入毛细管中作支持物，以实现组分的电泳分离。

④ 毛细管等电聚焦，将一般使用的等电聚焦电泳放到毛细管色谱柱内进行的一种分离技术。

⑤ 毛细管电色谱，以高效液相色谱微粒填充剂为固定相，各组分与固定相作用不同，用电渗流为流动相进行分离。

⑥ 毛细管等速电泳，溶质在先导电解质与后继电解质之间的电泳淌度不同而实现分离。

任务五　挥发和蒸馏分离法

挥发和蒸馏分离法是利用物质挥发性的差异进行分离的一种方法。可以用于除去干扰组分，也可以使待测组分定量地挥发出来后再测定。在无机物中，具有挥发性的物质不多，因此这种方法选择性较高。砷的氢化物，硅的氟化物，锗、砷、锑、锡等的氯化物都具有挥发性。可借控制蒸馏温度的办法把它们蒸馏出来，再用一合适的吸收液吸收，然后选用适宜的方法进行测定。最常用的例子是氮的测定：首先将各种含氮化合物中的氮经适当处理转化为 NH_4^+，在浓碱存在下利用 NH_3 的挥发性把它蒸馏出来并用酸溶液吸收；再根据氨的含量多少，选用适宜的测定方法。又如，测定水或食品等试样中的微量砷时，先用锌粒和稀硫酸将试样中的砷还原为砷化氢，经挥发和收集后可用比色等方法进行测定。

蒸馏分离法在有机化合物的分离中应用很广，不少有机物是利用各自沸点的不同而得到分离和提纯。例如 C、H、O、N、S 等元素的测定即采用这种方法。

在环境监测中不少有毒物质，如 Hg、CN^-、SO_2、S^{2-}、F^-、酚类等都能用蒸馏分离法分离富集，然后选用适当的方法测定。表 4-13 列出了部分元素的挥发和蒸馏分离条件。

表 4-13　挥发和蒸馏分离法的应用示例

组　分	挥发形式	条　件	应　用
As	$AsCl_3$、$AsBr_3$、$AsBr_5$	HCl 或 $HBr + H_2SO_4$	除去 As
	AsH_3	$Zn + H_2SO_4$ 或 $Al + NaOH$	微量 As 的测定
B	$B(OCH_3)_3$	酸性溶液加甲醇	去 B 或测定 B
	BF_3	加氟化物溶液	去 B 或测定 B
C	CO_2	1100℃通氧燃烧	C 的测定
CN^-	HCN	加 H_2SO_4 或酒石酸,用稀碱吸收	CN^- 的测定
Cr	CrO_2Cl_2	$HCl + HClO_4$	除去 Cr
铵盐、含氮有机化合物	NH_3	NaOH	氨态氮测定,含氮有机化合物转化成铵盐后测定
S	SO_2	1300℃通氧燃烧	硫的测定
Si	SiF_4	$HF + H_2SO_4$	测定硅酸盐中的 Si,去 Si,测定纯 Si 中的杂质
Se、Te	$SeBr_4$、$TeBr_4$	$HBr + H_2SO_4$	Se、Te 的测定或去 Se、Te
Ge	$GeCl_4$	HCl	Ge 的测定
Sb	$SbCl_3$、$SbBr_3$、$SbBr_5$	HCl 或 $HBr + H_2SO_4$	去 Sb
Sn	$SnBr_4$	$HBr + H_2SO_4$	去 Sn
Os、Ru	OsO_4、RuO_4	$KMnO_4 + H_2SO_4$	痕量 Os、Ru 的测定
Tl	$TlBr_3$	$HBr + H_2SO_4$	去 Tl

挥发和蒸馏的操作方法可参阅有关资料。

 阅读材料六　激光分离法

近 30 年来,随着激光技术的应用与发展,在物理和化学领域中出现一门崭新的边缘学科——激光化学。它和经典的光化学一样,是研究光子与物质相互作用过程中,物质激发态的产生、结构、性能及其相互转化的一门科学。但是,由于激光与普通光相比,具有亮度高、单色性好、相干性好和方向性好等突出优点,因而激光与物质相互作用,特别是在引发化学反应过程中,就能产生经典光化学不能得到的许多新的实验现象,如红外多光子吸收,选择性共振激发等。这些新的实验现象,不但在理论上具有很大意义,而且在许多实际应用方面开阔了崭新的领域,创立了一些新的分析方法。如激光在高纯材料中杂质的分离、稀土元素的分离,以及同位素分离等激光分离法。

1. 激光光解纯化硅烷

美国格斯阿拉莫斯实验室用激光光解纯化半导体与太阳能电池中常用的硅材料,收到良好效果,他们用波长 193nm 的氟化氪紫外激光照射含有 As、P、B 杂质的硅烷气体,使杂质优先分解,形成固态多体化合物,剩下的是纯化了的硅烷气体。因大量硅烷气体基本上不消耗能量,因此效率高,成本可降低 6 倍。

2. 激光引发分离稀土元素

近年来,把具有良好选择性的激光用于分离稀土元素收到了明显的效果。美国海军研究所的多诺霍等人用氟化氪、氟化氙和氯化氙等准分子激光器的紫外输出引发液相反应中的稀土元素,已成功地分离了 Eu 和 Ce。分离过程的基本原理是利用液相体系中稀土元素之间吸收峰的形状比较窄。当稀土元素的电荷传送带受到激光照射时,就会产生光氧化还原反应。由于氧化还原态的变化,就引起诸如溶解度、可萃性或反应性等化学性质的改变,因而可利用适当化学方法(如沉淀、萃取等)来加以分离。

3. 激光分离同位素

激光分离同位素的主要依据是:由于同位素的原子核质量不同或核的核电荷分布不同引起同位素在光谱中的位移效应,借此进行分离。激光分离同位素的具体方法有:光分解法、光化学法、光电离法等。

激光分离同位素效率高、能耗少、成本低、较灵活等优点。

激光分离有两个明显的优点：一是选择性高，能耗少；二是用光子代替化学试剂，可不用或少用化学试剂，有利于减少"三废"污染。

任务六　掩蔽与解蔽

所谓"掩蔽"，就是通过加入某种试剂与干扰成分作用，把干扰成分转变为不干扰测定的状态，从而使测定能够顺利进行。相反，使被掩蔽的物质从其掩蔽形式中解放出来，并恢复其参与某一反应的能力则称为"解蔽"。运用掩蔽和解蔽的手段可以不经过分离干扰成分而消除干扰作用，既可简化分析步骤，又能提高分析方法的选择性和准确度，符合多、快、好、省的要求。因此，掩蔽和解蔽在冶金工业分析中有重要的实际意义。

一、掩蔽的类型

掩蔽根据反应机理不同，主要可分为下列四种。

1. 配位掩蔽

当加入配位掩蔽剂时，与干扰元素反应形成足够稳定的配合物，致使游离的干扰离子浓度大大地降低，从而消除对测定的干扰。这种配位掩蔽目前应用最为普遍。

（1）对沉淀反应的掩蔽　例如，用丁二酮肟在氨性溶液中沉淀 Ni^{2+}，若有 Fe^{3+}、Cr^{3+}、Al^{3+} 共存时，则同时生成氢氧化物沉淀干扰测定。如果在加氨水前先加入酒石酸或柠檬酸，Fe^{3+}、Cr^{3+}、Al^{3+} 和酒石酸（或柠檬酸）生成稳定的配合物，再加氨水时就不沉淀。

EDTA 是一个很有效的沉淀反应的配位掩蔽剂。在乙酸盐缓冲液中，加入 EDTA 时，只有 $Mo(Ⅵ)$、$W(Ⅵ)$、$V(Ⅴ)$、$Ti(Ⅳ)$ 和 $U(Ⅵ)$ 与 8-羟基喹啉生成沉淀，而 $Fe(Ⅲ)$、$Al(Ⅲ)$、$Cu(Ⅱ)$、$Pb(Ⅱ)$、$Zn(Ⅱ)$ 等许多离子与 EDTA 生成稳定的配合物不被沉淀，这样就大大提高了 8-羟基喹啉沉淀分离 Mo、W、V 的选择性。

（2）在氧化还原反应中的掩蔽　由于加入配位掩蔽剂与金属离子的氧化形式或还原形式生成了稳定的配合物，引起氧化还原体系电势发生改变、从而使得某些原来能够进行的氧化还原反应不能再发生。例如，碘量法测定铜时，Fe^{3+} 干扰铜的测定，加入配位掩蔽剂 NH_4HF_2 后，由于形成了稳定的 FeF_6^{3-} 配离子，使 Fe^{3+}/Fe^{2+} 体系的电势降低到不能再氧化 I^- 成 I_2，这样就消除了 Fe^{3+} 对测定的干扰。

（3）在配位反应中的掩蔽　为了提高配位反应的选择性，同样可以利用加入配位掩蔽剂，使某些配位反应停止发生而掩蔽起来，这时干扰离子与掩蔽剂所形成的配合物更为稳定。例如，在配位滴定法测锌时，铜的存在干扰测定。然而，加入配位掩蔽剂硫脲后，铜与硫脲形成稳定的配合物而不再与 EDTA 作用，这样，便可不经分离铜而直接测定锌。

以二甲酚橙光度法测定铋时，锆有干扰，但在硫酸盐的存在下，过氧化氢能够掩蔽锆，而对铋与二甲酚橙的配位反应影响很小，因此可以用于一定锆存在下的光度法测定铋，求得锆铋分量。此外，配位掩蔽在电化学分析等方面也有不少应用。例如，用氟离子选择电极测 F^- 时，对铝的干扰常可加入配合掩蔽剂柠檬酸或钛铁试剂等进行掩蔽。

2. 氧化还原掩蔽

利用加入一种还原剂或氧化剂使干扰离子的价态改变，以降低其参加反应的能力而加以掩蔽。对一些具有可变价的干扰离子常常使用这种掩蔽法，所用的掩蔽剂都是氧化剂或还原剂。例如，在光度分析中，Fe^{3+} 常常有干扰，这时可以用抗坏血酸或盐酸羟胺在酸性介质中将 Fe^{3+} 还原为 Fe^{2+} 而掩蔽起来。

3. 沉淀掩蔽

此种掩蔽作用是通过加入一种掩蔽剂，使干扰离子生成难溶的沉淀而掩蔽起来。例如，在 pH 值大于 12 时，可以在有少量镁的存在下，用 EDTA 直接滴定钙。这时镁生成难溶的 $Mg(OH)_2$ 沉淀而不再与 EDTA 配位。

但是，这种难溶的沉淀必须不影响预测元素的测定，因此，在应用上受到一些限制。比如，沉淀量不能太多，也不能有深的颜色，否则会使得滴定终点变色不明显。如果沉淀表面吸附现象严重，则会使测定难以进行。

4. 动力学掩蔽

这种掩蔽是利用干扰离子与被测离子配合物的形成或离解速度的不同来达到。例如，在冷溶液中，由于 Cr^{3+} 与 EDTA 的反应非常慢，故可以在 Cr^{3+} 的存在下用 EDTA 直接滴定 Fe^{3+}。同样，也可以在 pH＝6 时，以 7-(1-萘基偶氮)-8-羟基喹啉-5-磺酸为指示剂，用 EDTA 快速滴定 Cu、Co、Ni，而 Cr^{3+} 不干扰。相反，在含有 Cd^{2+}、Co^{2+}、Cu^{2+}、Pb^{2+}、Zn^{2+} 和 Ni^{2+} 的 EDTA 配合物 pH＝2 的冷溶液（＜5℃）中，加入 Bi^{3+} 时，除 Ni^{2+} 以外，其他阳离子很快地被 Bi^{3+} 从 EDTA 的配合物中置换出来，然而 Ni^{2+} 被置换的速度很慢。因此，可在这些离子的存在下测定镍。方法是加入过量的 EDTA，先测得金属离子的总量，然后在 pH＝2 的冷溶液，以邻苯二酚紫为指示剂，用铋盐溶液返滴定，差减求出镍量。

此外，还有所谓"电化学掩蔽"，是利用表面活性物质在电极上的吸附而引起对某些电极反应的阻碍作用。例如，Bi^{3+}-EDTA 离子的极谱波能够被少量的动物胶完全除去。这种电化学掩蔽可用于极谱，示波极谱及电流滴定等电化学分析中提高分析方法的选择性。当然这种表面活性物质在抑制干扰离子的波出现的同时，不应该对被测离子的波产生明显的影响。

酸碱掩蔽反应也是常遇到的，在各种分析、分离方法中，使用了大量的有机试剂，许多有机试剂是弱酸（或弱酸盐）或弱碱（或弱碱盐）。它们在水溶液中的存在形式与溶液的酸度有关，因此它们与金属离子的反应能力受溶液酸度的影响特别大，适当控制溶液的酸度就可以掩蔽一些干扰离子与主试剂的反应。例如，在 pH 为 1～3 时，用 EDTA 滴定四价或三价的某些金属离子，许多二价金属离子不干扰；在 pH 为 5 左右，滴定一般二价重金属离子，这时碱土金属不干扰；碱土金属在 pH 为 10 左右才被 EDTA 配位。

二、掩蔽剂的选择原则

① 掩蔽配合剂的稳定性；
② 掩蔽剂与被掩蔽离子的反应产物最好是易溶，无色或浅色化合物；
③ 测定时要在所要求的 pH 条件下能很好地起掩蔽作用；
④ 掩蔽剂要稳定、价廉、无毒性；
⑤ 可使用联合掩蔽的方法或三元配合物的方法掩蔽。

上述的因素在选择掩蔽剂时，要综合予以考虑，抓主要矛盾，同时要根据测定的元素和方法、干扰离子的种类和含量等具体条件具体分析，最终还是靠实验确定。本书附录一列出了常用的掩蔽剂。

三、解蔽的种类

1. 利用取代反应

加入与掩蔽剂生成更稳定配合物的物质（解蔽剂），将被掩蔽的离子取代出来而解蔽。例如，在丹宁重量法测定铌钽时，铌和钽皆以草酸盐配合物的形式保存在溶液中，先调到 pH＝2 时，加入适量铝盐加热到 90℃使钽的草酸盐配合物被铝取代出来，与丹宁作用沉淀而出，铌-草酸盐配合物较稳定仍留在溶液中，当溶液 pH 升到 4 时，继续加入铝盐则铌也定量地解蔽而沉淀出来。又如，当加入 Ag^{+} 于 $Cu(DDTC)_2$ 配合物的溶液中，由于 Ag(DDTC) 配合物更加稳定而使 Cu^{2+} 被取代解蔽出来，继而可用配位滴定法或光度法测定铜。

2. 调节溶液的 pH

由于大多数金属配合物的表观稳定常数受 pH 的影响很大，因此，常常可以通过调节溶液的 pH 而达到解蔽的目的。例如，AgCl 在氨水中生成 $[Ag(NH_3)_2]^{+}$ 而溶解，当用 HNO_3 酸化时，Ag^{+} 从 $[Ag(NH_3)_2]^{+}$ 解蔽出来，又生成 AgCl 沉淀。前面讲过 pH 大于 12 时，$Mg(OH)_2$ 沉淀掩蔽可直接用 EDTA 滴定钙。但将 pH 调节为 10，则 $Mg(OH)_2$ 溶解，Mg^{2+} 也可以被滴定。

3. 破坏掩蔽剂

（1）使掩蔽转化为不反应物质　例如 $[Zn(CN)_4]^{2-}$ 配合物加甲醛，与 CN^{-} 反应生成不参与反应的羟基乙腈，使 $[Zn(CN)_4]^{2-}$ 被破坏解蔽出 Zn^{2+}。

（2）用加热化学反应的方法破坏配位体　例如，掩蔽剂 H_2O_2 可用煮沸或加入 Fe^{3+} 作催化剂的方法来分解。EDTA 可以在酸性溶液中用 $KMnO_4$ 或其他强氧化剂破坏。其他许多有机掩蔽剂都能被强氧化剂（如 HNO_3、浓 H_2SO_4、$KMnO_4$ 等）氧化破坏而使金属离子解蔽。表 4-14 列出了一些解蔽剂。

表 4-14　某些解蔽剂

掩蔽剂	离　子	解　蔽　剂
NH_3	Ag^+	Br^-、H^+、I^-
CO_3^{2-}	Cu^{2+}	H^+
Cl^-（浓）	Ag^+	水
CN^-	Ag^+	H^+
	Cd^{2+}	H^+、$HCHO(OH^-)$
	Cu^{2+}	H^+、HgO
	Fe^{3+}	HgO、Hg^{2+}
	Hg^{2+}	Pd^{2+}
	Ni^{2+}	$HCHO$、HgO、H^+、Ag^+、Hg^{2+}、Pd^{2+}、卤化银
	Pd^{2+}	HgO、H^+
	Zn^{2+}	CCl_3CHO、H_2O、H^+、$HCHO$
EDTA	Al^{3+}	F^-
	Ba^{2+}	H^+
	Co^{2+}	Ca^{2+}
	Mg^{2+}	F^-
	Th^{2+}	SO_4^{2-}
	Ti^{4+}	Mg^{2+}
	Zn^{2+}	CN^-
	各种离子	$MnO_4^- + H^+$
乙二胺	Ag^+	SiO_2（非晶体）
F^-	Al^{3+}	OH^-、Be^{2+}
	Fe^{3+}	OH^-
	MoO_4^{2-}	H_3BO_3
	VO_3^-、WO_4^{2-}	H_3BO_3
	Sn^{4+}	H_3BO_3
	$U(Ⅵ)$	Al^{3+}
	$Zr^{4+}(Hf^{4+})$	Ca^{2+}、OH^-、Be^{2+}、Al^{3+}
H_2O_2	Ti,Zr,Hf	Fe^{3+}
NO_3^-	Co^{2+}	H^+
$C_2O_4^{2-}$	Al^{3+}	OH^-
PO_4^{3-}	Fe^{3+}	Al^{3+}
	$U(Ⅵ)$	
SO_4^{2-}（浓 H_2SO_4）	Ba^{2+}	H_2O
酒石酸盐	Al^{3+}	$H_2O_2 + Cu^{2+}$
CNS^-	Fe^{3+}	OH^-
	Hg^{2+}	Ag^+
$S_2O_3^{2-}$	Cu^{2+}	OH^-
	Ag^+	H^+
硫脲	Cu^{2+}	H_2O
OH^-	Mg^{2+}	H^+

　　（3）将掩蔽体系中的一个组分挥发除去　用加入强无机酸（如硫酸或高氯酸）煮沸或蒸干，

可将易挥发的掩蔽剂如 HF、HCl、HBr 和 HI 等除去。

　　(4) 改变被掩蔽金属离子的价态　例如，在弱酸介质中，Cu^+ 与 $S_2O_3^{2-}$ 生成稳定配合物，使 Cu 不与 PAN 反应。若将溶液碱化后，$[Cu_2(S_2O_3)_2]^{2-}$ 易氧化成 $[Cu(S_2O_3)_2]^{2-}$ 后者不稳定，因此 Cu^{2+} 能定量地与 PAN 反应。

思　考　题

　　1. 分离和富集方法在定量分析中有什么重要意义？

　　2. 何谓回收率？分离时对常量和微量组分的回收率要求如何？

　　3. 简述分离和富集方法，及各自适用范围。

　　4. 举例说明共沉淀现象对分析工作的不利因素和有利因素。

　　5. 提高沉淀分离选择性的方法有哪些？

　　6. 分配系数与分配比有何不同？在溶剂萃取分离中为什么要引入分配比？

　　7. 如果要在盐酸溶液中分离 Fe^{3+}、Al^{3+}，应选择什么树脂？分离后 Fe^{3+}、Al^{3+} 的顺序如何？

　　8. 色谱分离法分为哪几种？各自的特点是什么？

　　9. 纸色谱法和薄层色谱法的基本原理是什么？

　　10. 何谓比移值？如何求得？

　　11. 用纸色谱上行法分离 A 和 B 两个组分，已知 $R_{f,A}=0.45$，$R_{f,B}=0.63$。欲使分离后 A 和 B 两组分的斑点中心之间距离为 2.0cm，问色谱用纸的长度应为多少（cm）？

　　12. 设含有 A、B 混合液，已知 $R_{f,A}=0.40$，$R_{f,B}=0.60$，原点中心至溶剂前沿的距离为 20cm，分离后 A、B 两斑点中心之间最大距离是多少？

　　13. 有一样品溶液，已知含有 Cu^{2+}、Fe^{3+}、Co^{2+}、Ni^{2+} 四种离子，试设计一个用纸色谱分离的方案。

　　14. 利用调节酸度、加掩蔽剂或加解蔽剂的方法，以 EDTA 滴定方法测出下列各组离子（1）Fe^{3+}-Ca^{2+}-Mg^{2+}；（2）Zn^{2+}-Cu^{2+}-Mg^{2+}；（3）Cu^{2+}-Pb^{2+}-Sn^{4+}-Zn^{2+}；写出具体流程表。

模块五 矿石及原材料分析

【学习目标】

1. 了解矿石原料分析的基本知识。
2. 掌握铁矿石中主要成分分析方法。
3. 掌握白云石、石灰石主要成分分析方法。
4. 掌握萤石主要成分分析方法。
5. 掌握铜矿石、铅锌矿石及锰矿石主要成分分析方法。
6. 掌握煤焦分析的原理及操作方法。

【能力目标】

1. 会进行铁矿石的工业分析。
2. 能进行白云石、石灰石和萤石主要成分分析。
3. 会分析铜、铅、锌及锰矿石中主要成分。
4. 会进行煤焦的工业分析。

【典型工作任务】

通过实例，学习真实样品的前处理、实验准备、分析测试及实验后处理，了解矿石原料分析的意义及程序，建立合理分工、相互协作、和谐的职业氛围。

地壳中具有相对固定化学成分组成和一定物理化学性质的天然产物称为矿石。按矿石中有用矿物的工业性能可分为金属矿石（如铁矿石、铜矿石、铅锌矿等）和非金属矿石（如萤石矿石、石棉矿石等）。金属矿石是指用来提炼各种金属元素的矿石，我国已探明储藏的金属矿物有 54 种，主要有铁矿石、铜矿石、铅锌矿、铝土矿、锰矿石、铬矿石、钼矿石、镍矿石、钨矿石、锡矿石、汞矿石、金矿石、银矿石、稀土矿和稀有金属矿等。

矿石是冶金工业的基础原料，矿石及原料分析是保证产品质量、控制冶炼过程和研究新工艺的必要手段，也是进行地质勘探和综合利用矿产资源的主要依据。本模块主要介绍典型的铁矿石、铜矿石、铅锌矿及白云石、萤石、煤焦分析等。

基础知识一 铁矿石

一、概述

铁矿是钢铁工业的基础原料。铁矿石的种类很多，有代表性的能用来冶炼的铁矿石及其性质列于表 5-1。此外，尚有含硫的铁化合物及砷的铁化合物［黄铁矿（FeS_2），毒砂（FeAsS）］等。虽含有大量铁，但由于硫和砷都严重影响钢铁质量，不能用来炼铁，习惯上不称为铁矿。值得注意的是，有的铁矿除铁外，还含有大量其他更有价值的元素的铁化合物也不能认为是铁矿。

不符合表 5-1 品位要求的，要进行选矿处理。

铁矿石中的铁大都以高价铁（Fe_2O_3）状态和亚铁（FeO）状态存在，少数以硅酸盐形式存在，几乎无金属铁。此外还含有有害组分，如二氧化硅、硫、磷、砷等。它们在冶炼过程中还原为单质并渗入生铁中，严重影响金属质量。铁矿分析一般仅需测定二氧化硅、全铁（TFe）、硫、磷。有时从冶炼需要出发，还要测定酸溶性铁（SFe）、氧化亚铁（FeO）、氧化钙、氧化镁、氧化锰、烧碱等。矿石中 TFe/FeO≤27 时为磁铁矿；TFe/FeO＞27 时为赤铁矿；TFe 与 SFe 之差即为硅酸铁，这部分铁在冶炼过程中不能还原为金属，当硅酸铁中的铁大于 2%～4% 时，要相

表 5-1 铁矿石的各种性质

名称	化学式	由化学式计算的组成(质量分数)			晶系	密度 /(g/cm³)	硬度 (莫氏)	颜色	磁性
		Fe, 品位/%	Fe/%	H_2O 或 CO_2/%					
赤铁矿	Fe_2O_3	>54~58	70.0		六方	4.5~5.3	5.5~6.5	红、红褐、灰、黑	弱
磁铁矿	Fe_3O_4	>56~60	72.0		等轴	4.9~5.2	5.5~6.5	铁黑	强
褐铁矿	$Fe_2O_3 \cdot nH_2O$	>45~50	48~62.9	(H_2O)5.6~31.0	非晶质+斜方	3.6~4.0	4.0~5.5	黄褐红褐	弱
菱铁矿	$FeCO_3$	>30~35	48.2	(CO_2)37.9	六方	3.7~3.9	3.5~4.0	浅黄褐色	弱

应提高全铁的品位要求。依照矿石中 ($CaO+MgO$)/($SiO_2+Al_2O_3$) 的比值不同，铁矿石又可分为自熔性矿石（比值为 0.8~1.2）、半自熔性矿石（比值为 0.5~0.8）、酸性矿石（比值小于0.5）和碱性矿石（比值大于 1.2）。只有自熔性矿石在冶炼时不需要再配入碱性熔剂（石灰石或石灰），其余几类矿石都需要配入一定量的碱性熔剂或酸性熔剂（硅石），使配入后 ($CaO+MgO$)/($SiO_2+Al_2O_3$) 的比值达到所需的指标。

铁矿石通常用盐酸加热分解，如残渣为白色，表明试样分解完全。若残渣有黑色或其他颜色，可用氢氟酸或氟化铵处理。磁铁矿分解很慢，可加几滴氯化亚锡加速分解，或用磷硫混合酸（2+1）分解。铁矿石的系统分析常用碱熔法分解试样，常用的熔剂有氢氧化钠、过氧化钠、碳酸钠和过氧化钠碳酸钠（2+1）混合熔剂。熔融通常在银坩埚、镍坩埚和石墨坩埚中进行，也可用过氧化钠在镍坩埚中烧结分解试样。铬铁矿宜用过氧化钠分解。钛铁矿则可用焦硫酸钾分解。

铁矿中铁的测定方法目前还是多采用氯化亚锡、三氯化钛将 Fe^{3+} 还原为 Fe^{2+}。鉴于这种测定方法，凡能被氯化亚锡或三氯化钛还原为低价，又能被重铬酸钾氧化的杂质以及本身有色或还原产物有色干扰终点判别的各种物质都有干扰。铜有时混杂在铁矿中，由于 $SnCl_2$ 能将 Cu^{2+} 还原为 Cu^+，Cu^+ 能被 $K_2Cr_2O_7$ 氧化，同时 Cu^{2+} 又能催化 Fe^{2+} 被空气氧化。因此，铜的含量大于0.5mg 时，应预先用氨水分离（钴、镍、铂等干扰元素也被分离），使铁成氢氧化铁沉淀而铜氨络离子则留在溶液中。经碱熔分解的试样，在水浸取的碱性溶液中加入适量氯化铵也可以达到同样目的。

钨和钼被还原剂还原为钨蓝和钼蓝，妨碍终点判别；钒则被还原为低价，能消耗重铬酸钾。碱熔法分解试样并用水浸取，钨、钼和钒均以可溶性的含氧酸盐留在溶液中而与氢氧化铁分离。

砷、锑都能被氯化亚锡还原为低价消耗重铬酸钾，可在热的硫酸介质中用氢溴酸逐出砷和锑的溴化物；也可用碱熔法分解试样，使砷和锑转入溶液，在用盐酸分解铁矿时加入适量氯化亚锡，使三氯化砷挥发除去。

铂的存在（即使含量极微）能被还原为低价状态——棕色或暗黄色的稳定的氯铂酸（H_2PtCl_4）胶体溶液，严重影响还原终点的判别。自然界的铁矿中几乎不含有铂，往往用铂坩埚分解矿样残渣时引入，要引起注意。采用氨水沉淀铁而与铂分离。

硝酸根影响还原和滴定，须用硫酸或盐酸低温反复蒸干除去。此外，大量的氟以及含有羟基的有机酸等妨碍氢氧化铁沉淀完全，前者还使亚铁溶液的稳定性降低，在用盐酸-氟化钠法分解矿样时，应当避免引入大量氟盐。

二、铁的分析

1. 全铁（TFe）和酸溶性铁（SFe）的分析

（1）$K_2Cr_2O_7$ 容量法 常量铁（0.5%以上）的测定，多采用 $SnCl_2$ 为还原剂的 $K_2Cr_2O_7$ 容量法测定，方法简便易行，过量的 $SnCl_2$ 容易除去，$K_2Cr_2O_7$ 标准溶液稳定并可用直接法配制。

在盐酸或硫酸介质中，用 $SnCl_2$ 还原 Fe^{3+} 为 Fe^{2+}，以 $HgCl_2$ 氧化过量的 $SnCl_2$，在硫磷混酸存在下，以二苯胺磺酸钠为指示剂，即可用 $K_2Cr_2O_7$ 标准溶液滴定，主要反应有：

$$2Fe^{3+}+Sn^{2+}+6Cl^- \longrightarrow 2Fe^{2+}+SnCl_6^{2-}$$

$$Sn^{2+} + 2HgCl_2 + 4Cl^- \longrightarrow Hg_2Cl_2 \downarrow + SnCl_6^{2-}$$

$$6Fe^{2+} + Cr_2O_7^{2-} + 14H^+ \longrightarrow 6Fe^{3+} + 2Cr^{3+} + 7H_2O$$

用 $SnCl_2$ 还原 Fe^{3+} 时，应保持小体积、较高的酸度（6mol/L 以上）和温度，否则还原较慢，且 $SnCl_2$ 容易发生水解。

还原滴定时溶液的酸度应控制在 $1\sim3$mol/L 范围内，酸度过高，终点变色迟钝，会使测定结果偏高；酸度过低，滴定反应不完全。

为了保证三价铁全部还原为二价并防止滴定前再被氧化，$SnCl_2$ 必须过量。过量的 $SnCl_2$ 也将被 $K_2Cr_2O_7$ 滴定，因此必须加入弱氧化剂 $HgCl_2$ 氧化过量 $SnCl_2$，生成白色丝光状的 Hg_2Cl_2 沉淀。这一反应并不是瞬间即可完成的，尤其当溶液酸度控制不当时，因此，加入 $HgCl_2$ 后要摇匀并放置 $3\sim5$min。必须避免引入过多的 $SnCl_2$，因为它能将 Hg_2Cl_2 进一步还原为黑色的金属汞。

$$Sn^{2+} + Hg_2Cl_2 + 4Cl^- \longrightarrow 2Hg + SnCl_6^{2-}$$

金属汞能被 $K_2Cr_2O_7$ 氧化，并能将在滴定过程中生成的 Fe^{3+} 重新还原为 Fe^{2+}。因而用 $SnCl_2$ 还原时宜逐滴加入，待 Fe^{3+} 的黄色刚好消失再过量 $1\sim2$ 滴为宜。

滴定过程中 $[Fe^{3+}]$ 不断升高，$[Fe^{2+}]$ 不断降低，溶液电位不断升高，当溶液电位高于指示剂二苯胺磺酸钠的标准电对电位时，指示剂被氧化，这时离滴定终点尚早；为了避免终点过早出现，加入硫磷混酸，使 Fe^{3+} 形成稳定的无色配合物 $[Fe(PO_4)_2]^{3-}$，从而降低了铁电对电位，使指示剂的变色范围全部落在滴定曲线的突跃范围之内，把滴定的系统误差控制在允许误差范围之内。但是磷酸的加入加剧了 Fe^{2+} 的不稳定性，用加入硫酸的方法在一定程度上抑制了空气对 Fe^{2+} 的氧化。实际上，加入硫磷混酸后仍要求立即滴定。

铁矿石的合适溶剂是盐酸或硫磷混酸。但用酸分解时，铁的硅酸盐不被分解，测出的值仅为酸溶性铁（SFe）。若在酸溶时，加入适量碱金属氟化物，则测得值中包括了硅酸铁，即全铁（TFe）。氟化物的用量不可超过 1g。过多氟盐的引入不仅促使亚铁氧化，还妨碍铁的还原，侵蚀玻璃器皿析出硅酸，吸附铁离子干扰测定。用酸不能完全分解的铁矿样必须改用碱熔分解，才能准确测出全铁。

（2）无汞盐测铁　为了避免汞的毒性，提高环境的质量，近年来，研究了多种无汞盐测铁的方法。下面主要介绍无汞盐定铁法。

试样溶解后，首先用 $SnCl_2$ 还原大部分的 Fe^{3+}，然后用 $TiCl_3$ 定量还原剩余的 Fe^{3+}：

$$2Fe^{3+} + Sn^{2+} \longrightarrow 2Fe^{2+} + Sn^{4+}$$

$$Fe^{3+} + Ti^{3+} + H_2O \longrightarrow Fe^{2+} + TiO^{2+} + 2H^+$$

用钨酸钠作指示剂指示还原终点，即当 Fe^{3+} 定量还原为 Fe^{2+} 后，过量 1 滴 $TiCl_3$ 溶液，可使作为指示剂的六价钨（无色）还原成蓝色的五价钨化合物，俗称"钨蓝"，故溶液呈蓝色。过量的 $TiCl_3$ 可在 Cu^{2+} 的催化下，借水中溶解的氧氧化，从而消除少量还原剂的影响。

还原 Fe^{3+} 时，不能单用 $SnCl_2$，因为在此酸度下，$SnCl_2$ 不能还原 W^{6+} 为 W^{5+}，故溶液没有明显的颜色变化，无法控制其用量，而且过量的 $SnCl_2$ 没有适当的非汞方法除去，但也不宜单用 $TiCl_3$，因为钛盐较贵，且使用时易产生 4 价钛盐沉淀，影响测定，故常将 $SnCl_2$ 与 $TiCl_3$ 联合使用。

Fe^{3+} 定量还原为 Fe^{2+} 和过量还原剂除去后，即可用二苯胺磺酸钠为指示剂，以 $K_2Cr_2O_7$ 标准溶液滴定至溶液呈稳定的紫色即为终点。

（3）EDTA 容量法　以 Fe^{3+} 和 EDTA 形成很稳定的配合物 $[\lg K(FeY^-) = 25.1]$ 为基础的。反应方程式为：

$$Fe^{3+} + H_2Y^{2-} \longrightarrow FeY^- + 2H^+$$

Fe^{2+} 的 EDTA 配合物不太稳定 $[\lg K(FeY^-) = 14.3]$，因此，一般都滴定 Fe^{3+}。滴定可在较强的酸性介质中进行，避免了许多离子的干扰。滴定方式有直接法和返滴法，直接法可在较高的酸度下进行，应用更为广泛。这里仅介绍用磺基水杨酸为指示剂的直接滴定法。

Fe^{3+} 和磺基水杨酸在不同酸度环境中，生成不同配位数的配合物。在 pH 为 $1.3\sim2.0$ 的酸性介质中，磺基水杨酸与 Fe^{3+} 形成紫色配合物，此配合物的稳定常数远小于 FeY^- 配合物，因此在终点时，溶液由紫色变为 FeY^- 的浅黄色，其反应方程式为：

$$Fe^{3+} + Sal^- \longrightarrow Fe(Sal)^{2+}$$
$$Fe(Sal)^{2+} + H_2Y^- \longrightarrow FeY^- + Sal^- + 2H^+$$
$$\text{（紫红色）} \qquad\qquad \text{（浅黄色）}$$

此滴定反应较慢，应在 70～80℃ 的热溶液中滴定以增加反应速度。但是过高的温度会使试液中的 Al^{3+} 也与 EDTA 配位，使滴定结果偏高。

Al^{3+} 也和磺基水杨酸生成无色配合物。因此，当样品含铝量较高时，应该适当增大显色剂用量。Cu^{2+} 和磺基水杨酸生成绿色配合物，干扰测定。

碱金属、碱土金属、Mn^{2+}、铝、锌、铅及少量 Cu^{2+}、Ni^{2+} 不干扰测定。铜、镍量高时影响终点观察，加入邻二氮杂菲掩蔽。

2. 亚铁的分析

有时由于高炉冶炼需要或者确定可否进行磁选时，需了解矿石或烧结矿中亚铁的量。

对于单纯的铁矿中亚铁的测定可用盐酸-氟化钠或硫酸-氢氟酸（铂坩埚）分解试样。盐酸-氟化钠分解试样时，氧化亚铁和硅酸亚铁都被溶解转入溶液，然后以二苯胺磺酸钠为指示剂，用重铬酸钾标准溶液滴定。亚铁盐在热的酸性介质中易被空气所氧化，因此试样分解过程中必须注意隔绝空气，并要求整个过程尽快完成。排除空气的最简便方法是在锥形瓶中加盐酸之前预先加入适量的碳酸氢钠或洁净的方解石，盐酸加入后立即产生二氧化碳排出空气，立即塞以带导管的胶塞。试样分解完毕，开启塞子并迅速加入碳酸氢钠饱和溶液或几粒方解石，重新盖上塞子流水冷却，加硫磷混酸和指示剂，即可滴定。

大量氟的存在促使亚铁被空气氧化，并腐蚀玻璃器皿，因此应避免过多的氟化钠，或者补加硼酸克服。

矿样中如果含有高价锰的化合物及可溶于盐酸的硫化物时将严重干扰亚铁的测定。显然试样分解时，高价锰能将亚铁氧化，而酸溶性硫化物生成的硫化氢又将 Fe^{3+} 还原为 Fe^{2+}，使测定工作复杂化。对于这一类的试样必须经过预先处理，只有排除了高价锰和硫化氢的干扰之后才有可能准确测出亚铁的量来。对于仅含有高价锰化合物的矿样，例如铁锰矿中亚铁的测定，应当事先将高价锰还原为不干扰亚铁测定的 Mn^{2+}。较为有效的是在微酸性（pH 为 4.1）的乙酸-亚硫酸钠溶液中，高价锰被亚硫酸还原为 Mn^{2+}，即采用 10mL 200g/L 亚硫酸钠和 10mL 乙酸（1+1）所构成的微酸性混合液。实践证明，煮沸 10min 之后，可将大量的 MnO_3、Mn_3O_4、Mn_2O_3 和硬锰矿还原为 Mn^{2+} 然后加入碳酸氢钠或大理石，用盐酸分解矿样。分解高价锰后残存的亚硫酸能在大于 5mol/L 的盐酸介质中将 Fe^{2+} 氧化。为消除这一影响，在热浸除锰后的试液中先加入少许碳酸氢钠产生二氧化碳把二氧化硫带出。

对于同时含有高价锰和酸溶性硫化物的矿样，必须同时排除锰和硫的干扰才能测定其中亚铁。目前较为普通的方法是利用过氧化氢在微酸性介质中的氧化还原性质来实现。在 pH 为 3.5 的 HAc-NaAc 缓冲溶液中，用过氧化氢热浸来消除锰和硫的干扰，反应如下：

$$S^{2-} + 4H_2O_2 \longrightarrow SO_4^{2-} + 4H_2O$$
$$MnO_2 + H_2O_2 + 2H^+ \longrightarrow Mn^{2+} + 2H_2O + O_2\uparrow$$

反应宜在低温电热板上进行，热浸 1～1.5h，适当搅拌并酌情补加 H_2O_2。在热浸过程中，矿样中一部分亚铁（如 FeS、$FeCO_3$ 及部分可溶性 $FeSiO_3$）也被氧化进入溶液：

$$2Fe^{2+} + H_2O_2 + 2H^+ \longrightarrow 2Fe^{3+} + 2H_2O$$

因此，实际亚铁含量应为残渣中亚铁量与浸取液中铁量之和。热浸完毕，通过抽滤和洗涤，残渣按盐酸-氟化钠法测定亚铁，滤液用氨水沉淀 Fe^{3+}，过滤洗净用盐酸溶解，用氯化亚锡还原，测定其中的铁再换算成 FeO。两者亚铁之和即为试样中 FeO 量。

高价铈和六价铬也严重影响亚铁的测定，但尚无很好方法来解决。

三、铁矿石工业分析

有时根据冶炼需要除铁、硅、硫和磷外还要测定铝、钙、镁、锰和钛等项。现仅对硅、磷、硫等含量的测定方法做简单介绍。锰含量的测定详见锰矿石分析。

1. 硅含量的分析

铁矿石中硅含量的快速测定采用钼蓝光度法。试样经无水碳酸钠和硼酸混合熔剂熔融后，稀盐酸浸取，使硅成硅酸状态，在合适酸度下加入钼酸铵以形成黄色硅钼杂多酸，然后以硫酸亚铁铵为还原剂还原为硅钼蓝，测定其吸光度。反应如下：

$$SiO_2 + Na_2CO_3 \longrightarrow Na_2SiO_3 + CO_2 \uparrow$$
$$Na_2SiO_3 + 2HNO_3 + H_2O \longrightarrow H_4SiO_4 + 2NaNO_3$$

除上述方法外，还有高氯酸脱水重量法、动物胶重量法和氟硅酸钾滴定法等。

2. 磷的分析

磷易于氧化，故矿石中没有游离状态的磷，铁矿中的磷几乎都以磷酸盐形态存在。磷的测定方法很多，一般都是使磷（正磷酸）与钼酸铵组成磷钼杂多酸配合物，然后分别用重量法、容量法、光度法等不同的方法测出磷的含量。具体方法已在工业分析之钢铁分析里介绍过，这里不再详细展开。

3. 硫的分析

在铁矿石中，硫多以硫化物（如 FeS_2）或硫酸盐（如 $CaSO_4 \cdot 2H_2O$）等形式存在。在铁矿中硫的含量为万分之几至千分之几，少数达百分之几。

铁矿中硫的测定方法通常有两类：一类是将矿样以碱熔或酸溶分解，使硫转化为可溶性的硫酸盐，然后测定硫酸根，方法有硫酸钡重量法、EDTA 容量法、硫酸联苯胺容量法；另一类为通入氧气或空气，矿样在管式炉中燃烧，这时硫转化为二氧化硫气体，经吸收后测定，方法有碘量法、中和法和光度法。目前应用广泛的是燃烧气体容量法（碘量法、中和法）和红外吸收法。

（1）碘量法　试样在高温下（1250～1350℃）通氧燃烧，其中的硫化物被氧化为二氧化硫：

$$3MnS + 5O_2 \longrightarrow Mn_3O_4 + 3SO_2 \uparrow$$
$$3FeS + 5O_2 \longrightarrow Fe_3O_4 + 3SO_2 \uparrow$$

生成的二氧化硫导入吸收液中被水吸收，生成亚硫酸：

$$SO_2 + H_2O \longrightarrow H_2SO_3$$

用碘标准溶液滴定亚硫酸：

$$I_2 + H_2O + H_2SO_3 \longrightarrow 2HI + H_2SO_4$$

用淀粉作指示剂，过量的碘与淀粉作用，溶液由无色变蓝色，即到达终点。

（2）中和法　中和法的仪器装置和原理基本上与碘量法相同。所不同的是中和法用 1% 的过氧化氢溶液吸收：

$$SO_2 + H_2O_2 \longrightarrow H_2SO_4$$

用甲基红-亚甲基蓝为指示剂，以氢氧化钠标准溶液滴定生成的硫酸，终点由紫色至亮绿色。

含氟高的试样，在燃烧过程中生成 SiF_4 形态逸出，遇水后水解生成氢氟酸和硅酸消耗氢氧化钠标准溶液，使结果偏高，不宜采用此法。也有人认为含碳高的试样燃烧时生成大量二氧化碳，对于中和法测定硫也有影响。

（3）红外吸收法　极性分子，如 CO_2、SO_2、SO_3 等，将对红外波段特定波长的谱线产生能量吸收，不同的气体分子浓度将对谱线的吸收程度不同，且存在一定的比例关系，因此通过检测谱线的强度变化，即可得出气体分子的浓度，也即求得物质的碳、硫含量。

红外碳硫仪就是基于这一基本原理实现对碳硫的分析。首先它由红外源产生位于红外波段的红外线，经切光电机调制为固定频率的高变信号，试样经高频炉的加热，通氧燃烧，使碳和硫分别转化为二氧化碳和二氧化硫，并随氧气流，流经红外池，产生对红外线的能量吸收，根据它们对各自特定波长的红外吸收与其浓度的关系，经微处理机运算处理，显示并打印出试样中的碳、硫含量。

（4）氧化铝、氧化钙、氧化镁、氧化钛的分析　这些项目测定可吸取一定量母液，调至合适的酸度后分别测定，详见工业分析之硅酸盐分析。

任务一 铁矿石、铁精粉、烧结矿、球团矿测定

一、全铁的测定

（一）重铬酸钾法

1. 方法要点

试样以盐酸处理使各种铁矿石中的 FeO、Fe_2O_3、$FeCO_3$ 等以 $[Fe(Cl_2)]^+$、$FeCl_3$、$[Fe(Cl_4)]^-$ 等状态进入溶液中。部分难溶于酸的硅酸铁，可借助于氟化钠的作用而溶解。在一定的酸度下，用二氯化锡还原 Fe^{3+} 成 Fe^{2+}，过量的二氯化锡用二氯化汞氧化，以二苯胺磺酸钠为指示剂，用重铬酸钾标准溶液滴定使 Fe^{2+} 氧化成 Fe^{3+}，以重铬酸钾的消耗量计算含铁量。

2. 主要试剂

（1）二氯化锡溶液　称取 10g 二氯化锡固体，溶于 20mL 盐酸中，以水稀释至 100mL。

（2）二苯胺磺酸钠指示剂　称取 1g 溶于 100mL 水中。

3. 分析步骤

称取 0.1000g 试样于 300mL 锥形瓶中，用水润湿后，加约 0.2g 氟化钠、20mL 浓盐酸，于低温电炉上加热溶解。待试样全部溶解后（视瓶底无黑色颗粒为止），浓缩体积至 10mL 左右取下，立即在不断摇动下滴加二氯化锡溶液，直至溶液黄色刚刚消失再过加 1～2 滴，冷却至室温，以水稀释至体积约 50mL。一次加入 10mL 二氯化汞饱和溶液，摇动混匀，静置 1～2min。加 10mL 磷酸（1+1）、4～5 滴二苯胺磺酸钠指示剂，用 0.004640mol/L 重铬酸钾标准溶液滴定至溶液由绿色变为紫红色即为终点，随同做标样。

计算公式：

$$w(TFe) = \frac{6cV \times 55.85}{G \times 10^3}$$

式中　c——重铬酸钾的物质的量浓度，mol/L；

$\quad\quad V$——消耗重铬酸钾的体积，mL；

$\quad\quad G$——称取试样的质量，g。

4. 注意事项

① 溶解试样时温度不可太高，以免试样未溶完全酸被蒸干；

② 滴加二氯化锡还原时，要严格控制加入量，边加边摇动，以免加过量；

③ 还原冷却后应立即滴定，否则空气会氧化 Fe^{2+} 为 Fe^{3+} 使结果偏低，滴定时开始速度不要太慢；

④ 如果铁含量较高时，在滴定过程中会产生大量的 Cr^{3+} 使溶液呈较深的绿色，影响终点观察，因此溶液体积不宜过小；

⑤ 如遇难溶试样，可随溶随加二氯化锡还原助溶解；

⑥ 二氯化汞饱和溶液必须一次迅速加入并摇动，然后静置 1～2min，因为氯化亚锡被氧化为高价时作用较慢，否则作用不完全，使结果偏高；

⑦ 二氯化锡溶液配制不宜过久（不超过 7 天），时间过长要失效；

⑧ 滴定近终点时，速度应缓慢，并充分摇动，否则滴定终点易滴过；

⑨ 加二氯化锡还原时反应在近沸的（80～90℃）溶液中才能迅速进行，温度太低还原反应缓慢，易滴加过量，温度太高，会引起 $FeCl_3$ 的挥发损失；

⑩ 溶解试样时间不少于 20min，并和标准试样时间相一致。

（二）无汞重铬酸钾法

本方法主要适合于铁精粉中全铁的测定。

1. 方法要点

试样以氟化钠和盐酸分解，以钨酸钠为指示剂，用三氯化钛还原 3 价铁至过量生成钨蓝，以重铬酸钾氧化蓝色退去，再以二苯胺磺酸钠为指示剂，重铬酸钾标准溶液滴定，以消耗重铬酸钾

的毫升数去计算全铁的含量。

2. 试剂

（1）钨酸钠　25g 钨酸钠溶于水，加 5mL 磷酸，稀释至 100mL，摇匀。

（2）三氯化钛溶液　1.5g 三氯化钛溶于水，加 5mL 盐酸，用水稀至 100mL，混匀。

3. 分析步骤

准确称取 0.1000g 试样于锥形瓶中，加 10mL 100g/L 氟化钠溶液、20mL 盐酸，于低温电炉上加热溶解，并边溶边滴加 100g/L 二氯化锡以保持溶液浅黄色，加热至全部溶解并浓缩体积为 10mL 左右，需时间约 20min。取下加 20mL 硫酸（1＋7）、10 滴钨酸钠溶液，以三氯化钛溶液滴至呈蓝色，再以重铬酸钾氧化至蓝色刚刚退去（不计读数）。将溶液稀释至 70～80mL，冷却，加 10mL 硫磷混酸（700mL 水＋150mL 硫酸＋150mL 磷酸），加 7～8 滴 4g/L 的二苯胺磺酸钠指示剂，以 0.004640mol/L 重铬酸钾标准溶液滴至紫蓝色为终点，记下消耗的重铬酸钾标准液的毫升数。随同做标样。

计算同重铬酸钾法

二、亚铁的测定——重铬酸钾容量法

1. 方法要点

试样在隔绝空气的情况下，加入碳酸钠利用其与盐酸作用后产生二氧化碳气体，消除空气对亚铁的氧化作用。加盐酸和氟化钠溶解得到 Fe^{2+}，在磷酸存在下，以二苯胺磺酸钠为指示剂，用重铬酸钾标准溶液滴定，以重铬酸钾标准溶液的用量计算亚铁含量。

2. 分析步骤

准确称取 0.2000g 试样，于已预先放有 1～2g 碳酸钠的 300mL 锥形瓶内。加 10mL 100g/L 的氟化钠溶液，加 20mL 盐酸，在电炉上低温溶解，约 8～10min（如试样难溶须补加少量水和碳酸钠）。待试样完全溶解后，取下，以流水冷却至室温，加 30～50mL 水，加 10mL 硫磷混酸，加 7～8 滴 4g/L 二苯胺磺酸钠指示剂，以 0.004640mol/L 重铬酸钾标准液滴定至紫蓝色为终点，记下消耗标准液的体积 V。

计算公式：

$$w(\text{FeO}) = VT \times 100$$

式中　$w(\text{FeO})$——试样中氧化亚铁的质量分数，%；

V——消耗重铬酸钾标准溶液的体积，mL；

T——0.004640mol/L 的重铬酸钾对 200mg 试样的氧化亚铁滴定度，约相当于 $T=1.00$。

3. 附注

① 溶解试样时间必须一致，温度不宜过高，放置时间不能太长；

② 体积不能低于 15mL，注意边溶试样边注入水，保持一定体积；

③ 分析允许误差：FeO 质量分数为 5.00% 时，允许误差为 0.30%；当为 5.01%～15.00% 时，允许误差为 0.40%。

三、铁精粉中钛的测定——比色法

1. 试剂

（1）抗坏血酸　称取 2g 抗坏血酸，用 87mL 水、1.3mL 乙醇溶解。现用现配。

（2）变色酸溶液　称取 0.5g 变色酸，加 0.1g 无水亚硫酸钠，以水稀释至 100mL。

（3）10g/L 二安替比林甲烷（DAM）　用（1＋11）盐酸配制。

（4）混合熔剂　3 份无水碳酸钠、2 份硼酸、1 份无水碳酸钾研细。

2. 分析步骤

称取 0.25g 铁精粉试样，用铂金坩埚加混合熔剂约 3g，再覆盖一层，盖好盖，送入马弗炉（温度为 950～1000℃）内熔融 7～10min，取出冷却后，放入已有 80mL 热硝酸（1＋6）的 300mL 烧杯中，加热浸取熔融物到全部溶解后取下，冷却，放入 250mL 容量瓶中，以水稀释至刻度，摇匀做母液。

吸取 5mL 母液于 50mL 容量瓶中，加 5mL 抗坏血酸、5mL 变色酸、10mL DAM（每加一种试剂要摇匀），以水稀释至刻度，摇匀，用 1cm 比色皿，于 510nm 波长处，以水为参比进行比色。随同做标样：

$$w(\text{TiO}_2) = \frac{w_{标样}}{A_{标样}} \times A_{试样} \times 100$$

式中 $w(\text{TiO}_2)$——试样中二氧化钛质量分数，%；

$w_{标样}$——标样中二氧化钛质量分数，%。

四、铁精粉中钒的测定

1. 方法要点

试样用硫磷混酸溶解，用高锰酸钾将钒由 4 价氧化至 5 价，过量的高锰酸钾在尿素的存在下，以亚硝酸钠还原，以苯代邻氨基苯甲酸为指示剂，用硫酸亚铁铵滴定，借此测定钒含量，其中所涉及的主要反应有：

$$5\text{V}_2\text{O}_2^{4+} + 2\text{MnO}_4^- + 22\text{H}_2\text{O} \Longrightarrow 10\text{H}_3\text{VO}_4 + 2\text{M}_n^{2+} + 14\text{H}^+$$
$$\text{H}_3\text{VO}_4 + \text{Fe}^{2+} + 3\text{H}^+ \Longrightarrow \text{VO}^{2+} + \text{Fe}^{3+} + 3\text{H}_2\text{O}$$

2. 试剂

（1）N-苯代邻氨基苯甲酸指示剂   溶于 0.2% 碳酸钠溶液中。

（2）硫磷混酸   2 体积浓硫酸与 1 体积浓磷酸混合而成。

（3）0.001000mol/L 硫酸亚铁铵标准溶液   称 0.4g 硫酸亚铁铵，溶于 1000mL 容量瓶中，加 10mL 硫酸，用水稀释至刻度。

标定：移取 25mL 重铬酸钾标准溶液，加 40mL 硫磷混酸，以水稀释至 100mL，加 4 滴 N-苯基邻氨基苯甲酸指示剂，用亚铁溶液滴定至由紫色变为亮绿色：

$$c(\text{Fe}^{2+}) = \frac{c\left(\frac{1}{6}\text{K}_2\text{Cr}_2\text{O}_7\right) \times V}{V(\text{Fe}^{2+})}$$

3. 分析步骤

称取 0.5000g 试样置于 250mL 锥形瓶中，以少许水湿润，使试样散开，加 1~2g 氟化钾，加入 30mL 硫磷混酸，加热溶解后，至冒浓厚的白烟，取下自然冷却，加 80mL 水，加热至盐类溶解，取下冷却至室温。滴加 25g/L 高锰酸钾溶液至呈稳定红色并保持 5min，加 10mL 100g/L 尿素溶液，滴加 10g/L 亚硝酸钠溶液至红色消失。再过量 1~2 滴，放置 2min，滴加 3 滴 N-苯代邻氨基苯甲酸指示剂，以硫酸亚铁铵标准溶液滴定至溶液由紫红色到浅黄色为终点，随同做标样。

计算公式：

$$w(\text{V}_2\text{O}_5) = \frac{w_{标样}}{V_{标样}} \times V_{试样}$$

式中 $w(\text{V}_2\text{O}_5)$——试样中五氧化二钒的质量分数，%；

$w_{标样}$——标样中二氧化钛的质量分数，%；

$V_{标样}$，$V_{试样}$——标样和试样分别所消耗硫酸亚铁铵的体积，mL。

4. 注意事项

① 由于高锰酸钾氧化钒的速度较慢，故需放置一段时间，以保证氧化完全，但其放置时间应一致，否则结果不稳定；

② 亚硝酸钠还原时，要慢加，以免过量；

③ 滴定硫酸亚铁铵标准溶液，接近终点时滴定速度要慢，因为终点反应较慢，以免滴定过量。

五、灼烧减量的测定

1. 方法要点

称取 105~110℃ 干燥过 1h 的试样放在 900~1000℃ 的马弗炉内灼烧，经过灼烧后减少的质量，即试样中灼烧减量。经过灼烧所失去的物质为化合水、二氧化碳和硫有机物等。

2. 分析步骤

称取1g试样放在瓷坩埚（盖反扣于瓷坩埚上面）并铺散均匀，放入马弗炉中加热，初以低温慢慢移入900～1000℃的炉膛中灼烧1～2h，取出，于干燥器中冷却至室温，迅速称量。

按下式计算灼烧减量，以质量分数（%）表示：

$$w_{烧减} = \frac{m_1 - m_2}{m} \times 100$$

式中　m_1——灼烧前试样与坩埚的质量，g；

　　　m_2——灼烧后试样与坩埚的质量，g；

　　　m——试样的质量，g。

如试样中氧化亚铁（FeO）和金属铁（Fe）含量较高，灼烧后有增量现象，实际灼烧失重应按下式计算：

$$w_{烧减} = \frac{m_1 - m_2}{m} \times 100 + w(FeO) \times 0.111 + w(Fe) \times 0.43$$

式中　$w(FeO)$——FeO的含量，%；

　　　$w(Fe)$——Fe的含量，%；

　　　0.111——FeO被氧化为Fe_2O_3的增量系数；

　　　0.43——Fe被氧化为Fe_2O_3的增量系数。

3. 注意事项

① 灼烧后的残渣吸湿性很强故需迅速称量。

② 铁矿如含氧化亚铁及金属铁较低者，可按式$w_{烧减} = \frac{m_1 - m_2}{m} \times 100$计算。

③ 有时遇到烧减增高，则是氧化亚铁和金属铁等低价氧化物的影响，可按式$w_{烧减} = \frac{m_1 - m_2}{m} \times 100 + w(FeO) \times 0.111 + w(Fe) \times 0.43$计算。

④ 本法允许误差：±0.30%。

六、硫铁矿中硫的测定

1. 方法要点

试样以过氧化钠-无水碳酸钠熔融，以水浸取将氢氧化物及磷酸盐沉淀过滤除去，当滤液以盐酸中和变为微酸性，加入氯化钡使硫酸根定量生成硫酸钡沉淀，将沉淀过滤，灰化，灼烧，称量，计算硫的质量分数。

2. 试剂

（1）氯化钡-盐酸洗涤液　1g氯化钡用适量盐酸（1+99）溶解过滤后，用盐酸（1+99）稀至1000mL。

（2）混合熔剂　3份Na_2O_2与1份无水Na_2CO_3混匀。

3. 分析步骤

称取0.25～1.0g试样，置于30mL刚玉或热解石墨坩埚中，加4～6g混合熔剂，混匀后再在表面覆盖2g混合熔剂，先低温再在700℃熔融10～15min，取出坩埚，转动使熔物附于坩埚内壁，冷却后置于400mL烧杯中，从杯嘴加100mL热水，待反应停止后，用热水洗去坩埚，煮沸3～4min（防止溅失），取下，静置至沉淀下降后趁热用中速滤纸过滤，沉淀要尽可能留于原烧杯中，滤液收集于500mL烧杯中，向原烧杯中加50mL 20g/L热碳酸钠溶液煮沸1～2min，用原滤纸过滤，再用20g/L热碳酸钠溶液洗涤烧杯4～5次，洗涤沉淀7～8次，弃去沉淀。

向滤液中加2滴10g/L甲基橙指示剂，用盐酸（1+1）中和至溶液呈红色，并过量2mL，加水稀释至约300mL，煮沸至无大气泡，取下，在不断搅拌下，慢慢加入10mL 100g/L氯化钡溶液，加热至沸，取下后于温热处保温2h，并放置过夜。

将沉淀用加有少许纸浆的慢速定量滤纸过滤，先用氯化钡-盐酸洗涤液倾洗两次，并将沉淀洗于滤纸上，用擦棒擦净烧杯，用温水洗烧杯 2～3 次，洗沉淀至无氯离子（用硝酸银溶液检查），将沉淀连同滤纸移于已恒重的铂坩埚中，灰化后，于 800℃ 高温炉灼烧 10～20min，取出冷却后，加 4 滴硫酸（1＋1）、2mL 46％HF，低温蒸发至冒尽硫酸白烟，再灼烧 50min 取出，放于干燥器中，冷至室温，称量，如此反复（每次烧 15min）直至恒重。

随同试样操作应做空白试验及标样校正试验。

4. 分析结果的计算

$$w(S) = \frac{[(m_1 - m_2) - (m_3 - m_4)] \times 0.1374}{G} \times 100$$

式中　$w(S)$——试样中硫的质量分数，％；

　　　m_1——铂坩埚和硫酸钡沉淀的质量，g；

　　　m_2——铂坩埚的质量，g；

　　　m_3——空白试验中铂坩埚和硫酸钡的质量，g

　　　m_4——空白试验用铂坩埚的质量，g；

　　　G——称取试样的质量，g；

　0.1374——$BaSO_4$ 换算为 S 的系数。

技能实训一　铁铝钙镁硅的系统分析

1. 方法要点

试样以混合熔剂熔融，以硝酸浸取熔物定容，分别以钼蓝光度法测定二氧化硅，EDTA 容量法测定全铁、氧化铝、氧化钙、氧化镁。

2. 试剂

主要试剂如下。

① 混合熔剂：3 份无水碳酸钠、2 份硼酸、1 份无水碳酸钾研细。

② 草硫混酸：4％草酸与硫酸（1＋4）按 4：1 体积混匀配制。

③ 60g/L 硫酸亚铁铵：6g 硫酸亚铁铵溶于 100mL 硫酸（5＋1000）。

④ 100g/L 磺基水杨酸：10g 磺基水杨酸溶于酒精或水，以水稀至 100mL。

⑤ 乙酸-乙酸铵缓冲溶液：pH 为 5～6。

⑥ 指示剂：4g/L 钙指示剂，乙醇-水溶液；5g/L 铬黑 T 指示剂，先以乙醇溶解，按 1：1 与三乙醇胺混合；1g/L PAN 指示剂，用乙醇溶液配制。

⑦ 0.01784mol/L EDTA 标准溶液：称取 6.65g 乙二胺四乙酸二钠，置于 1000mL 下口瓶中，摇匀，放置 3 天后标定。此溶液约为 0.01784mol/L。

标定方法：移取 20.00mL 钙标准溶液，置于 250mL 烧杯中，加水稀释到 100mL，加 5mL 三乙醇胺、15mL 氢氧化钾、少许混合指示剂，以 EDTA 标准溶液滴定到绿色荧光消失（在黑色衬板的滴定台上）为终点，同时作试剂空白。计算 EDTA 标准溶液浓度。

⑧ EDTA 标准溶液：0.004460mol/L。

⑨ 0.004460mol/L 硫酸铜标准溶液：称取 1.12g 硫酸铜（$CuSO_4 \cdot 5H_2O$）溶解于含有几滴硫酸（1＋1）的蒸馏水中，过滤，稀释至 1L，摇匀，放置后标定。此溶液约为 0.004460mol/L。

标定方法：移取 25.00mL 已知准确浓度的 EDTA 标准溶液于 250mL 锥形瓶中，用水稀释至 100mL 左右，加入 10mL 30％乙酸铵缓冲溶液（pH 为 5），以 PAN 为指示剂，用待测的硫酸铜溶液滴定。滴至溶液突变为红紫色为终点。近终点时加入 10mL 乙醇以利于终点的判定。

3. 分析步骤

称取 0.2500g 试样，于已放置 3～4g 混合熔剂的铂坩埚内，用圆头玻璃棒仔细混匀并覆盖一层，盖好盖，放入马弗炉（温度为 950～1000℃）内熔融 7～10min，取出冷却后，放入已有 80mL 热硝酸的 300mL 烧杯中，加热浸取熔物到全部溶解，取下烧杯加冷水少许移入 250mL 容量瓶内，水洗烧杯 2～3 次，并稀至刻度摇匀，作母液以测定各成分。随同做标样。

一、全铁的测定——EDTA 容量法

1. 方法要点

在 pH 为 1～2 的溶液中，三价铁离子能与 EDTA 定量结合为稳定的配合物，其他离子如 Al^{3+}、Mn^{2+}、Ca^{2+}、Mg^{2+} 等在此 pH 下不干扰，滴定时以磺基水杨酸为指示剂。磺基水杨酸与三价铁离子形成紫色配合物，此配合物不如 EDTA 铁配合物稳定，终点时溶液的紫色消失，而成亮黄色。EDTA 和三价铁离子需在 70～80℃ 热溶液中才能配位完全。

2. 分析步骤

吸取 50mL 母液（相对于试样 50mg）于 300mL 烧杯中，以 40％ 乙酸铵溶液调至 pH 为 1～2，加 100～150mL 沸水、约 3mL 磺基水杨酸，以 0.01784mol/L EDTA 标准溶液滴定到由紫色变为亮黄色为终点，记下消耗 EDTA 标准溶液的体积（mL）。随同做标样：

$$w(\text{TFe}) = \frac{w_{标样}}{V_{标样}} \times V_{试样}$$

式中　$w(\text{TFe})$ ——试样中全铁的质量分数，％；

　　　　$w_{标样}$ ——标样中全铁的质量分数，％；

　　$V_{标样}$，$V_{试样}$ ——标样和试样所消耗 EDTA 的体积，mL。

以滴定度计算为：

$$w(\text{TFe}) = TV$$

式中　T ——50mg 试样每消耗 1mL 0.01784mol/L 的 EDTA 标准溶液，相当铁含量为 1.993％ $\left(\dfrac{0.01784 \times 55.85 \times 250}{0.2500 \times 50 \times 1000} \times 100\% \right)$；

　　　　V ——消耗 EDTA 标准溶液的体积，mL。

3. 注意事项

① 当滴定全铁时，加入乙酸铵至稍有浅黄色出现为止，如黄色过深可用稀盐酸回滴至浅黄色，否则结果不稳。滴定时要掌握好滴定速度，由快到慢不断搅拌接近终点要逐滴加入，观察好终点颜色。

② 滴定温度应在 70～80℃，温度低则反应不灵敏，影响结果。

③ 本方法适用于各种铁矿石分析。分析允许误差：当全铁含量大于 50.00％ 时，允许误差为 0.50％；反之为 0.40％。

二、氧化铝的测定——EDTA-CuSO₄ 容量法

1. 氟化物取代-EDTA-CuSO₄ 容量法

在测定完全铁含量的溶液中加入 10mL 0.00446moL/L 的 EDTA 标准溶液和 10mL 乙酸-乙酸铵缓冲溶液。控制溶液 pH 为 4～6，加 10～15 滴 PAN 指示剂，煮沸 3min，取下趁热以硫酸铜标准溶液滴至紫红色，加 5mL 氟化钠，再煮沸 3min，取下趁热以硫酸铜标准溶液滴至紫红色为终点，记下第二次滴定消耗硫酸铜标准溶液的体积（两次终点颜色必须一致）。随同做标样，计算如下：

$$w(\text{Al}_2\text{O}_3) = \frac{w_{标样}}{V_{标样}} \times V_{试样}$$

或以滴定度计算为：

$$w(\text{Al}_2\text{O}_3) = TV$$

式中　$w(\text{Al}_2\text{O}_3)$ ——试样中氧化铝的质量分数，％；

　　　　$w_{标样}$ ——标样中氧化铝的质量分数，％；

　　$V_{标样}$，$V_{试样}$ ——标样和试样分别第二次所消耗硫酸铜的体积，mL；

　　　　T ——50mg 试样每消耗 1mL 0.00446mol/L 的硫酸铜标准溶液相当于氧化铝含量为 0.4547％；

　　　　V ——消耗硫酸铜标准溶液的体积，mL。

2. 强碱分离-EDTA-CuSO₄ 容量法

吸取 25mL 母液于 300mL 烧杯内，加水 50mL 左右，加 3～5g 固体氢氧化钠，于电炉上加热煮沸 3～4min，取下趁热过滤于烧杯内，洗净烧杯及沉淀 3～4 次，弃沉淀，在滤下液中加 5～10mL 0.00446mol/L EDTA 标准溶液，滴加数滴酚酞，以盐酸（1+1）及 100g/L 氢氧化钠调至浅红色，加 15mL 乙酸-乙酸铵缓冲溶液，于电炉加热至沸腾 3min，取下趁热加数滴 PAN 指示剂，以 0.00446mol/L 硫酸铜标准溶液滴至紫红色为终点，记下消耗硫酸铜标准溶液的体积，随同做标样：

$$w(\mathrm{Al_2O_3}) = \frac{w_{标样}}{V_{E标样} - V_{Cu标样}} \times (V_{E试样} - V_{Cu试样})$$

或以滴定度计算为：

$$w(\mathrm{Al_2O_3}) = TV$$

式中　$V_{E标样}$——标样中消耗 EDTA 标准溶液的体积，mL；

$V_{E试样}$——试样中消耗 EDTA 标准溶液的体积，mL；

$V_{Cu标样}$——标样中消耗硫酸铜标准溶液的体积，mL；

$V_{Cu试样}$——试样中消耗硫酸铜标准溶液的体积，mL；

T——25mg 试样每消耗 1mL 0.00446mol/L 的硫酸铜标准溶液相当于氧化铝含量为 0.9095%；

V——消耗 EDTA 标准溶液的体积与硫酸铜标准溶液的体积之差，mL。

3. 注意事项

① EDTA 的加入量视 $\mathrm{Al_2O_3}$ 含量而定，并过量 3～5mL 为宜。

② 第一次消耗硫酸铜的量不计，但终点颜色必须正确，而且第二次的终点颜色必须同第一次一致。

③ 指示剂加入量视颜色深浅而定。

④ 分析允许误差：$\mathrm{Al_2O_3}$ 质量分数小于 2.00% 时，允许误差为 0.15%；$\mathrm{Al_2O_3}$ 质量分数在 2.01%～5.00% 时，允许误差为 0.30%。

三、二氧化硅的测定——硅钼蓝分光光度法

1. 方法要点

在适当的酸度下，加钼酸铵生成硅钼黄，再用硫酸亚铁铵还原成硅钼蓝，比色测定二氧化硅含量（于波长 660nm 测定吸光度）。

2. 分析步骤

吸取 5mL 母液于 100mL 容量瓶内，补加 10mL 硫酸（5+1000），加 5mL　50g/L 钼酸铵溶液摇匀，于沸水浴中加热 30s，取下以流水冷却至室温，加 15mL 草酸硫酸混酸，摇匀，加 5mL 硫酸亚铁铵溶液，摇匀，以水稀释至刻度摇匀，比色测定其吸光度，计算二氧化硅含量，随同做标样：

$$w(\mathrm{SiO_2}) = \frac{w_{标样}}{A_{标样}} \times A_{试样}$$

式中　$w(\mathrm{SiO_2})$——试样中二氧化硅的质量分数，%；

$w_{标样}$——标样中二氧化硅的质量分数，%；

$A_{标样}$——标样吸光度；

$A_{试样}$——试样吸光度。

3. 注意事项

① 本方法只适用于二氧化硅含量小于 20% 的各种铁矿石的分析。

② 每加一种试剂必须摇匀。

③ 分析允许误差：$\mathrm{SiO_2}$ 的质量分数小于 5.00% 时，允许误差为 0.20%；当 $\mathrm{SiO_2}$ 质量分数在 5.01%～10.00% 时，允许误差为 0.30%；当 $\mathrm{SiO_2}$ 质量分数在 10.10%～20.00% 时，允许误差为 0.40%。

四、氧化钙、氧化镁的测定——EDTA 容量法

溶液中的铁和铝离子干扰氧化钙、氧化镁的测定，所以先分离出铁、铝，而后以 EDTA 标准溶液在不同的 pH 条件下进行测定。

吸取 100mL 母液于 300mL 烧杯内，加少量水加热，以氨水（1＋1）调至 pH 为 7～8（有黄色沉淀生成），继续加热煮沸 3min 取下再以试纸测 pH 是否为 7～8。如果不是再调至 7～8，冷却移入 200mL 容量瓶内，以水洗净烧杯并稀释至刻度，摇匀。以定性滤纸过滤于洁净干燥的烧杯内，以测定氧化钙、氧化镁的质量分数。随同做标样。

1. 氧化钙的测定

吸取 50mL 滤下液于锥形瓶内，加 10mL 20％氢氧化钾溶液、1～2 滴钙指示剂，以 0.004460mol/L EDTA 标准溶液滴定至纯蓝色，记下消耗 EDTA 标准溶液的体积 V_1：

$$w(CaO) = TV_1$$

或

$$w(CaO) = \frac{w_{标样}}{V_{标样}} \times V_{试样}$$

式中　$w(CaO)$——试样中氧化钙的质量分数，％；

　　　V_1——测定氧化钙消耗 EDTA 的体积，mL；

　　　$w_{标样}$——标样中氧化钙的质量分数，％；

　$V_{标样}$，$V_{试样}$——标样和试样分别消耗 EDTA 的体积，mL；

　　　T——25mg 试样每消耗 1mL 0.00446mol/L EDTA 标准溶液相当于氧化钙含量为 1.00％。

注意事项　①滴定速度由快到慢，注意颜色变化；②指示剂加入适量；③分析允许误差：CaO 的质量分数小于 3.00％时，允许误差为 0.30％；当 CaO 的质量分数为 3.01％～10.00％时，允许误差为 0.40％。

2. 氧化镁的测定

吸取 50mL 滤下液于锥形瓶内，加 10mL 氨水（1＋1），加 1～2 滴铬黑 T 指示剂，以 0.00446mol/L EDTA 标准溶液滴定至纯蓝色为终点，记下消耗 EDTA 标准溶液体积 V_2（钙镁合量），再计算氧化镁含量：

$$w(MgO) = T \times (V_2 - V_1)$$

或

$$w(MgO) = \frac{w_{标样}}{V_{标样}} \times V_{试样}$$

式中　$w(MgO)$——试样中氧化镁的质量分数，％；

　　　V_1，V_2——滴定氧化钙和滴定钙镁合量分别消耗 EDTA 的体积，mL；

　　　$w_{标样}$——标样中氧化镁的质量分数，％；

　$V_{标样}$，$V_{试样}$——标样和试样分别消耗 EDTA 的体积，mL；

　　　T——25mg 试样每消耗 1mL 0.00446mol/L 的 EDTA 相当于氧化镁的质量分数为 0.72％。

注意事项　①滴定速度由快到慢接近终点时要慢滴勤振荡；②分析允许误差：当 MgO 质量分数小于 3.00％时，允许误差 0.30％；当 MgO 质量分数为 3.01％～10.00％时，允许误差 0.40％。

基础知识二　　白云石

一、概述

白云石是含等分子碳酸钙和碳酸镁的碳酸盐岩石，它的化学成分是 $CaCO_3 \cdot MgCO_3$，将其煅烧后失去 CO_2，变为白灰（CaO）。白灰在湿空气中极易吸收水而溶解，变为消石灰，它的吸

水程度与空气的温度、放置时间及白灰纯度有关。天然岩石还含有一些杂质，如 $CaSO_4$、SiO_2、Al_2O_3、P_2O_5 等。

在钢铁冶金企业中，白云石主要用于炼铁时造渣。白灰主要用于炼钢时造渣和脱硫，并且还可作为焙烧人造富矿——烧结矿及球团矿的熔剂。白云石经过煅烧用于烧结冶金炉底及修补炉衬。白云石中杂质不宜太多，一般规定含酸不溶物（如 SiO_2、Mn_2O_3 等）高于 3%（质量分数）便不适用，渣中 MgO 含量高则黏度小，流动性好，但对炉壁的浸蚀性大，同时脱硫效率低。白云石作为耐火材料来说，MgO 的含量太低难以烧结。

白云石易溶于 HCl，但其中某些杂质却很难溶，故分解白云石时，一般使用浓 HCl 为溶剂，而分析含杂质较高的试样时，就需要采用熔融的方法。

以理论值计算：白云石中 CaO 为 30.4%，MgO 为 21.7%。白云石有与石灰石配合作熔剂的，一般要求 MgO 含量在 18% 以上，白云石作熔剂优点为造渣黏度小、流动性好，但对炉壁浸蚀性大，脱硫效率低，所以很少单独使用。此外，好的白云石是很有价值的耐火材料。

白云石中 CaO、MgO、SiO_2 及 Al_2O_3 含量是冶炼配料中的计算依据，所以通常需测定它们的含量。还可测定灼烧减量、三氧化二铁等含量。

白云石和石灰这两种原料需要分析的项目大致含量见表 5-2。

表 5-2　白云石、石灰、石灰石和白灰分析项目的大致含量（质量分数）　　单位：%

品　种		SiO_2	Fe_2O_3	Al_2O_3	CaO	MgO	烧结减量	P、S
白云石、	生料	0.5～2	0.4～2	0.4～2	30	20	45～48	<0.05
石灰	熟料	1～3	0.4～2	0.4～2	50～56	>35	少量	<0.05
石灰石、	生料	0.5～4	0.4～2	0.4～2	47～55	0.4～2	40～44	<0.05
白灰	熟料	0.5～1	0.4～2	0.4～2	85～92	2～4	少量	<0.05

二、灼烧减量分析

灼烧减量的测定方法，一般都采用重量法。即称取一定的试样，送入低温的高温炉内，缓慢升高温度至 950～1000℃灼烧时，失去水分、二氧化碳及有机物等可挥发性的物质，试样经灼烧后所发生的化学反应引起质量的减少，即为灼烧减量。

在测定时应注意：①灼烧时一定要缓慢升温，以避免大量 CO_2 骤然放出，使试样损失，如灼烧含镁较高的白云石时，尤应小心，因白云石在 765℃时分解成 $CaCO_3$ 和 $MgCO_3$，$MgCO_3$ 又强烈分解成 MgO 和 CO_2；②灼烧后形成的 CaO，能吸收空气中 H_2O 和 CO_2，应注意干燥器及天平内的硅胶是否失效，如失效及时更换，称重应迅速；③一般在 950～1000℃下灼烧一次称重，若要精确称重应反复灼烧至恒重为止。

三、石灰石分析

石灰石主要是含 $CaCO_3$ 的碳酸盐岩石，主要用于冶炼造渣，约含（质量分数）0.07%二氧化硅、0.02%氧化铝、0.03%氧化铁、55.22%氧化钙、0.08%氧化镁，P、S 等含量甚少，很少超出 0.05%。

石灰石在冶金工业上有很多用途：炼铁用石灰石作熔剂，除去脉石；炼钢用生石灰作造渣材料，除去 P、S 等有害杂质。石灰与烧碱制成的碱石灰，用作二氧化碳的吸收剂。一般规定含酸不溶物（如 SiO_2、Mn_2O_3 等）高于 3%便不适用，渣中 MgO 含量高则黏度小，流动性好，但对炉壁的侵蚀性大，同时脱硫效率低。以理论值计算：石灰石中 CaO 最高含量为 56%。炼铁用的石灰石，所含杂质一般要求在 3%以下，CaO 含量一般要求在 50%以上，白云石也有与石灰石配合作熔剂的，一般要求 MgO 含量在 18%。

石灰石易溶于 HCl，但其中某些杂质却很难溶，故分解石灰石时，一般使用浓 HCl 为溶剂，而分析含杂质较高的试样时，须采用熔融方法。石灰石中 CaO、MgO、SiO_2 及 Al_2O_3 含量是冶炼配料中的计算依据，因此常需测定它的含量。

这两种原料需要分析的项目大致含量见表 5-2。在石灰石分析中一般测定灼烧减量、二氧化硅、三氧化二铁、氧化铝、氧化钙和氧化镁含量 6 项。有时也分析硫，也有只做主要成分分析的，即石灰石只测氧化钙和二氧化硅。

━━━━━ 任务二　石灰、石灰石、白云石的测定 ━━━━━

一、二氧化硅的测定

1. 高氯酸脱水重量法

① 称取 1.0000g 已于 105～110℃ 烘干并冷却至室温的试样，置于 300mL 烧杯中。随同试样做空白试验。加少量水润湿试样，盖以表面皿，缓慢加入 60mL 盐酸（1＋1）。待剧烈反应停止后，加热至微沸。用少量水冲洗表面皿，用中速滤纸过滤。用水洗涤烧杯及残渣各 3～4 次，将滤液和洗液转入原烧杯中保存。将残渣及滤纸移入铂坩埚中，仔细干燥、灰化，移入高温炉内，于 950～1000℃ 灼烧 20min，取出，冷却。加入 1g 无水碳酸钠混匀，覆盖 1g 无水碳酸钠，盖以坩埚盖（留一缝隙），置于 950～1000℃ 高温炉内熔融 20min，取出，冷却。将坩埚放入原烧杯中，低温加热浸取，用水洗坩埚及盖，加 20mL 高氯酸。

② 盖上表面皿（留一缝隙），置于电热板上加热，至冒高氯酸浓厚白烟 15min，取下冷却。加 5mL 盐酸（1＋1）、50mL 热水，用少量水冲洗表面皿，搅拌使盐类溶解，用中速定量滤纸过滤，用带橡皮头的玻璃棒和小片滤纸擦净烧杯壁上的沉淀，合并到滤纸上。用热盐酸（5＋95）洗涤沉淀 5 次，再用热水洗涤 10 次以上。

③ 于滤液及洗液中加入高氯酸 10mL，以下按分析步骤②重复操作。

④ 将两次所得沉淀置于原铂坩埚中，仔细干燥，灰化后，置于 1000℃ 的高温炉中灼烧 30min 取出，置于干燥器中冷至室温，恒重，称量（W_1）。用少量水润湿沉淀，加 3 滴硫酸、5mL 氢氟酸，加热蒸发冒尽白烟后，再将坩埚置于 1000℃ 高温炉中灼烧 20min，取出，置于干燥器中冷至室温，恒重，称量（W_2）。

⑤ 允许差。实验室之间分析结果的差值不大于下面所列允许差：当 SiO_2 质量分数在 1.80%～6.00% 时，允许差为 0.20%；在 6.00%～10.00% 时，允许差为 0.30%。

2. 简易重量法

称取 0.5g 干燥试样于铂金坩埚中，加 2～2.5g 混合熔剂（$Na_2CO_3＋K_2CO_3$，1＋1），拌匀再盖上一层（约 1g），在喷灯上先以小火加热，然后调至最大火焰，熔融 5～7min，稍冷后，放入蒸发皿中，加 20mL 水、20mL 浓盐酸，浸出熔融物，洗净坩埚，将蒸发皿放在低温电炉上加热，熔融物完全熔解，并蒸发至干，稍冷后，加 10mL 浓盐酸，稍加热，用洗瓶洗净表面皿及蒸发皿，加约 50～80mL 水，在电炉上加热近沸，使盐类完全溶解，以优质滤纸浆过滤，先用盐酸（5＋95）洗净蒸发皿后，洗沉淀 5～6 次，然后用热水洗至无氯离子，将沉淀及滤纸移入瓷坩埚中，在电炉上灰化后，放在 900～950℃ 的马弗炉中灼烧 30min，取下，稍冷，放入干燥器中，冷却至室温后，恒重，称量。

3. 硅钼蓝光度法

（1）方法要点　在适当的酸度下，加钼酸铵生成硅钼黄，再用硫酸亚铁铵还原成硅钼蓝，比色测定二氧化硅含量（于波长 660nm 测定吸光度）。

（2）分析步骤　吸取 5mL 母液于 100mL 容量瓶内，补加 10mL 硫酸（5＋1000），加 5mL 50g/L 钼酸铵溶液摇匀，于沸水浴中加热 30s，取下以流水冷却至室温，加 15mL 草酸硫酸混酸，摇匀，加 5mL 硫酸亚铁铵溶液，摇匀，以水稀释至刻度摇匀，比色测定其吸光度，计算二氧化硅含量，随同做标样：

$$w(SiO_2) = \frac{w_{标样}}{A_{标样}} \times A_{试样}$$

式中　$w(SiO_2)$——试样中二氧化硅的质量分数，%；

　　　　$w_{标样}$——标样中二氧化硅的质量分数，%；

　　　　$A_{标样}$——标样吸光度；

　　　　$A_{试样}$——试样吸光度。

（3）注意事项

① 每加一种试剂必须摇匀。

② 分析允许误差：SiO_2 的质量分数小于 5.00％时，允许误差为 0.20％；当为 5.01％～10.00％时，允许误差为 0.30％；当为 10.10％～20.00％时，允许误差为 0.40％。

二、铁的测定

1. 重铬酸钾容量法

将上述高氯酸脱水重量法中的二氧化硅保存液定容至 250mL，吸取 50mL 或 100mL，于 300mL 锥形瓶中。加 10mL 浓盐酸，于电炉上加热，浓缩体积约 15mL。取下趁热加入 100g/L 二氯化锡溶液至溶液无色，并再过量一滴，以流水冷却至室温。加入 5mL 饱和二氯化汞溶液，摇匀，静置 3～4min，加 100～150mL 水、20mL 硫磷混酸，滴加 3～5 滴 4g/L 二苯胺磺酸钠指示剂，以 0.002784mol/L（1/6）重铬酸钾标准溶液滴定至稳定的蓝紫色为终点。

2. 无汞盐测铁法

本方法适用于石灰石、白云石铁量的测定，测定范围（以 Fe_2O_3 计算）1.00％～5.00％。

（1）方法要点　试样用盐酸、硝酸、氢氟酸分解，高氯酸"冒烟"。在盐酸介质中以二氯化锡将大部分三价铁还原。在磷钨酸钠存在下，以甲基橙为指示剂，用三氯化钛还原剩余的三价铁至甲基橙的红色褪为无色。然后加入硫磷混酸，以二苯胺磺酸钠为指示剂，用重铬酸钾标准溶液滴定。试液中允许 0.25mg 铂及 0.05mg 铜存在。铜量大于 0.05mg 时，用氢氧化铵分离除去。

（2）主要试剂

① 三氯化钛溶液（1＋100）　取 1mL 三氯化钛溶液（15％～20％）与 100mL 盐酸（1＋9），混匀，用时现配。

② 磷钨酸钠溶液 50g/L　称取 5g 钨酸钠溶于 100mL 磷酸（5＋95）中。

（3）分析步骤　称取 0.5000g 已于 105～110℃干燥并冷却至室温的试样，置于 200mL 聚四氟乙烯烧杯中。随同试样作空白试验。缓慢加入 20mL 盐酸（1＋1），低温加热溶解，滴加 60g/L 二氯化锡溶液使溶液黄色消失。继续加热到溶液体积约为 5mL，加 2mL 浓硝酸，蒸发至约 1mL，加入 5mL 氢氟酸、2mL 高氯酸，加热冒烟至近干，取下，冷却。加 15mL 浓盐酸溶解盐类，将溶液转入 250mL 锥形瓶中（控制溶液体积为 30mL）。加热至沸，取下，滴加 60g/L 二氯化锡溶液至溶液呈浅黄色。

注：1. 如加入的二氯化锡过量，可滴加 5g/L 高锰酸钾溶液，使溶液复呈浅黄色。

2. 空白溶液不加二氯化锡溶液还原。

加水稀释溶液至体积约 50mL，控制溶液温度为 30～60℃，加 5 滴磷钨酸钠溶液、1 滴 1g/L 甲基橙溶液，滴加三氯化钛溶液至溶液由红色恰变为无色。

注：还原近终点时，三氯化钛溶液应缓慢加入，以免过量；若其过量，可滴加重铬酸钾标准溶液至部分铁氧化，补加 1 滴甲基橙溶液，再滴加三氯化钛溶液至溶液由红色变为无色。

将溶液用水稀释至约 100mL，加 10mL 硫磷混酸（浓硫酸＋浓磷酸＋水，300＋500＋200）、两滴 2.5g/L 二苯胺磺酸钠溶液，用 0.001667mol/L 重铬酸钾标准溶液滴定至溶液呈现紫红色为终点。

注：1. 将 3 价铁还原后，放置时间不宜过长，应在 5min 内用重铬酸钾标准溶液滴定。

2. 空白溶液在加入硫磷混酸后按分析步骤（4）操作。

（4）空白测定　随同试样操作，仅不加二氯化锡溶液。在加入硫磷混酸后，加 3mL 0.01000mol/L 硫酸亚铁铵溶液、两滴二苯胺磺酸钠溶液，用 0.001667mol/L 重铬酸钾标准溶液滴定至溶液呈紫红色为终点，其所消耗的体积为 A。再加 3.00mL 硫酸亚铁铵溶液，再以重铬酸钾标准溶液滴定至溶液呈紫红色为终点，所消耗的体积为 B。试样空白所消耗重铬酸标准溶液体积 $V_0 ＝ A － B$。

（5）允许差　实验室之间分析结果的差值应不大于下列允许差：当 Fe_2O_3 质量分数在 1.00％～2.00％时，允许差 0.10％；在 2.01％～500％时，允许差为 0.15％。

3. 邻二氮杂菲光度法

本标准适用于石灰石、白云石铁量的测定，测定范围（以 Fe_2O_3 计算）为 0.02％～1.00％。

（1）方法要点　试样用盐酸、氢氟酸分解，高氯酸"冒烟"，以抗坏血酸将铁还原成亚铁，在乙酸-乙酸钠介质中，亚铁与邻二氮杂菲生成橙红色配合物，于分光光度计 510nm 处，测量其吸光度。

（2）主要试剂

① 10g/L 抗坏血酸溶液　用时配制。

② 邻二氮杂菲溶液　称取 2g 邻二氮杂菲溶于 100mL 无水乙醇中，加水稀释至 500mL，贮于棕色瓶中。

③ 乙酸-乙酸钠缓冲溶液（pH 为 4.7）　取 136g $CH_3COONa \cdot 3H_2O$ 溶于 300mL 水中，加 57.0mL 冰乙酸（99％），以水稀释至 1000mL，混匀。

④ 氧化铁标准溶液　称取 0.5000g 预先在 105～110℃烘 2h 并于干燥器中冷至室温的 Fe_2O_3（高纯试剂）置于 250mL 烧杯中，加 20mL 盐酸（1＋1），低温加热溶解，冷却至室温，移入 500mL 容量瓶中，用水稀释至刻度，混匀，此溶液 1mL 含 1.0mg 氧化铁。

移取 25.00mL Fe_2O_3 标准溶液，置于 1000mL 容量瓶中，用水稀释至刻度，混匀，此溶液 1mL 含 $25\mu g$ Fe_2O_3。

（3）分析步骤　试样预先在 105～110℃烘 2h，置于干燥器中冷至室温。

① 试样量　按表 5-3 称取试样。随同试样做空白试验。

表 5-3　称样量

Fe_2O_3 含量（质量分数）/％	试样量/g	试液分取量/mL
0.02～0.10	0.5000	20
0.10～0.40	0.2500	10
0.40～1.00	0.2500	5

② 测定

a. 将适量试样置于 200mL 聚四氟乙烯烧杯中，加少量水润湿，缓慢加入 10mL 盐酸、5mL HF，低温加热分解试样，继续低温加热蒸发至近干，冷却，用水冲洗杯壁。

b. 加入 5mL $HClO_4$、2mL 硝酸，加热冒烟，蒸发至溶液最后体积为 2mL，冷却，用水冲洗杯壁。

c. 加水 50mL，加热溶解盐类，冷却至室温，将溶液移入 100mL 容量瓶中，用水稀释至刻度，混匀。

d. 按表 5-3 分取试液（c）及相应量的随同试样的空白，分别置于 50mL 容量瓶中，加入 2mL 抗坏血酸溶液，混匀，加 10mL 乙酸-乙酸钠缓冲溶液和 2mL 邻二氮杂菲溶液，混匀，用水稀释至刻度，混匀，放置 15min。

e. 将部分显色溶液（d）移入 2cm 比色皿中，以随同试样的空白为参比，于分光光度计 510nm 处测量其吸光度。从工作曲线上查出相应的 Fe_2O_3 量。

③ 工作曲线的绘制　移取 $25\mu g/mL$ Fe_2O_3 标准溶液 0、1.00mL、2.00mL、3.00mL、4.00mL、5.00mL，分别置于一组 50mL 容量瓶中，加水 10mL，以下按 d. "加入 2mL 抗坏血酸溶液"起操作，将部分显色液移入 2cm 比色皿中，以试剂空白为参比，于分光光度计 510nm 处测量其吸光度。以 Fe_2O_3 量为横坐标，吸光度 A 为纵坐标，绘制工作曲线。

④ 分析结果计算：

$$w(Fe_2O_3) = \frac{m_1 V}{G V_1}$$

式中　m_1——从工作曲线上查得的 Fe_2O_3 质量，g；

$\quad\quad V$——试液总体积，mL；

$\quad\quad V_1$——分取试液的体积，mL；

G——所取试样质量，g。

⑤ 允许差　Fe_2O_3 质量分数为 $0.020\% \sim 0.050\%$ 时，允许差为 0.010%；在 $0.050\% \sim 0.150\%$ 时，允许差为 0.020%；在 $0.150\% \sim 0.50\%$ 时，允许差为 0.05%；在 $0.50\% \sim 1.00\%$ 时，允许差为 $0 \sim 10\%$。

三、水分的测定

称取 1.0g 试样于恒重的瓷坩埚中，移入烘箱内，在 $100 \sim 105℃$ 烘 1h，取出，在干燥器中冷却至室温，恒重，称重。若是石灰试样的水分，应在马弗炉中 $580 \sim 600℃$ 烘 1h，取出，在干燥器中冷却至室温，恒重，称重。水分含量计算：

$$w_{水分} = \frac{G - G_1}{G} \times 100$$

式中　$w_{水分}$——试样中水分的质量分数，%；

G_1——烘干后的试样质量，g。

G——所取试样质量，g。

四、灼烧减量的测定

称取 1g 干燥试样，置于瓷坩埚中，在马弗炉内于 $900 \sim 950℃$ 灼烧 2h，取出，放在干燥器中冷却，恒重，称重，称重时速度应快，以免吸收空气中的水分及二氧化碳，影响结果。灼烧减量计算：

$$w_{灼烧减量} = \frac{G - G_1}{G}$$

式中　G_1——灼烧后残渣质量，g。

注：如试样测定水分，应使用测定水分后的试样作灼烧减量。马弗炉中不应同时作煤焦的挥发分，以免影响结果。

五、氧化钙的测定

将高氯酸脱水重量法中二氧化硅测定的滤下液稀至 250mL 混匀，吸取 50mL，于 300mL 锥形瓶中，加约 3mL 三乙醇胺（1+1）摇动，加 20mL 20% KOH 溶液，加 $4 \sim 5$ 滴 5g/L 钙指示剂，用 0.02000mol/L EDTA 标准溶液滴定至由橙红色变为纯蓝色即为终点。读取所消耗的 EDTA 体积 V_2，据此计算氯化钙含量。

六、氧化镁的测定

1. 主要试剂

(1) 氨性缓冲液　67.5g NH_4Cl 溶于 300mL 水中，加入 570mL 浓氨水，稀至 1000mL。

(2) 铬黑 T　称取 0.1g 铬黑 T 溶于 20mL 乙醇中，加水 80mL。

2. 分析步骤

吸取 50mL 高氯酸脱水重量法中二氧化硅滤下液于 300mL 锥形瓶中，加约 3mL 三乙醇胺，摇动，加 20mL 氨性缓冲溶液，加 $3 \sim 4$ 滴铬黑 T 指示剂，用 0.02000mol/L EDTA 标准溶液滴定，由橙红色滴定至天蓝色，即为终点。读取所消耗的 EDTA 体积，即为 V_1。用 $V_1 - V_2$ 计算含 MgO 量。

七、氧化铁、氧化铅的测定

吸取 100mL 高氯酸脱水重量法中测定 SiO_2 的滤下液（相当于 0.2g 试样），加氨水至微有氨味（pH 值为 $7 \sim 8$）为止，加热至沸，并在温热处静置使沉淀下沉，用无灰滤纸过滤，用热水洗至无氯离子，将沉淀及滤纸移入瓷坩埚中，灰化，在 900℃ 下于马弗炉内灼烧 15min，取出，放入干燥器中冷却至室温后，恒重，称重。

氧化铁、氧化铅含量计算：

$$w(R_2O_3) = \frac{m \times 250}{100 \times G}$$

式中　$w(R_2O_3)$——试样中氧化铁、氧化铅的质量分数，%；

m——氧化铁和氧化铅纯质量，g。

八、石灰中氧化镁的测定

称取 0.5g 试样，于 400mL 烧杯中，加 20mL 水，加 15mL 浓 HCl 于电炉上加热，溶解，溶完后取下，冷却，移入 250mL 容量瓶中，以水稀释至刻度混匀，下步分析与氧化镁的分析相同。

基础知识三　萤石

萤石的主要成分为 CaF_2，其含量约在 85%，其余是碳酸盐、硫酸盐，有的伴有闪锌矿、辉钼矿和石英等。SiO_2 含量一般在 10% 以下，并有 R_2O_3、$CaCO_3$。

在钢铁工业生产中，萤石主要用于造渣，其主要成分氟化钙含量要求在 80% 以上。其次是二氧化硅，在萤石中多以游离状态存在。萤石经常要求分析的项目有：CaF_2、SiO_2、$CaCO_3$、Al_2O_3 及 MgO 等。P、S 及少量 Ba 和微量有色金属不常分析。因样品中有大量氟，测定 SiO_2 时不宜采用脱水重量法。在杂质含量不高时，可采用 HF 挥散重量法。也可以采用碱熔融分解试样后的分光光度法，此方法对测定其他成分，如铝、钙、镁、铁等项目可以使用同一母液。还可以用硅氟酸钾容量法进行测定。

$CaCO_3$ 及 CaF_2 的测定采用 EDTA 滴定法较为快速方便。前者大多采用乙酸（1+9）处理样品，使碳酸钙与氟化钙分离，在分离后的溶液中进行滴定。而后者可用碱熔融或用酸直接处理样品，然后采用 EDTA 滴定法进行测定，测得的值为全钙量，减去 $CaCO_3$ 换算的钙量，即可求得 CaF_2 的含量。还可以分离 $CaCO_3$ 后的残渣来测定 CaF_2，但测定后的数据必须要修正。

萤石矿通过选矿加工，可产生三种不同规格的产品：萤石精矿、萤石块矿、萤石粉矿。一般 CaF_2 含量在 65% 以上，块度为 6～250mm，通称块矿；CaF_2 含量大于 65%，粒度小于 6mm 的萤石，通称粉矿；CaF_2 含量在 93% 以上，通过 0.154mm 筛孔的萤石，通称精矿。萤石加工产品根据用途不同可以划分为 4 个销售等级，即冶金级、化工级（酸级）、玻璃建材级及光学级。这里主要讲述它的冶金级销售等级。

冶金工业使用量约占世界萤石产量的 50%，冶金级萤石块矿和精矿适用于钢铁冶炼作助熔剂。主要利用萤石能降低熔炼温度，使金属与炉渣分离，促进炉渣流动，有助于金属冶炼中脱硫和脱磷，增强金属产品的可锻性和抗张强度。氧气炉在冶炼过程中，萤石能够形成稳定的泡沫乳浊液。根据萤石的效能和炉子的类型，每生产 1t 钢需萤石量一般为 3～5kg。适用于冶金工业利用的萤石质量标准（YB/T 5217—2005）规定如下：

① 化学成分见表 5-4。

表 5-4　萤石块矿的化学成分

牌号①	化学成分（质量分数）/%						一般用途
	CaF_2	SiO_2	S	P	As	有机物	
FL-98	≥98	≤1.5	≤0.05	≤0.03	≤0.0005	≤0.1	—
FL-97	≥97	≤2.5	≤0.08	≤0.05	≤0.0005	≤0.1	—
FL-95	≥95	≤4.5	≤0.10	≤0.06	—	—	冶炼特殊钢、特种合金用
FL-90	≥90	≤9.3	≤0.10	≤0.06	—	—	冶炼特殊钢、特种合金用
FL-85	≥85	≤14.3	≤0.15	≤0.06	—	—	冶炼优质钢用
FL-80	≥80	≤18.5	≤0.20	≤0.08	—	—	冶炼普通钢用
FL-75	≥75	≤23.0	≤0.20	≤0.08	—	—	冶炼普通钢、化铁、炼铁用
FL-70	≥70	≤28.0	≤0.25	≤0.08	—	—	化铁和炼铁用
FL-65	≥65	≤32.0	≤0.30	≤0.08	—	—	化铁和炼铁用

① 牌号表示方法：取自英文字首，前面的 F 表示萤石，L 表示块矿；数字表示 CaF_2 的质量分数。

② 产品块度：6～250mm，小于 6mm 的不超过 5%，大于 200mm 的不超过 10%，不允许有

大于 250mm 的，当需方对块度另有要求时，可经供需方商定。

③ 萤石中一般不应有泥土、废石等其他杂质。

硫、磷是冶炼钢铁中的主要有害元素。硫可使钢在加工轧制时产生热脆断裂现象，降低钢的延展性和耐蚀性。因此，要求萤石精矿中硫的允许含量（质量分数）为 $0.2\%\sim0.3\%$。磷能促进钢产生冷脆，降低钢的冲击韧性，影响锻接。要求萤石精矿中磷的允许含量应小于 0.06%。磷含量很少，硫也是不常分析的项目，硫的分析一般采用燃烧碘量法。

硅和钡在冶炼钢铁中也属有害元素。因为硅要中和一些 CaF_2，增加 CaF_2 的消耗量。对冶炼优质钢用的萤石精矿，要求 CaF_2 的含量大于 85%，SiO_2 的含量不超过 14%。钡的存在会减低炉渣的流动性，影响冶炼效果。美国对一般有害杂质的允许含量规定为：硫 0.3%，铅 $0.25\%\sim0.5\%$ 以及少量磷。

任务三 萤石分析

一、二氧化硅的测定——氢氟酸挥散重量法

称取 0.5g 试样，于 150mL 烧杯中，加 15mL 2%乙酸溶液，摇散试样，盖上表面皿，放置，每 10min 摇动一次，30min 后，用慢速定量滤纸过滤，将残渣转移到滤纸上，擦洗净烧杯，用水洗滤纸 4～5 次。将滤纸连同残渣置于铂坩埚中，低温灰化后，转入 850～1000℃高温炉中灼烧 30min，取出稍冷，置于干燥器中，冷至室温，称至恒重（m_1）。铂坩埚内残渣，用少许水润湿，加入 5mL 40%氢氟酸，于低温蒸发至干，再按上述方法挥散 1～2 次，每次加入 2～3mL 氢氟酸。蒸干后，冷却加 0.5mL 氨水（1+1），低温蒸干后，置于 650℃高温炉中燃烧 2min。取出，稍冷，置于干燥器中，冷至室温，称量，并反复灼烧至恒重（m_2）。

注：第二次灼烧温度勿超过 650℃，否则二氧化硅与氟化钙反应生成四氟化硅逸出，当用氢氟酸处理时，氧化钙又与氢氟酸作用生成氟化钙而使二氧化硅偏低。

二氧化硅的质量分数按下式进行计算：

$$w(SiO_2) = \frac{m_1 - m_2}{m} \times 100$$

式中 $w(SiO_2)$——二氧化硅的质量分数，%；

m_1——灰化后的残渣连同坩埚的质量，g；

m_2——氢氟酸处理后的残渣连同坩埚的质量，g；

m——称取试样的质量，g。

二、氟化钙的测定——EDTA 容量法

1. 方法要点

试样用混酸分解后，调整 pH，以 EDTA 标准溶液滴定，所涉及的主要反应有：

$$CaF_2 + 2HCl \longrightarrow CaCl_2 + 2HF$$
$$Ca^{2+} + H_2Y^{2-} \longrightarrow CaY^{2-} + 2H^+$$

2. 主要试剂

（1）混合酸 称取 125g 硼酸于 1000mL 烧杯中，加水约 500mL，在搅拌下加入 250mL 浓硫酸，加热使硼酸溶解。取 5000mL 盐酸（1+1），置于 10000mL 细口瓶中，再将上述溶解硼酸后的硫酸溶液稍冷，注入瓶中，加水稀释到 10000mL 摇匀。

（2）混合指示剂 称取 0.20g 钙黄绿素、0.12g 百里酚酞和 20g 无水硫酸钾，混合，研匀，在 105℃烘干，置于磨口瓶中。

（3）钙标准溶液 称取 1.0000g 于 105℃烘干 1h 的基准碳酸钙，置于 250mL 烧杯中，加 50mL 水，盖上表面皿，加 25mL 盐酸（1+3），激烈反应过后，加热溶解并煮沸，冷却，移入 250mL 容量瓶中，以水定容。此溶液每毫升相当含氟化钙 0.003120g。

3. 分析步骤

① 称取 0.5000g 试样，置入 250mL 烧杯中，同时做试剂空白试验，用几滴无水乙醇润湿试

样，加 50mL 混合酸，盖上表面皿，加热并微沸 30min（每数分钟摇动烧杯一次），加温水稀释到约 100mL，继续加热至沸，用快速滤纸滤入 250mL 容量瓶中，用盐酸酸化过的热水洗涤烧杯及滤纸至 10 余次，冷却，以水定容并摇匀。

② 移取 25.00mL 上述试液，置于 250mL 烧杯中，加水稀释至约 100mL，加入 5mL 三乙醇胺（1+2），搅匀，加入 20mL 200g/L 氢氧化钾及适量混合指示剂，用 0.01500mol/L EDTA 标准溶液滴定到绿色荧光突然消失为终点。

计算：

$$w(CaF_2) = \frac{T \times (V - V_0) \times 250}{G \times 25} \times 100 - A$$

式中　$w(CaF_2)$——试样中氟化钙的质量分数，%；

　　　　T——EDTA 标准溶液对氟化钙的滴定度，g/mL；

　　　　V——滴定试样消耗的 EDTA 体积，mL；

　　　　V_0——滴定空白消耗的 EDTA 体积，mL；

　　　　A——试样中测得碳酸钙质量分数换算为相应氟化钙的质量分数，相当于碳酸钙质量分数乘以 0.7808。

4. 注意事项

① 试样中锶的存在可以与 EDTA 定量反应，严重影响滴定氟化钙的准确度；

② 被滴定试液中单独存在 20mg 铁或铝，2.5mg 铜、铅、锌，5mg 锰不影响结果，有锰存在时被滴定液终点呈灰紫-墨绿色；

③ 由于此分析方法没有分离杂质，滴定时，应以荧光绿色突变为终点，再出现荧光，可以认为是杂质干扰。

三、碳酸钙的测定——乙酸溶解 EDTA 容量法

1. 方法要点

试样用含钙乙酸溶液溶解碳酸钙，含钙乙酸中离子的同离子效应抑制了氟化钙的溶解，过滤除去氟化钙等不溶物，滤液用 EDTA 标准溶液滴定。所涉及的主要反应如下：

$$CaCO_3 + 2HAc \longrightarrow Ca(Ac)_2 + CO_2 \uparrow + H_2O$$
$$Ca^{2+} + H_2Y^{2-} \longrightarrow CaY^{2-} + 2H^+$$

2. 主要试剂

（1）含钙乙酸　称取 5.0000g 在 105℃ 干燥过的基准试剂碳酸钙，置于烧杯中，盖上表面皿，加入 600mL 10% 乙酸，激烈反应停止后，加热溶解完全，并煮沸驱赶二氧化碳，取下，冷却，再用 10% 乙酸稀释于 1000mL 容量瓶中定容，摇匀。

（2）混合指示剂　同 EDTA 容量法测定氟化钙。

（3）含氟水　称取 12.4g 氟化钾（KF·2H_2O），用水溶解，并于 500mL 容量瓶中定容，摇匀，保存在塑料瓶中，此溶液每毫升含氟 5mg。使用时以水稀释成每毫升含氟 20μg 的溶液。

3. 分析步骤

① 称取 0.5000g 试样，于 100mL 烧杯中，同时做试剂空白，加几滴乙醇润湿试样，用移液管准确加入 10.00mL 含钙乙酸，加热微沸 3min，并保温 2min，用慢速滤纸过滤，于 250mL 烧杯中，用 50～60℃ 含氟水洗涤烧杯及滤纸 8～10 次（严格控制滤下液总体积在 50mL）。

② 取滤液，用水稀释到约 100mL，加入 5mL 三乙醇胺（1+2）、20mL 200g/L 氢氧化钾及适量混合指示剂，以 EDTA 标准溶液滴到绿色荧光突然消失（以黑色滴定台为衬）为终点，记下消耗 EDTA 标准溶液的量，同时作试剂空白记下消耗 EDTA 标准溶液的量。

计算：

$$w(CaCO_3) = \frac{T \times (V - V_0)}{G} \times 100$$

式中　$w(CaCO_3)$——试样中碳酸钙的质量分数，%；

　　　　V——滴定试样消耗的 EDTA 体积，mL；

V_0——滴定空白消耗的 EDTA 体积，mL；

　　T——EDTA 标准溶液对碳酸钙的滴定度，g/mL。

4．注意事项

① 过滤分离不溶物时，要保证分离干净，否则使测定结果不准确；

② 含氟水也可以溶解氟化钙，因此要严格控制含氟水的用量；

③ 其他注意事项可参照 EDTA 容量法测定氟化钙的注意事项。

四、二氧化硅、氟化钙和碳酸钙的联合测定

1．动物胶重量法测定二氧化硅

称取 0.5g 试样，于 300mL 烧杯中，加 40mL HCl（1＋1）低温加热溶解，使溶液体积浓缩至 5mL，加 10mL 4g/L 动物胶，用玻璃棒搅拌 3～4min，在 70～80℃保温静置 5min，用定量纸浆滤纸过滤，先以盐酸（5＋95）洗烧杯 2～3 次，洗沉淀 5～6 次，再以热水洗至无氟离子（以 1% AgNO₃ 检验）滤液及洗液，以 250mL 容量瓶收集保留测氟化钙。

将沉淀及滤纸放入铂坩埚中，低温干燥，灰化后，放入马弗炉中在 900～950℃灼烧 30min，取出冷却，连同坩埚称重，在铂坩埚内加入两滴水，湿润沉淀，加 3～5mL 40% 氢氟酸，低温蒸干（如 SiO₂ 含量高再加 40% HF 处理一次），然后放入马弗炉在 900～950℃灼烧 30min 冷却后再称重。

2．氟化钙和碳酸钙的测定

（1）方法要点　试样用酸溶解，加动物胶后，硅酸凝聚为沉淀除去，滤液用 EDTA 容量法测定氟化钙和碳酸钙的质量分数。

（2）分析步骤

① 总钙量的测定　将测定 SiO₂ 的滤下液稀释至 250mL，混匀，吸取 50mL（相当于 0.10g 试样）于 250mL 锥形瓶中，加 30～40mL 水，加 20mL 200g/L KOH 溶液（pH＝12），加 4 滴钙指示剂，用 0.004640mol/L EDTA 标准溶液滴定至由紫红色变为纯蓝色为终点，所消耗体积为 $V_总$。

② 碳酸钙的测定　称取 0.5g 试样，于 50mL 烧杯中，加 20mL 10% 乙酸，于水浴上加热 30～40min，随时用玻璃棒搅拌，加 30～50mL 水，煮沸以纸浆过滤，以热水洗 5～6 次，弃去沉淀，于滤液中加 20mL KOH 溶液（pH＝12）、4 滴钙指示剂，用 EDTA 标准溶液滴定由紫红色变为纯蓝色，消耗 EDTA 体积为 V。同时做试剂空白，消耗的 EDTA 标准溶液体积为 V_0。

碳酸钙质量分数计算：

$$w(CaCO_3) = \frac{T(CaCO_3) \times (V - V_0)}{G}$$

氟化钙质量分数计算：

$$w(CaF_2) = \frac{T(CaF_2)[V_总 - (V - V_0)/5]}{G}$$

式中　$T(CaCO_3)$——EDTA 标准液对 CaCO₃ 的滴定度，g/mL；

　　　$T(CaF_2)$——EDTA 标准溶液对 CaF₂ 的滴定度，g/mL；

　　　$V_总$——滴定总钙量所消耗 EDTA 的体积，mL；

　　　V——滴定 CaCO₃ 消耗的 EDTA 体积，mL；

　　　V_0——滴定所空白消耗的 EDTA 体积，mL。

技能实训二　萤石中氟化钙的测定

萤石的主要成分是 CaF₂，其余是碳酸盐、硫酸盐，有的还伴有闪锌矿、辉钼矿和石英等。萤石经常要分析的项目有：CaF₂、SiO₂、CaCO₃、Al₂O₃ 及 MgO 等。CaF₂ 的测定采用 EDTA 滴定较为快速简便。

1．实验原理

试样以硼砂、碳酸钠熔融，用盐酸浸取，分液后以氢氧化钾溶液调节 pH＝13～14 之间，以

钙试剂为指示剂测定氟化钙，所涉及的主要反应有：

$$CaF_2 + 2HCl \longrightarrow CaCl_2 + 2HF$$
$$Ca^{2+} + H_2Y^{2-} \longrightarrow CaY^{2-} + 2H^+$$

2. 实验试剂

① 石墨炭粉。

② 碳酸钠-硼砂（2∶1）。

③ 盐酸（分析纯）。

④ 硼酸（分析纯）。

⑤ $MgSO_4$（0.05mol/L）。

⑥ 盐酸羟胺（10%）。

⑦ EDTA 标液（0.0100mol/L）。

配制：粗称 14.9g EDTA，用适量热水溶解，然后稀释定容至 4L，混匀，待标定。

标定：称取基准 ZnO 0.1g（精确至 0.0001g），用少量水润湿，滴加 HCl（1+1）至氧化锌溶解，加 50mL 水，滴加 $NH_3 \cdot H_2O$（1+1）至溶液刚出现浑浊，再加入 10mL NH_3-NH_4Cl 缓冲液（pH=10），加 5 滴铬黑 T 指示剂，用配制的 EDTA 溶液滴定至溶液由酒红色变为纯蓝色为终点。

pH=10 的 NH_3-NH_4Cl 缓冲溶液的配制：取氯化铵 5.4g，加水 20mL 溶解后，加浓氨溶液 35mL，再加水稀释至 100mL 即可。

⑧ 三乙醇胺（30%）。

⑨ 氢氧化钾（20%）。

⑩ 钙指示剂。

3. 实验步骤

称取试样 0.2g 于预先备好熔剂（碳酸钠-硼砂）1~3g 的定量滤纸中，搅拌均匀后包成小包，扭紧，放于盛石墨炭粉的瓷坩埚中，于 850℃±20℃ 马弗炉中，熔融 5~7min，取出冷却，用坩埚钳将熔球放于盛有 100mL 沸水中的 250mL 烧杯中，加浓 HCl 20mL，溶后加 0.5g 硼酸，继续在电炉上溶解，待溶解完毕后取下冷却，过滤于 250mL 容量瓶中定容备用。

吸取 25mL 母液于 500mL 锥形瓶中，加 $MgSO_4$ 1mL、盐酸羟胺 5mL、三乙醇胺 5mL、KOH 15mL，加指示剂少许，用 EDTA 滴至纯蓝色，以相应标样换算结果。

4. 数据处理

$$w(CaF_2) = \frac{c(EDTA) \times V(EDTA) \times 10^{-3} \times M(CaF_2)}{m \times \frac{1}{10}} \times 100\%$$

式中　$w(CaF_2)$——萤石中 CaF_2 的质量分数；

　　　$c(EDTA)$——EDTA 标准滴定溶液的浓度，mol/L；

　　　$V(EDTA)$——消耗的 EDTA 标准滴定溶液的体积，mL；

　　　　　m——所称取的萤石的质量，g；

　　　$M(CaF_2)$——CaF_2 的摩尔质量，g/mol。

5. 注意事项

① 过滤分离不溶物时，要保证分离干净，否则使测定结果不准确。

② 试样中的锶的存在可以与 EDTA 定量反应，严重影响滴定氟化钙的准确度。

<h2 style="text-align:center">基础知识四　煤焦分析</h2>

煤是植物遗体在覆盖地层下，经复杂的生物化学和物理化学作用，转化而成的固体有机可燃沉积岩（GB/T 3715—2007）。煤的成分主要有各种复杂的高分子有机化合物、水和无机物。有机物由碳、氢、氧、氮和硫等元素组成；无机物则包括水、硅、铁、铝、钙、镁、钾、钠、硫、

磷等元素，还有锗、镓、钒、钛、铀、钍等稀有元素。有机物及部分矿物（如矿物中的硫）可以燃烧，而且放出大量热量，但由于硫、磷在燃烧时生成的氧化物腐蚀设备，污染大气，因此，硫、磷是煤中的有害成分；水和大部分的无机物则不能燃烧。煤燃烧时，水的蒸发会带走一定的热量，矿物质则变为灰分。

煤的用途很多，它不仅作为人类生活所需热能的重要供给源之一，也是化学工业和冶金工业生产的重要原料。

用煤单位为了核算煤的使用量及成本等，必须掌握煤的质量；科研部门为了对煤综合利用，也必须对煤质进行分析检验。因此，煤质的分析很重要，一般分为工业分析和元素分析两大类。

煤的工业分析测定项目主要是水分、灰分、挥发分和固定碳含量4项，这4项的测定称之为半工业分析，如再包括发热量和硫的测定，则称之为全工业分析。根据工业分析的结果可以初步判定煤的种类，估算煤的工业价值。同时可以利用工业分析数据，推算出煤的发热量，为煤质的评价提供重要的参数。

煤的元素分析主要是测定煤中的碳、氢、氧、氮和硫等元素的含量，为煤的科学分类、合理利用和加工工艺设计等提供必要的数据。

煤的工业分析主要应用于煤的生产和使用部门，而元素分析主要应用于科研部门。这里主要介绍煤的工业分析。

根据煤的煤化程度和工艺性能指标，将煤划分为褐煤、次烟煤、烟煤、无烟煤等共22种。从煤的分类，我们可以获得各种煤的定义、名称、符号等有关信息。煤质分析前的采样及样品的制备，可按固体样品的采集与制备方法进行。

一、煤中的水分

煤中的水分属杂质组分。在煤的燃烧过程中，水分受热逸出，除降低热值外，还能与燃烧气中的一些组分互相作用，产生对设备、管道、催化剂（触媒）等造成损害的物质，如 SO_2 与 H_2O 作用生成 H_2SO_3 等。因此，煤中水分的含量将影响煤质的质量，是经常要进行检验的项目之一。

1. 煤中游离水和化合水

煤中水分按存在形态的不同分为两类，即游离水和化合水。游离水是以物理状态吸附在煤颗粒内部毛细管中和附着在煤颗粒表面的水分；化合水也叫结晶水，是以化合的方式同煤中矿物质结合的水。如硫酸钙（$CaSO_4 \cdot 2H_2O$）和高岭土（$Al_2O_3 \cdot 2SiO_2 \cdot 2H_2O$）中的结晶水。游离水在 $105 \sim 110℃$ 的温度下经过 $1 \sim 2h$ 可蒸发掉，而结晶水通常要在 $200℃$ 以上才能分解析出。

煤的工业分析中只测试游离水，不测结晶水。

2. 煤的外在水分和内在水分

煤的游离水分又分为外在水分和内在水分。

（1）外在水分　是附着在煤颗粒表面的水分。外在水分很容易在常温下的干燥空气中蒸发，蒸发到煤颗粒表面的水蒸气压与空气的湿度平衡时就不再蒸发了。

（2）内在水分　是吸附在煤颗粒内部毛细孔中的水分。内在水分需在 $100℃$ 以上的温度经过一定时间才能蒸发。

（3）最高内在水分　当煤颗粒内部毛细孔内吸附的水分达到饱和状态时，这时煤的内在水分达到最高值，称为最高内在水分。最高内在水分与煤的孔隙度有关，而煤的孔隙度又与煤的煤化程度有关，所以，最高内在水分含量在相当程度上能表征煤的煤化程度，尤其能更好地区分低煤化度煤。如年轻褐煤的最高内在水分多在 25% 以上，少数的如云南弥勒褐煤最高内在水分达 31%。最高内在水分小于 2% 的烟煤，几乎都是强黏性和高发热量的肥煤和主焦煤。无烟煤的最高内在水分比烟煤有所下降，因为无烟煤的孔隙度比烟煤增加了。

3. 煤的全水分

全水分，是煤炭按灰分计价中的一个辅助指标。煤中全水分，是指煤中全部的游离水分，即煤中外在水分和内在水分之和。必须指出的是，化验室里测试煤的全水分时所测的煤的外在水分和内在水分，与上面讲的煤中不同结构状态下的外在水分和内在水分是完全不同的。化验室里所测的外在水分是指煤样在空气中并同空气湿度达到平衡时失去的水分（这时吸附在煤毛细孔中的内在水分也会相应失去一部分，其数量随当时空气湿度的降低和温度的升高而增大），这时残留在煤中的水分为内在水分。显然，化验室测试的外在水分和内在水分，除与煤中不同结构状态下的外在水分和内在水分有关外，还与测试时空气的湿度和温度有关。

二、煤的灰分

煤样在规定的条件下完全燃烧后所得到的残留物，称为灰分。由于灰分的组成和质量与煤的矿物质不完全相同，是矿物质在空气中经过一系列复杂的化学反应后剩余的残渣，因此，称之为"灰分产率"更为合理。

1. 灰分的来源

煤的灰分来自煤中的矿物质，包括如下几部分。

（1）原生矿物质　煤的原生矿物质是成煤植物在生长过程中，从土壤中吸收的碱金属和碱土金属的盐类，其含量一般为 2%～3%。这类盐类与煤的有机质结合紧密不易分离。

（2）次生矿物质　在成煤过程中，由外界混到煤层中的矿物质而形成了次生矿物质。次生矿物质在煤中分布较均匀，含量一般不高。原生矿物质和次生矿物质总称为煤的内在矿物质。以内在矿物质所形成的灰分称之为内在灰分。内在矿物质难以用洗选的方法去除。

（3）外来矿物质　在采煤过程中混入的矿顶、底板及夹矿层的矿石、泥、沙等称为外来矿物质。这类矿物质由于是从外界引入的，在煤中的分布很不均匀，可采用洗选的方法将其除去。

煤中矿物质燃烧后形成灰分。如黏土、石膏、碳酸盐、黄铁矿等矿物质在煤的燃烧中发生分解和化合，有一部分变成气体逸出，留下的残渣就是灰分。灰分通常比原物质含量要少，因此根据灰分，用适当公式校正后可近似地算出矿物质含量。

2. 煤中灰分对工业利用的影响

煤中灰分是煤炭计价指标之一。在灰分计价中，灰分是计价的基础指标；在发热量计价中，灰分是计价的辅助指标。灰分是煤中的有害物质，同样影响煤的使用、运输和储存。煤用作动力燃料时，灰分增加，煤中可燃物质含量相对减少。矿物质燃烧灰化时要吸收热量，大量排渣要带走热量，因而降低了煤的发热量，影响了锅炉操作（如易结渣、熄火），加剧了设备磨损，增加了排渣量。煤用于炼焦时，灰分增加，焦炭灰分也随之增加，从而降低了高炉的利用系数。还必须指出的是，煤中灰分增加，增加了无效运输，加剧了我国铁路运输的紧张。

3. 灰分的测定

以高温灼烧法测定煤中灰分的含量时，将伴随发生一系列的物理和化学反应，主要的反应如下。

（1）当温度在 400℃ 左右时

$$CaSO_4 \cdot 2H_2O \longrightarrow CaSO_4 + 2H_2O \uparrow$$
$$Al_2O_3 \cdot 2SiO_2 \cdot 2H_2O \longrightarrow Al_2O_3 \cdot 2SiO_2 + 2H_2O \uparrow$$

即煤中的硫酸盐和硅酸盐发生脱水反应，失去结晶水。

（2）当温度在 500℃ 左右时

$$CaCO_3 \longrightarrow CaO + CO_2 \uparrow$$
$$FeCO_3 \longrightarrow FeO + CO_2 \uparrow$$

即煤中的碳酸盐在温度高于 500℃ 时，则发生分解反应，生成氧化物和二氧化碳。

（3）当温度在 600℃ 左右时

$$4FeS_2 + 11O_2 \longrightarrow 2Fe_2O_3 + 8SO_2 \uparrow$$
$$2CaO + 2SO_2 + O_2 \longrightarrow 2CaSO_4$$
$$4FeO + O_2 \longrightarrow 2Fe_2O_3$$

即在 400～600℃ 时，由于空气中氧的作用，发生了氧化反应。但由于 SO_2 与 CaO 发生反应生成了 $CaSO_4$，使测定结果偏高。为使反应完成，一般让煤样在 500℃ 时保温一定时间，使煤中的黄铁矿硫和有机硫被完全氧化。

（4）当温度高于 700℃时　当温度高于 700℃时，煤中的碱金属氧化物和氯化物部分发生分解，待温度达到 800℃时分解反应基本完成，因此，煤的灰分测定温度规定为（815±10）℃。

称取一定量的煤样于灰皿中，置入高温炉并在（815±10）℃灼烧至恒重。根据灼烧后残留物（灰分）的质量与试样质量，计算出灰分的含量。

煤的灰分测定包括缓慢灰化法和快速灰化法两种。缓慢灰化法作为仲裁法；快速灰化法则作为例常分析方法。灰分测定的仪器与设备如下。

① 马弗炉：该炉能保持温度为（815±10）℃。炉膛具有足够的恒温区，炉后壁的上部带有直径为 25～30mm 的烟窗，下部离炉膛底 20～30mm 处有一插热电偶的小孔，炉门上有一直径为 20mm 的通气孔。

② 瓷灰皿：长方体的器皿，底面长为 45mm，宽 22mm，高 14mm（图 5-1）。

③ 耐热瓷板或石棉板：尺寸要与炉膛相适应。

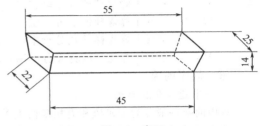

图 5-1　灰皿

三、煤的挥发分

煤的挥发分，即煤在一定温度下隔绝空气加热，逸出物质（气体或液体）中减掉水分后的含量。剩下的残渣叫做焦渣。因为挥发分不是煤中固有的，而是在特定温度下热解的产物，所以确切地说应称为挥发分产率。产率因所用坩埚大小、形状、材料的不同以及加热的温度、时间等试验条件的不同而不同。挥发分测定是一种条件性很强的规范性试验。

样品挥发分产率因煤的品种不同而不同。褐煤挥发分为 45%～50%，烟煤为 10%～50%，无烟煤则小于 10%，是煤炭分类的重要指标，也提供了煤适用于何种工艺加工过程的信息。

我国规定测定挥发分的条件是用特制的挥发分测定瓷坩埚（见图 5-2），瓷坩埚在（900±10）℃的温度下，灼烧 7min。坩埚架夹见图 5-3。

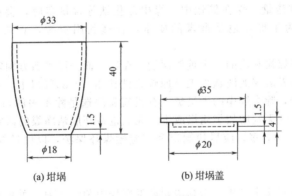

(a) 坩埚　　　　　　(b) 坩埚盖

图 5-2　挥发分坩埚

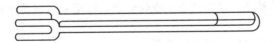

图 5-3　坩埚架夹

煤的挥发分不仅是炼焦、气化要考虑的一个指标，也是动力用煤的一个重要指标，是动力煤按发热量计价的一个辅助指标。

挥发分是煤分类的重要指标。煤的挥发分反映了煤的变质程度，挥发分由大到小，煤的变质程度由小到大。如泥炭的挥发分高达 70%，褐煤一般为 40%～60%，烟煤一般为 10%～50%，高变质的无烟煤则小于 10%。煤的挥发分和煤岩组成有关，角质类的挥发分最高，镜煤、亮煤次之，丝碳最低。所以世界各国和我国都以煤的挥发分作为煤分类的最重要的指标。

四、固定碳的计算

煤中去掉水分、灰分、挥发分，剩下的就是固定碳。

煤的固定碳与挥发分一样，也是表征煤的变质程度的一个指标，随变质程度的增高而增高。所以一些国家以固定碳作为煤分类的一个指标。

固定碳是煤的发热量的重要来源，所以有的国家以固定碳作为煤发热量计算的主要参数。固定碳也是合成氨用煤的一个重要指标。

固定碳的计算公式如下：

$$FC_{ad} = 100 - (M_{ad} + A_{ad} + V_{ad})$$

式中　FC_{ad}——空气干燥煤样的固定碳含量，%；

M_{ad}——空气干燥煤样的水分含量，%；

A_{ad}——空气干燥煤样的灰分产率，%；

V_{ad}——空气干燥煤样的挥发分产率，%。

五、煤中的硫

1. 煤中硫存在的形态

煤中的硫一般分为无机硫和有机硫两大类。硫化物、硫酸盐以及微量元素硫属于无机硫；煤中的有机硫常以硫醚、二硫化物等形式存在于煤的结构中，组成很复杂。工业分析通常不要求将无机硫和有机硫分别测定出来，而是测定其全硫的含量。

2. 煤中硫对工业利用的影响

硫是煤中的有害成分，硫的测定是煤质分析的主要指标之一。作为燃烧、气化、炼焦等用的煤，若含硫量高，则燃烧时产生的硫氧化物将对设备产生严重的腐蚀作用，同时污染大气，并对生物环境造成恶劣的后果；如用于制半水煤气，则气体中产生的硫化氢含量高且不易除净，用此水煤气生产合成氨，其中的硫化氢会使催化剂中毒而失效；如用于炼焦工业，煤中高含量的硫分被带入焦炭，而用这种焦炭进行炼钢，则使钢铁产生热脆性而无法使用。钢铁中硫含量大于0.07%时就成了废品。为了减少钢铁中的硫，在高炉炼铁时加石灰石，这就降低了高炉的有效容积，而且还增加了排渣量。煤在储运中，煤中硫化铁等含量多时，会因氧化、升温而自燃。因此，工业生产部门为了更好地掌握煤的质量，合理利用资源，必须对煤中的含硫量进行分析。

脱去煤中的硫，是煤炭利用的一个重要课题。在这方面美国等西方国家对洁净煤的研究取得很大进展。他们首先是发展煤的洗选加工（原煤入洗比重 0~80% 以上，我国不足 20%），通过洗选降低了煤中的灰分，除去煤中的无机硫（有机硫靠洗选是除不去的）；其次是在煤的燃烧中脱硫和烟道气中脱硫。这无疑增加了用煤成本。我们也在开展洁净煤的研究，针对我国目前动力煤洗煤厂能力利用率仅 50% 多，应尽快制定和实施燃煤环保法，以促进煤碳洗选加工的发展和洁净煤技术的应用。

3. 煤中全硫测定

测定煤中的全硫量有艾士卡法、库仑法和高温燃烧中和法 3 种。而艾士卡法是世界公认的测定煤中全硫量的标准方法，在仲裁分析时，可采用艾士卡法。下面介绍艾士卡法测定方法。

将煤样与艾氏剂混合灼烧，煤中的硫生成硫酸盐，以硫酸钡沉淀重量法测定生成的硫酸盐，再换算出含硫量。

艾氏卡法测定煤中含硫量的主要反应如下。

① 煤试样与艾氏剂（$Na_2CO_3 + MgO$）混合燃烧：

$$煤 + 空气 O_2 \longrightarrow CO_2 \uparrow + NO_x \uparrow + SO_2 \uparrow + SO_3 \uparrow$$

② 煤中的无机硫和有机硫燃烧分解产生的 SO_2 和 SO_3 被艾氏剂中的 Na_2CO_3 或 MgO 吸收而固定下来，生成可溶性硫酸盐：

$$2Na_2CO_3 + 2SO_2 + O_2 (空气) \longrightarrow 2Na_2SO_4 + 2CO_2$$

$$Na_2CO_3 + SO_3 \longrightarrow Na_2SO_4 + CO_2$$

$$2MgO + 2SO_2 + O_2 (空气) \longrightarrow 2MgSO_4$$

③ 煤中的硫酸盐则和 Na_2CO_3 发生复分解反应，转化成 Na_2SO_4：

$$CaSO_4 + Na_2CO_3 \longrightarrow CaCO_3 + Na_2SO_4$$

④ 将生成的硫酸盐（Na_2SO_4、$MgSO_4$）溶解，以 $BaCl_2$ 为沉淀剂，用硫酸钡沉淀重量法测定。

艾氏剂中的 MgO，因其具有较高的熔点（2800℃），当煤样与艾氏剂混合在 800～850℃进行灼烧时不至于熔融，使熔块保持疏松，防止硫酸钠在不太高的温度下熔化，使煤样与空气充分接触，以利于溶剂对生成硫化物的吸收。

六、煤的发热量

煤的发热量，又称为煤的热值，即单位质量的煤完全燃烧所发出的热量。

煤的发热量是煤按热值计价的基础指标。煤作为动力燃料，主要是利用煤的发热量，发热量愈高，其经济价值愈大。同时发热量也是计算热平衡、热效率和煤耗的依据，以及锅炉设计的参数。

煤的发热量表征了煤的变质程度（煤化度）。成煤时代最晚、煤化程度最低的泥炭发热量最低，一般为 20.9～25.1MJ/kg，成煤早于泥炭的褐煤发热量增高到 25～31MJ/kg，烟煤发热量继续增高，到焦煤和瘦煤时，碳含量虽然增加了，但由于挥发分的减少，特别是其中氢含量比烟煤低得多，有的低于1%，相当于烟煤的1/6，所以发热量最高的煤还是烟煤中的某些煤种。

鉴于低煤化度煤的发热量，随煤化度的变化较大，所以，一些国家常用煤的恒湿无灰基高位发热量作为区分低煤化度煤类别的指标。我国采用煤的恒湿无灰基高位发热量来划分褐煤和长焰煤。

1. 热量的单位

热量的表示单位主要有焦耳（J）。

由于各国法定的计量热量等的不同，所以国际贸易和科学交往中，尤其是采用进口苯甲酸（标明其 cal[❶]/g）作为热量计的热容量标定时，一定要了解是什么温度（℃）或条件下的热值（cal/g），否则将会对燃烧的热值产生系统偏高或偏低。

2. 煤的各种发热量名称的含义

（1）煤的弹筒发热量　煤的弹筒发热量，是单位质量的煤样在热量计的弹筒内，在过量高压氧（25～35atm[❷]左右）中燃烧后产生的热量（燃烧产物的最终温度规定为25℃）。由于煤样是在高压氧气的弹筒里燃烧的，因此发生了煤在空气中燃烧时不能进行的热化学反应。如，煤中氮以及充氧气前弹筒内空气中的氮，在空气中燃烧时，一般呈气态氮逸出，而在弹筒中燃烧时却生成 N_2O_5 或 NO_2 等氮氧化物。这些氮氧化物溶于弹筒水中生成硝酸，这一化学反应是放热反应。另外，煤中可燃硫在空气中燃烧时生成 SO_2 气体逸出，而在弹筒中燃烧时却氧化成 SO_3，SO_3 溶于弹筒水中生成硫酸。SO_2、SO_3 以及 H_2SO_4 溶于水生成硫酸水化物都是放热反应。所以，煤的弹筒发热量要高于煤在空气中、工业锅炉中燃烧时实际产生的热量。为此，实际中要把弹筒发热量折算成符合煤在空气中燃烧的发热量。

（2）煤的高位发热量　煤的高位发热量，即煤在空气中大气压条件下燃烧后所产生的热量。实际上是由实验室中测得的煤的弹筒发热量减去硫酸和硝酸生成热后得到的热量。

应该指出的是，煤的弹筒发热量是在恒容（弹筒内煤样燃烧室容积不变）条件下测得的，所以又叫恒容弹筒发热量。由恒容弹筒发热量折算出来的高位发热量又称为恒容高位发热量。而煤在空气中大气压下燃烧的条件是恒压的（大气压不变），其高位发热量是恒压高位发热量。恒容高位发热量和恒压高位发热量两者之间是有差别的。一般恒容高位发热量比恒压高位发热量低 8.4～20.9J/g，实际当要求精度不高时，一般不予校正。

（3）煤的低位发热量　煤的低位发热量，是指煤在空气中大气压条件下燃烧后产生的热量，扣除煤中水分（煤中有机质中的氢燃烧后生成的氧化水，以及煤中的游离水和化合水）的汽化热

---

❶ 1cal（20℃）＝4.1816J。

❷ 1atm＝101325Pa。

（蒸发热），剩下的实际可以使用的热量。

同样，实际上由恒容高位发热量算出的低位发热量，也叫恒容低位发热量，它与在空气中大气压条件下燃烧时的恒压低位热量之间也有较小的差别。

（4）煤的恒湿无灰基高位发热量　恒湿，是指温度30℃，相对湿度96％时，测得的煤样的水分（或叫最高内在水分）。煤的恒湿无灰基高位发热量，实际中是不存在的，是指煤在恒湿条件下测得的恒容高位发热量，除去灰分影响后算出来的发热量。

恒湿无灰基高位发热量是低煤化度煤分类的一个指标。

3. 热容量

量热系统在试验条件下温度上升1K所需的热量称为量热计的热容量，习惯上也叫做水当量，以 J/K 表示。

4. 仪器设备

通用的热量计有两种：恒温式和绝热式。它们的差别只在于外筒及附属的自动控温装置，其余部分无明显区别。热量计包括以下主件和附件。

① 氧弹　由耐热、耐腐蚀的镍铬或镍铬钼合金钢制成，需要具备三个主要性能：

a. 不受燃烧过程中出现的高温和腐蚀性产物的影响而产生热效应；

b. 能承受充氧压力和燃烧过程中产生的瞬时高压；

c. 试验过程中能保持完全气密。

弹筒容积为 250～350mL，弹盖上应装有供充氧和排气的阀门以及点火电源的接线电极。新氧弹和新换部件（杯体、弹盖、连接环）的氧弹应经 15.0MPa（150atm）的水压试验，证明无问题后方能使用。此外，应经常注意观察与氧弹强度有关的结构，如杯体和连接环的螺纹、氧气阀和电极同弹盖的连接处等，如发现显著磨损或松动，应进行修理，并经水压试验后再用。

另外，还应定期对氧弹进行水压试验，每次水压试验后，氧弹的使用时间不得超过一年。

② 内筒　用紫铜、黄铜或不锈钢制成，断面可为圆形、菱形或其他适当形状。筒内装水 2000～3000mL，以能浸没氧弹（进、出气阀和电极除外）为准。

内筒外面应电镀抛光，以减少与外筒间的辐射作用。

③ 外筒　为金属制成的双壁容器，并有上盖。外壁为圆形，内壁形状则依内筒的形状而定，原则上要保持两者之间有 10～12mm 的间距，外筒底部有绝缘支架，以便放置内筒。

a. 恒温式外筒：恒温式热量计配置恒温式外筒。盛满水的外筒的热容量应不小于热量计热容量的 5 倍，以便保持试验过程中外筒温度基本恒定。外筒外面可加绝缘保护层，以减少室温波动的影响。用于外筒的温度计应有 0.1K 的最小分度值。

b. 绝热式外筒：绝热式热量计配置绝热式外筒，外筒中装有电加热器，通过自动控温装置，外筒中的水温能紧密跟踪内筒的温度。外筒中的水还应在特制的双层上盖中循环。自动控制装置的灵敏度，应能达到使点火前和终点后内筒温度保持稳定（5min 内温度变化不超过 0.002K）；在一次试验的升温过程中，内外筒间的热交换量应不超过 20J。

④ 搅拌器　螺旋桨式，转速 400～600r/min 为宜，并应保持稳定。搅拌效率应能使热容量标定中由点火到终点的时间不超过 10min，同时又要避免产生过多的搅拌热（当内、外筒温度和室温一致时，连续搅拌 10min 所产生的热量不应超过 120J）。

⑤ 量热温度计　内筒温度测量误差是发热量测定误差的主要来源。对温度计的正确使用具有特别重要的意义。

a. 玻璃水银温度计：常用的玻璃水银温度计有两种，一是固定测温范围的精密温度计；另一是可变测温范围的贝克曼温度计。两者的最小分度值应为 0.01K，使用时应根据计量机关检定证书中的修正值做必要的校正。两种温度计应每隔 0.5K 检定一点，以得出刻度修正值（贝克曼温度计则称为毛细孔径修正值）。贝克曼温度计除这个修正值外还有一个称为"平均分度值"的修正值。

b. 各种类型的数字显示精密温度计：需经过计量机关的检定，证明其测温准确度至少达到

0.002K（经过校正后），以保证测温的准确性。

5. 测定结果的计算

（1）校正

① 温度计刻度校正。根据检定证书中所给的修正值（在贝克曼温度计的情况称为毛细孔径修正值）校正点火温度 t_0 和终点温度 t_n，再由校正后的温度（t_0+h_0）和（t_n+h_n）求出温升，其中 h_0 和 h_n 分别代表 t_0 和 t_n 的刻度修正值。

② 若使用贝克曼温度计，需进行平均分度值的校正。

调定基点温度后，应根据检定证书中所给的平均分度值计算该基点温度下的对应于标准露出柱温度（根据检定证书所给的露出柱温度计算而得）的平均分度值 H_0。在试验中，当试验时的露出柱温度 t_e 与标准露出柱温度 t_s 相差 3℃ 以上时，按下式计算平均分度值 H：

$$H = H_0 + 0.00016(t_s - t_e)$$

式中　H_0——该基点温度下对应于标准露出柱温度时的平均分度值；

　　　　t_s——该基点温度所对应的标准露出柱温度，℃；

　　　　t_e——试验中的实际露出柱温度，℃。

③ 冷却校正。绝热式热量计的热量损失可以忽略不计，因而无需冷却校正。恒温式热量计的内筒在试验过程中与外筒间始终发生热交换，对此散失的热量应予校正，办法是在温升中加以一个校正值 C，这个校正值称为冷却校正值，计算方法如下。

首先根据点火时和终点时的内外筒温差（$t_0 - t_j$）和（$t_n - t_j$）从 v-$(t - t_j)$ 关系曲线❶中查出相应的 v_0 和 v_n。或根据预先标定出的下式计算出 v_0 和 v_n：

$$v_0 = k(t_0 - t_j) + A$$
$$v_n = k(t_n - t_j) + A$$

式中　v_0——点火时在内、外筒温差的影响下造成的内筒降温速度，K/min；

　　　　v_n——终点时在内、外筒温差的影响下造成的内筒降温速度，K/min；

　　　　k——热量计的冷却常数，min^{-1}；

　　　　A——热量计的综合常数，K/min；

　　　　t_0——点火时的内筒温度，℃；

　　　　t_n——终点时的内筒温度，℃；

　　　　t_j——外筒温度，℃。

然后按下式计算冷却校正值：

$$C = (n - \alpha)v_n - \alpha v_0$$

式中　C——冷却校正值，K；

　　　　n——由点火到终点的时间，min；

　　　　α——当 $\Delta/\Delta_{1'40''} \leqslant 1.20$ 时，$\alpha = \Delta/\Delta_{1'40''} - 0.10$；当 $\Delta/\Delta_{1'40''} > 1.20$ 时，$\alpha = \Delta/\Delta_{1'40''}$。

其中 Δ 为内筒总温升（$\Delta = t_n - t_0$），$\Delta_{1'40''}$ 为点火后 1'40″时的温升（$\Delta_{1'40''} = t_{1'40''} - t_0$）。

④ 点火丝热量校正。在熔断式点火法中，应由点火丝的实际消耗量（原用量减掉残余量）和点火丝的燃烧热计算试验中点火丝放出的热量。

在棉线点火法中，首先算出所用的一根棉线的燃烧热（剪下一定数量适当长度的棉线，称出它们的质量，然后算出一根棉线的质量，再乘以棉线的单位热值），然后确定每次消耗的电能热。

注：电能产生的热量=电压（V）×电流（A）×时间（s）。二者放出的总热量即为点火热。

（2）发热量的计算

$$Q_{b,ad} = \frac{EH[(t_n + h_n) - (t_0 - h_0) + C] - (q_1 + q_2)}{m}$$

式中　$Q_{b,ad}$——分析试样的弹筒发热量，J/g；

---

❶ GB/T 213—2008《煤的发热量测定方法》。

E——热量计的热容量，J/K；

H——贝克曼温度计的平均分度值；

C——冷却校正值（对于绝热式量热计为 0），K；

t_0——点火时内筒的温度，℃；

t_n——终点时内筒的温度，℃；

h_0——温度计刻度校正 t_0 刻度修正值，℃；

h_n——温度计刻度校正 t_n 刻度修正值，℃；

q_1——点火热，J；

q_2——添加物如包纸等产生的总热量，J；

m——试样质量，g。

任务四 煤焦分析

一、水分的测定

1. 原理

称取一定量的空气干燥煤样，置于 105～110℃ 干燥箱中，在干燥氮气（或空气）流中干燥到质量恒定。然后根据煤样的质量损失计算出水分的质量分数。

2. 仪器与设备

（1）小空间干燥箱　箱体严密，具有较小的自由空间，有气体进出口，并带有自动控温装置，能保持温度在 105～110℃ 范围内。

（2）玻璃称量瓶　直径 40mm，高 25mm，并带有严密的磨口盖。

（3）干燥器　内装有变色硅胶或粒状无水氯化钙。

（4）流量计　量程为 100～1000mL/min。

（5）分析天平　能称准至 0.0002g。

3. 试剂与试样

（1）氮气　纯度 99.9%，含氧量小于 100μg/L。

（2）变色硅胶　工业用，使用前烘干。

（3）煤样品　粒度为 0.2mm 的空气干燥煤样。

4. 测定步骤

① 称取粒度为 0.2mm 以下的空气干燥煤样（1±0.1）g（称准至 0.0002g），于已恒重的称量瓶中。轻轻摇动称量瓶，使煤样均匀铺开。

② 将称量瓶盖斜搁在称量瓶口，并送入预先通入干燥氮气（或空气）、已加热到 105～110℃ 的干燥箱中干燥。烟煤烘 1.5h，褐煤和无烟煤烘 2h。

③ 从干燥箱中取出称量瓶，立即将盖子盖好，放入干燥器中冷却至室温（约 20min）后，称量。

④ 进行检查性干燥，每次 30min，直至连续两次干燥煤样质量的变化范围不超过 0.0002g 为止。水分在 2% 以下时，不必进行检查性干燥。

5. 结果计算

$$M_{ad} = \frac{m_1}{m} \times 100$$

式中　M_{ad}——空气干燥煤样的水分含量，%；

m_1——煤样干燥后减轻的质量，g；

m——煤样的质量，g。

6. 水分测定的精密度要求

水分测定的精密度要求见表5-5。

表 5-5　水分测定的精密度要求

水分(M_{ad})/%	重复性/%
<5	0.20
5~10	0.30
>10	0.40

二、灰分的测定

1. 方法提要

称取一定量的煤样于灰皿中，置入高温炉并在（815±10）℃灼烧至恒重。根据灼烧后残留物（灰分）的质量与试样质量，计算出灰分的含量。

2. 缓慢灰化法

① 称取粒度为 0.2mm 以下的空气干燥煤样（1±0.1）g（精确至 0.0002g）于已恒重的灰皿中，轻轻摇动灰皿，使煤样的分布每平方厘米的质量不超过 0.15g。

② 将灰皿送入温度不超过 100℃的马弗炉中，关上炉门并使炉门留有 15mm 左右的缝隙。在不少于 30min 的时间内将炉温缓慢升至约 500℃，并在此温度下保持 30min。继续升温到（815±10）℃，并在此温度下灼烧 1h。

③ 从炉中取出灰皿，放在耐热瓷板或石棉板上，在空气中冷却 5min 左右，移入干燥器中冷却至室温（约 20min），然后称量。

④ 进行检查性灼烧，每次 20min，直到连续两次灼烧的质量变化不超过 0.0002g 为止，用最后一次灼烧后的质量为计算依据。灰分低于 15%时，不必进行检查性灼烧。

⑤ 结果计算

$$A_{ad}=\frac{m_1}{m}\times100$$

式中　A_{ad}——空气干燥煤样的灰分，%；

　　　m_1——残留物的质量，g；

　　　m——煤样的质量，g。

3. 快速灰化法（快速灰分测定仪测定法）

将装有煤样的灰皿放在预先加热至（815±10）℃的灰分快速测定仪的传送带上，煤样被自动送入仪器内完全灰化，然后送出。以残留物的质量占煤样质量的百分数作为灰分产率。

所采用的仪器是灰分快速测定仪（图 5-4），其他用具与缓慢灰化法相同，其测定步骤如下：

① 将灰分快速测定仪预先加热至（815±10）℃；

② 开动传送带并将其传送速度调节至 17mm/min 左右或其他合适的速度；

③ 称取粒度为 0.2mm 以下的空气干燥煤样（0.5±0.01）g（精确至 0.0002g）于已恒重的灰皿中，轻轻摇动灰皿，使煤样均匀铺平于灰皿底部；

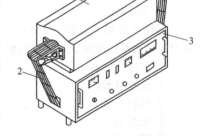

图 5-4　灰分快速测定仪
1—管式电炉；2—传递带；3—控制仪

④ 将盛有煤样的灰皿放在灰分快速测定仪的传送带上，灰皿即自动送入炉中；

⑤ 当灰皿从炉内送出时，取下放在耐热瓷板或石棉板上，在空气中冷却 5min 左右，然后移入干燥器中冷却至室温（约 20min）称量；

⑥ 结果计算与缓慢灰化法相同。

三、挥发分的测定

1. 方法提要

称取一定量的空气干燥煤样，放在带盖的瓷坩埚中，在（900±10）℃温度下，隔绝空气加热7min，以减少的质量占煤样的质量分数，减去该煤样的水分含量（M_{ad}）作为挥发产率。

2. 测定步骤

① 称取粒度为0.2mm以下的空气干燥煤样（1±0.01）g（精确至0.0002g）于预先在900℃温度下灼烧至恒重的带盖瓷坩埚中，轻轻摇动坩埚，使煤样铺平、分布均匀，盖上盖，放在坩埚架上。褐煤和长焰煤应预先压饼，并切成约3mm的小块。

② 将马弗炉预先加热至920℃左右，打开炉门，迅速将放有坩埚的架子送入恒温区并关上炉门，立即启动秒表，准确加热7min。坩埚及架子刚放入炉中时，炉温会有所下降，但必须在3min内使炉温恢复至（900±10）℃，否则此测试作废。加热时间包括温度恢复时间在内。

③ 从炉内取出坩埚，放在空气中冷却5min左右，移入干燥器中冷却至室温（约20min），称量。

3. 结果计算

$$V_{ad} = \frac{m_1}{m} \times 100 - M_{ad}$$

式中　V_{ad}——空气干燥煤样的挥发分产率，%；

　　　m_1——煤样加热后减少的质量，g；

　　　m——煤样的质量，g。

测定挥发分后残留下来的不挥发固体物称为焦渣，其特性可按下列规定加以区分。

① 粉状：全部是粉末，没有相互黏着的颗粒。

② 黏着：用手指轻碰即成粉末或基本上是粉末，其中较大的团块轻轻一碰即成粉末。

③ 弱黏结：用手指轻压即成小块。

④ 不熔融黏结：以手指用力压才裂成小块，焦渣上表面无光泽，下表面稍有银白色光泽。

⑤ 不膨胀熔融黏结：焦渣形成扁平的块，煤粒的界线不易分清，焦渣上表面有明显银白色金属光泽，下表面银白色光泽更明显。

⑥ 微膨胀熔融黏结：用手指压不碎，焦渣的上下表面均有银白色金属光泽，但焦渣表面具有较小的膨胀泡（小泡）。

⑦ 膨胀熔融黏结：焦渣上下表面有银白色金属光泽，明显膨胀，但高度不超过15mm。

⑧ 强膨胀熔融黏结：焦渣上下表面有银白色金属光泽，焦渣高度大于15mm。

为了简便起见，通常用上列序号作为各种焦渣特征的代号。例如，1号焦渣即为粉末焦渣，以此类推。

四、硫的测定

1. 方法要点

试样在高温（1250～1300℃）氧气流中燃烧，硫化物被氧化成SO_2，SO_2用水吸收生成H_2SO_3，用碘标准液滴定，以淀粉为指示剂，根据消耗碘标准液的体积，计算试样中硫的含量。

2. 试剂与仪器

① 淀粉溶液。

② 碘标准液。

③ 助熔剂。

④ 管式炉。

⑤ 调压器。

⑥ 缓气筒。

3. 分析步骤

称取试样0.02g，置于瓷舟中，平铺均匀，然后将其推入燃烧炉温度最高处，塞紧燃烧管口，预热1～2min打开通氧活塞和通吸收器活塞，并控制气流使液面升高30～40mm，当吸收液开始褪色时，用滴管滴加碘标液，并保持吸收过程中溶液蓝色不消失，当褪色变慢时，滴定速度也减慢，直至吸收恢复滴定前浅蓝色为止。

4. 结果计算

$$w(S) = \frac{w(S_{标})V_2}{V_1} \times 100$$

式中　　$w(S_{标})$——标样中硫的质量分数，%；

　　　　V_1——标样硫所消耗标液的体积，mL；

　　　　V_2——试样硫所消耗标液的体积，mL。

技能实训三　煤中全硫含量测定

1. 实验原理

煤样在催化剂作用下，于空气流中燃烧分解，煤中硫生成二氧化硫并被碘化钾溶液吸收，以电解碘化钾溶液所产生的碘进行滴定，根据电解所消耗的电量计算煤中全硫的含量。

2. 实验试剂与材料

(1) 试剂

① 三氧化钨（HG10-1129）。

② 变色硅胶：工业品。

③ 氢氧化钠（GB/T 629）：化学纯。

④ 电解液：碘化钾（GB/T 1272）、溴化钾（GB/T 649）各5g，冰乙酸（GB/T 676）10mL，溶于250～300mL水中。

⑤ 燃烧舟：长70～77mm，素瓷或刚玉制品，耐温1200℃以上。

(2) 仪器设备　库仑测硫仪由下列各部分构成。

① 管式高温炉：能加热到1200℃以上并有90mm以上长的高温带 [(1150±5)℃]，附有铂铑-铂热电偶测温及控温装置，炉内装有耐温1300℃以上的异径燃烧管。

② 电解池和电磁搅拌器：电解池高120～180mm，容量不少于400mL，内有面积约150mm^{2}的铂电解电极对和面积约15mm^{2}的铂指示电极对。指示电极响应时间应小于1s，电磁搅拌器转速约500r/min且连续可调。

③ 库仑积分器：电解电流0～350mA范围内积分线性误差应小于±0.1%。配有4～6位数字显示器和打印机。

④ 送样程序控制器：可按指定的程序前进、后退。

⑤ 空气供应及净化装置：由电磁泵和净化管组成。供气量约1500mL/min，抽气量约1000mL/min，净化管内装氢氧化钠及变色硅胶。

3. 实验步骤

(1) 实验准备

① 将管式高温炉升温至1150℃，用另一组铂铑-铂热电偶高温计测定燃烧管中高温带的位置、长度及500℃的位置。

② 调节送样程序控制器，使煤样预分解及高温分解的位置分别处于500℃和1150℃处。

③ 在燃烧管出口处充填洗净、干燥的玻璃纤维棉；在距出口端约80～100mm处，充填厚度约3mm的硅酸铝棉。

④ 将程序控制器、管式高温炉、库仑积分器、电解池、电磁搅拌器和空气供应及净化装置组装在一起。燃烧管、活塞及电解池之间连接时应口对口紧接，并用硅橡胶管封住。

⑤ 开动抽气和供气泵，将抽气流量调节到1000mL/min，然后关闭电解池与燃烧管间的活塞，如抽气量降到500mL/min以下，证明仪器各部件及各接口气密性良好，否则需检查各部件及其接口。

(2) 测定手续

① 将管式高温炉升温并控制在（1150±5)℃。

② 开动供气泵和抽气泵并将抽气流量调节到1000mL/min。在抽气下，将250～300mL电解

液加入电解池内，开动电磁搅拌器。

③ 在瓷舟中放入少量非测定用的煤样，先进行测定（终点电位调整试验）。如试验结束后库仑积分器的显示值为 0，应再次测定，直至显示值不为 0。

④ 于瓷舟中称取粒度小于 0.2mm 的空气干燥煤样 0.05g（称准至 0.0002g），在煤样上盖一薄层三氧化钨。将舟置于送样的石英托盘上，开启送样程序控制器，煤样即自动送炉内，库仑滴定随即开始。实验结束后，库仑积分器显示出硫的质量（mg）或质量分数并由打印机打出。

⑤ 结果计算：当库仑积分器最终显示数为硫的质量（mg）时，全硫含量按下式计算：

$$S_{t,ad} = \frac{m_1}{m} \times 100$$

式中　$S_{t,ad}$——空气干燥煤样中全硫含量，%；

　　　m_1——库仑积分器显示值，mg；

　　　m——煤样质量，mg。

技能实训四　发热量的测定

1. 实验原理

一定量的分析试样在氧弹式量热计中，在充有过量氧气的氧弹内燃烧。氧弹式量热计的热容量通过在相似条件下燃烧一定量的基准量热物苯甲酸来确定，根据试样点燃前后量热系统产生的温升，并对点火热等附加热进行校正即可求得试样的弹筒发热量。

从弹筒发热量中扣除硝酸形成热和硫酸校正热（硫酸与二氧化硫形成热之差）后即得高位发热量。

发热量测定结果以 kJ/g（千焦/克）或 MJ/kg（兆焦/千克）表示。

2. 实验试剂与材料

（1）试剂

① 氧气：不含可燃成分，因此不许使用电解氧。

② 苯甲酸：经计量机关检定并标明热值的苯甲酸。

（2）材料　点火丝：直径 0.1mm 左右的铂、铜、镍铬丝或其他已知热值的金属丝，如使用棉线，则应选用粗细均匀、不涂蜡的白棉线。各种点火丝点火时放出的热量如下：铁丝，6700J/g；镍铬丝，1400J/g；铜丝，2500J/g；棉线，17500J/g。

（3）仪器　全自动量热仪及其配套设备。

3. 测定步骤

① 系统启动后初始进入发热量试验界面，点击"发热量"前的单选钮，进入系统发热量测定状态。

② 在燃烧皿中精确称取分析试样（粒度小于 0.2nm）0.9～1.1g（称量精确到 0.0002g），放入燃烧皿中。

取一段已知质量的点火丝，把两端分别接在电极柱上，注意要与试样保持良好接触或保持微小的距离（对易飞溅和易燃的煤），并注意勿使点火丝接触燃烧皿，以免形成短路而导致点火失败，甚至烧毁燃烧皿，同时还要注意防止两电极间以及燃烧皿与另一电极之间的短接。

③ 在点火丝的中间位置系上棉线，棉线的末端和煤样接触。

④ 往氧弹中加入 10mL 蒸馏水，旋紧氧弹盖，要避免燃烧皿和点火丝的位置因受震动而改变，然后用自动充氧仪往氧弹中缓缓冲入氧气，直到压力达到 2.8～3.0MPa，充氧时间不少于25s，如果不小心充氧压力超过 3.2MPa，应停止实验，放掉氧气，重新充氧至 3.2MPa 以下。当钢瓶中氧气压力降到 5.0MPa 以下时，充氧时间应酌量延长，压力降到 4.0MPa 以下时，应更换新的氧气瓶。

⑤ 将氧弹放入内筒中，如氧弹无气泡漏出，则表面气密性良好，如果有气泡漏出，则表面

漏气，应找出原因，加以纠正，重新充氧。

⑥ 确认处于发热量测试状态，按要求在工具窗口输入添加物热值、点火热和注水时间，输入一次以后保持并在主界面显示，如热容量、点火热、添加物热值等。输入试样编号和试样质量后即可进入试验过程，自动注水、调节、测量、排水等。

⑦ 实验结束，换算出试验结果，显示在界面下部，可存储或通过打印机打印数据结果。

任务五　铜矿石分析

现已知铜的矿物约有 170 种以上，主要有黄铜矿（$CuFeS_2$）、斑铜矿（Cu_5FeS_4）、辉铜矿（CuS_2）、铜蓝（CuS）、黑铜矿（CuO）、赤铜矿（Cu_2O）、孔雀石 $[CuCO_3 \cdot Cu(OH)_2]$ 等。铜常与铅、锌、砷、锑、铋、硒、碲、锗、镓、铟、铊等亲硫元素伴生。

测定铜的方法有很多，对于高、中含量的铜多采用碘量法，低含量铜可采用铜试剂、双硫腙、新亚铜灵分光光度法，也可采用极谱法和原子吸收光谱法。本次实验采用碘量法。

1. 方法原理

在 pH＝3～4 的酸性溶液中，加入 NH_4HF_2 掩蔽铁，用碘化钾与试液中的 Cu^{2+} 反应，生成难溶的 CuI，同时析出相应的 I_2，以淀粉为指示剂，用硫代硫酸钠标准溶液滴定，其反应式为：

$$2Cu^{2+} + 4I^- \longrightarrow 2CuI\downarrow + I_2$$

$$I_2 + 2S_2O_3^{2-} \longrightarrow S_4O_6^{2-} + 2I^-$$

2. 测定步骤

称取 0.1～0.5g（精确至 0.0001g）试样于 250mL 烧杯中，加少量水润湿，加入 10～15mL 盐酸，低温加热 3～5min（若试样中硅含量较高时，要加入 0.5g NH_4HF_2），取下稍冷，加 50mL 硝酸继续溶解。待全部溶解后，取下，加 5mL 硫酸（1∶1），继续加热至冒白烟（若试样中碳含量较高，加 5mL $HClO_4$，加热无黑色残渣）。滴加乙酸-乙酸铵溶液（pH＝5.0）至红色不再加深，并过量 3～5mL，然后滴加 NH_4HF_2 饱和溶液至红色消失并过量 1mL，摇匀。加入 2～3g 碘化钾，用硫代硫酸钠标准溶液滴定至淡黄色，加入 2mL 淀粉溶液（0.5%），继续滴定至浅蓝色，加入 1mL 硫氰酸钾溶液（40%），剧烈振摇，在滴定至蓝色刚好消失为终点。

试样中铜的质量分数（%）可用下式计算：

$$w(Cu) = \frac{T(Cu/Na_2S_2O_3)V}{m} \times 100$$

式中　$T(Cu/Na_2S_2O_3)$——硫代硫酸钠标准溶液对铜的滴定度，g/mL；

　　　　V——消耗硫代硫酸钠标准溶液的体积，mL；

　　　　m——试样的质量，g。

3. 注意事项

① I^- 与 Cu^{2+} 反应有可逆性，为使 I^- 与 Cu^{2+} 反应完全，I^- 必须过量，过量的 I^- 还可以与 I_2 形成 I_3^-，从而减少碘的挥发。

② 由于 CuI 沉淀表面会吸附少量 I_2 而导致结果偏低，在接近终点前加入硫氰酸盐使 CuI 转化为溶解度更小的 CuSCN，可以消除 CuI 对 I_2 的吸附。但硫氰酸盐不能过早加入，否则会与游离的铜反应而使结果偏低。

任务六　锌矿石中锌的测定

锌在地壳中平均含量为 0.02%。已知锌的矿物有五十余种，主要有闪锌矿（ZnS，含锌67%）、红锌矿（ZnO，含锌量 80%）、菱锌矿（$ZnCO_3$，含锌 52%）、异极矿（$ZnSi_4 \cdot 4H_2O$，含锌 53%）。

单纯的锌矿是很少见的，闪锌矿常与铅的硫化物共生，并伴有少量镉、铜、金、银、锗、铊、铟、镓、锑、铋、锡以及黄铁矿、萤石等而形成多金属矿床。锌精矿是由铅锌矿、铜锌矿或铅铜锌矿浮选而得的，其中锌含量约为 50%。

锌的测定常采用 EDTA 滴定法，微量锌的测定常采用极谱法和原子吸收分光光度法。本次实验采用 EDTA 滴定法。

1. 方法原理

试样经酸分解，在 pH=5～6 的乙酸-乙酸钠缓冲溶液中，以二甲酚橙为指示剂，用 EDTA 标准溶液滴定。

2. 分析步骤

称取 0.2g（精确至 0.0001g）试样于 250mL 烧杯中，用少量水润湿，加入 10mL 盐酸和几滴氢氟酸，置于低温电炉上加热溶解 5～16min，冷却后加 2g 氯酸钾，继续加热蒸发至体积为 2～3mL 后取下，用水洗烧杯壁至溶液体积约为 50mL。加 5g 硫酸铵，煮沸 2min 取下，冷却。滴加氨水至氢氧化铁沉淀完全，并过量 10mL，加热煮沸 2min。取下冷却后移入预先盛有 10mL 氨水的 100mL 容量瓶中，用水稀释至刻度，摇匀。干过滤于 100mL 的干烧杯中（弃去最初流下的 15～20mL 滤液）。

吸取 25.00mL 滤液于 250mL 烧杯中，加入 0.1g 氟化铵，加热煮沸驱除大部分的氨，取下冷却，加入 0.5g 亚硫酸钠、0.2g 抗坏血酸、1 滴甲基橙指示剂（1%），用盐酸（1+1）和氨水（1+1）调节至溶液为橙色。加入 1g 硫脲及 20mL 乙酸-乙酸钠缓冲溶液，用水稀释至 100mL，加入 3 滴二甲酚橙指示剂（0.2%），用 EDTA 标准溶液滴定至溶液由红色变为亮黄色为终点。

试样中锌的质量分数（%）可按下式计算：

$$w(Zn) = \frac{T(Zn/EDTA)V}{m} \times 100$$

式中　$T(Zn/EDTA)$——EDTA 标准溶液对锌的滴定度，g/mL；

　　　　V——消耗 EDTA 标准溶液的体积，mL；

　　　　m——试样的质量，g。

3. 方法讨论

① 干扰元素较多，除碱土金属和砷等少数元素外，其他金属离子如 Pb^{2+}、Cu^{2+}、Cd^{2+}、Hg^{2+}、Ni^{2+}、Co^{2+}、Mn^{2+}、Al^{3+}、Fe^{3+}、Fe^{2+}、Bi^{3+} 等都干扰测定。测定前须预先分离干扰成分或加入适当的掩蔽剂消除干扰。利用氨水分离可使大部分金属离子如 Pb^{2+}、Mn^{2+}、Al^{3+}、Fe^{3+}、Fe^{2+}、Bi^{3+} 等生成沉淀与锌分离。

② 在铵盐存在下，Mn^{2+} 沉淀不完全，需要加入氯酸钾氧化剂使 Mn^{2+} 氧化成水合二氧化锰，与锌完全分离。

③ 当铅含量较高时，在用氨水沉淀后应加入碳酸铵或硫酸铵，使铅生产溶解度更小的碳酸铅或硫酸铅沉淀。

④ 加入硫脲掩蔽铜的干扰。

⑤ 加入氟化铵可以掩蔽滤液中少量的铁和铝。

任务七　铅矿石中铅的测定

铅在地壳中的含量约占 0.0016%，大多以硫化物、碳酸盐等形式存在，其中硫化物约占 90% 以上。含铅矿石主要有方铅矿（PbS，含铅 86.6%）、白铅矿（$PbCO_3$，含铅 77.6%）、铅矾（$PbSO_4$，含铅 68.3%）等。

由于方铅矿与闪锌矿经常是共生的，因此，除含有铅外还有锌。另外还有工业价值的铜、金、银、锗、镉等金属。测定铅的方法有很多，主要有重量法、容量法、极谱法和原子吸收分光光度法。在生产中应用最广泛的是 EDTA 滴定法。

1. 方法原理

试样用盐酸、硝酸分解，以硫酸沉淀铅而与其他元素分离，用乙酸-乙酸钠缓冲溶液溶解后，控制溶液 pH 为 5.5～6.0，以二甲酚橙为指示剂，用 EDTA 标准溶液滴定至溶液由紫色刚变为黄亮色为终点。反应式如下：

$$Pb^{2+} + SO_4^{2-} \longrightarrow PbSO_4 \downarrow$$

$$H_2Y^{2-} + Pb^{2+} \longrightarrow PbY^{2-} + 2H^+$$

2. 分析步骤

称取 0.2～0.5g（精确至 0.0001g）试样于 250mL 烧杯中，用少量水润湿，加入 15mL 盐酸，置于低温电炉上加热溶解，蒸发至体积为 3～5mL，加 10mL 硝酸，继续加热数分钟，取下稍冷，加 0.5g 氯酸钾，加热使有机物完全氧化，加入 30mL 硫酸（1+1），蒸发至冒白烟并保持 5min，取下冷却，用水洗烧杯壁至溶液体积约为 50mL，煮沸 2min，放置 2h 或过夜，过滤，用硫酸溶液（10%）洗涤烧杯和沉淀各 5 次，将沉淀连同棉球放回原烧杯中，加入 50mL 乙酸-乙酸钠溶液，加热搅拌至沸并保持 5min，使硫酸铅完全溶解。取下冷却，加入 0.1g 抗坏血酸、3 滴二甲酚橙指示剂（0.2%），用 EDTA 标准溶液滴定至溶液由酒红色变为亮黄色为终点。

试样中铅的质量分数（%）可按下式计算：

$$w(Pb) = \frac{T(Pb/EDTA)V}{m} \times 100$$

式中　$T(Pb/EDTA)$——EDTA 标准溶液对铅的滴定度，g/mL；

$\quad\quad\quad V$——消耗 EDTA 标准溶液的体积，mL；

$\quad\quad\quad m$——试样的质量，g。

技能实训五　铅锌矿中锌的测定

1. 实验原理

试样经盐酸、硝酸、高氯酸分解后，使锰呈二氧化锰析出，然后加氯化铵、氨水、过硫酸铵等沉淀分离铁、钼、铅等元素，在 pH 为 5～6 的乙酸-乙酸钠缓冲溶液中，以二甲酚橙为指示剂，用 EDTA 标准溶液滴定，其反应式如下：

$$H_2Y^{2-} + Zn^{2+} \longrightarrow ZnY^{2-} + 2H^+$$

本法适用于铜铅锌矿石中锌的质量分数在 1% 以上的测定。

2. 实验试剂

① 盐酸（分析纯，$\rho = 1.19$g/mL）。

② 硝酸（分析纯，$\rho = 1.42$g/mL）。

③ 高氯酸（分析纯，$\rho = 1.206$g/mL）。

④ 氨水（分析纯，$\rho = 0.90$g/mL）。

⑤ 无水乙醇（分析纯）。

⑥ 硫酸铵（分析纯）。

⑦ 氯酸钾（分析纯）。

⑧ 氟化钾（分析纯）。

⑨ 硫脲（分析纯）。

⑩ 乙酸-乙酸钠缓冲液（pH5.5～6）：称取 120g 无水乙酸钠溶于约 0.5L 蒸馏水中，量取 10mL 冰乙酸，然后用水稀释至 1L，混匀即可。

⑪ EDTA 标准溶液（0.0100mol/L）

配制：粗称 18.6g EDTA，用适量热水溶解，然后稀释定容至 5L，混匀，待标定。

标定：称取基准 ZnO 0.1g（精确至 0.0001g），用少量水润湿，滴加 HCl（1+1）至氧化锌溶解，加 50mL 水，滴加 $NH_3 \cdot H_2O$（1+1）至溶液刚出现浑浊，再加入 10mL NH_3-NH_4Cl 缓冲液（pH=10），加 5 滴铬黑 T 指示剂，用配制的 EDTA 溶液滴定至溶液由酒红色变为纯蓝色为终点。

pH=10 的 NH_3-NH_4Cl 缓冲液的配制：取氯化铵 5.4g，加水 20mL 溶解后，加浓氨溶液 35mL，再加水稀释至 100mL 即可。

3. 实验步骤

称取 0.2000g 试样于 300mL 烧杯中，加少许水润湿，加入 20mL 盐酸，盖上表面皿，置于电炉上加热溶解至溶液体积约为 2mL，加入 10mL 硝酸，加热溶解至溶液体积约为 2mL，加入 5mL 高氯酸，继续加热至样品完全分解（无黑色残渣），当溶液体积蒸至约 5mL 时，加约 0.5g 氯酸钾，继续蒸至小体积（1mL），取下用水洗表面皿杯壁，加 4g 硫酸铵使其溶解，加入 10mL 氨水、1g 氟化钾煮沸约 1min，取下烧杯冷却，补加 10mL 氨水、10mL 乙醇。将溶液转入 100mL 容量瓶中定容摇匀，干过滤，弃去最初流下的 15～20mL 滤液，准确分取 50mL 滤液于 250mL 锥形瓶中，加热煮沸以驱除大部分氨（但勿使氢氧化锌白色沉淀析出），冷却，加 1 滴 1g/L 甲基橙指示剂，用盐酸（1+1）中和至甲基橙变红色，然后加 1 滴氨水（1+1），使其变黄，加入 15mL 乙酸-乙酸钠缓冲溶液，加 5g 硫脲，混匀。加 2 滴 5g/L 二甲酚橙指示剂，用 EDTA 标准溶液滴定至溶液由酒红色至黄色，即为终点。

4. 数据处理

$$w(Zn) = \frac{V(EDTA)c(EDTA) \times 10^{-3} \times M(Zn)}{m} \times 100\%$$

式中　$c(EDTA)$——EDTA 标准滴定溶液的浓度，mol/L；

　　　$V(EDTA)$——消耗的 EDTA 标准滴定溶液的体积，mL；

　　　　　m——所称取的锌矿石的质量，g；

　　　$M(Zn)$——锌的摩尔质量，g/mol。

5. 注意事项

① 沉淀铁、铝、锰、铅等时氨水必须过量，煮沸时间不宜过长或过短。太长，氨性减弱，锌氨配离子不易形成，锌被吸附造成损失的可能性加大；太短，锰不能彻底氧化，部分进入溶液影响测定。

② 在溶解含硫较高的样品时在加氯酸钾时一定要在硝酸介质中加入，以免反应太剧烈发生危险。

③ 二甲酚橙指示剂的使用时间以半月为限，超限需更换，为保持其不变质，在配制时可加少许盐酸羟胺。

任务八　锰矿石中锰的测定

锰在自然界中分布很广，几乎所有矿石及硅酸盐的岩石中都含有锰。最常见的锰矿是无水或含水的氧化锰或碳酸锰，如软锰矿（MnO_2）、硬锰矿（$MnO_2 \cdot MnO \cdot nH_2O$）、水锰矿 [$MnO_2 \cdot Mn(OH)_2$]、褐锰矿（$Mn_2O_3$）、黑锰矿（$Mn_3O_4$）和菱锰矿（$MnCO_3$）等。除菱锰矿外，其他矿物中含锰都可达 50%～70%。

锰矿中常伴有二氧化硅、铁、铝、钙、磷、砷、镁、硫等元素。

锰的测定方法很多，有重量法、容量法、分光光度法、电位滴定法和原子吸收分光光度法等。

容量法测定锰大多采用氧化剂将锰氧化至三价或七价，然后用还原剂滴定。常用的氧化剂有铋酸钠、过硫酸铵、硝酸铵、高氯酸等。

微量锰的测定多采用 MnO_4^- 分光光度法。通常在硫酸介质中采用高碘酸钾或过硫酸铵将 Mn^{2+} 氧化为 MnO_4^-。磷酸的存在不仅可防止 MnO_2 的析出，使 $HMnO_4$ 稳定，而且可以消除 Fe^{3+} 的黄色对光度测定的影响。

电位滴定法测定锰矿石中锰的含量为国家标准方法，在此选用电位滴定法介绍。

1. 方法原理

在 pH 为 6.5～7.5 的焦磷酸钠介质中，用铂电极作指示电极，银电极作参比电极组成工作电池，用高锰酸钾标准溶液滴定试液中的 Mn^{2+} 至 Mn^{3+}，反应式为：

$$4Mn^{2+} + MnO_4^- + 15H_2P_2O_7^{2-} + 8H^+ \longrightarrow 5Mn(H_2P_2O_7)_3^{3-} + 4H_2O$$

2. 分析步骤

称取 0.1g（精确至 0.0001g）试样于 250mL 聚四氟乙烯烧杯中，加 7mL 盐酸，加热 10min 取下，加入 3mL 硝酸、0.5mL 高氯酸、5mL 氢氟酸，加热至试样完全溶解，并蒸发至冒白烟，剩余体积约 0.5mL，取下。加 15mL 水，煮沸至可溶性盐类溶解，冷却，迅速加入 100mL 饱和焦磷酸钠溶液，用硫酸（1+1）和氨水（1+1）调节至 pH=7.0，插入铂电极和银电极，在不断搅动下用高锰酸钾标准溶液滴定至终点。

试样中锰的质量分数可用下式计算：

$$w(\mathrm{Mn})=\frac{T(\mathrm{Mn/KMnO_4})V}{m}\times100\%$$

式中 $T(\mathrm{Mn/KMnO_4})$——高锰酸钾标准溶液对锰的滴定度，g/mL；

V——消耗高锰酸钾标准溶液的体积，mL；

m——试样的质量，g。

技能实训六 锰铁矿中锰的测定

1. 实验原理

试样以磷酸溶解，用高氯酸将锰氧化为 3 价状态，生成的 3 价锰，用亚铁溶液进行滴定：

$$2\mathrm{MnPO_4}+3\mathrm{H_2SO_4}+2\mathrm{FeSO_4}\longrightarrow2\mathrm{MnSO_4}+2\mathrm{H_3PO_4}+\mathrm{Fe_2(SO_4)_3}$$

以二苯胺磺酸钠为指示剂。

2. 实验试剂

① 磷酸（分析纯，$\rho=1.70$）。

② 高氯酸（分析纯，$\rho=1.67$）。

③ 硫酸亚铁铵：0.0500mol/L。

配制：称取 20g 硫酸亚铁铵，溶于预先冷却的 50mL 硫酸和 20mL 水的混合液中，定容至 1000mL，混匀，待标定。

标定：称取 3 份在 120℃烘至恒重的 0.05g 基准重铬酸钾，各加入 15mL $\mathrm{H_2SO_4}$（1+1）、2mL $\mathrm{H_3PO_4}$ 和 3 滴二苯胺磺酸钠指示剂，分别用待标定的亚铁溶液滴定到溶液由紫红色变为亮绿色为终点。

硫酸亚铁铵标准溶液的浓度 c 按下式计算：

$$c=\frac{m_{重铬酸钾}\times6}{294.18\times V_{硫酸亚铁铵}}$$

硫酸亚铁铵溶液的标定应与样品测定同时进行。

④ 二苯胺磺酸钠（0.2%）：称取 0.2g 二苯胺磺酸钠溶于少量水中，加水溶解并定容至 100mL。

3. 实验步骤

称试样 0.1000g 于 300mL 锥形瓶中，加 20mL 磷酸、5mL 高氯酸于电炉上溶解，待高氯酸冒浓烟，三价锰的紫红色出现保持 1~2min，然后冷至 90℃左右，慢加水 30mL，煮沸 30s，冷至室温，以硫酸亚铁铵滴至浅红色，加指示剂 3 滴，继续滴定至红色消色，以亮黄色为终点，以相应标样换算结果。

注：氧化时间以出现三价锰的紫红色算起，温度不得过高，以免高氯酸挥发尽出现焦磷酸盐粘底。

4. 数据处理

$$w(\mathrm{Mn})=\frac{Vc(\mathrm{Fe^{2+}})\times54.94}{m\times1000}\times100\%$$

式中 $c(\mathrm{Fe^{2+}})$——硫酸亚铁铵标准滴定溶液的浓度，mol/L；

V——消耗硫酸亚铁铵的体积，mL；

m——所称取的锰矿石的质量，g；

54.94——锰的摩尔质量，g/mol。

5. 注意事项

① 本实验采用的是在高温的浓磷酸介质中，采用高氯酸为氧化剂，因此氧化温度是关键，必须严格控制，氧化发烟不能过长，温度不可过高，以免生成焦磷酸锰，使结果偏低，并且放置至加水时间要控制好，过早加入因有高氯酸分解的氯气和二氧化氯气体还原使结果偏低，过迟加入则盐类不溶解，使测定失败。

② 在滴定过程中，不可用水冲洗锥形瓶壁，因 Fe^{2+} 溶液可以氧化水中的溶解氧。

③ 由于 3 价锰的配合物用水稀释时会逐渐发生水解，所以应采用稀硫酸（5＋95）稀释并冷却后迅速滴定。

思 考 题

1. 欲配制 0.1mol/L HCl 溶液 1000mL，需取 6mol/L HCl 溶液多少毫升？

（答案：16.7mL）

2. 称取基准物质硼砂（$Na_2B_4O_7 \cdot 10H_2O$）0.5378g，标定盐酸溶液，消耗 HCl 溶液 28.80mL，计算 HCl 溶液的浓度。

（答案：0.09793mol/L）

3. 称取硅酸盐试样 0.1080g，经熔融分解，以 K_2SiF_6 沉淀后，过滤，洗涤，使之水解形成 HF，采用 0.1024mol/L NaOH 标准溶液滴定，消耗的体积为 25.54mL，计算 SiO_2 的质量分数。

（答案：36.37％）

4. 称取 0.5000g 石灰石试样，溶解后，沉淀为 CaC_2O_4，经过滤、洗涤后溶于 H_2SO_4 中，用 0.02000mol/L $KMnO_4$ 标准溶液滴定，到达终点时消耗 30.00mL $KMnO_4$ 溶液，计算试样中以 Ca 和以 $CaCO_3$ 表示的质量分数。

（答案：12.02％，30.03％）

5. 称取铁矿试样 0.5000g，溶解并将 Fe^{3+} 还原成 Fe^{2+}，以 0.02000mol/L $K_2Cr_2O_7$ 标准溶液滴定至终点时共消耗 28.80mL，试计算试样中 Fe 的质量分数、Fe_2O_3 的质量分数以及 $K_2Cr_2O_7$ 标准溶液对 Fe、Fe_2O_3 的滴定度。

（答案：38.60％，55.19％；0.006702g/mL，0.009582g/mL）

模块六　钢铁分析

【学习目标】

1. 了解钢铁的分类和钢铁牌号的表示方法。
2. 了解钢铁中五大元素在钢铁中的存在形式及对钢铁性能的影响。
3. 掌握钢铁试样的采取和分解方法。
4. 掌握钢铁中五大元素及其合金元素的常用分析方法、原理及试样处理方法。

【能力目标】

1. 能选择合适的仪器设备并应用正确方法采取和制备钢铁试样。
2. 能根据分析方法和钢铁性质，选择分解试剂并能分解不同类型的钢铁试样。
3. 能熟练使用管式高温炉，采用燃烧-气体容量法或燃烧-非水酸碱滴定法，准确测定钢铁中碳含量。
4. 能用燃烧-碘量法或燃烧-酸碱滴定法，准确测定钢铁中硫含量。
5. 会进行煤焦分析。
6. 能选择合适的方法分析炉渣中的主要成分。

【典型工作任务】

通过实例，了解、熟悉并掌握钢铁样品的前处理、实验准备、分析测试及实验后处理，了解钢铁分析的意义及程序，建立合理分工、相互协作、和谐的职业氛围。

基础知识一　钢铁

钢铁是工业的支柱，国民经济的各项建设都离不开钢铁。为了保证钢铁的质量，对用于生产钢铁的各种原料、生产过程的中间产品以及产品（如各种钢材）有关成分的测定有着重要的意义。钢铁分析是研究钢铁工业中有关分析测定的原理和方法，是分析化学在钢铁生产中的具体应用。

为了掌握钢铁分析的主要内容，首先应了解钢铁材料的分类、钢铁中各种元素存在的形式及其对钢铁品质的影响，这不仅有助于把握分析对象，明确检测目的、而且对研究选择适宜分解试样的试剂和分解手段、确保分解完全以及具体选择测定方法等都有帮助。

钢铁分析的概念有两种理解，广义的钢铁分析包括钢铁的原材料分析、生产过程控制分析和产品、副产品及废渣分析等；狭义的钢铁分析，主要是钢铁中硅、锰、磷、碳、硫五元素分析和铁合金、合金钢中主要合金元素分析。本模块着重于狭义钢铁分析。

一、钢铁中的主要化学成分及钢铁材料的分类

钢铁是应用最广泛的一种金属材料，是铁和碳的合金。就它的化学成分来说绝大部分都是铁，还含有碳及硅、锰、磷、硫其他一些元素。生铁和钢由于含碳量的不同，而性质也不同。一般生铁含碳高于 1.7%，小于 6.67%，含杂质总量约 7%；钢含碳低于 1.7%，含杂质总量约 1%~3%。其他元素的含量虽有些不同，但对划分生铁和钢不起决定作用，只是使各种钢具有不同的特殊性质而已。

生铁质硬而脆，不便轧制和焊接。主要可分为：①灰口生铁（铸造生铁），含硅一般大于 1.75%，具有很好的铸造性；②白口生铁（炼钢生铁），含硅 0.6%~1.75%，性脆而硬，主要用作炼钢的原料。

1. 钢的分类

钢的种类很多，性能也千差万别。但是它们都是用生铁炼成的。钢具有很好的韧性、塑性和焊接性，可以进行锻打和各种机械加工。钢的分类常见的有以下几种。

(1) 按冶炼方法分类　可分为平炉钢、转炉钢（底吹转炉钢、侧吹转炉钢和氧气顶吹转炉钢）、电炉钢（电弧炉缸、感应电炉钢、真空感应电炉钢和电渣炉钢等）三类。

(2) 按化学成分分类　可分为以下两类。

① 碳素钢，以碳含量不同可分为：低碳钢（0.05%～0.25%C）；中碳钢（0.25%～0.60%C）；高碳钢（0.60%～1.40%C）。

若以碳素钢内 Si、Mn、P、S 等杂质含量的不同又可分为：

	Mn	Si	P	S
普通碳素钢	≤0.8%	≤0.4%	≤0.1%	≤0.1%
优质碳素钢	0.8%	0.4%	0.04%	0.04%
高级优质碳素钢	0.35%	0.35%	0.030%	0.020%

若为易切削钢，硫、磷含量可以高达：S 0.08%～0.30%，P 0.06%～0.15%。

② 合金钢，以钢中合金元素（镍、铬、钨、钒、钼、铍、钛、钴、硼等）含量的不同又可分为：低合金钢（合金元素含量小于5%）；中合金钢（合金元素含量5%～10%）；高低合金钢（合金元素含量大于10%）。

(3) 按质量分类　可分为普通钢、优质钢、高级优质钢。

① 普通钢，这类钢材含杂质元素较多，一般含磷不超过0.045%，含硫不超过0.055%。普通钢按标准又分为三类：a. 甲类钢是保力学性能和 P、S、N_2、Cu 含量的钢；b. 乙类钢是保化学成分 C、Si、Mn、S、P 和残铜含量的钢；c. 特类钢是既保力学性能、化学成分，又保 Cr、Ni、Cu、N_2 的钢。

② 优质钢，可分为结构钢和工具钢。结构钢是一般含 P、S 均≤0.04%；工具钢是一般含 P≤0.035%，含 S≤0.030%。

③ 高级优质钢，一般 P、S 含量均被限制在0.030%以下。

(4) 按用途分类　可分为结构钢、工具钢、特殊钢。

① 结构钢又分为碳素结构钢（普通碳素结构钢和优质碳素结构钢）与合金结构钢（渗碳钢、调质钢、弹簧钢和轴承钢）。

② 工具钢又可分为碳素工具钢和合金工具钢。合金工具钢又分为刃具钢（低合金刃具钢和高速钢）、量具钢和模具钢等。

③ 特殊钢又分为不锈钢、耐热钢和耐磨钢。

2. 钢的牌号

钢的分类只能把具有共同特征的钢种划分和归纳为同一类，不能将每一种钢的特征都反映出来，因此还必须采取钢号，对所确定的某一种钢的特征全部表示出来。有了钢的牌号，对所确定的某一种钢就有了共同的概念，这给生产、使用、设计、供销工作和科学技术交流及发展国际贸易方面，都带来很大的便利。

我国国家标准代号为"GB"。钢铁产品牌号表示方法的原则如下。

① 牌号中化学元素用汉字或国际化学符号来表示，如"碳"或"C"、"锰"或"Mn"、铬或"Cr"等。

② 产品名称、用途、冶炼和浇注的表示方法，一般采用汉字和汉语拼音字母的编写，见表6-1。

③ 优质碳素结构钢牌号和合金钢牌号中含碳量的表示方法，一律以平均含碳量的万分之几表示，例如平均含碳量为0.1%或0.25%的钢，其钢号就相应为"10"或"25"。至于沸腾钢、半镇静钢的表示方法和普通碳素钢相同，只是在表示含碳量的两位数字后面加一符号如"10F"表示平均含碳量为0.1%的优质沸腾钢，而"50Mn 则表示平均含碳量为0.5%、含锰量为0.7%～1.00%的镇静钢（镇静钢不加符号）。

表 6-1　产品名称、用途、冶炼和浇注的表示方法

名　称	牌号名称		名　称	牌号名称	
	汉字	采用符号		汉字	采用符号
平炉	平	P	滚动轴承钢	滚	G
酸性转炉	酸	S	高级优质钢	高	A
碱性转炉	碱	J	特类钢	特	C
顶吹转炉	顶	D	桥梁钢	桥	q
沸腾炉	沸	F	锅炉钢	锅	g
半镇静钢	半	b	钢轨钢	轨	U
碳素工具钢	碳	T	铆螺钢	铆螺	ML
焊条用钢	焊	H	铸钢(铁)	铸	Z

　　合金钢中主要合金元素的含量一般以百分之几表示。合金元素平均含量小于 1.5% 时，钢号中只表明元素而不表明含量。例如平均含碳量为 0.36%，含锰量为 1.50%～1.80%，含硅量为 0.40%～0.70% 的合金钢，其钢号应为 36Mn2Si。不锈钢、高速钢等高合金钢一般含碳量大于 1.0% 时，不予标出。平均含碳小于 1.0% 时，以千分之几表示。例如"2Cr13"表示含碳量为 0.2% 左右，铬含量为 13% 的不锈钢。

　　专门用途的钢，则在钢号的前面或后面加上表示用途的符号。例如平均含碳量为 0.2% 的锅炉钢，其钢号为"20g"。平均含碳量为 1.00%～1.10%，含铬量为 0.90%～1.20% 的滚动轴承钢，其钢号为 GCr9。

3. 钢中的主要化学成分

　　钢铁中各化学元素，常以下列形式存在：①固溶态（或游离态）；②碳化物；③氮化物；④氧化物；⑤硼化物；⑥硫化物；⑦硅化物；⑧磷化物等，一般来说，合金元素在钢铁中的分布形式主要是前两种情况。由于钢铁的质量是由其所含杂质或合金元素的成分来决定，下面简单介绍钢铁中的合金元素及杂质对钢铁质量的影响。

　　(1) 碳　碳是钢的最主要成分之一，对钢的性能起着决定性的作用，钢中含碳量高时其硬度也随之增高（这是由碳化铁性能决定的）；而延展性及冲击韧性则相应降低。

　　(2) 硫　硫是钢铁中极有害的元素，它可使钢产生热脆现象，降低钢的力学性能和钢耐蚀性。优质钢中硫的含量不超过 0.04%，在碳素钢中也应在 0.055%～0.07% 之间，含硫在 0.1% 以上的钢实用价值很小，而钢中硫是由生铁中带来的，因此，碱性侧吹转炉所用的炼钢生铁含硫量不得超过 0.08%。

　　(3) 磷　磷在钢铁中也是有害杂质。当钢中含磷量超过 1.2% 时，钢的结构就有 Fe_3P 出现，如果含磷小于此值，则它以固定熔体存在，熔于纯铁中的磷，能使其硬度、强度及脆性增加，含磷高的钢，具有冷脆性。磷的偏析现象很严重，这对钢的危害性就更大了。

　　(4) 硅　硅是钢中有益元素。硅在钢中的作用像碳一样，能增加钢铁的硬度和强度，硅量增加，则铁中游离碳的比率也增加，故硅与碳两者同时存在，可相互调节。若两者各单独存在，则使铁质硬而脆。含硅稍高的钢铁，流动性大，易于铸造，且能增加钢铁的弹性。因此，弹簧钢中常加入硅。硅又能增加钢的电阻及耐酸性；但硅能降低钢铁的延展性，在碳素钢中硅含量不能大于 0.4%，因为大于 0.5% 时，冲击韧性便显著下降。

　　(5) 锰　锰是钢铁中有益元素。在冶炼中锰的存在对除硫有显著效果，锰还能增加钢铁的硬度，但作用较差些，钢中锰之含量必须在 0.3%～0.4% 以上始能增加硬度。锰的作用与碳含量有关，碳低则锰的作用低，碳高则锰的作用高。锰能减少钢铁的延展性，锰的成分超过 1.5% 时则钢变脆，不能使用。锰含量在 7% 以上时，则钢的性质又变成抗磨性极优的材料。

　　(6) 铝　铝与氧氮有很大的亲和力。铝在钢铁中作用，一是用作炼钢时脱氧定氮剂，且细化晶粒，减少或消除低碳钢的时效现象，提高钢冲击韧性，特别是降低钢的脆性转变温度；二是作为合金元素加入钢中，显著提高钢的抗氧化性，改善钢的电磁性能，提高渗氮钢的耐磨性和疲劳

强度等，铝还能提高钢在氧化性酸中的耐蚀性。但铝也有不良影响，如在某些钢中，脱氧时用量过多，将使钢产生反常组织降低韧性，并给浇注等方面带来困难。

(7) 铬　铬作为残余元素时，它虽提高强度、硬度，但同时降低塑性和韧性。在碳素钢中，即使钢中含少量铬，也与镍一样能降低钢的冷冲性能，所以碳素钢一般对 Cr、Ni 都要求在 0.3% 以下。

(8) 镍　镍作为残余元素，作用与铬同。

(9) 铜　铜作为残余元素，如在钢中超过某一数值（一般规定为 0.3% 左右）并在氧化气氛中加热，在氧化铁皮下将形成一层熔点在 1100℃ 左右的富铜合金层，加热温度超过 1100℃，富铜金属层将熔化并浸蚀钢表面层的晶粒，在 1100℃ 以上进行锻轧热变形加工，将使钢的表面鱼鳞状开裂（此现象称为铜脆）。

(10) 钒　钒是强的碳化物、氮化物形成元素，在钢中主要以碳化物的形态存在。它在钢中的主要作用是细化钢的晶粒和组织，提高钢的强度和韧性；在高温熔入奥氏体，增加钢的淬透性；增加淬火钢的回火稳定性，并产生二次硬化效应，提高耐磨性。

(11) 钨　钨在钢中的作用主要是增加钢的回火稳定性、红硬性和热强性，以及形成特殊的碳化物而增加钢的耐磨性。

综上所述，可见钢铁的质量是由其所含杂质或合金元素的成分来决定的，所以经常测定钢铁中各元素的含量及其中的杂质（碳、硅、硫、磷、锰）含量是保证和帮助掌握冶炼过程的重要手段。

二、钢铁试样的采集、制备与分解方法

（一）试样的采集

任何送检样的采取都必须保证试样对母体材料的代表性。因为钢铁在凝固过程中的偏析现象常常不可避免，所以，除特殊情况之外，为了保证钢铁产品的质量，一般是从质地均匀的熔融液态取送检样，并依此制备分析试样。所谓特殊情况，有两种：一种就是成品质量检验，钢铁成品本身是固态的，只能从固态中取样；另一种是铸造过程中必须添加镇静剂（通常是铝），而又必须分析母体材料本身的镇静剂成分的情况。对于这种情况，需要在铸锭工序后适当的炉料或批量中取送检样。

① 常用的取样工具：钢制长柄取样勺，容积约 200mL；铸模 70mm×40mm×30mm（砂模或钢制模）；取样枪。

② 在出铁口取样，是用长柄取样勺臼取铁水，预热取样勺后重新臼出铁水，浇入砂模内，此铸件作为送检样。在高炉容积较大的情况下，为了得到可靠结果，可将一次出铁划分为初、中、末三期，在每阶段的中间各取一次作为送检样。

③ 在铁水包或混铁车中取样时，应在铁水装至 1/2 时取一个样或更严格一点在装入铁水的初、中、末期各阶段的中点各取一个样。

④ 当用铸铁机生产商品铸铁时，考虑到从炉前到铸铁厂的过程中铁水成分的变化，应选择在从铁水包倒入铸铁机的中间时刻取样。

⑤ 从炼钢炉内的钢水中取样，一般是用取样勺从炉内臼出钢水，清除表面的渣子之后浇入金属铸模中，凝固后作为送检样。为了防止钢水和空气接触时，钢中易氧化元素含量发生变化，有的采用浸入式铸模或取样枪在炉内取送检样。

⑥ 从冷的生铁块中取送检样时，一般是随机地从一批铁块中取 3 个以上的铁块作为送检样。当一批的总量超过 30t 时，每超过 10t 增加一个铁块。每批的送检样由 3～7 个铁块组成。当铁块可以分为两半时，分开后只用其中一半制备分析试样。

⑦ 钢坯一般不取送检样，其化学成分由钢水包中取样分析所决定。这是因为钢锭中会带有各种缺陷（沉淀、收缩口、偏析、非金属夹杂物及裂痕）。轧钢厂用钢坯，要进行原材料分析时，钢坯的送检样可以从原料钢锭 1/5 高度的位置沿垂直于轧制的方向切取钢坯整个断面的钢材。

⑧ 钢材制品，一般不分析。要取样可用切割的方法取样，但应多取一点，便于制样。

（二）分析试样的制备

试样制取方法有钻取法、刨取法、车取法、捣碎法、压延法、锯取法、锉取法等。针对不同送检试样的性质、形状、大小等采取不同方法制取分析试样。

1. 生铁试样的制备

（1）白口铁　由于白口铁硬度大，只能用大锤打下，砂轮机打光表面，再用冲击钵碎至过100 号筛。

（2）灰口铸造铁　由于灰口铁中碳主要以碳化物存在，而灰口铁中含有较多的石墨碳。在制样过程中灰口铁中的石墨碳易发生变化，要防止在制样过程产生高温氧化。清除送检样表面的砂粒等杂质后，用 $\Phi 20 \sim 25mm$ 的钻头（前刃角 $130° \sim 150°$）在送检样中央垂直钻孔（钻头转速 $80 \sim 150r/min$），表面层的钻屑弃去。继续钻进 25mm 深，制成 $50 \sim 100g$ 试样。选取 5g 粗大的钻屑供定碳用，其余的用钢研钵轻轻捣碎研磨至粒度过 20 号筛（0.84mm），供分析其他元素用。

2. 钢样的制备

对于钢样，不仅应考虑凝固过程中的偏析现象，而且要考虑热处理后表面发生的变化，如难氧化元素的富集、脱碳或渗碳等。特别是钢的标准范围窄，致使制样对分析精度的影响达到不可忽视的程度。

（1）钢水中取来的送检样　一般采用钻取方法，制取分析试样应尽可能选取代表送检样平均组成的部分垂直钻取，切取厚度不超过 1mm 的切屑。

（2）半成品、成品钢材送检样

① 大断面钢材：用 $\Phi \leqslant 12mm$ 的钻头，在沿钢块轴线方向断面中心点到外表面的垂线的中点位置钻取。

② 小断面钢材：可以从钢材的整个断面或半个断面上切削分析样，也可以用 $\Phi \leqslant 6mm$ 钻头在断面中心至侧面垂线的中点打孔取样。

③ 薄卷板：垂直轧制方向切取宽度大于 50mm 的整幅卷板作送检样。经酸洗等表面处理后，沿试样长度方向对折数次。由 $\Phi > 6mm$ 钻头钻取，或适当机械切削制取分析样。

（三）试样的分解方法

钢铁试样易溶于酸，常用的酸有盐酸、硝酸、硫酸等，可用单酸，也可用混合酸。有时针对某些试样，还需加 H_2O_2、氢氟酸或磷酸等。一般均用稀酸，而不用浓酸，防止反应过于激烈。对于某些难溶试样，则可用碱熔分解法。

对不同类型钢铁试样有不同分解方法，这里简略介绍如下。

① 对于生铁和碳素钢。常用稀硝酸分解，常用（1＋1）～（1＋5）的稀硝酸，也有用稀盐酸（1＋1）分解的。

② 合金钢和铁合金比较复杂，针对不同对象须用不同的分解方法。

硅钢、含镍钢、钒铁、钼铁、钨铁、硅铁、硼铁、硅钙合金、稀土硅铁、硅锰铁合金：可以在塑料器皿中，先用浓硝酸分解，待剧烈反应停止后再加氢氟酸继续分解；或者用过氧化钠（或过氧化钠和碳酸钠组成的混合熔剂）于高温炉中熔融分解，然后以酸提取。

铬铁、高铬钢、耐热钢、不锈钢：为防止生成氧化膜而钝化，不宜用硝酸分解，而应在塑料器皿中用浓盐酸加过氧化氢分解。

高碳锰铁、含钨铸铁：由于所含游离碳较高，且不为酸所溶解，因此试样应于塑料器皿中用硝酸加氢氟酸分解，并用脱脂过滤除去游离碳。

高碳铬铁：宜用 Na_2O_2 熔融分解。酸提取。

钛铁：宜用硫酸（1＋1）溶解，并冒白烟 1min，冷却后用盐酸（1＋1）溶解盐类。

③ 于高温炉中用燃烧法将钢铁中碳和硫转变为 CO_2 和 SO_2，是钢铁中碳和硫含量测定的常用分解法。

任务一　钢铁中五大元素分析

一、碳的测定——非水滴定法

1. 方法提要

试样置于高温炉中加热并通氧燃烧，使碳氧化成二氧化碳，被含有百里香酚酞指示剂的乙醇-乙醇胺-氢氧化钾非水标准溶液吸收并滴定。

2. 试剂与仪器

① 硫酸。

② 氢氧化钾：40%。

③ 助熔剂。

④ $KMnO_4$：4%。

⑤ 非水标准溶液

生铁：KOH 40g、乙醇胺 300mL、百里香酚酞 4g，乙醇稀释至 10000mL。

钢：KOH 5g、乙醇胺 300mL、百里香酚酞 4g，乙醇稀释至 10000mL。

⑥ 氧气瓶。

⑦ 缓气筒。

⑧ 洗气瓶：2个，一个内装浓硫酸、一个装碱性高锰酸钾溶液。

⑨ 干燥管。

⑩ 管式炉。

⑪ 温度控制器。

⑫ 热电偶。

⑬ 瓷管：25mm×20mm×600mm。

⑭ 瓷舟：77mm。

3. 分析步骤

将炉温升至 1200～1300℃，连好分析装置，加非水标准溶液于吸收杯中，用几个标准样品燃烧，吸收直至溶液蓝色褪去，再滴至浅蓝色（终点色）。

称取试样（钢称 0.3g、生铁称 0.2g）置于瓷舟中，加适量助熔剂，预热 1min，通氧燃烧（氧气流量 500mL/min），待蓝色褪去后开始滴定，滴至浅蓝色不变（终点色）。关闭氧气，用长钩拉出瓷舟，放掉吸收杯中部分溶液，进行下一个试样分析。

碳的质量分数按下式计算：

$$w = \frac{w_标 V}{V_标}$$

式中　$w_标$——同种含量相近的标准样品中碳的质量分数；

$V_标$——平行操作中标准样品所消耗非水标准溶液的体积；

V——滴定试样所消耗的非水标准溶液。

4. 注意事项

① 炉子升降温都应开始慢，逐步加速，以延长硅碳棒寿命。

② 当洗气瓶中硫酸体积明显增加时，应及时更换。

③ 滴定速度宜快，保持吸收杯上部溶液呈蓝色。

④ 拉出瓷舟观察燃烧情况，如熔渣不平，断面有气泡，需重新测定。

二、硫的测定——燃烧-碘量法

1. 方法提要

试样在高温氧气流中燃烧，使硫转化为二氧化硫析出，然后被弱酸性的淀粉溶液所吸收，生成的亚硫酸被碘标液滴定，用淀粉作为指示剂测得硫量。

本法适用于钢铁、铁合金、矿石、炉渣及其他非金属样品中硫的测定。

2. 主要试剂及仪器

① 淀粉溶液：称 1g 淀粉，稀释至 1000mL，加少许盐酸。

② 碘标准溶液：称 100g 碘化钾溶于 200mL 水中，加 1g 碘溶之，稀释至 10000mL。

③ 助熔剂：锡粒。

④ 其他见碳的测定。

3. 分析步骤

将炉温升至 1250~1300℃，检查管路及活塞是否漏气，于吸收杯中加入吸收液，打开氧气活塞通氧，滴加数滴碘标液呈浅蓝色为止（试样分析以此为终点颜色）。

称取试样（钢 0.3g、铁 0.2g）置于瓷舟中，使试样平铺密集，加适量助熔剂，将瓷舟推入燃烧管最高温处，预热 1min，通氧燃烧，当吸收液开始褪色时，开始滴碘标液，并保持吸收过程的溶液蓝色不消失，直到吸收液恢复滴定前浅蓝色为止。

硫的质量分数按下式计算：

$$w(S) = \frac{w_{标} V_{试}}{V_{标}}$$

式中　$w_{标}$——标准试样中硫的质量分数；

　　　$V_{标}$——滴定标样所消耗碘标液的体积，mL；

　　　$V_{试}$——滴定试样所消耗碘标液的体积，mL。

4. 注意事项

① 碘标液应放在棕色瓶中，阴凉处保存。

② SO_2 的转化率不是 100%，因此不能用碘标液直接计算结果，而应用同类样品的近似含量的标样换算。

③ 吸收液最好每做一个样更换一次（尤其高硫），特别注意不要使溶液倒吸。

④ 球形干燥管中的棉花要适时更换，更换棉花后要先做一个废样分析，以减少吸附。

三、硅的测定——硅钼蓝光度法

1. 方法提要

试样以酸溶解，在弱酸性介质中，硅酸与钼酸铵生成硅钼杂多酸，在草酸存在下，以硫酸亚铁铵将其还原为硅钼蓝，测量其吸光度。

2. 试剂

① 硝酸（1+4）。

② 碱性钼酸铵：称取 12.5g 无水碳酸钾溶于 5% 钼酸铵溶液中，混匀。

③ 草酸（2.5%）。

④ 硫酸亚铁铵（1%）。

3. 分析步骤

称取试样（生铁 0.02g、钢 0.05g），于 250mL 低形烧杯中，加 HNO_3（1+4）10mL，低温加热溶解，待溶解后，立即加入碱性钼酸铵 10mL，摇匀后，同时加入草酸（2.5%）40mL、硫酸亚铁铵（1%）40mL，充分摇匀，加水 40mL，以 1cm 或 2cm 比色皿于 660nm 处比色，以相应的标样换算结果。

4. 注意事项

① 溶样时间不可过长，温度不宜过高，否则结果会偏低。

② 碱性钼酸铵最好当天配制，不宜放置过久。

四、磷的测定——磷钼蓝光度法

1. 方法提要

试样以硝酸溶解，加高锰酸钾将磷全部氧化为正磷酸，加钼酸铵形成磷钼黄，用氯化亚锡将其还原为磷钼蓝，测量吸光度。

2. 试剂

① 硝酸（2+5）。

② 高锰酸钾（4%）。

③ 钼酸铵-酒石酸钾钠混合溶液（酒钼混液）：将 20% 钼酸铵溶液与 20% 酒石酸钾钠溶液等体积混合，当日配制。

④ 氟化钠-氯化亚锡溶液：100mL 2.4% 氟化钠溶液中加入 0.2g 氯化亚锡，氟化钠预先配制，用时加 $SnCl_2$。

3. 分析步骤

称取试样 0.05g 于 250mL 高形烧杯中，加 $HNO_3(2+5)$ 10mL，低温加热溶解 1.5min，待试样溶解后滴加高锰酸钾（4%）4 滴至有褐色沉淀出现，加入酒钼混液 5mL 摇匀，再加 NaF-$SnCl_2$ 溶液 40mL 摇匀。于 700nm 处以蒸馏水为参比，用 1cm 或 2cm 比色皿比色，以相应标样换算结果。

4. 注意事项

① $KMnO_4$ 加入量每一次应控制一致，煮沸时间控制一致，否则结果不稳。

② 显色酸度应控制在 $0.85\sim1.1mol/L$ 之间，过高或过低都会使结果偏低。

五、锰的测定——过硫酸铵光度法

1. 方法提要

试样以酸溶解，在酸性溶液中，2 价锰在硝酸银存在下，用过硫酸铵氧化为红色的高锰酸测量吸光度。

2. 试剂

① 硝酸-硝酸银混合溶液：取硝酸银 3g 溶解于 1000mL 硝酸（1+3）溶液中。

② 过硫酸铵（30%）。

3. 分析步骤

称取试样（钢 0.1g、铁 0.05g）于 50mL 烧杯中，加硝酸-硝酸银混合溶液 5mL，低温加热溶解 2min，待试样溶完后，加过硫酸铵 5mL，氧化 30s，立即加水 40mL 摇匀，静置 5min，以 1cm 或 2cm 比色皿于 530nm 处比色，以含量相近的标样换算结果。

4. 注意事项

① 凡是硝酸溶解样品时，要不断摇动加速溶解，并驱尽氮氧化物，否则生成的高锰酸有被破坏的可能，使结果不稳。

② 加入过硫酸铵后，须严格控制加热时间，否则结果不稳。

六、红外碳硫法联合测定碳、硫

1. 方法提要

试样经高频炉加热，通氧燃烧，使 C、S 分别转化成 CO_2 和 SO_2，并随氧气流经红外池产生红外吸收，根据它们对各自特定波长的红外吸收及其浓度的关系，经微处理机运算显示，并打印出试样中的 C、S 含量。

本法适合钢、铁、铁合金等样品中碳（0~10%）、硫（0~0.35%）的同时测定。

2. 试剂及仪器

① HCS-140 高频红外碳硫仪：上海德凯仪器公司。

② 点阵式打印机。

③ 交流电子稳压器（5kW）。

④ 助熔剂：钨粒。

⑤ 氧气：纯度≥99.2%。

⑥ 陶瓷坩埚。

3. 分析步骤

① 准备好经 1000℃以上灼烧过的干燥清洁的坩埚。

② 分析前 2h 开启分析测量装置。

③ 分析前 0.5h 开启高频感应加热装置。

④ 将分析气体和动力气体压力调至 0.25MPa。

⑤ 清扫炉头。

⑥ 检查是否漏气。

⑦ 校正重量传感器。

⑧ 标样校正参数。

⑨ 试样分析：于重量传感器上称取样品后，将重量输入计算机内，加入 1g 左右助熔剂，然

后将样品置于高频炉内，启动分析键，大约36s后仪器将自动显示分析结果。

⑩ 分析结束后，关闭电源开关，关闭气体阀门。

4. 注意事项

高效 CO_2 吸收剂和高效变色干燥剂有板结或变色现象应及时更换。

基础知识二　钢铁中的合金元素及快速分析

一、钢铁中合金元素

钢铁中合金元素很多，常见的有铬、镍、钼、钒、钛、铝、铜、铌等。这里简单介绍几种合金元素的测定方法。

1. 铬的测定

普通钢种中铬含量小于0.3%，铬钢中含铬0.5%～2%，镍镉钢中含铬1%～4%，不锈钢中含铬最高可达20%。对于高含量铬的钢铁试样常用银盐-过硫酸铵氧化滴定法测定，对于低含量铬的钢铁试样一般采用二苯碳酰二肼分光光度法进行测定。

2. 镍的测定

镍在普通钢中的含量一般都小于0.2%，结构钢、弹簧钢、滚球轴承钢中要求镍含量小于0.5%，而不锈钢、耐热钢中镍含量最高可达百分之几十。镍的测定方法有很多，常见的有丁二酮肟重量法、丁二酮肟分光光度法及火焰原子吸收分光光度法等。

3. 钼的测定

钼在钢中主要以固溶体及碳化物 MoC_2、MoC 的形态存在。普通钢中钼含量在1%以下，不锈钢和高速工具钢中钼含量可达5%～9%。钼的测定常采用硫氰酸盐分光光度法。

4. 钒的测定

钢中钒的含量一般为0.02%～0.3%，一些合金钢中可达1%～4%。钒的测定主要有高锰酸钾或过硫酸铵氧化-亚铁盐滴定法以及氯仿萃取-钽试剂分光光度法。

5. 钛的测定

不锈钢中一般含钛为0.1%～2%，部分耐热合金、精密合金中钛的含量可达2%～6%。钛的测定方法有变色酸光度法和二安替比林甲烷光度法。

二、钢铁中合金元素的快速分析法

对于生铁样品，先加入预热的硫酸、硝酸混合酸及过硫酸铵，加热至近沸，使试样完全溶解，再加入4mL过硫酸铵溶液（30%），煮沸2～3min（若有 MnO_2 析出或溶液呈褐色，则滴加10%亚硝酸钠溶液使高价锰恰好还原，继续煮沸1min），冷却，在100mL容量瓶中稀释至刻度，用快速滤纸干过滤除去不溶解的炭。然后取试液分别用磷钼蓝光度法测定磷，硅钼蓝光度法测定硅，过硫酸铵氧化光度法测定锰，二苯碳酰二肼分光光度法测定铬，丁二酮肟光度法测定镍，硫氰酸盐分光光度法测定钼，双环己酮草酰二腙光度法测定铜。

对于碳钢和低合金钢样品，先用高氯酸和硝酸加热分解试样，并蒸发至冒白烟，冷却，用少量水溶解盐类，在100mL容量瓶中稀释至刻度。然后取试液分别用磷钼蓝光度法测定磷，硅钼蓝光度法测定硅，过硫酸铵氧化光度法测定锰，二苯碳酰二肼分光光度法测定铬，硫氰酸盐分光光度法测定钼，PAR分光光度法测定钒，丁二酮肟光度法测定镍，变色酸光度法测定钛。

任务二　钢铁中主要合金元素分析

一、铬铁合金测定——过硫酸铵氧化亚铁滴定法测铬

1. 方法要点

试样用酸溶解后，在硫酸-磷酸介质中，以硝酸银为催化剂，用过硫酸铵将铬氧化为6价，锰同时也被氧化，用氯化钠将锰还原消除干扰，以 N-苯代邻氨基苯甲酸为指示剂，用硫酸亚铁铵标准溶液滴定至亮绿色为终点：

$$2Cr^{3+}+3S_2O_8^{2-}+7H_2O \longrightarrow Cr_2O_7^{2-}+6SO_4^{2-}+14H^+（Ag^+ 为催化剂）$$

$$Cr_2O_7^{2-}+6Fe^{2+}+14H^+ \longrightarrow 2Cr^{3+}+6Fe^{3+}+7H_2O$$

2. 主要试剂

① 硫磷混酸：760mL水中加入160mL硫酸，加80mL磷酸混匀。

② 硫酸亚铁铵标准溶液：0.2000mol/L。

3. 分析步骤

(1) 酸溶试样（低碳铬铁，微碳铬铁）　称取0.2000g试样于500mL锥形瓶中，加50mL硫磷混酸，加热使其完全溶解，再滴加硝酸氧化，继续加热到冒硫酸烟时，取下冷却至室温，用水稀释至约200mL。

加热煮沸后加10mL硝酸银溶液、20mL 250g/L过硫酸铵溶液，继续煮沸至出现高锰酸的红色（若试样中含锰量低，应在加过硫酸铵前，加数滴40g/L硫酸锰溶液），再煮沸5～6min，以分解过量的过硫酸铵，加5mL 50g/L NaCl溶液，再煮沸至红色消失，继续煮沸5～10min，取下，冷却至室温，加5滴0.2% N-苯代邻氨基苯甲酸指示剂，以硫酸亚铁铵标准溶液滴定至溶液由红紫色恰变亮绿色为终点。

(2) 碱熔试样（中碳铬铁、高碳铬铁）　称取0.2000g试样于盛有4g过氧化钠的铁坩埚或镍坩埚中，搅匀盖上一层过氧化钠，在煤气灯上熔融（或在马弗炉中先低温后于700℃高温熔融），取下，冷却。置于500mL烧杯中，用100mL水加热浸出，洗净坩埚，煮沸3～5min，除去过氧化氢，用约15mL硫酸（1+3）中和至酸性，加60mL硫磷混酸，煮沸7～8min，加5mL 10g/L的硝酸银溶液，冷却一下，加20mL 200～250g/L的过硫酸铵溶液，加热煮沸5～8min，将铬氧化成重铬酸，加5mL氯化钠溶液，再煮沸至红色消失，继续煮沸5～10min，直至溶液呈现黄绿色，取下，冷却至室温，加入40mL H_2SO_4(1+3) ［或20mL H_2SO_4(1+1)］至体积为300mL。加5滴 N-苯代邻氨基苯甲酸指示剂，以硫酸亚铁铵标准溶液滴定至溶液由红紫色恰变亮绿色为终点，随同做标样。

4. 分析结果计算：

$$w(Cr)=\frac{cV \times 17.33}{1000 \times G} \times 100$$

式中　$w(Cr)$——试样中铬的质量分数，%；

　　　　c——硫酸亚铁铵标准溶液的浓度，mol/L；

　　　　V——滴定所消耗硫酸亚铁铵标液的体积，mL。

5. 注意事项

① 氧化铬时溶液酸度非常重要。酸度过大，铬氧化缓慢甚至氧化不完全；酸度过小，锰以二氧化锰形式析出。

② 当钒、铈存在时，所测定结果为钒铈铬含量，应予扣除。

二、钒铁合金测定——高锰酸钾氧化-亚铁滴定法测钒

1. 方法要点

试样用硝酸和硫酸溶解，用稍过量的高锰酸钾将钒由4价氧化至5价，用亚硝酸钠还原过量的高锰酸钾，过量的亚硝酸钠用尿素进行分解，以 N-苯基邻氨基苯甲酸为指示剂，用硫酸亚铁铵标准溶液滴定。当试样含铈量在0.01%以上时，应采用光度法测定钒。

2. 分析步骤

称取0.2g试样于500mL锥形瓶中，先加入50mL硫酸（1+1），滴加浓 HNO_3，加热至试样全部溶解，蒸发至冒硫酸白烟1～2min，取下，冷却，加水100mL稀释至体积约150mL，加5mL磷酸，加热使盐类溶解，流水冷至室温，滴加25g/L高锰酸钾溶液使呈稳定红色，放置5min，加1～2g尿素（或100mL 20%的尿素溶液），滴加10g/L亚硝酸钠溶液至红色消失，并过量1滴，加3～4滴2g/L N-苯基邻氨基苯甲酸溶液指示剂，用0.08000mol/L硫酸亚铁铵标准溶液滴定至紫红色变亮绿色为终点，随同做标样。

分析结果的计算：

$$w(\mathrm{V}) = \frac{cV_2 \times 50.94}{1000G}$$

式中 V_2——滴定所消耗硫酸亚铁铵标准溶液的体积，mL。

3. 注意事项

① 钒铁易溶于（稀硝酸-稀硫酸混合酸）硝酸、氢氟酸、硫酸，不溶于稀硫酸和稀盐酸，也可被过氧化钠熔融。

② 在氧化性酸中，长时间加热冒烟，钒生成难溶的红棕色五氧化二钒析出。

③ 铬干扰测定。含量高时用高氯酸"冒烟"，加盐酸使铬成氯化铬铣 CrO_2Cl 挥发除去，也可用热砷酸钠还原。少量铬先用硫酸亚铁还原，再用高锰酸钾氧化，此时铬不被氧化。

④ 滴定速度要慢，接近终点时要更慢，防止滴过量。

⑤ 测定钒也可采用过硫酸铵氧化法，分析方法是：加5mL磷酸后，加20mL过硫酸铵溶液，煮沸2～3min，取下滴定。

三、钛铁合金测定——硫酸铁铵容量法测钛

1. 方法要点

试样溶解后，在隔绝空气的条件下，用铝片将钛还原至3价，以硫氰酸盐为指示剂，用硫酸高铁铵标准溶液滴定至橙红色为终点。

2. 硫酸高铁铵标准溶液

配制：称取约21.00g硫酸高铁铵 $[\mathrm{FeNH_4(SO_4)_2 \cdot 12H_2O}]$，加50mL水，慢慢加入50mL硫酸，加热使其溶解，冷却后用水稀至1000mL。

标定：吸取25mL上述配制的溶液，加10mL盐酸（1+1），加热至近沸，滴加10%的氯化亚锡溶液至溶液呈现无色，再过量1～2滴，加入10mL饱和氯化汞溶液，放置2～3min，加10mL硫磷混酸（150mL+150mL+700mL水），以二苯胺磺酸钠为指示剂，用0.1mol/L重铬酸钾标液滴定至紫色不消失为终点。

标定前，配制溶液应滴加高锰酸钾氧化2价铁。

硫酸高铁铵中铁含量：

$$c(\mathrm{Fe^{3+}}) = \frac{c\left(\frac{1}{6}\mathrm{K_2Cr_2O_7}\right) \times V}{V(\mathrm{Fe^{3+}})}$$

3. 分析步骤

称取0.2500g试样于500mL锥形瓶中，加15mL硫酸（1+1），滴加3mL硝酸、2～3滴46%HF至试样溶解，蒸发至冒硫酸白烟5min（出现沉淀再冒1min白烟），冷后，加100～150mL热水，加40mL盐酸，加热使盐类溶解，冷却，加3g铝片，盖上防护漏斗，在流水冷却至剧烈反应完成，迅速加入碳酸氢钠饱和溶液，在低温处加热，并不断摇动，待铝片全部溶解后，煮沸至小气泡赶净，变大气泡，取下，流水冷至室温，用硫酸高铁铵标准溶液滴定至浅紫色，加10mL 100g/L硫氰酸铵溶液，继续滴定至溶液呈橙红色，2min内不消失为终点。随同做标样。

4. 注意事项

① 钛铁易被稀硫酸（1+4）、稀盐酸（1+4）溶解，在浓硝酸中被钝化而不被分解。

② 钛铁溶于硝酸、氢氟酸混合酸中，但测钛时最好不用氢氟酸，因钛与氟形成的配合物非常稳定，造成钛损失，钛铁易被过氧化氢、氢氧化钠、焦硫酸钾熔融分解。

③ 钛还原后必须将溶液中残留的氢气赶净，否则使测定结果偏高。

④ 3价钛在空气中易被氧化，所以在隔绝空气条件下还原并加入大量硫酸铵，可保护3价钛不被氧化。

四、钼铁合金测定——盐酸羟胺还原 EDTA 容量法测钼

1. 方法要点

试样用酸溶解，强碱分离铁、铜等干扰元素，用盐酸羟胺将钼还原至5价，在pH为1～2酸度下，加入一定量EDTA配位钼，以二甲酚橙为指示剂，用硝酸铋标准溶液滴定过量的

EDTA，终点为红色。

2. 试剂

① β-二硝基酚指示剂（或 α-二硝基酚指示剂）：称取 0.1g 溶于 20mL 乙醇溶液中定容至 100mL。

② 硝酸铋标准溶液（0.01mol/L）：称取纯度 99.9% 以上金属铋 2.0898g，置于 250mL 烧杯中，直接加入 20mL 浓硝酸（$\rho=1.42g/mL$），放入容量瓶中，加盖，溶解（使溶液中硝酸浓度为 0.3mol/L），冷却至室温，移入 1000mL 容量瓶中，用水稀释至刻度，混匀。

3. 分析步骤

称取 0.2500g 试样，于 350mL 烧杯中，加 20mL 硝酸（1+3），低温加热溶解，煮沸，驱尽氮氧化物，稍冷，加水至体积为 100mL，加 25mL 400g/L 的 NaOH（或 50mL 200g/L 的 NaOH）煮沸 1min，流水冷却至室温，移入 250mL 容量瓶中，用水稀释至刻度，摇匀静置，干过滤。

移取 50mL 母液于 350mL 烧杯中，准确加入 40.00mL 0.01000mol/L EDTA 标准溶液，加 3 滴 β-二硝基酚指示剂（α-二硝基酚指示剂），用硫酸（1+1）中和，使溶液由黄色变为无色，并小心过量 2 滴（或过量 5~6 滴），此时，溶液 pH 值为 2（或 1.8）（用精密试纸测定），用水稀释至 100mL，加 20mL 100g/L 盐酸羟胺，加 5~6 粒玻璃珠，煮沸 15~20min，取下，流水冷却至室温，保持体积 100mL，加 4 滴 2g/L 二甲酚橙指示剂，用硝酸铋标准溶液滴定至溶液由黄色变为红色为终点，随同做标样。

4. 分析结果计算

$$w(\text{Mo}) = \frac{(V_1 - VK) \times W}{V_1 - V_0 K} \times 100$$

式中　$w(\text{Mo})$——试样中钼的质量分数，%；

　　　V_1——加入 EDTA 标准溶液量，mL；

　　　V——试样中消耗硝酸铋标准溶液量，mL；

　　　W——标准铝铁样品钼质量分数，%；

　　　V_0——标样中消耗硝酸铋标液量，mL；

　　　K——所取 EDTA 标液与消耗硝酸铋标液体积比。

5. 注意事项

① 试样难溶可以加氢氟酸助溶，但必须冒硫酸烟赶氟。

② 钼在硝酸溶液中长时间加热，生成不易溶解的氧化钼析出。

③ 硝酸铋滴定时，溶液酸度严格控制在 pH 值为 2，否则终点不易观察。

④ 滴定时，最好控制所用硝酸铋标准溶液约 5mL 为宜，一般溶液中含钼 20mg 时，需加 EDTA 标液 25~28mL；含钼 30mg 时，则加 EDTA 标液 35~40mL。

⑤ 钼精粉可以直接用铂坩埚熔融，称 3g±0.2g 试样，盖 1g 混合熔剂（3 份无水碳酸钠、2 份硼酸、1 份无水碳酸钾研细），1000℃ 马弗炉中熔融，用 60mL HNO₃（1+3）浸出，以下步骤按钼铁中的钼一样。

五、铜、铬、镍、钴、镁、锰联合测定——原子吸收分光光度法

1. 方法提要

用稀硝酸分解试样，并用高氯酸发烟以破坏碳化物，使硅酸脱水及氧化磷，消除了硅对镁、磷的干扰。加入适量氯化铵消除基体铁的影响，从而可测钢铁中镁（0.005%~0.1%）、镍、锰（0.05%~2%）、铜（0.02%~2%）、钴（0.05%~2%）、铬（0.05%~3%）。

2. 试剂及仪器

① 硝酸（1+3）。

② 氯化铵溶液（10%）。

③ GFU-202 原子吸收分光光度仪。

3. 分析操作

（1）生铁　称取 0.4g 试样于 250mL 锥形瓶中，加硝酸（1+3）20mL，加热溶解，加 10mL

高氯酸，继续发烟至稠状，取下用水洗约 20mL，加热煮沸 1～2min，立即过滤于 100mL 容量瓶中，用热水洗净烧杯及滤纸，用水稀至刻度，摇匀。

（2）普碳钢及中低合金钢　称取试样 0.1g，加硝酸（1＋3）20mL，加热溶解后，取下加氯化铵（10％）10mL，用水稀至 100mL。

按各个元素的特定测定条件测镁、镍、锰、铜、钴、铬，用相应标样处理结果。

技能实训一　铋磷钼蓝光度法测定钢铁及合金中磷含量

1. 实验原理

方法基于用铋来催化钼蓝反应，在室温下迅速显色，于分光光度计波长 690nm 处测量吸光度，该法显色范围较宽，易于掌握，有较高的灵敏度和稳定性。本法适用于各种矿石及钢铁、合金中磷的测定。

2. 实验试剂与仪器

（1）铁溶液 A（5mg/mL）　称取 0.5000g 纯铁（磷的质量分数小于 0.0005％），用 10mL 盐酸（密度约为 1.19g/mL）溶解后，滴加硝酸（密度约为 1.42g/mL）氧化，加 3mL 高氯酸（密度约为 1.67g/mL）蒸发至冒高氯酸烟并继续蒸发至湿盐状，冷却，用 20mL 硫酸［将密度约为 1.84g/mL 的硫酸缓缓加入水中，边加入边搅动，稀释为硫酸（1＋1）］溶解盐类，冷却至室温，移入 1000mL 容量瓶中，用水稀释至刻度，混匀。

（2）硝酸铋溶液（10g/L）　称取 10g 硝酸铋［$Bi(NO_3)_3 \cdot 5H_2O$］，置于 200mL 烧杯中，加 25mL 硝酸（密度约为 1.42g/mL），加水溶解后，煮沸驱尽氮氧化物，冷却至室温，移入 1000mL 容量瓶中，用水稀释至刻度，混匀。

（3）钼酸铵溶液（30g/L）　称取 3g 钼酸铵［$(NH_4)6Mo_7O_{24} \cdot 4H_2O$］溶于水中，稀释至 100mL，混匀。

（4）抗坏血酸溶液（20g/L）　称取 2g 抗坏血酸，置于 100mL 烧杯中，加入 50mL 水溶解，稀释至 100mL，混匀。应现配现用。

（5）磷标准溶液

① 磷储备液（100μg/mL）：称取 0.4393g 预先经 105℃ 烘干至恒重的基准磷酸二氢钾（KH_2PO_4），用适量水溶解，加 5mL 硫酸（1＋1），移入 1000mL 容量瓶中，用水稀释至刻度，混匀。

② 磷标准溶液（5.0μg/mL）：移取 50.00mL 磷储备液，置于 1000mL 容量瓶中，用水稀释至刻度，混匀。

（6）720 型分光光度计及其配套仪器设备。

3. 实验步骤

（1）试液的前处理　称取 0.5000g 钢试样（磷的质量分数在 0.005％～0.050％），置于 150mL 烧杯中，加 10～15mL 盐酸-硝酸混合酸（将 2 份密度约为 1.19g/mL 的盐酸和 1 份密度约为 1.42g/mL 的硝酸混匀），加热溶解，滴加密度约为 1.15g/mL 的氢氟酸，加入量视硅含量而定。待试样溶解后，加 10mL 密度约为 1.67g/mL 的高氯酸，加热到冒高氯酸烟，取下，稍冷。加 10mL 氢溴酸-盐酸混合酸（将 1 份密度约为 1.49g/mL 的氢溴酸和 2 份密度约为 1.19g/mL 的盐酸混匀）除砷，加热至刚冒高氯酸烟，再加 5mL 氢溴酸-盐酸混合酸（将 1 份密度约为 1.49g/mL 的氢溴酸和 2 份密度约为 1.19g/mL 的盐酸混匀）再次除砷，继续蒸发冒高氯酸烟（如试料中铬含量超过 5mg，则将铬氯化至 6 价后，分次滴加密度约为 1.19g/mL 的盐酸除铬），至烧杯内部透明后回流 3～4min（如试料中锰含量超过 4mg，回流时间保持 15～20min），蒸发至湿盐状，取下，冷却。

沿烧杯壁加入 20mL 硫酸（1＋1），轻轻摇匀，加热至盐类全部溶解，滴加 100g/L 亚硝酸钠溶液（称取 10g 亚硝酸钠溶于 100mL 水中）将铬还原至低价并过量 1～2 滴，煮沸驱除氮氧化物，取下，冷却。移入 100mL 容量瓶中，用水稀释至刻度，混匀。

（2）标准曲线的绘制　用移液管分别移取 0mL、0.50mL、1.00mL、2.00mL、3.00mL、5.00mL 磷标准溶液，分别置于 6 个 50mL 容量瓶中，各加入 10.00mL 铁溶液、2.5mL 硝酸铋溶液、5mL 钼酸铵溶液，每加一种试剂必须立即混匀。用水吹洗瓶口或瓶壁，使溶液体积约为 30mL，混匀。加 5mL 抗坏血酸溶液，用水稀释至刻度，混匀。根据室温不同，显色适当时间。

以零浓度标准溶液做参比，于 720 型分光光度计波长 700nm 处测量各标准溶液的吸光度 A。以磷的质量为横坐标，吸光度值为纵坐标，绘制标准曲线。

（3）试液测定

① 显色液：移取 10.00mL 试液，置于 50mL 容量瓶中，加入 2.5mL 硝酸铋溶液、5mL 钼酸铵溶液，每加一种试剂必须立即混匀。用水吹洗瓶口或瓶壁，使溶液体积约为 30mL，混匀。加 5mL 抗坏血酸溶液，用水稀释至刻度，混匀。

② 参比液：移取 10.00mL 试液，置于 50mL 容量瓶中，与显色液同样操作，但不加钼酸铵溶液，用水稀释至刻度，混匀。

③ 吸光度测量：将部分溶液①移入合适的比色皿中，以参比液为参比，在分光光度计波长 700nm 处测量吸光度。减去随同试料所做空白实验的吸光度，从标准曲线上查出相应的磷含量。

曲线回归：$Y = a + bX$，$b = \dfrac{\sum\limits_{i=1}^{n}(X_i - \overline{X})(Y_i - \overline{Y})}{\sum\limits_{i=1}^{n}(X_i - \overline{X})^2}$

相关系数：$r = \dfrac{\sum\limits_{i=1}^{n}(X_i - \overline{X})(Y_i - \overline{Y})}{\sqrt{\sum\limits_{i=1}^{n}(X_i - \overline{X})^2 \sum\limits_{i=1}^{n}(Y_i - \overline{Y})^2}}$

4. 数据处理

$$w = \frac{m_{标}}{G \times 1000} \times 100$$

式中　w——磷的含量，%；

$m_{标}$——从标准曲线上查得的磷的质量，mg；

G——称取试样的质量，g。

5. 720 型分光光度计操作规程

① 接通电源，仪器预热 20min；

② 用波长选择旋钮设置所需的分析波长；

③ 将参比和被测样品分别倒入比色皿中，分别插入比色皿槽中，盖上样品室盖；

④ 将 $T = 0\%$ 校具（黑体）置入光路中，在 T 方式下按"0%T"键，此时显示器显示"000.0"；

⑤ 将参比溶液推（拉）入光路中时，按"0A/100%T"键调 $A = 0 / T = 100\%$，此时显示器显示"BLA"直至显示"100.0%"（T）或"0.000"（A）为止；

⑥ 将被测样品推入光路中，从显示器上得到被测样品的透射比或吸光度值。

基础知识三　冶金炉渣

一、概述

一般情况下，炉渣是冶金生产的副产品，是矿石杂质和各种熔剂等在熔炼过程中形成的，其化学成分很复杂，由 CaF_2、SiO_2、Al_2O_3、CaO、MgO、Fe_2O_3、FeO、MnO、C、TiO_2、磷酸盐、硫化物、碳化物等组成，有时还有氟化物。在冶炼合金钢时，炉渣中有时还有镍、铬、钒、钼等合金元素。在冶炼有色金属时，炉渣有时还含有铜、铅、铋等有色金属元素。

由于各种炉渣的成分和性质不同，大致可分成三类。

（1）高炉渣 主要成分是 SiO_2、Al_2O_3、CaO；碱度（CaO/SiO_2，）常在 0.9～1.3 之间。一般由炉渣断口观察可大致判断其成分。如锰含量高呈绿色，铁含量高呈釉黑色，铝含量高断口有浅蓝色，石状断口且易风化破碎则碱度高，玻璃状断口则酸性高。这类炉渣常不含磷。

（2）炼钢炉渣（氧化性渣） 包括除电炉还原期炉渣以外的各种钢渣。它的特点是含 FeO 和 MnO 高，因而断口呈黑色，所以又称黑渣。碱性钢渣的碱度常在 1.5～4.5 之间，不但比高炉渣碱度高，而且波动幅度也大；一般熔化初期的渣碱度低而铁、锰高，后期精炼时的渣碱度较高，酸性炼钢的炉渣中除铁和锰外几乎全是 SiO_2，且不含磷。

（3）电炉还原性炉渣 低锰、低铁和高碱度，且常含有较多的氟化物。通常分成三种。

① 白渣：以石灰、萤石、硅砂为主要造渣材料，以碳粉、硅铁粉为还原剂而生成；

② 电石渣：造渣材料同上，但由于高温和大量的碳粉作用，生成 2%～5% 的 CaC_2，有显著的乙炔（C_2H_2）气味，很易辨别；

③ 火砖渣：以石灰、火砖块（SiO_2 和 Al_2O_3）或铁矾土为主要造渣材料而生成。

常见的炉渣成分及含量见表 6-2。

表 6-2 常见的炉渣成分及含量

炉渣类型	化学组成（质量分数）/%								
	SiO_2	CaO	Al_2O_3	MgO	FeO 和 Fe_2O_3	MnO	P_2O_5	CaS	F
高炉渣	33.00	38.00	10.04	2.00	0.50	0.50	—	5.0	—
酸性转炉渣	58.00	0.30	3.00	0.20	20.00	18.00	—	—	—
碱性平炉渣	22.00	43.00	3.00	3.00	10.00	12.00	1.50	0.50	0.25

根据炉渣中氧化钙和氧化镁质量分数之和与二氧化硅和氧化铝质量分数之和的比，即碱性率 $\left[碱性率 = \dfrac{w(CaO) + w(MgO)}{w(SiO_2) + w(Al_2O_3)} \times 100\%\right]$ 来划分，又可分为三类：碱性率大于 1 的称为碱性炉渣；碱性率小于 1 的称为酸性炉渣；碱性率等于 1 的称为中性炉渣。

人们把冶金过程中形成的以氧化物为主要成分的熔体称为冶金炉渣，主要分为以下四类。①还原渣 以矿石或精矿为原料，焦炭为燃料和还原剂，配加熔剂 CaO 进行还原，在得到粗金属的同时，形成的渣称为高炉渣或还原渣。②氧化渣 在炼钢过程中，给粗金属（一般为生铁）中吹氧和加入熔剂，在得到所需品质的钢的同时形成的渣称为氧化渣。③富集渣 将精矿中某些有用的成分通过物理化学方法富集于炉渣中，便于下道工序将它们回收利用的渣称为富集渣。例如，高钛渣、钒渣、铌渣等。④合成渣 根据冶金过程的不同目的，配制的所需成分的渣为合成渣，例如，电渣、重熔用渣、连铸过程的保护渣。

炉渣的主要作用在于使矿石中的脉石熔化，去除有害元素和夹杂物，使金属具有一定的成分等。为此，要求炉渣有合格而又稳定的化学成分。例如，只有这样才能使脉石熔化成物理性能合格的液体，保证高炉顺行、高产和长寿；才能有利于生铁去硫、钢液去硫和磷，并达到较高的合金元素回收率。冶金工作者们常说："炼好钢就是要炼好渣"。

一般冶金炉渣的分析比较简单，但如遇到合金钢渣或有色金属炉渣，则稍复杂些。由于冶炼的炉子、品种和条件不同，所得到的合金钢渣或有色金属炉渣中所含各种成分之间的比例，往往也有较大波动。因此，要求分析人员根据不同冶炼情况的炉渣，灵活地运用，必要时正确地改变各有关元素的分析方法（包括试样的处理和干扰元素的分离等），以免处于被动和发生错误。

炉渣分析方法应适合炉渣成分特点。如氧化渣中铁高锰高，须用碱性乙酸盐分离法分离；而含氟炉渣就要先用硫酸将氟赶走，并且注意分析 SiO_2 时硅的挥发。另外还要注意各种成分的可能波动范围：SiO_2 为 12%～65%；Al_2O_3 为 1%～5%；FeO 为微量～60%；CaO 为 0.5%～50%；MnO 为微量～18%；MgO 为微量～15%；P_2O_5 为微量～15%；S 为微量～1.5%。

现就一般无氟时的系统分析，简述如下。

① 一般的炉渣都可用酸来分解（酸性炉渣则不易溶于酸，必须经过熔融）。将 1g 左右的试样磨细过筛后溶于 HCl 中，蒸干，加水稀释、过滤、沉淀、灼烧后称量。沉淀以氢氟酸及硫酸处理，所失之重为 SiO_2 的质量。

② 滤液用 NH_4Cl 饱和，再加 NH_4OH，使 Fe^{3+}、Al^{3+}、Cr^{3+} 和 Ti^{4+} 沉出；Cr^{3+} 和 Ti^{4+} 最好用比色法测定；Fe^{3+} 和 Al^{3+} 则分别用容量法和减差法求出。

③ 滤液经溴水和氨水处理，使 Mn^{3+} 沉出为 MnO_2，再行测定。

④ 钙、镁的测定是基于同时沉淀的方法，钙成为草酸盐沉淀，镁成为砷酸盐沉淀或者磷酸盐沉淀，最后用容量法滴定。

⑤ 以前像 Cr_2O_3、MnO 和 P_2O_5 要用单独称样来完成，现时这些氧化物的含量可在硅酸分离后的溶液中取等份部分来测定。

特种炉渣（即渣中含有镍、铬、钒、钼等元素）一般难溶于酸，因此渣样在分析之前须经过下列任一方法处理：①用碳酸钾和碳酸钠混合剂熔融；②将渣样先溶于盐酸，不溶的残渣再用碳酸钾和碳酸钠熔融；③溶于硝酸和氢氟酸的混合酸中。其化学组成的大约含量，见表 6-3。

表 6-3　特种炉渣化学组成的大约含量

成　　分	SiO_2	Cr_2O_3	Al_2O_3	Fe_2O_3	NiO	CaO	MgO
含量（质量分数）/%	3.2	3.2	1.5	0.5	0.26	61.8	10.8
	3.1	3.1	2.5	0.57	0.27	16.5	49.5
	2.9	2.9	2.4		0.40	33.6	5.6

二、炉渣试样的制备

高炉炉渣可在出渣时用样勺从渣沟中接取。出渣过程中可以取二三次，即出渣 1/3 时取一次，出 1/2 时取一次，出 2/3 时再取一次。

平炉炼钢冶炼时间长，渣层上下成分不匀，一般通过炉门用长勺在渣层中间采样。

转炉冶炼周期短，生产过程炉渣成分变化较大。一般利用副枪样杯取渣样。转炉倒炉时可用洁净的长钢棒伸入渣中粘取，在钢棒的头、中、尾黏附的渣壳，采用厚度均匀而不带石灰块的渣壳混合物作为渣样。

电弧炉氧化期取样同平炉。还原期的白渣因其中正硅酸钙冷至 675℃ 时发生晶变，体积膨胀而自行粉化；而电石渣中 CaC_2 遇空气中水分形成 C_2H_2 也迅速粉化。因此，电炉还原期采取的渣样应立即包装放入干燥器中，并尽快调制送样分析。

将送来的炉渣试样，用手锤轻轻砸碎，取数块，置于钢钵中捣碎，让其通过 100～140 目筛，用磁铁吸去金属铁，所得的试样装入样袋或瓶中，即可供分析用。而电炉还原渣在捣碎后应迅速置于磨口玻璃瓶中。

三、二氧化硅的测定

1. 概述

硅在炉渣中呈 $FeO \cdot SiO_2$、$MnO \cdot SiO_2$、$CaO \cdot SiO_2$ 等状态存在，其含量（质量分数）范围（一般为 22%～58%）较大。易溶于酸的炉渣可以用酸溶解，这时硅即生成硅酸，难溶于酸的硅酸盐则必须用 NaOH 熔融，使转化为硅酸钠，再以热水和盐酸浸取。

炉渣中硅的测定方法，多用重量法。重量法中的硫酸脱水法其手续繁杂，但准确度高，可作为标类法使用。还可以用硅钼蓝光度法。

2. 测定方法

二氧化硅的测定方法，主要有动物胶重量法和硅钼蓝光度法两种。下面主要介绍动物胶重量法。

碱性炉渣易为酸所分解，其反应如下：

$$Ca_2SiO_4 + 4HCl \longrightarrow 2CaCl_2 + H_4SiO_4$$

$$Ca_2SiO_4 + 4HCl \longrightarrow 2CaCl_2 + H_2SiO_3 + H_2O$$

加酸生成的硅酸为水溶胶，因各种不同条件的影响，其含水率不一定，一个分子 SiO_2 最高与 30 个水分子结合。

各种硅酸的性质也不一样，例如 H_4SiO_4 以胶体状态存在于溶液中，过滤时可以穿过滤纸，加热后可转化为 H_2SiO_3，在 $100\sim110℃$ 脱水即可生成 $H_2Si_3O_7$ 不溶于水及酸，过滤后，在 $1000℃$ 灼烧，即变成不含水的 SiO_2。

为了加快分析速度，硅酸的水溶胶在强酸性溶液中与带有相反电荷的动物胶相遇，便失去电荷而凝聚为沉淀析出，聚沉以在 $60\sim70℃$ 及 8mol/L 盐酸中为最好，且应不断搅拌，但千万不可煮沸。

析出的硅酸沉淀在高温（$1000℃$）灼烧，灼烧的温度愈高，SiO_2 的吸水性愈小，这样就便于称量。

四、倍半氧化物的测定

1. 概述

在经典的系统分析中，测定 SiO_2 后的滤液，在加热的情况下加氨水沉淀铁、铝、钛等的氢氧化物，以便与钙、镁分离。过滤后，灼烧至恒重，所得的混合氧化物以 R_2O_3 表示，称为倍半氧化物。

测定 R_2O_3 后，将其用焦硫酸钾熔融，使成可溶性硫酸盐，用重铬酸钾法测定其中 Fe_2O_3 的含量。并将 R_2O_3 经 $K_2S_2O_7$ 熔融后的熔块用水浸取，加 H_2O_2 则生成黄色，以比色法测出其中 TiO_2 含量。如 R_2O_3 中锰、磷等杂质极少时，Al_2O_3 的测定则用减量法求得：

$$w(Al_2O_3) = w(R_2O_3) - [w(Fe_2O_3) + w(TiO_2)]$$

2. 测定方法

炉渣中倍半氧化物的测定方法以重量法为主。它的基本原理如下。

分离 SiO_2 后的滤液，用氨水中和至微碱性，Fe^{3+}、Al^{3+}、Ti^{4+} 等离子即形成氢氧化物沉淀：

$$FeCl_3 + 3NH_4OH \longrightarrow Fe(OH)_3 \downarrow + 3NH_4Cl$$
$$AlCl_3 + 3NH_4OH \longrightarrow Al(OH)_3 \downarrow + 3NH_4Cl$$
$$TiCl_4 + 4NH_4OH \longrightarrow Ti(OH)_4 \downarrow + 4NH_4Cl$$

过滤后，灼烧至恒重，此混合氧化物以 R_2O_3 表示，即倍半氧化物的总量：

$$2Fe(OH)_3[2Al(OH)_3] \longrightarrow Fe_2O_3[Al_2O_3] + 6H_2O$$
$$Ti(OH)_4 \longrightarrow TiO_2 + 2H_2O$$

沉淀时如所加氨水过量，则 $Al(OH)_3$ 会重新溶解，所以必须控制溶液的 pH，$Al(OH)_3$ 完全沉淀所需的 pH 值与甲基红变色比较一致（pH 为 $4.4\sim6.2$）。因此在加氨水之前，可加入甲基红指示剂以便控制 pH。

炉渣中常含有一定量的 Ca、Mg，溶液中应有适量的 NH_4Cl 降低 OH^- 不至沉淀析出。在 $R(OH)_3$ 沉淀时，常有少量 Ca、Mg 与之共沉淀，为得到准确结果，应沉淀两次。

洗涤用 NH_4NO_3 溶液，以防少量 $R(OH)_3$ 形成胶体溶液，NH_4NO_3 对灼烧沉淀并无妨碍，但不可用 NH_4Cl，因为灼烧时形成的 $FeCl_3$ 会挥发，影响分析结果。

五、铁的测定

1. 概述

铁在炉渣中包括全铁、氧化亚铁、金属铁、氧化铁，但大部分均以 2 价状态存在。用铝金属脱氧前部分铁可能和 2 价铁形成 $xFe_2O_3 \cdot yFeO$ 型中间氧化物；因此在炉渣中只测定 2 价铁就不能表示出金属的氧化程度，所以通常先分别测定全铁量、2 价铁和金属铁，然后由计算求出 Fe_2O_3 的含量。

炉渣的黏度是炉渣一个很重要的性质，对酸性渣来说，基本组成是 SiO_2、FeO 和 MnO。一般 SiO_2 含量过多时，黏度增加；反之，FeO 含量过多，可以降低黏度。要使炉渣和钢水之间的反应进行得活跃，必须使反应物质迅速地达到反应区和迅速地从界面移开，而这个反应能力主要为 FeO 所决定。

2. 测定方法

一般测定铁的方法多采用重铬酸钾法，其方法原理同铁矿石分析中铁的分析，这里不再赘述。

六、氧化钙的测定

1. 概述

氧化钙是炉渣中的主要组分，因为它直接影响炉渣的熔点、黏度和碱度。为了控制冶炼过程，必须经常测定炉渣中 CaO 含量。

目前生产中所用测定 CaO 的方法是 EDTA 配位滴定法。而部颁标准方法中所规定的标类法则用高锰酸钾法。

2. 测定方法

一般测定氧化钙的方法，多采用高锰酸钾法，也用钢铁分析中钙的测定方法。其高锰酸钾法是试样经溶解和滤去二氧化硅以后，硅酸已经去掉而其他杂质如铁、铝、锰和磷仍旧存在于溶液中。

由于在一定酸度（pH 为 3.6～4.2）溶液中用草酸铵沉淀钙时，铁、铝、锰和钛不沉淀，并且过量的草酸铵可使镁形成配合物而保留在溶液中。所以可直接用测定 SiO_2 的滤液测定钙，无需事先分离以上各种杂质。

在盐酸溶液中草酸铵和钙的沉淀反应如下：

$$CaCl_2 + (NH_4)_2C_2O_4 \longrightarrow 2NH_4Cl + CaC_2O_4$$

但在这种情况下 CaC_2O_4 结晶析出较慢，同时，溶液内有过量 $C_2O_4^{2-}$ 存在，使 CaC_2O_4 的溶解度大大降低，因此生成的沉淀是极细的结晶。结晶太细的缺点有三：①过滤时容易通过滤纸的孔隙而损失；②堵塞滤纸的孔隙使过滤迟缓；③不易洗涤干净。

为了使 $CaCl_2$ 溶液中把钙沉淀为比较粗粒的结晶，可采用下列的措施：先在 $CaCl_2$ 溶液中加入 HCl 酸化，再加入草酸，最后再用氨水中和游离的酸类。

草酸是中等强度的酸，它的电离常数为 3.9×10^{-2}。$H_2C_2O_4$、H^+、$C_2O_4^{2-}$、$C_2O_4^-$ 这四种存在形式中 $C_2O_4^{2-}$ 是沉淀所必需的，但是从它的电离常数可以看出，$C_2O_4^{2-}$ 的浓度是很小的，溶液中因有盐酸的存在使 $C_2O_4^{2-}$ 浓度更加降低。这样可使得到的 CaC_2O_4 结晶大一些。但不可能使所有的钙全部沉淀。加入氨水中和过剩的盐酸，然后再中和草酸：

$$H_2C_2O_4 + 2NH_4OH \longrightarrow 2H_2O + (NH_4)_2C_2O_4$$

溶液中 $C_2O_4^{2-}$ 的浓度逐渐增加，留在溶液中的钙离子也逐渐形成 CaC_2O_4 沉淀析出。在这种情况下，既可使钙离子沉淀完全，而且，沉淀出来的结晶具有较大的颗粒：

$$CaCl_2 + H_2C_2O_4 + 2NH_4OH \longrightarrow CaC_2O_4 \downarrow + 2NH_4Cl + 2H_2O$$

滤出 CaC_2O_4 的沉淀，溶解于稀硫酸中，用高锰酸钾溶液滴定：

$$CaC_2O_4 + H_2SO_4 \longrightarrow CaSO_4 + H_2C_2O_4$$
$$5H_2C_2O_4 + 3KMnO_4 + 3H_2SO_4 \longrightarrow K_2SO_4 + 2MnSO_4 + 10CO_2 \uparrow + 8H_2O$$

七、氧化镁的测定

1. 概述

炉渣的熔点通常和它的黏度有关，SiO_2 能降低炉渣的熔点，但增加炉渣的黏度。FeO 和 MgO 能升高它的熔点，但却降低它的黏度。同时 CaO 和 MgO 的含量还决定去硫量的多少。故氧化镁也是炉渣分析中经常测定的项目之一。

2. 测定方法

一般快速法最常用的是 EDTA 配位滴定法，而标类法则采用焦磷酸盐法或中和法。以标类法为主介绍。

当氯化铵及氨水存在的时候，用磷酸氢二钠或磷酸氢二铵沉淀为磷酸镁铵 $NH_4MgPO_4 \cdot 6H_2O$，加热灼烧到这种沉淀转变为焦磷酸镁 $Mg_2P_2O_7$，称量，由焦磷酸镁重计算 MgO 的含量。其反应式：

$$Na_2HPO_4 + MgCl_2 + NH_4OH \longrightarrow NH_4MgPO_4 + 2NaCl + H_2O$$

$$2NH_4MgPO_4 \longrightarrow Mg_2P_2O_7 + 2NH_3 + H_2O$$

用磷酸氢二钠沉淀镁时必须在氨水中进行，但溶液中的镁遇氨水则将沉淀为 $Mg(OH)_2$，为了避免镁沉淀成 $Mg(OH)_2$ 必须加入大量的氯化铵，为了使溶液中的镁完全沉淀成磷酸镁铵必须加入足够的氨水。磷酸镁铵的洗涤通常用的洗液为稀氨水或硝酸铵与稀氨水的混合溶液而不用纯水，因磷酸镁铵对水稍有溶解性。

八、炉渣系统分析

1. 概述

在炉渣的系统分析中，为了适应生产的需要，多广泛采用 EDTA 配位滴定法进行铁、铝、钙、镁的连续测定，它与在炉渣总概述中所介绍的经典系统分析法比较分析时间可以缩短 2/3，化验费用可以节约 1/3，并能达到与经典法相同的准确度，所以配位滴定法是符合多快好省的原则、结合生产实际的分析方法。

2. 测定方法

（1）炉渣系统分析　炉渣系统分析流程如图 6-1 所示。

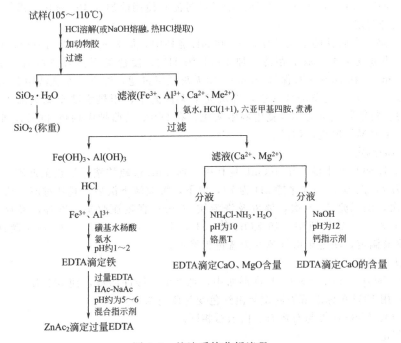

图 6-1　炉渣系统分析流程

（2）分离钙、镁后铁、铝的连续滴定　于过滤 SiO_2 后所得的滤液中，加入六亚甲基四胺，使水解生成氨及甲醛，铁、铝离子便在氨性溶液中形成氢氧化物沉淀：

$$(CH_2)_6N_4 + 10H_2O \longrightarrow 4NH_3 \cdot H_2O + 6HCHO$$

$$FeCl_3 + 3NH_3 \cdot H_2O \longrightarrow Fe(OH)_3 \downarrow + 3NH_4Cl$$

$$AlCl_3 + 3NH_3 \cdot H_2O \longrightarrow Al(OH)_3 \downarrow + 3NH_4Cl$$

沉淀反应控制在一定的 pH 范围内进行，使金属氢氧化物的沉淀速度降低，对溶液中其他离子的吸附作用可减弱，避免共沉。沉淀过滤后，可使铁、铝与钙、镁分离。以适量酸溶解所得铁、铝氢氧化物沉淀，用 EDTA 溶液进行滴定。

利用 Fe^{3+}、Al^{3+} 与 EDTA 生成配合物的稳定性不同，用 EDTA 连续配位滴定铁、铝。当溶液的酸度在 0.1mol/L 以下时（pH 大于 1），Fe^{3+} 即与 EDTA 定量配位，$\lg K \geqslant 25.1$，而 EDTA 与 Al^{3+} 要在溶液酸度 pH 等于 4.7 时，才能定量配位，$\lg K \geqslant 16.3$。由于 Fe^{3+} 与 EDTA 生成配合物的稳定。所以可在溶液中有 Fe^{3+}、Al^{3+} 同时存在时，控制溶液一定的 pH，先以 EDTA 滴定铁，用磺基水杨酸做指示剂，在溶液 pH 为 1～2 时，Fe^{3+} 与磺基水杨酸反应显棕紫色，滴加

EDTA 后 Fe^{3+} 为 EDTA 夺取配位至棕紫色完全消失，即配位完全为滴定终点。记下所用 EDTA 体积（mL），根据每毫升 EDTA 溶液相当于铁的质量（g），计算其质量分数。

然后于溶液中加入一定过量的 EDTA，连续测定铝，使 Al^{3+} 与 EDTA 配位完全后仍有过量的 EDTA 存在，控制溶液 pH 在 4.7 左右，以标准 $ZnAc_2$ 溶液滴定 EDTA 过量部分，计算与铝实际配位所需的 EDTA 用量，根据每毫升 EDTA 溶液相当于铝的质量（g），计算铝的质量分数。

任务三 炉渣分析

一、炉渣中二氧化硅、氧化钙、氧化镁和磷的系统测定

所涉及的主要试剂有 200g/L KOH、4g/L 动物胶、100g/L 过硫酸铵、氨水（1+1）和 20 g/L 铬黑 T、5g/L 铬黑 T、5g/L 钙指示剂、缓冲液（pH 为 10）[配法为称取 67.5g 氯化铵溶于 300mL 水中，加入 570mL 浓氨水，稀释至 1000mL]、40g/L $KMnO_4$、钼酸铵-酒石酸钾钠（100mL 80g/L 钼酸铵溶液加入 8g 酒石酸钾钠溶解，混匀后备用，此溶液现配先用）、氟化钠-氯化亚锡溶液 [每 100mL 35g/L 的氟化钠溶液（已过滤）使用前加 0.40g 氯化亚锡]。

1. 二氧化硅测定

称取 0.5g 除去金属铁的干燥试样，于 400mL 烧杯中，加 30mL HCl（1+1），打碎结块，加热试样溶解，并蒸发至干，取下稍冷，加 10mL 浓 HCl，使盐类不溶残渣溶解，加 10mL 动物胶，搅拌 1～2min，在 70～80℃保温 10min，用无灰纸浆过滤，滤下液及洗液用 250mL 容量瓶收集，以热盐酸（5+95）洗净烧杯 3 次，洗沉淀至无铁离子，用热水洗至无氯离子，冷至室温，稀至刻度混匀。将纸浆及沉淀移入瓷坩埚中灰化，在 900℃马弗炉中灼烧 30min，取出稍冷，放入干燥器中冷至室温，恒重，称量。

2. 氧化钙的测定

吸取 100mL SiO_2 滤下液，于 400mL 烧杯中，加 5mL 过硫酸铵，加热至近沸。用氨水（1+1）调至 pH 为 7，煮沸 5min（保持 pH 为 7），取下，沉淀液下沉后，趁热过滤，用 2％的氨水洗涤烧杯 4～5 次，洗沉淀 7～8 次，滤液及洗液用 200mL 容量瓶收集，冷却，稀释至刻度混匀。吸取 500mL 于 300mL 锥形瓶中，加 KOH 使 pH 大于 12（约 20mL），加 3～4 滴钙指示剂，用 EDTA 标准溶液滴定，滴定至由红色变为蓝色为终点。

3. 氧化镁的测定

吸取（同 CaO）50mL 于 300mL 锥形瓶中，加 20mL 缓冲溶液，使 pH 为 10，加 4～5 滴铬黑 T 指示剂，用 EDTA 标准溶液滴定至由红色变为蓝色为终点。

SiO_2、CaO、MgO 计算与石灰石、白云石相同。

4. 磷的测定

吸取 5mL SiO_2 滤下液，于 100mL 锥形瓶中，加 10mL 硝酸（1+3），加热至沸约 0.5min，加 $KMnO_4$ 至有 MnO 沉淀生成（约 10 滴），煮约 0.5min 取下，立即加 5mL 钼酸铵-酒石酸钾钠溶液，加 40mL 氟化钠-氯化亚锡溶液，摇匀立即比色，结果用标样换算。随同作标样试验。

5. 滤渣中钙镁的测定

称取 0.2500g 试样，加 20mL HCl（1+1），加 1～2mL 浓 HNO_3，加 3～5mL 46％ HF，加 5～8mL 高氯酸，加热尽干，再加 20mL HCl（1+1），定容至 250mL 容量瓶。移取 100mL 试液，放在 300mL 玻璃杯中，加 0.5g NH_4Cl 煮沸，NH_4OH 调至 pH 为 8，加入 3～10mL 250g/L 过硫酸铵，煮沸 8～10min，再调至 pH 为 8，再煮 2～3min，再调 pH 为 8，过滤，热水洗，冷却，定容至 200mL 容量瓶。

（1）测 CaO 吸取 50mL 母液，加 20mL 水、5mL 三乙醇胺、20mL KOH（如 Mg 含量低，加 1mL Mg_2SO_4）、少许钙指示剂，用 EDTA 标准溶液滴至终点为蓝色。

（2）测 MgO 吸取 50mL 母液，加 5mL 三乙醇胺、1.6mL pH 为 10 缓冲溶液、少许铬黑 T 指示剂，用 EDTA 标准溶液滴定到终点为蓝色。

一般炉渣通常用酸来溶解。在实际生产中，不同性质的炉渣选用不同分析方法。

二、保护渣中氧化钙、氧化镁的测定

1. 氧化钙、氧化镁测定

（1）方法要点　试样用盐酸、氢氟酸、硝酸溶解，高氯酸"冒烟"驱尽氮氧化物。滤渣于高温铂坩埚中熔融来测定氧化钙和氧化镁。

（2）分析步骤　称取0.2500g试样于石英（氟）杯中，加少许水润湿，加15mL盐酸（1+1），稍溶解，加5mL 46% HF、5mL浓HNO$_3$，在电热板上低温加热溶解，加10mL高氯酸，加热赶尽酸烟，高氯酸至干，加100mL水冲洗杯壁，加20mL盐酸（1+1）加热，溶液沸腾2min，溶解盐类，溶液过滤，洗烧杯及沉淀各3遍（滤下液不超过150mL），滤液保留。

将不溶物过滤，连同滤纸放入铂坩埚中，灰化后，加入1～2g混合熔剂，盖上铂盖，置于高温炉中，950～1000℃熔融，6min取出，冷却至室温，置于保留的滤下液中，浸出，冷却，稀释到250mL容量瓶中。

CaO、MgO的滴定同滤渣中钙镁的测定，这里不再赘述。

2. 其他成分测定

保护渣中其他成分用ICP分析，用ICP带转炉渣标样，标样溶解同上。另外，用铂坩埚把混合熔剂同试样一起在马弗炉中烧熔后，浸入已溶好的标样溶液中，冷却稀释到250mL容量瓶。

三、高炉渣的测定

1. 方法要点

试样在沸水条件下以硝酸溶解定容至250mL，分别测定二氧化硅、氧化钙、氧化镁。

2. 分析步骤

称取0.1000g试样，于200mL烧杯内，以少量水润湿，加沸水100mL左右，在不断搅拌下，加20mL浓硝酸溶解，试样全溶后，移入250mL容量瓶内，洗净烧杯以水稀至刻度，混匀。

（1）二氧化硅、氧化钙、氧化镁的联合测定

① 二氧化硅的测定——硅钼蓝光度法。

吸取3mL母液于100mL容量瓶内，补加10mL硫酸（5+1000），加5mL 50g/L钼酸铵溶液摇匀，于沸水浴中加热30s，取下以流水冷却至室温，加15mL草硫混酸，摇匀，加5mL硫酸亚铁铵溶液，摇匀，以水稀释至刻度摇匀，比色测定其吸光度，计算二氧化硅含量，随同做标样：

$$w(SiO_2) = \frac{w_{标样}}{A_{标样}} \times A_{试样}$$

式中　$w(SiO_2)$——试样中二氧化硅的质量分数，%；

　　　$w_{标样}$——标样中二氧化硅的质量分数，%；

　　　$A_{标样}$——标样吸光度；

　　　$A_{试样}$——试样吸光度。

② 氧化钙的测定——EDTA容量法。

吸取50mL母液，于锥形瓶内加1～2mL三乙醇胺（1+1），摇匀，加20mL 200g/L氢氧化钾，加1～2滴钙指示剂，以0.007130mol/L EDTA标准溶液（c）滴定至纯蓝色为终点，记下消耗EDTA标准溶液的体积（mL）V_1：

$$w(CaO) = \frac{c \times V_1 \times 250 \times M(CaO)}{G \times 50 \times 1000}$$

③ 镁的测定——EDTA容量法。

吸取50mL母液，于锥形瓶内，加2mL三乙醇胺（1+1），加20mL氨水（1+1），加1～2滴4g/L铬黑T指示剂，以0.007130mol/L EDTA标准溶液（c）滴定至纯蓝色为终点，记下消耗EDTA标准溶液的体积（mL）V_2：

$$w(MgO) = \frac{c \times (V_2 - V_1) \times 250 \times M(MgO)}{G \times 50 \times 1000}$$

注：1. 溶解试样时水温保持95℃以上为佳。

2. 加硝酸时要缓缓加入并不断搅拌。

3. 对碱度较低试样往往溶解不完全，故需改用碱熔法。

4. 滴定钙、镁注意滴定速度由快到慢，并不断振荡。

（2）全氧化铁的测定——重铬酸钾容量法

① 方法要点　试样用盐酸溶解，用金属铝将 Fe^{3+} 还原为 Fe^{2+}，以重铬酸钾标准溶液来测定全铁。

② 分析步骤　称取 0.1000g 除去金属铁的试样于 300mL 锥形瓶内，以少量水润湿，加 20mL 盐酸（1+1），于低温电炉加热溶解，待试样溶解完全后，用纯铝丝将溶液还原为无色，冷却至室温，加 20～30mL 左右水，加 7～8 滴 4g/L 二苯胺磺酸钠，以 0.004640mol/L 重铬酸钾标准溶液（c）滴定至紫蓝色为终点，记下消耗重铬酸钾溶液的体积（mL）V。

$$w(\text{Fe}_2\text{O}_3)=\frac{3\times c\times V\times M(\text{Fe}_2\text{O}_3)}{G\times 1000}$$

注：1. 炉渣内的金属铁，必须先用磁铁吸除干净。

2. 还原用铝丝表面要清洗干净。

（3）氧化铝的测定——EDTA 容量法

① 方法要点　试样以硝酸直接溶解，以强碱分离铁、铝，在一定的酸度下用 EDTA 配位铝，过量的 EDTA 用硫酸铜回滴，以消耗 EDTA 标准溶液的体积计算氧化铝含量。

② 分析步骤　称取 0.100% 试样于 300mL 烧杯中，加少量水润湿，加 100mL 左右沸水，在不断搅拌的情况下加 20mL 浓硝酸，在电炉上继续加热至全部溶解后，以氨水调至 pH 值为 7～8，在电炉上加热至沸腾 3min，取下冷却以定性滤纸过滤于烧杯中，以水洗净烧杯 3 次，弃滤下液，将沉淀以 20mL 盐酸（1+1）溶解于烧杯内，以盐酸（5+95）洗净滤纸，将溶液以水稀至 100mL 左右，加 100g/L 氢氧化钠调至中性，并过量 3～4g，于电炉上煮沸 4～5min。取下流水冷却移入 200mL 容量瓶内，洗净烧杯，定容混匀，以定性滤纸干过滤于烧杯中，吸 50mL 滤下液，于 300mL 烧杯中，加 20mL 左右 0.004460mol/L EDTA 标准溶液，加 10g/L 酚酞指示剂数滴，以盐酸（1+1）和 100g/L 氢氧化钠溶液调至浅红色刚刚消失，加 20mL 乙酸-乙酸铵缓冲溶液，于电炉上加热煮沸 3min，取下趁热加 2g/L PAN 指示剂数滴，以 0.004460mol/L 硫酸铜标准溶液回滴过量的 EDTA 标准溶液，滴定至紫红色为终点，记下消耗硫酸铜标准溶液体积。

③ 注意事项

a. EDTA 加入量要适当，一般按含量并过量 5mL 左右为宜；

b. 当中和时，若溶液出现混浊现象，表示 EDTA 加入量不足，可重新调整酸度，补加，最好重新再做；

c. 煮沸时间不小于 3min，滴定温度不低于 80℃ 热滴终点好观察。

（4）硫的测定——燃烧碘量法　渣中硫的分析同生铁中硫的分析，只是温度为 1250℃。

四、转炉渣的测定

1. 方法要点

试样以盐酸或硝酸直接溶解定容至 250mL，分析二氧化硅、氧化钙、氧化镁。

2. 分析步骤

称取 0.2500g 试样，于 200mL 烧杯内，以少量水润湿，加 60mL 硝酸（1+6），将试样散开，于低温电炉加热溶解，待试样全部溶解后，再加 50mL 水，加热至沸取下冷却移入 250mL 容量瓶内，洗净烧杯，以水稀释至刻度，摇匀。

（1）二氧化硅的测定——硅钼蓝分光光度法　吸取 5mL 母液于 100mL 容量瓶内，补加 10mL 硫酸（5+1000），加 5mL 50g/L 钼酸铵溶液摇匀，于沸水浴中加热 30s，取下以流水冷却至室温，加 15mL 草硫混酸，摇匀，加 5mL 硫酸亚铁铵溶液，摇匀，以水稀释至刻度摇匀，比色测定其吸光度，计算二氧化硅含量，随同做标样：

$$w(\text{SiO}_2)=\frac{w_{标样}}{A_{标样}}\times A_{试样}$$

式中　$w(SiO_2)$——试样中二氧化硅的质量分数，%；

$\quad\quad w_{标样}$——标样中二氧化硅的质量分数，%；

$\quad\quad A_{标样}$——标样吸光度；

$\quad\quad A_{试样}$——试样吸光度。

（2）氧化钙、氧化镁的测定——EDTA 容量法　吸取 100mL 母液于 300mL 烧杯内，加少量水，以氨水调至 pH 为 7～8，于电炉上再加热到沸腾 3min 后，取下用试纸检查 pH，直至 pH 为 7～8，冷却，移入 200mL 容量瓶内，以水洗净烧杯稀至刻度摇匀，以定性快速滤纸干过滤于原烧杯内。

① 氧化钙的测定　吸取 50mL 滤下液于 300mL 锥形瓶内，加 100mL 200g/L 氢氧化钾、1～2 滴 4g/L 钙指示剂，以 0.004460mol/L EDTA 标准溶液滴滴至纯蓝色为终点，记下消耗 EDTA 标准溶液的体积 V_1。

② 氧化镁的测定　吸取 50mL 滤下液于 300mL 锥形瓶内，加 10mL 氨水（1+1），加 1～2 滴 4g/L 铬黑 T 指示剂，以 0.004460mol/L EDTA 标准溶液滴定至纯蓝色为终点，记下消耗 EDTA 标准溶液的体积 V_2。

$$w(CaO) = \frac{c \times V_1 \times 200 \times 250 \times M(CaO)}{G \times 50 \times 100 \times 1000}$$

$$w(MgO) = \frac{c \times (V_2 - V_1) \times 200 \times 250 \times M(MgO)}{G \times 50 \times 100 \times 1000}$$

③ 注意事项

a. 试样必须事先去除金属铁；

b. 试样在烧杯内必须以水散开，不可成团；

c. 溶解试样时间、温度和液体体积和标样一致，加水不可低于 30mL。

（3）氧化铝的测定　同高炉渣测定方法。

技能实训二　炉渣中二氧化硅的测定

1. 实验原理

试样以盐酸溶解，加热脱水，使硅酸转为不溶性硅酸，灼烧成二氧化硅然后称其质量。

2. 实验试剂

① 盐酸（$\rho = 1.19g/cm^3$）。

② 硝酸（$\rho = 1.41g/cm^3$）。

③ 氯化铵（分析纯）。

④ 盐酸溶液（5+95）。

3. 实验步骤

称取 0.5000g 试样置于 300mL 蒸发皿中，滴水润湿试样，盖好表面皿。加 10mL 浓盐酸、3mL 浓硝酸，低温加热溶解，并蒸发至干，在烘箱中于 105～110℃烘 1h，冷却后以少许浓盐酸润湿，放置 2min。加 5g 氯化铵、100mL 热水，加热使盐类溶解，并静置 1～2min。以定量滤纸过滤，用盐酸溶液（5+95）洗涤 7～8 次，再以热水洗至无氯离子反应为止。将滤液注入 500mL 容量瓶中，供测定钙、镁、铁、铝、磷及氧化物用。将沉淀连同滤纸移入已恒重的瓷坩埚中，烘干并低温炭化后移入 950～1000℃箱式电阻炉中灼烧 1h，冷却后称量。

4. 结果计算

$$w(SiO_2) = \frac{m_1 - m_2}{m} \times 100\%$$

式中　m_1——坩埚质量+沉淀质量，g；

$\quad\quad m_2$——坩埚质量，g；

$\quad\quad m$——试样质量，g。

思 考 题

1. 填空题

(1) 钢铁中的五大元素是指_____，其中有益元素是_____，有害元素是_____。

(2) 磷钼蓝分光光度法测定钢铁中磷元素，适宜的酸度是_____。加入酒石酸钾钠作用是_____，加入 NaF 的作用是_____，加入 $SnCl_2$ 的作用是_____。

2. 钢与铁有何区别，如何分类？

3. 写出钢铁总的合金元素及杂质对钢铁质量的影响。

4. 测定合金钢中的 Ni 含量。称取试样 0.5000g，处理后制成 250.00mL 试液。准确取 50mL 试液，用丁二酮肟将其中的 Ni^{2+} 沉淀分离，并将沉淀溶解于热 HCl 中，得到 Ni^{2+} 试液。再加入 0.05000mol/L EDTA溶液 30.00mL，多余的 EDTA 用 002500mol/L 的 Zn^{2+} 标准溶液返滴定，消耗 14.56mL，计算合金钢试样中 Ni 的质量分数。

(答案：66.67%)

5. 锡青铜中 Sn^{4+} 含量的测定，称取试样 0.2000g，制成溶液，加入过量的 EDTA 标准溶液，使共存的 Cu^{2+}、Zn^{2+}、Pb^{2+} 全部生成配合物。剩余的 EDTA 用 0.01000mol/L $Zn(Ac)_2$ 标准溶液滴定。以二甲酚橙作指示剂达终点后，加入适量的 NH_4F，此时只有 Sn^{4+} 与 F^- 生成 SnF_6^{2-}，同时置换出 EDTA，再用 $Zn(Ac)_2$ 标准溶液滴定，用去 22.30mL，求锡青铜试样中 Sn 的质量分数。

(答案：13.24%)

6. 什么是倍半氧化物，重量法测定炉渣中倍半氧化物的基本原理是什么？

7. 磷钼蓝分光光度法测定钢铁中磷元素，适宜的酸度是多少？加入酒石酸钾钠作用是什么？加入 NaF 的作用是什么？加入 $SnCl_2$ 的作用是什么？

8. 用草酸沉淀钙时，为什么不必预先分离铁、铝、锰和镁等杂质？

9. 总结归纳钢铁中除基体元素以外，其他主要有益和有害的杂质元素有哪些？对钢铁性质的影响如何？生铁、碳素钢和合金钢在化学成分上的主要区别如何？

模块七　金属材料分析

【学习目标】
1. 了解金属材料分析的基本知识。
2. 掌握常见铁碳合金中主要成分分析方法。
3. 掌握铝合金、镁合金主要成分分析方法。
4. 掌握钛合金主要成分分析方法。
5. 掌握稀土元素总量分析方法。

【能力目标】
1. 会进行常见铁碳合金的工业分析。
2. 能进行镁铝合金主要成分分析。
3. 会分析钛合金中主要成分。
4. 会分析稀土元素。

【典型工作任务】
通过实例，了解、熟悉并掌握金属材料分析的前处理、实验准备、分析测试及实验后处理，了解金属材料分析的方法及程序，建立合理分工、相互协作、和谐的职业氛围。

基础知识一　金属材料

金属材料种类繁多，通常分为两大类：黑色金属和有色金属。铁、锰、铬及其合金称为黑色金属材料。除黑色金属以外统称为有色金属。有色金属又按其密度大小，在地壳中的储量和分布等情况分为轻金属、重金属、贵金属、半金属、稀有金属（又可分为稀有轻金属、难熔金属、稀有分散金属、稀土金属和稀有放射性金属）。我国通常所指的有色金属包括铜、铅、锌、铝、锡、锑、镍、钨、钼、汞 10 种金属及它们的合金。

冶金工业分火法冶金和湿法冶金两类。前者主要是钢铁、合金和部分有色金属的冶炼，后者主要是稀土、稀散、稀有、贵金属和部分有色金属的冶炼。由于稀土、稀有和有色金属在原子能、电子科技和许多高新技术领域占有重要地位，为这些元素在冶金工业的发展创造了有利条件，也给这些元素的工业分析提出了更高要求。

有色金属种类较多，性能各异，用途广泛。例如，铝是炼钢的脱氧剂；镍是冶炼合金钢的重要成分；锌和锡是薄钢板镀层的主要原料等。所以，有色金属生产能力，是反映国家经济实力、工业化水平、综合国力的重要指标之一。

金属材料分析的各种分析方法很多，也有相应的国家或部颁标准方法。采用的方法要求成熟、准确、可靠。因此，一些标准分析方法为确保可靠性，往往操作繁琐，有的灵敏度不能满足要求。在此基础上，有人进行了一些新方法研究，采用了一些新体系，如水杨基荧光酮-CTMAB光度法测定锑；DDTC聚乙烯醇光度法测定铜；羧多偶氮氯膦光度法测定镁等。限于篇幅，不能逐一讨论，本模块选择常见的铁碳合金、镁铝合金及金银作为黑色金属、轻金属和贵金属的代表，介绍金属材料试样采集、制备与分解方法，锰铁、硅铁、铬铁合金、铝和铝合金中主要元素的定量分析方法。

任务一　锰铁合金测定

一、锰的测定
1. 苯基邻氨基苯甲酸指示剂法

（1）方法要点　试样以磷酸溶解，用硝酸将锰氧化成 3 价状态：

$$H_3PO_4 + Mn_3(PO_4)_2 + HNO_3 \longrightarrow 3MnPO_4 + NO\uparrow + 2H_2O$$

生成的 3 价锰，用亚铁进行滴定：

$$2MnPO_4 + 3H_2SO_4 + 2FeSO_4 \longrightarrow 2MnSO_4 + 2H_3PO_4 + Fe_2(SO_4)_3$$

以苯基邻氨基苯甲酸为指示剂，由淡红色突变为亮黄色，即为终点。

（2）仪器和试剂

① 锰铁试样：粉碎过 100 目筛。

② 硫酸亚铁铵标准溶液：0.01820mol/L。

（3）分析步骤　称取 0.1000g 试样，于 250mL 锥形瓶中，加 15mL 磷酸和 3～4mL 硝酸，加热至试样全部溶解，并继续加热至刚微冒磷酸烟（时间不可长），取下，放置 30～40s，立即加入 1～2g 固体硝酸铵，摇匀静置（不应加热煮沸），使氮氧化物逸尽后，加 80mL 水后摇匀并冷至室温，先用硫酸亚铁铵标准液滴至淡红色，加 3～4 滴 0.2% 苯基邻氨基苯甲酸指示剂，再继续滴定至亮黄色为终点。

（4）锰质量分数计算：

$$w(Mn) = \frac{c(Fe^{2+}) \times V \times 54.94}{1000 \times G}$$

式中　$c(Fe^{2+})$——硫酸亚铁铵标准溶液的物质的量浓度，mol/L；

V——消耗硫酸亚铁铵标准溶液的体积，mL；

G——称取试样的质量，g。

2. 二苯胺磺酸钠指示剂法

（1）方法要点　试样以磷酸溶解，用硝酸将锰氧化成 3 价状态：生成的 3 价锰，用亚铁进行滴定。以二苯胺磺酸钠为指示剂，由紫红色突变为亮绿，即为终点。

（2）仪器和试剂　样品粉碎机、分样筛（100 目），分析天平，250mL 烧杯，250mL 锥形瓶，搅拌棒，50mL 滴定管，滴定架；粉碎过 100 目筛的锰铁试样，0.02mol/L 硫酸亚铁铵溶液。

（3）分析步骤

① 亚铁溶液的标定：在分析天平上准确称取 0.019～0.020g $K_2Cr_2O_7$ 两份于两个 250mL 锥形瓶中，各加入 20mL 水使其溶解，再各加 15mL H_2SO_4（1+1）和三滴 1% 二苯胺磺酸钠指示剂，分别用待标定的亚铁溶液滴定到由紫红色变为亮绿色为终点。计算亚铁溶液的浓度 $c(mol/L)$。

② 锰含量的测定：称取 0.1～0.2g 试样于 250mL 烧杯中，加入 10mL H_3PO_4，加热溶解成糊状，滴加硝酸数滴，这时用搅棒迅速搅拌，使硝酸与糊状物充分混合，继续加热冒浓白烟，使锰定量氧化，取下稍冷加入 15mL H_2SO_4（1+1），再加热 2～3min，用以除尽氮的氧化物，冷却后加水至 100mL，以亚铁溶液滴定至微红色，加入三滴二苯胺磺酸钠指示剂，继续滴定至亮绿色为止。计算锰的质量分数。

二、硅的测定

1. 重量法

称取 0.5g 试样，置于蒸发皿中，加 50mL 硝硫混酸（取 160mL 浓硫酸注入 660mL 水中，加浓硝酸 180mL）盖好表面皿，加热溶解，并蒸发至冒硫酸烟，2～3min 后取下，冷却，加 10mL 盐酸，10min 后，加 100mL 热水，加热至水溶性盐类溶解，以定量滤纸浆过滤，用盐酸（5+95）洗至无铁离子（以 1% 硫氰酸铵试验），再用热水洗至无氯离子（以 1% 硝酸银试验），将沉淀及纸浆移入瓷坩埚中，灰化灼烧，称重。

2. ICP 分析法

称取 0.1g 试样放入微波消解罐中溶解，加入 4mL HCl（1+1）、6mL HNO_3、3 滴 46% HF，溶好后加入 6 滴饱和 H_3BO_4，定容至 200mL 容量瓶中，混匀，倒入塑料瓶中，用 ICP 分析。随同做空白试验。

三、磷的测定

1. 试剂

① 钼酸铵溶液：将研细的 270g 钼酸铵，溶于 2L 水中，搅拌并慢慢倾入于 2L 硝酸（2＋3）的大瓶中，混匀后，加 0.01g 磷酸铵，静置 24h，使用前过滤。

② 10g/L 硝酸钾溶液：用煮沸过并冷却的水配制，溶液必须中性。

2. 分析步骤

称 0.5g 试样于 250mL 烧杯中，加 25mL 硝酸，加热溶解后，加 10mL70％高氯酸，蒸发至冒烟 15～20min，取下冷却，加 50mL 水，加 5mL 硝酸，微热使可溶性盐类溶解，滴加 10g/L 亚硝酸钾至水合二氧化锰沉淀溶解，煮沸除去氮氧化物，将硅酸过滤掉，用硝酸（2＋98）洗涤至无铁离子，弃去沉淀，将滤液与洗液于 250mL 锥形瓶中，加 10g 硝酸铵，溶解后，调整溶液体积为 50～60mL，加热 50～60℃，加入 50mL 钼酸铵溶液，将瓶口塞紧，剧烈振荡 5min，静置 2～3h，用盛有纸浆的漏斗过滤，并将漏斗上的沉淀，用硝酸（2＋98）洗 4～5 次，再用硝酸钾溶液洗至无酸性反应（取最后 2mL 洗液，加酚酞指示剂及氢氧化钠标准液各一滴，如已洗净洗液呈鲜红色），将已洗净的磷钼酸铵沉淀连同滤纸置于原锥形瓶中，加 0.1000mol/L 氢氧化钠标准溶液，使磷钼酸铵沉淀溶解后，过量 5～10mL，加 50～60mL 中性水、3 滴酚酞，用 0.1000mol/L 硝酸标准溶液滴定至红色消失。

3. 磷质量分数计算

$$w(P) = \frac{T(V-V_1)K}{G}$$

式中　T——氢氧化钠标准液对 P 的滴定度，g/mL；

V——消耗 NaOH 标准溶液的体积，mL；

V_1——消耗 HNO_3 标准溶液的体积，mL；

K——硝酸对 NaOH 的比例系数。

任务二　硅铁中硅的测定

一、比重法

称取 8 目以下、14 目以上的分析样品 70g，放入预先用水对好零点的李氏比重瓶内，充分摇动把气泡放出，读取比重瓶上刻度，记下体积（mL）查曲线得硅的含量。所查数据见表 7-1。

表 7-1　硅铁定硅曲线

数量/mL	含硅量/%	数量/mL	含硅量/%	数量/mL	含硅量/%	数量/mL	含硅量/%
18.00	58.80	19.80	64.30	21.60	69.70	23.40	75.40
18.10	59.20	19.90	64.60	21.70	70.00	23.50	75.70
18.20	59.50	20.00	64.90	21.80	70.30	23.60	76.10
18.30	59.80	20.10	65.20	21.90	70.60	23.70	76.40
18.40	60.20	20.20	65.50	22.00	70.90	23.80	76.70
18.50	60.50	20.30	65.80	22.10	71.20	23.90	77.10
18.60	60.80	20.40	66.10	22.20	71.50	24.00	77.50
18.70	61.10	20.50	66.40	22.30	71.80	24.10	77.80
18.80	61.30	20.60	66.70	22.40	72.10	24.20	78.10
18.90	61.60	20.70	67.00	22.50	72.40	24.30	78.30
19.00	61.90	20.80	67.30	22.60	72.70	24.40	78.60
19.10	62.20	20.90	67.60	22.70	73.00	24.50	78.90
19.20	62.50	21.00	67.90	22.80	73.30	24.60	79.20
19.30	62.80	21.10	68.20	22.90	73.70	24.70	79.50
19.40	63.10	21.20	68.50	23.00	74.10	24.80	79.80
19.50	63.40	21.30	68.80	23.10	71.40	24.90	80.00
19.60	63.70	21.40	69.10	23.20	74.70		
19.70	64.00	21.50	69.40	23.30	75.10		

二、重量法

1. 方法要点

试样以碱性熔剂分解，硅转化为硅酸，然后用高氯酸加热冒烟使硅酸脱水过滤洗净，将沉淀放入马弗炉（温度为1000℃）灼烧恒重，以差减法计算硅含量。

2. 分析步骤

称取0.2000g试样于铁坩埚中，加2～3g碳酸钠混匀，再覆盖一层，在马弗炉（温度为700℃）内熔融后取出，再加3～4g过氧化钠，继续熔融至完全分解后，取出冷却，以水洗净坩埚外壁，放入300mL烧杯中，以50～70mL热水浸出熔块，洗出坩埚，加10mL盐酸，溶解盐类，加30mL 70%高氯酸，盖上表面皿，于电热板上加热至冒高氯酸烟15～20min，取下冷却，沿杯壁加10mL盐酸，加100mL左右水，使盐类完全溶解，趁热以定量滤纸浆过滤于300mL烧杯中，用擦棒擦净烧杯、表面皿及棒，以5%热盐酸洗液洗至无铁离子（以50g/L硫氰酸铵试验），再用热水洗至无氯离子（以硝酸银试验），向滤液中再加10mL 70%高氯酸，再次加热至冒白烟，重复以上操作，将两次沉淀及滤纸浆放入30mL瓷坩埚内，先低温后高温灰化完全后，置于1000℃马弗炉里灼烧1h，冷却后称重。

3. 注意事项

灼烧后的二氧化硅如不洁白，需要用氢氟酸处理，挥发二氧化硅，再灼烧挥发，失去的质量为二氧化硅的质量。

三、氟硅酸钾容量法

1. 方法要点

试样以硝酸-硝酸钾、氢氟酸分解，加氟化钾、硝酸钾使生成氟硅酸钾沉淀，过滤后以热水使氟硅酸钾溶解，水解出氢氟酸，再以氢氧化钠标液滴定。间接求得硅含量。

2. 试剂

① 硝酸-硝酸钾溶液：称取20g硝酸钾溶于硝酸，再以硝酸稀释至100mL。

② 硝酸钾-乙醇洗液：100g硝酸钾溶于900mL水中，加100mL乙醇。

③ 硝酸钾-乙醇溶液：5g硝酸钾溶于水，加50mL乙醇，以水稀至100mL。

3. 分析步骤

称取0.1000g试样（硅铁称0.1000g，硅锰合金称0.2000g）于塑料杯中，加15mL硝酸-硝酸钾溶液、5mL 40%氢氟酸，室温溶解，加5mL50g/L尿素，以塑料杯搅拌无气泡为止。加10mL 150g/L氟化钾、20mL饱和硝酸钾，搅拌均匀，冷却至25℃以下。静置15min后，以纸浆漏斗过滤。以硝酸钾-乙醇洗液洗涤烧杯及沉淀各8～10次，将沉淀连同纸浆置于原塑料杯中，加15mL硝酸钾-乙醇溶液、5滴酚酞指示剂，以0.2500mol/L氢氧化钠标准溶液中和残余酸，仔细搅拌沉淀及滤纸，至刚刚出现微红色，加150mL煮沸热水搅拌，以0.2500mol/L氢氧化钠标准溶液滴定至微红色为终点。随同做标样。

4. 计算公式

$$w(\mathrm{Si}) = \frac{w_{标样}}{A_{标样}} \times A_{试样}$$

式中　　$w_{标样}$——标准样品中硅的质量分数，%；

　　$A_{标样}$，$A_{试样}$——标样和试样的吸光度。

5. 注意事项

①分析的全过程不可接触玻璃器皿；②溶解温度必须小于25℃；③洗涤时洗液用量和中和残余酸时氢氧化钠用量均每次小于3mL；④氟硅酸钾沉淀的条件：沉淀温度最好在15℃左右。沉淀时间与硅含量有关，当硅小于50%时需5～10min，当硅大于50%时，需15min以上。

当硅铁、硅的含硅量不大于50%时，允许误差±0.30%；当含硅量为72%～82%时，允许误差±0.40%；当含硅量大于85%时，允许误差为±0.50%。当硅锰合金的含硅量不大于17.00%时，允许误差为±0.15%；当含硅量大于17.01%时，允许误差为±0.20%。

任务三 硅锰合金测定

一、磷的测定

（一）铋磷钼蓝光度法

1. 试剂

① 硝酸铋溶液 称取 25g 硝酸铋溶于 500mL HNO_3（1+9）中。

② 抗坏血酸-乙醇溶液：2g 抗坏血酸溶于 100mL 水中，加 100mL 无水乙醇。

③ 磷储备液：100μg/mL，50μg/mL。

2. 分析步骤

称取 0.05g 试样于 100mL 锥形瓶中，加 2.5mL 浓 HNO_3、2.5mL 70％高氯酸（如分析硅锰合金时，则加入 8～19 滴 46％ HF），加热溶解至高氯酸白烟冒出瓶口，维持 2～3min，使碳化物分解，同时将磷氧化成正磷酸，离火稍冷加 10mL HNO_3（1+3）、10 滴 100g/L 亚硫酸钠溶液，加热煮沸 1min，流水冷却，加入 5mL 50g/L 钼酸铵溶液、10mL 抗坏血酸-乙醇溶液、5mL 硝酸铋溶液，稀至 100mL，摇匀，1min 以后，以水作空白，于光度计 660nm 波长处，用 1cm 比色皿测其吸光度，根据吸光度计算磷质量分数，随同做标样。

3. 计算公式

$$w(P) = \frac{w_{标样}}{A_{标样}} \times A_{试样}$$

式中　　$w_{标样}$——标准样品中磷的质量分数，％；

$A_{标样}$，$A_{试样}$——标样和试样的吸光度。

（二）磷钒钼黄光度法

1. 分析步骤

称 0.2000g 试样，于聚四氟乙烯烧杯中，加 10mL HNO_3（1+1），加 2mL 46％ HF，加热溶解后，加 5mL 70％高氯酸，加热至冒烟赶氟，直至近干，加 20mL HNO_3（1+3），滴加亚硝酸钠溶液还原锰至 2 价，煮沸，驱尽氮氧化物，移入 50mL 容量瓶中，加入 5mL 2.5g/L 钒酸铵溶液，加入 5mL 50g/L 钼酸铵溶液，用水稀至刻度，摇匀，放置 10min。

参比液：剩余的 25mL 试液，加 5mL 2.5g/L 钒酸铵溶液，用水稀至刻度，摇匀，于波长 420nm 处测其吸光度。

2. 注意事项

① 高氯酸"冒烟"，不能"冒糊"，以免二氧化锰沉淀不易转化成溶液；

② 磷钒钼黄配合物非常稳定，放置 10h 吸光度无变化；

③ 本方法适用于高含量磷的测定，在 100mL 体积内可测 0.3～0.6g 磷。

二、锰的测定——硝酸铵氧化法

1. 试剂

① 苯代邻氨基苯甲酸指示剂溶液（钒试剂）：称取 0.2g 苯代邻氨基苯甲酸、0.2g 碳酸钠溶于 100mL 热水中。

② 0.03000mol/L 硫酸亚铁铵标准溶液：称取 11.76g 硫酸亚铁铵，溶于 1000mL 硫酸（5+95）中。

2. 分析步骤

称取 0.1000g 试样于 250mL 锥形瓶中，加 14mL 浓磷酸（如分析硅锰合金试样时，再滴加 15 滴 46％ HF），加热溶解后，加 4mL 硝酸，继续加热至微冒磷酸烟，离火放置片刻立即一次迅速加入 1～2g 硝酸铵，并不断摇动锥形瓶，然后用洗耳球将产生的氮氧化物气体从瓶内赶尽，稍冷加 50mL 水，冷却至室温，立即用硫酸亚铁铵标准液滴至淡红色，加入 3 滴钒试剂继续用硫酸亚铁铵标准液滴至亮绿色即为终点，随同做标样。

三、硅的测定——硅钼蓝比色法

称取 0.1000g 试样于塑料烧杯中，加入 8mL HNO_3（2+1），慢慢滴加 46% HF 5 滴、10 滴、15 滴、20 滴，并用塑料棒不断搅拌全溶后，加 5% H_3BO_3，继续搅拌 3min。将此试液移入 250mL 容量瓶中稀释至刻度摇匀。

吸取 25mL 试液于另一 250mL 容量瓶中，加入 50mL 硫硝混酸（50mL H_2SO_4 + 8mL HNO_3 + 945mL 水），用水稀至刻度混匀。

吸取 10mL 经再次稀释液于 100mL 容量瓶中，加 5mL 50g/L 钼酸铵于沸水中放置 30s，冷却后加入 25mL 草硫混酸 [300mL 50g/L 草酸与 100mL H_2SO_4（1+3）混合]、10mL 60g/L 硫酸亚铁铵溶液，用水稀释至刻度摇匀，以水作空白，于波长 660nm 处，用 1cm 比色皿比色测定，随同做标样。

技能实训一 氟硅酸钾容量法测硅含量

1. 实验原理

在试样经苛性碱（KOH）熔融后，加入硝酸使硅生成游离硅酸。在有过量的氟、钾离子存在的强酸性溶液中，使硅生成氟硅酸钾（K_2SiF_6）沉淀，经过滤、洗涤及中和残余酸后，加沸水使氟硅酸钾水解生成等物质的量的氢氟酸，然后酚酞为指示剂，用氢氧化钠标准溶液进行滴定，终点为粉红色。

2. 实验试剂

① 氟化钾：分析纯。

② 氯化钾：分析纯。

③ 氯化钾-乙醇溶液：50g/L，称取 5g 氯化钾（KCl）溶于 50mL 水中，加入 50mL 95%（体积分数）乙醇，混匀。

④ 酚酞指示剂溶液：10g/L，将 1g 酚酞溶于 100mL 95%（体积分数）乙醇中。

⑤ 氢氧化钠标准滴定溶液：0.15mol/L，将 60g 氢氧化钠溶于 10L 水中，充分摇匀，储存于带胶塞（装有钠石灰干燥管）的硬质玻璃瓶或塑料瓶内。

氢氧化钠标准滴定溶液的标定：称取约 0.8g（精确至 0.0001g）苯二甲酸氢钾（$C_8H_5KO_4$），置于 400mL 烧杯中，加入约 150mL 新煮沸过的已用氢氧化钠溶液中和至酚酞呈微红色的冷水，搅拌，使其溶解，加入 6~7 滴酚酞指示剂，用氢氧化钠标准滴定溶液滴定至微红色。

3. 实验步骤

称取 0.2500g 试样于银坩埚中，加入 3.5g 氢氧化钠固体，在 650~700℃ 下熔融 15~20min，冷却至室温，将熔样放入加有 30mL 左右热水的塑料烧杯中，冲洗，再用 HNO_3（1+1）冲洗坩埚，然后用热水冲洗。洗完后烧杯中体积不要超过 50mL，再向其加入 20mL 浓 HNO_3，放至室温（不超过 30℃）。然后向烧杯中加氯化钾固体至饱和（再多加约 1g），后加 1g 氟化钾固体放置 15min，然后用中速定量滤纸过滤，用氯化钾-乙醇溶液（要达到氯化钾饱和状态）冲洗烧杯及沉淀。沉淀及滤纸一起放入原烧杯中加 1mL 酚酞指示剂、10mL 饱和氯化钾-乙醇溶液，用氢氧化钠溶液仔细调至红色 2min 不褪色（仔细搅动滤纸并以之擦洗杯壁直溶液呈红色）。然后向其中加入 200mL 沸水（沸水加一滴酚酞指示剂用氢氧化钠调至微红），立刻用氢氧化钠溶液滴定至红色为终点。记录消耗氢氧化钠体积。

4. 结果计算

$$w(SiO_2) = \frac{c \times (V - V_0) \times 10^{-3} \times 15.02}{m} \times 100\%$$

式中 $w(SiO_2)$——SiO_2 的质量分数，%；

　　　c——NaOH 标准滴定溶液的物质的量浓度，mol/L；

　　　V——试样消耗的 NaOH 标准滴定溶液的体积，mL；

　　　V_0——空白消耗的 NaOH 标准滴定溶液的体积，mL；

m——试样质量，g；

15.02——$\frac{1}{4}$SiO$_2$ 的摩尔质量，g/mol。

5. 注意事项

① 沉淀氟硅酸钾的酸度应＞3mol/L，KCl 的加入量应随室温变化而有所增减，一般控制加入量以饱和为宜。

② 本法的操作关键是中和游离酸，要特别小心，必须逐步把滤纸捣碎，否则中和不完全。如果调至过头，可用 1％HCl 调回黄色后，再用 NaOH 调至紫色。

③ 氟硅酸钾沉淀与沸水作用所产生的水解反应是分步进行的。

$$K_2SiF_6 \longrightarrow 2K^+ + SiF_6^{2-} \longrightarrow SiF_4 + 2F^- + 2K^+$$

以上反应是可逆的

$$SiF_4 + 3H_2O \longrightarrow H_2SiO_3 + 4HF$$

水解反应的速度，主要取决于氟硅酸离子的解离反应，因此氯化钾-乙醇溶液的用量不宜过多，否则过多的 K$^+$ 会影响氟硅酸离子的解离反应。氟硅酸钾沉淀水解是吸热反应，水解时应采用沸水，体积应＞200mL，溶液温度应＞70℃。因为温度高有利于氟硅酸钾沉淀的水解。

<h1>基础知识二　铝及铝合金分析</h1>

铝是银白色金属，相对密度（2.7）小，只有铁的 1/3，熔点（657℃）也很低，塑性极好，导电性及导热性很高，抗蚀性好，但是强度低。通常纯铝可分为高级铝及工业用铝两大类。前者供科研用，纯度可达 99.98％～99.996％；后者的纯度＜99.98％，用于一般工业和配制合金。GB/T 8005.1—2008 中规定铝：铝含量不少于 99.0％，并且其他任何元素的含量不超过表 7-2 规定界限值的金属（参考 ISO 3134：1985）。

表 7-2　金属含量界限

元　素	含量/%
Fe+Si	≤1.0
其他元素，每种	≤0.10

注：1. 其他元素系指 Cr、Cu、Mg、Mn、Ni、Zn。

2. 如果铬和锰含量都不超过 0.05％，铜含量允许为＞0.10％且≤0.20％。

铝合金的品种很多，性能和用途也不一样，通常分为铸造用铝合金和变形铝合金，严格的铝合金术语参见 GB/T 8005.1—2008。

铸造铝合金分为简单的铝硅合金（Al-Si）、特殊铝合金（如铝硅镁 Al-Si-Mg）、铝硅铜（Al-Si-Cu）、铝铜铸造合金（Al-Cu）、铝镁铸造合金（Al-Mg）、铝锌铸造合金（Al-Zn）等。

变形铝合金根据其性能和用途的不同通常分为铝（L）、硬铝（LY）、防锈铝（LF）、线铝、锻铝（LD）、超硬铝（LC）、特殊铝（LY）和耐热铝等。

铝及铝合金的取样方法与制样方法根据样品不同也有不同的要求，下面具体介绍国家标准中规定的变形铝及铝合金的取样方法。

一、变形铝及铝合金化学成分分析的取样方法

1. 样品的选取

（1）选样原则

① 生产厂在铝及铝合金铸造或铸轧稳定阶段选取代表其成分的样品。仲裁时在产品上取样。

② 代表整批或整个订货合同的样品，应随机选取。在保证其代表性的情况下，样品的选取应使材料的损耗最小。

③ 需方可用拉断后的拉力试样作为选取的样品。

（2）取样数量

① 若样品来自铸造或铸轧稳定阶段，当熔炼炉内熔体成分均一时，每一熔次的熔体至少取一个样品。

② 当样品选自同一牌号、同一批次的产品时，除有特殊规定外，一般都应按下列规定取样。

a. 铸锭，一个铸造批次应取一个样品。

b. 板材、带材每 2000kg 取一个样品，箔材每 500kg 取一个样品；对于单卷质量大于规定量的带卷、箔卷，每卷可取一个样品。

c. 管材、棒材、型材、线材，每 1000kg 产品取一个样品。

d. 锻件小于或等于 2.5kg 时，每 1000kg 产品应取一个样品；大于 2.5kg 的锻件每 3000kg 产品取一个样品。

e. 少于规定量的部分产品，应另取一个样品。

2. 制样规则

① 用于制备化学分析试样所选取的样品应洁净无氧化皮（膜）、无包覆层、无脏物、无油脂等。必要时，样品可用丙酮洗净，再用无水乙醇冲洗并干燥，然后制备试样。样品上的氧化皮及脏点可用适当的机械方法或化学方法予以除去。在用化学方法清洗时，不得改变样品表面的性质。

② 从没有偏析的样品上制取试样时，根据样品的开卷、规格可通过钻、铣、剪等方式取样。从有偏析的半成品铸锭或样品上制取试样时，如钻则需钻透整个样品，如铣、剪则应在整个截面上加工。

③ 制样用的钻床、刀具或其他工具，在使用前彻底洗净。制样的速度和深度应调节到不使样品过热而导致试样氧化。推荐采用硬质合金工具，当使用钢质工具时，应事先清除吸附的铁。

④ 制取碎屑试样时，原则上不需要冷却润滑剂；如遇到高纯铝或较黏合金产品取样时，可采用无水乙醇作冷却润滑剂。

⑤ 钻屑、铣屑或剪屑应用强磁铁细心处理，将所有在制样时带进的铁屑去掉。尽可能避免此类杂质的混入。

⑥ 钻屑、铣屑和剪屑应细心检查，将制样时偶然带入的任何杂物除去。

3. 试样的制备

① 铸锭、板材、带材、管材、棒材、型材或锻件等的样品应用铣床在整个截面上加工，或沿径向或对角线上钻取试样，取点应不少于 4 点且呈等距离分布，钻头直径不小于 7mm。样品厚度不大于 1.0mm 的薄带和薄板可以将两端叠在一起，折叠一次或几次，并将其压紧，然后在剪切边的一侧用铣床加工或在平面上钻取试样，对于更薄的样品，可将数张样品放在一起折叠、压紧、钻取试样。

② 样品太薄、太细，不便使用钻、铣等方式时，可用剪刀剪取试样。

③ 从代表一批产品的样品上钻（铣、剪）取数份（至少 4 份）等量试样，将它们合成一个试样，并充分混匀。

4. 试样的量和储存

① 已制备的试样应大于 4 倍分析需要的量，且试样的质量应不少于 80g。

② 对于长期保存的试样，为防止氧化或在大气环境变动的条件下组成有变化，或与纸、纸盒接触中引起污染，应保存在广口玻璃瓶中，容量约 50mL，用金属的、带丝扣的密封盖，最好是塑料盖盖紧。

二、铝及铝合金试样的分解方法

由于铝的表面易钝化，钝化后不溶于硫酸和硝酸。因此，铝及铝合金试样常用 NaOH 溶液溶解到不溶时再用硝酸溶解。或先用盐酸溶解到不溶时，再加硝酸溶解。常用的分解方法有 $NaOH + HNO_3$、$NaOH + H_2O_2$、$HCl + HNO_3$、$HCl + H_2O_2$ 或 $HClO_4 + HNO_3$ 等溶解方法，而且在操作上，常常先加前者，溶解至不溶时，再加后者。例如，用 $NaOH + HNO_3$ 分解的操作：先用 20%～30% NaOH 溶解至不溶时，再加入硝酸；其反应：

$$2NaOH + 2Al + 6H_2O \longrightarrow 2Na[Al(OH)_4] + 3H_2 \uparrow$$

$$2NaOH + Si + H_2O \longrightarrow Na_2SiO_3 + 2H_2 \uparrow$$
$$Fe + 4HNO_3 \longrightarrow Fe(NO_3)_3 + NO + 2H_2O$$
$$3Cu + 8HNO_3 \longrightarrow 3Cu(NO_3)_2 + 2NO + 4H_2O$$
$$Mn + 4HNO_3 \longrightarrow Mn(NO_3)_2 + 2NO_2 + 2H_2O$$

三、铝的测定

铝是主体元素。金属铝中铝含量在 97% 以上，铸造铝合金中铝含量为 80% 左右，变形铝中铝含量通常为 90% 左右。

高含量铝的测定，通常采用滴定法，以 EDTA 滴定法和基于生成氟铝酸钾的酸碱滴定法。EDTA 滴定法，通常采用氟化物置换的 EDTA 滴定法。

氟铝酸钾法是基于铝化物和氟化钾作用生成氟铝酸钾并析出游离碱：

$$Al^{3+} + 3OH^- \longrightarrow Al(OH)_3$$
$$Al(OH)_3 + 6KF \longrightarrow K_3AlF_6 + 3KOH$$

反应中析出的游离氢氧化钾用标准盐酸溶液滴定。通常加入酒石酸掩蔽铁，这时虽会生成铝的酒石酸配合物，但不妨碍铝与氟形成更稳定配合物（K_3AlF_6）。该法于 50mL 溶液中滴定时，50mg Fe_2O_3、20mg CaO 和 MgO、15mg Pb、2mg TiO_2、<10mg ZnO、0.2mg MnO 均不影响铝的测定，对铝和铝合金分析来说是适宜的。但注意实验中不要引入 NH_4^+、CO_3^{2-} 以妨碍测定。

四、铝合金中其他元素的测定

铝合金中常见的合金元素有铜、镁、锰、锌、硅等，少数铝合金还有镍、铬、钛、铍、锆、硼及稀土元素。铝及铝合金分析中经常测定的除铝外，尚有铁、硅、镁、锌、铜和锰。

1. 铁的测定

铝及铝合金中铁作为杂质元素，其含量很低，通常用邻二氮杂菲分光光度法或原子吸收分光光度法测定。邻二氮杂菲分光光度法是国家标准方法，详见 GB/T 20975.4—2008《铝及铝合金化学分析方法 第 4 部分：铁含量的测定邻二氮杂菲分光光度法》。

原子吸收分光光度法选用较窄的光谱通带，一般在空气-乙炔氧化性火焰中，于 248.3mm 处测量。铝合金中 Si、Ni、V 对铁的测定会产生负干扰，当它们含量较高时，须加入一定量锶盐，以消除其影响。

2. 硅的测定

铝合金中硅的测定有硅酸沉淀灼烧重量法和硅钼蓝光度法。当硅的含量大于 1% 时，采用重量法（新国标中将重量法测硅的范围重新确认为 0.3%～25.0%），当硅含量小于 1% 时用硅钼蓝分光光度法。

重量法的试样用 NaOH 溶解，$HClO_4$ 酸化时应加入适量的 HNO_3，促使试样中 Cu 和 Mn 的溶解，对 Sn、Pb、Sb 的含量较高的铝合金试样，在用 $HClO_4$ 冒烟脱水前加入适量的 HBr，使 Sn、Sb 冒烟时以溴化物挥发除去。硅钼蓝吸光光度法的原理与岩石矿物分析中和钢铁分析中所介绍的方法相同。即试料以氢氧化钠和过氧化氢溶解，用硝酸和盐酸酸化。用钼酸盐使硅形成硅钼黄配合物（约 pH=0.9），用硫酸提高酸度，以 1-氨基-2-萘酚-4-磺酸或抗坏血酸为还原剂，使硅钼黄转变成硅钼蓝配合物，于波长 810nm 处测其吸光度。

3. 铜的测定

铝及铝合金中铜的测定方法有分光光度法、火焰原子吸收光谱法、电解重量法等。

（1）恒电流电解重量法　在 H_2SO_4 和 HNO_3 溶液中，放入两个铂电极，用恒电流电解时，能和 Cu 一起析出的金属有 As、Sb、Sn、Bi、Ag、Hg、Au 等，在铝合金中除 Sn 以外的金属含量极微，可以不考虑。对 Sn 的干扰，可在试样处理时，加入 HBr 和溴水使其成溴化物从 $HClO_4$ 溶液中挥发除去。为了使电解沉积 Cu 纯净、光滑和紧密，电解时加入 HNO_3 抑制氢气逸出，加入尿素或氨基磺酸消除 HNO_2 氧化沉积铜。另外，在低温、低电流密度下进行电解，可防止沉积物的氧化作用。在电解操作时，开始阶段溶液中 Cu^{2+} 浓度较高，电解速度很快，要使这一部分 Cu 沉积完全，需要 1～2h，在这段时间内，其他的杂质元素也容易析出，因此，采用电解到一定程度后，用分光光度法测定残留液中 Cu。

（2）分光光度法　测定铝及铝合金中低含量铜的分光光度法有双环己酮草酰二腙光度法和新亚铜试剂（2,9-二甲基-1,10-菲罗啉）光度法。在 pH＝8～9 溶液中，Cu^{2+} 与双环己酮草酰二腙（BCO）形成蓝色水溶性配合物（λ_{max} 为 595～600nm，ε 为 $1.6×10^4$）。Cu 在 0.2～4μg/mL 范围内遵守比耳定律。该方法应严格控制溶液 pH，当 pH＜6.5 时，配合物不形成；pH＞10 时，配合物的颜色迅速褪色，而显色最佳的是 pH＝8～9，铝合金中共存元素不干扰测定。在 pH＝3～7 溶液中，Cu^+ 与新亚铜试剂形成黄色配合物，可被三氯甲烷萃取，配合物的 λ_{max} 为 460nm，ε 为 $8.4×10^3$，铝及铝合金中一般共存元素均不干扰测定。

（3）原子吸收光谱法　用原子吸收光谱法测定铝合金中 Cu 的含量，方法简单、快速。于波长 324.7nm 处，用空气-乙炔火焰测定，铝合金中一般共存元素不干扰测定。在测定条件下，Al 在 2mg/mL 以下，下列浓度的酸：$c(HCl)＝1.2mol/L$、$c(HNO_3)＝1.4mol/L$、$c(H_2SO_4)＝0.18mol/L$ 对测定不干扰。

4. 镁的测定

铝及铝合金中镁的测定有滴定法、分光光度法和原子吸收光谱法等。

滴定法是用 DDTC 沉淀分离 Fe、Ni、Cu、Mn 等干扰元素，加三乙醇胺掩蔽 Fe、Al，在 pH＝10 条件下，用 EGTA 掩蔽 Ca^{2+}，铬黑 T 为指示剂，用 EDTA 滴定。

光度法有铬变酸 2R 光度法、偶氮氯膦Ⅰ光度法、兴多偶氮氯膦Ⅰ光度法、2-(对磺基苯偶氮)变色酸-CPB-OP 光度法等。铬变酸 2R 光度法是于 pH＝10.9 碱性溶液中，有丙酮（40%）存在下，铬变酸 2R 与 Mg^{2+} 生成棕红色配合物，于 570nm 波长下测定，$\varepsilon＝3.7×10^4$；兴多偶氮氯膦Ⅰ是在用三乙醇胺掩蔽铁，用邻菲罗啉掩蔽锌、镍、铜，用酒石酸掩蔽钙、稀土、钛等的 pH＝9.15～9.75 条件下，与 Mg^{2+} 形成紫红色配合物，于 580nm 波长下测定。

原子吸收光谱法测定镁，于 5%盐酸、硝酸或高氯酸介质中，用锶盐作释放剂，抑制铝、钛干扰，在空气-乙炔焰中，于 285.2nm 处测定。该法灵敏度高，对较高含量可稀释或缩短光程。

5. 锌的测定

铝及铝合金中锌量的测定采用 EDTA 滴定法及原子吸收光谱法。高含量 Zn 的测定用 EDTA 滴定法，在测定前必须分离，国标方法采用离子交换法分离，也是目前常用的分离方法，它是在 $c(HCl)＝2mol/L$ 溶液中，将被测试液通过强碱性阴离子交换树脂后，再用 $c(HCl)＝0.005mol/L$ 溶液洗脱吸附在树脂上的 Zn，以双硫腙为指示剂，用 EDTA 标准溶液滴定。原子吸收分光光度法是测定铝及铝合金中 Zn 的最好的方法，优点是简单快速。于波长 213.9nm，用空气-乙炔氧化火焰测定，含有 1mg/mL 的 Mg、Mn、Cu、Co、Pb、Sr、Ca、Cd、Fe、Al、Ni、Ti 等对 1μg/mL Zn 的测定均不干扰。

6. 钛、铅、镍的测定

钛的测定常用二安替比林甲烷分光光度法。

铅的测定，采用原子吸收光谱法为好，Pb 的灵敏线为 217.0nm，其附近有强的背景吸收，必须扣除。吸收线 283.3nm，虽然灵敏度较低，但不受背景的干扰，故常被采用。使用 217.0nm 时，溶液中 Al 含量大于 1mg/mL 对测定有抑制作用；使用 283.3nm 时，溶液中 Al 含量达到 5mg/mL 不影响 Pb 的测定。铝合金中与 Pb 共存的元素均不干扰测定。试液的酸度允许值：$c(HCl)＝1.2mol/L$、$c(HNO_3)＝1.6mol/L$、$c(HClO_4)＝1.2mol/L$。而 H_2SO_4、H_3PO_4 对测定有干扰。

铝合金中微量 Ni 的测定，通常采用丁二肟分光光度法和原子吸收光谱法。用原子吸收光谱法测定 Ni 时，在空气-乙炔火焰中，与 Ni 共存的杂质元素几乎没有干扰，试液中 Al 在 2mg/mL 时也不影响 Ni 的测定。试液中 $c(HCl)＝1.2mol/L$、$c(HNO_3)＝1.4mol/L$、$c(H_2SO_4)＝0.35mol/L$、$c(H_3PO_4)＝0.3mol/L$ 溶液对测定不干扰。

任务四　铝合金及铝料测定

一、铝合金中硅的测定

铝合金主要有镁铝合金、铜铝合金、锌铝合金、硅铝合金等，铝合金既能溶于普通无机酸又能溶于碱。其中所涉及的草硫混酸为：3g 草酸溶于 100mL 硫酸（1＋1）中。

1. 高氯酸脱水重量法

称取 0.2000g 试样于塑料杯中，加 6g 固体氢氧化钠，加 20mL 水，摇动，加 1mL 30% H_2O_2，在水浴中加热至试样完全溶解，转入 250mL 烧杯中。加 40mL 硝酸（1＋1）酸化，摇动溶液至澄清，加 30mL 70% 高氯酸，在电热板上蒸发至冒烟并保持回流 10～15min，取下，加 5mL 浓盐酸、150mL 热水，溶解盐类，过滤，用 2% 热盐酸水溶液洗涤烧杯及沉淀 8～10 次，将沉淀灰化，灼烧，恒重，称重，用氢氟酸"飞硅"，按一般硅重量法进行。

2. 硅钼蓝光度法

称取 0.2500g 试样于塑料杯中，加 4g 固体 NaOH，加 10mL 水摇动，在沸水浴上加热，加 1mL 30% H_2O_2，煮沸，使试样完全溶解，取下，用水冲洗杯壁，小心加入 50mL HNO_3（1＋2），加 10mL 100g/L 尿素溶液，移入 200mL 容量瓶中，冷至室温，用水稀至刻度，摇匀。移取 10mL 试液两份，分别置于 100mL 容量瓶中，加 10mL 水。

显色液：滴加 2% $KMnO_4$ 溶液至呈粉红色，加 5mL 50g/L 钼酸铵溶液，放置 20min，加 20mL 草硫混酸，加 10mL 60g/L 硫酸亚铁铵溶液，用水稀至刻度，摇匀。

参比液：滴加 20g/L $KMnO_4$ 溶液呈粉红色，加 20mL 草硫混酸，其余同显色液，于波长 680nm 处测吸光度。

工作曲线的绘制：移取试剂空白溶液 10mL 6 份，分别放入 100mL 容量瓶中，加入不同量硅的标准溶液（10μg/mL）：0.00mL、1.00mL、2.00mL、3.00mL、4.00mL、5.00mL，分别用水稀释至总体积为 20mL，以下按试样步骤显色，以不加硅标准溶液者为参比，测吸光度，绘制工作曲线。

二、铝锰钛合金中钛的测定

1. 方法要点

试样用王水、HF 溶解，加硫酸冒白烟。冷却后加水，加热溶解盐类，定容。用 ICP 分析测定。

2. 分析步骤

称取 0.1000g 试样，加 15mL 王水（HNO_3＋HCl，1∶3）、3 滴 46% HF、15mL H_2SO_4（1＋1）至冒 H_2SO_4 烟，出现沉淀后再冒 1min 烟，取下，冷却，加 50mL 水，加热溶解盐类，定容至 100mL。吸 5mL 母液，再用水定容至 100mL。用 ICP 分析钛的含量，随同做空白试验。

三、硅钙钡或铝硅钡钙中钙的测定

1. 方法要点

试样用酸溶解，用氨水调至 pH 为 7，沉淀铁铝，煮沸、过滤、定容。取一定量的滤液，加入三乙醇胺、硫酸钾、L-半胱氨酸、KOH 溶液及钙指示剂，滴定至红色变为纯蓝色为终点，测定钙的含量。

2. 分析步骤

称取 0.2g（铝硅钡钙为 0.25g）试样于石英烧杯中，先加入 5mL 浓 HCl，然后慢慢滴加 10mL HNO_3，滴加 5mL 46% HF 至试样溶解，再加 5mL 70% $HClO_4$ 冒烟近干，加 10mL HCl，加 50～100mL 蒸馏水，溶解盐类，煮沸 2min，用氨水调至 pH 为 7，沉淀铁铝，煮沸 5min，然后过滤，用稀 1% NH_4Cl 溶液洗烧杯及沉淀 3～4 次，最后用热蒸馏水洗至 200mL 定容。

取 25～50mL 滤液，加入 5mL 三乙醇胺（1＋1），加入 10mL 100g/L 硫酸钾溶液，摇晃几分钟，放置 5～10min，然后加入 5mL 10g/L L-半胱氨酸，加 20mL 200g/L KOH 溶液、钙指示剂少许，滴定至红色变为纯蓝色为终点。

四、硅铝铁中铝的测定

1. 方法要点

试样用硝酸、HF 加热溶解，高氯酸冒烟至出现盐类，用氧氧化钠加热至沸，冷却。定容到 250mL，干过滤，取母液进行配位滴定测定。

2. 试剂

① 二甲酚橙指示剂：2g/L 水溶液。

② 0.01500mol/L Pb(NO₃)₂ 标准溶液：称取 4.97g Pb(NO₃)₂ 固体，溶于 1000mL 硝酸溶液（1+2000）中，摇匀。

用 EDTA 标定 Pb(NO₃)₂：吸取 20mL 0.02mol/L EDTA，加 20mL pH 为 6.0 的缓冲溶液，加两滴二甲酚橙，用未标的 Pb(NO₃)₂ 标准溶液滴定，颜色由黄色变为红色即为终点：

$$c[Pb(NO_3)_2] = \frac{c(EDTA) \times V(EDTA)}{V[Pb(NO_3)_2]} \quad (mol/L)$$

3. 分析步骤

称取 0.1g 试样，加 10mL 硝酸、5mL 46% HF，加热溶解试样，加 5mL 70% HClO₄ 加热（温度不易过高，防止飞溅）至冒高氯酸烟直至出现盐类，加 20mL 盐酸（1+1）、少量水，加热溶解盐类，取下，稍冷，加 40mL 400g/L NaOH 溶液，加热至沸，取下，冷却至室温，转移至 250mL 容量瓶中，用水稀释至刻度，干过滤。

取 50mL 母液，加 35mL 0.0200mol/L EDTA 标准溶液，加 1 滴 10g/L 酚酞指示剂，用盐酸（1+1）调至无色，加 20mL HAc-NaAc 缓冲溶液（pH 为 5.5），煮沸 30min，取下，冷却，加两滴二甲酚橙指示剂，用 Pb(NO₃)₂ 滴定至红色，过量 1 滴，不计数，加 0.5gNaF，煮沸 1~2min，冷却，再加 1 滴二甲酚橙指示剂，用 Pb(NO₃)₂ 标准溶液滴定至红色为终点。

五、钢芯铝、铝粉、铝线、铝锰钛等中铝的测定

1. 方法要点

试样用 NaOH 于水浴中加热溶解，若有沉淀过滤，过滤后定容，吸取一定量溶液，加入准确过量的 EDTA 标准溶液，与铝反应完全后剩余的 EDTA 用 Pb(NO₃)₂ 标准溶液滴定。NaF 置换铝与 EDTA 配合物中的 EDTA，再用 Pb(NO₃)₂ 标准溶液滴定，记录消耗 Pb(NO₃)₂ 标准溶液体积。

2. 分析步骤

称取 0.2g 试样放到塑料杯中，加 6g NaOH 固体、30mL 水，水浴加热溶解，加几滴 30% H₂O₂ 破坏碳，使试样溶解，定容到 250mL 容量瓶中（250mL 容量瓶中先加 10mL 400g/L NaOH），需要过滤的要过滤，从中吸取 250mL 试液放到锥形瓶，加 45mL 0.02000mol/L EDTA（铝钛锰加入 40mL），加 1 滴酚酞指示剂，用 HCl（1+1）调至无色，加 30mL 乙酸-乙酸钠缓冲溶液，加热煮沸 3min，取下冷却，加 2~3 滴 5g/L 二甲酚橙指示剂，用 Pb(NO₃)₂ 标准溶液滴定为砖红色，不计数，并过量一滴，加入 1~2g NaF，再加热 2~3min，取下，冷却，再用 Pb(NO₃)₂ 标准溶液滴定，记下消耗的毫升数 V，进行计算。

六、铝锭中铝的测定

称取 0.25g 试样于塑料杯中，加少许水，加 4g 固体 NaOH 于低温电炉上加热溶解，溶解后，稀释至 250mL 容量瓶中，摇匀后用滤纸再过滤在原塑料杯中。吸取 20mL 母液（若铝含量低，应添加铝标液，也吸 20mL）于 500mL 烧杯内加水少许，加 50mL EDTA（0.02000mol/L）、1~2 滴酚酞，用 HCl（1+1）调至红色刚消失后，马上加 20mL 乙酸-乙酸铵缓冲溶液（如用 HCl 调过量后用 NaOH 调回），在电炉上煮沸 3~5min 后，立即用 CuSO₄ 标准溶液回滴，加 6 滴 PAN 指示剂，滴至蓝色或蓝紫色为终点。

注：EDTA 的加入量视铝含量而定；带空的标样，结果减空白；含量低时用标样换算系数。标液从加 EDTA 那一步开始。

七、纯铝中铝的测定

称取 0.1g 试样，加 4g 固体氢氧化钠，加 20mL 水，水浴加热溶解，加 1mL 浓 H₂O₂，定容到 250mL［容量瓶内有 30mL HCl（1+1）］，稀释至刻度。

吸取 25mL 母液于 250mL 锥形瓶（加 5mL 0.01000mol/L EDTA 标准溶液），加 50mL 水、溴酚蓝 1 滴，用 NH₃·H₂O（1+1）调至蓝色，立即加 20mL pH 为 5.5 的乙酸-乙酸钠缓冲溶液，煮沸 2~3min，冷却，加 2~3 滴二甲酚橙，用 Pb(NO₃)₂（0.01500mol/L）标准溶液滴定至砖红色（不计数），加 0.5g NaF 固体，在电炉上煮沸 2~3min，取下，冷却，再用 Pb(NO₃)₂ 标准溶液滴定。

八、优级铝或铝锭中铝的测定

称取 0.1g 试样，加 4g NaOH 固体，加 20mL 水，在水浴上溶解后，加 1mL 30% H_2O_2，定容到 250mL（容量瓶内有 20mL 200g/L NaOH）。

吸取 25mL 母液于 250mL 锥形瓶中，加 30mL 0.02000mol/L EDTA 标准溶液，再加 50mL 水，加 1 滴酚酞，用 HCl 调到无色，立即加 20mL NaAc-HAc（pH 为 5.5），煮沸 2～3min，冷却，加 2～3 滴二甲酚橙，用 0.01500mol/L $Pb(NO_3)_2$ 标准溶液滴定至砖红色（不计数）。加 0.5g NaF，加热煮沸 1～2min，取下冷却，加 1 滴二甲酚橙，再用 $Pb(NO_3)_2$ 标准溶液滴定至终点，读取消耗的体积，计算含铝量。

任务五　钢包喂线及冷压块测定

一、钢包喂铝钙包芯线中铝的测定——EDTA 滴定法

1. 方法要点

用氢氧化钠溶液溶解样品的同时将铁与铝分离，加入过量的 EDTA 与铝配位，以 PAN 为指示剂，用硫酸铜标准溶液返滴定法测定铝。

试样中大量钙和微量硅对测定没有干扰，铁经氢氧化钠沉淀分离后也不影响测定。适用于铝钙包芯线中铝含量的测定。

2. 试剂

① 硫酸铜标准溶液：0.02000mol/L。

② EDTA 标准溶液：0.02000mol/L。

③ PAN 指示剂：2g/L。

④ HAc-NaAc 缓冲溶液：pH 为 4.3。

3. 分析步骤

准确称取 0.5000g 试样放入 250mL 烧杯中，加入约 5mL 400g/L NaOH 溶液溶解，用快速滤纸过滤于 250mL 容量瓶中，用 200g/L NaOH 溶液洗滤渣及烧杯 8～10 次，定容，摇匀。准确吸取 25mL 该溶液于 250mL 锥形瓶中，加约 20mL EDTA 溶液，加水稀释至 120mL，用 HCl 调节 pH，加入 15mL HAc-NaAc 缓冲溶液，煮沸稍冷，加 4～5 滴 PAN 指示剂，用 $CuSO_4$ 标准溶液滴定至紫色，不计读数。加入 1.0g NaF，煮沸，稍冷，加 2 滴 PAN 指示剂，用 $CuSO_4$ 标准溶液滴定至紫色即为终点。记录消耗 $CuSO_4$ 标准溶液的体积，计算含铝量。

4. 注意事项

由于铝钙包芯线芯粉中含有钙粒、铝屑和大量铁屑。铝屑被氧化的速度稍慢（$E^{\ominus}_{Al^{3+}/Al} = -1.66V$），且不易吸水。钙粒是由金属钙制成，钙的电极电位 $E^{\ominus}_{Ca^{2+}/Ca} = -2.87V$，具有很强的还原性。芯粉中的铁是还原铁粉，也具有还原性，在空气中暴露 0.5h 以上，样品变色，即被氧化。所以在称取试样时，要注意把铝钙包芯线端口处的芯粉弃去，并且在取出试样后，要迅速制样、称样，以免样品被氧化，影响测定结果。

二、转炉炼钢用冷压块中全铁的测定——EDTA 滴定法

1. 方法要点

样品经 HCl 和 KF 溶解，H_2O_2 氧化，在 pH 为 2.0～2.5 的酸性溶液中，以磺基水杨酸为指示剂，EDTA 标准溶液滴定全铁。此方法不使用汞盐、铬盐，环境污染小，可用于冷压块中全铁的测定。

2. 试剂

① EDTA 标准溶液：0.01500mol/L。

② 磺基水杨酸：100g/L 水溶液。

3. 分析步骤

准确称取 0.2000g 试样于 150mL 烧杯中，加入 20mL HCl、0.35g 氟化钾，盖表面皿，加热

15~30min 直至溶液底部无黑色固体样品。冷却，加入少许水洗涤表面皿，加入 1mL 30%
H_2O_2，摇匀，放置 10min，加热使 H_2O_2 分解完全。过滤于 250mL 容量瓶中，水洗滤渣及烧杯
8~10 次，定容摇匀，备用。

准确吸取 50mL 试液于 250mL 锥形瓶中，加适量氨水（1+1）调至 pH 为 2。将溶液放入水
浴锅中加热至 70℃，再加入 10 滴磺基水杨酸溶液，不断搅拌，以 EDTA 标准溶液滴定至溶液由
红紫色变至黄色为终点（终点时温度应在 60℃ 左右）。记录消耗 EDTA 标准溶液的体积，计算铁
含量。

4. 注意事项

将冷压块用钢锤砸成直径约为 3mm 的颗粒，然后用制样破碎机破碎至 150 目。由于转炉炼
钢用冷压块是由铁精粉和钢铁废渣为主要原料添加一定量的黏结剂压制而成，所以样品中含有韧
性大的钢铁金属球，不能完全破碎，所以需用不同的样品筛进行筛分，按比例取样，以达到分析
样的代表性。

技能实训二　纯铝中铝的测定

铝与 EDTA 可以生成稳定的无色配合物，但在室温下反应很慢，并且铝对二甲酚橙、铬黑
T 等指示剂有封闭作用，因此用 EDTA 测铝时常采用返滴定法或氟化物置换滴定法。氟化物置
换的 EDTA 滴定法原理是在待测试样中，加入过量的 EDTA 与铝配位；先用金属盐滴定过量的
EDTA，再加入氟化钾（或钠）以置换 Al-EDTA 配合物中的 EDTA，然后再用盐溶液滴定释放
出来的 EATA。

1. 实验原理

在试液中加入过量 EATA 溶液，使金属离子全部配位，用铅标液滴定过量的 EATA。然后
加入 NaF 选择性地破坏 Al-EDTA 配合物，再用铅标液滴定游离的 EDTA，即可间接测定 Al
含量：

$$Al^{3+} + H_2Y^{2-} \longrightarrow AlY^- + 2H^+$$
$$AlY^- + 6NaF \longrightarrow AlF_6^{3-} + 6Na^+ + Y^{4-}$$

2. 实验试剂

① 氢氧化钠（分析纯）。

② 浓 H_2O_2（分析纯）。

③ HCl（1+1）。

④ EDTA 标准溶液（0.0500mol/L）

配制：粗称 74.5g EDTA，用适量热水溶解，然后稀释定容至 4L，混匀，待标定。

标定：称取基准 ZnO 0.1g（精至 0.0001g），用少量水润湿，滴加 HCl（1+1）至氧化锌
溶解，加 50mL 水，滴加 $NH_3 \cdot H_2O$（1+1）至溶液刚出现浑浊，再加入 NH_3-NH_4Cl 缓冲液
（pH=10）10mL，加 5 滴铬黑 T 指示剂，用配制的 EDTA 溶液滴定至溶液由酒红色变为纯蓝色
为终点。

⑤ 溴酚蓝（2g/L）：称取 0.2g 溴酚蓝，用少量水溶解并定容至 100mL 容量瓶中。

⑥ $NH_3 \cdot H_2O$（1+1）。

⑦ 乙酸-乙酸钠缓冲液（pH5.5）：称取 100g $CH_3COONa \cdot 3H_2O$，加适量水溶解后，加
HAc 9mL，再加水稀释至 1000mL。

⑧ 二甲酚橙（5g/L）：称取 0.5g 二甲酚橙，用少量水溶解并定容至 100mL 容量瓶中。

⑨ $Pb(NO_3)_2$ 标准滴定液

配制：粗称 49.56g $Pb(NO_3)_2$，用适量水溶解，定容至 10L，混匀，待标。

标定：吸取 20mL 0.0500mol/L EDTA，加 20mL pH 为 6.0 缓冲溶液，加 2 滴二甲酚橙，用
待标的 $Pb(NO_3)_2$ 滴定，颜色由黄色变为红色即为终点。

pH=6.0 的 HAc-NaAc 缓冲液的配制：取 NaAc 54.6g，加 1mol/L 乙酸溶液 20mL 溶解后，

加水稀释至 500mL。

⑩ NaF（分析纯）。

3. 实验步骤

称取 0.1g 试样，加 4g 固体氢氧化钠、20mL 水，水浴加热溶解，加 1mL 浓 H_2O_2，定容到 250mL［容量瓶内有 30mL HCl（1＋1）］，稀释至刻度。

吸取 25mL 母液，于 250mL 锥形瓶（加 5mL 0.05000mol/mL EDTA 标准溶液），加 50mL 水、溴酚蓝 1 滴，用 $NH_3 \cdot H_2O$（1＋1）调至蓝色，立即加 20mL pH 为 5.5 的乙酸-乙酸钠缓冲溶液，煮沸 2～3min，冷却，加 2～3 滴二甲酚橙，用 $Pb(NO_3)_2$（0.01500mol/L）标准溶液滴定至砖红包（不计数），加 0.5g NaF 固体，在电炉上煮沸 2～3min，取下，冷却，再用 $Pb(NO_3)_2$ 标准溶液滴定。

4. 数据处理

$$w(Al) = \frac{c[Pb(NO_3)_2] \times V[Pb(NO_3)_2] \times 26.98 \times 10}{m(Al)} \times 100\%$$

式中　$c[Pb(NO_3)_2]$——铅标液的浓度，mol/L；

$V[Pb(NO_3)_2]$——加入 NaF 后，消耗的铅标液的体积，mL；

$m(Al)$——所称取的纯铝的质量，g；

26.98——铝的摩尔质量，g/mol。

5. 注意事项

① 加入过氧化氢前会发现溶液中有不溶的黑色物质，是未溶解的碳化物，加入过氧化氢后可将其溶解。

② 吸取母液后加入水、溴酚蓝、氨水的前后顺序一定不要变，否则颜色异常。

③ 将溶液的 pH 控制在 5～6 且将溶液煮沸可加快 Al 与 EDTA 的配位作用。

④ 在用 $NH_3 \cdot H_2O$ 中和溶液时，如溶液浑浊或有氢氧化铝沉淀析出，则表明加入的 EDTA 还不足以配位溶液中的全部铝，应再加入一定量的 EDTA 标准溶液，EDTA 必须过量才能使 Al^{3+} 与 EDTA 配位完全；有时加入的 EDTA 量比配位全部 Al^{3+} 所需的 EDTA 的量略少，在用 $NH_3 \cdot H_2O$ 中和时并不出现混浊现象，但在滴定前加入二甲酚橙指示剂后，溶液不是呈黄色而是呈紫红色，则应将溶液调整至酸性，再加入一定量的 EDTA 标准溶液，继续按上述手续进行测定。

任务六　镁及镁合金化学分析方法

金属镁主要用于生产镁合金及作为其他合金材料。镁合金的分析包括镁合金中铝、锰、铁、镍、铜、锆、锌、硅、铈、铍等物质的分析。镁的测定常用 EDTA 滴定法。EDTA 配位滴定法测定钙、镁，可以有两种形式。一种是分别滴定法。即在一份试液中，在 pH＝10 时用 EDTA 测定钙镁合量，而在另一份试液中，调节 pH＝12～13，使 Mg^{2+} 沉淀，用 EDTA 滴定钙；另一种方法是连续滴定法，即在同一份试液中，先将 pH 调至 12～13，用 EDTA 滴定钙，再将溶液酸化，调节 pH＝10，继续用 EDTA 滴定镁。在实际工作中，以分别滴定法的应用较多。

测定钙、镁的金属指示剂很多，目前常用于滴定钙的指示剂是钙黄绿素和钙指示剂。在 pH＝12～13 时钙黄绿素能与 Ca^{2+} 产生绿色荧光，测定到终点时绿色荧光消失；而钙指示剂则与 Ca^{2+} 形成紫红色的配合物，滴定到终点时配合物被破坏，从而使溶液呈现游离指示剂的颜色——纯蓝色。常用于钙镁合量的指示剂为铬黑 T 或酸性铬蓝 K-萘酚绿 B（简称 K-B）混合指示剂。在 pH＝10 时，铬黑 T 或 K-B 指示剂均与 Ca^{2+}、Mg^{2+} 形成紫红色配合物，终点时溶液也是变为纯蓝色。其中铬黑 T 对 Mg^{2+} 较灵敏，K-B 指示剂对 Ca^{2+} 较灵敏。所以试样中镁的含量低时，应用铬黑 T 指示剂，而钙的含量低时应用 K-B 指示剂。

用 EDTA 配位法测定钙、镁时，共存的 Fe^{3+}、Al^{3+} 等有干扰，一般加三乙醇胺、酒石酸钾钠及氟化物进行掩蔽。

一、铝的测定

铝在镁中是杂质，在合金中则作为合金元素。当铝含量较高时，可用 8-羟基喹啉质量法（ISO 791—1973）测定其含量。低含量的铝，多采用 8-羟基喹啉、铬天青 S 或铝试剂分光光度法测定。铬天青 S 分光光度法是常用方法，请参见 ISO 791—1973。本实验采用 8-羟基喹啉分光光度法。

1. 8-羟基喹啉分光光度法基本原理（GB/T 13748.1—2005）

试样用盐酸溶解。在 pH＝9.5 的碳酸铵溶液中，以硫代乙醇酸作掩蔽剂，用苯萃取铝与苯甲酰苯胺生成的沉淀，稀盐酸反萃取，使铝与干扰元素分离。再于 pH 为 4.8 的乙酸-乙酸钠缓冲溶液中，用 8-羟基喹啉显色，于波长 390nm 处测量其吸光度。

2. 试剂与仪器

① 三氯甲烷。

② 苯。

③ 盐酸（1＋1）。

④ 盐酸（1＋10）。

⑤ 盐酸（0.2mol/L）。

⑥ 硫代乙醇酸溶液：取 20mL 硫代乙醇酸（800g/L）加入 80mL 水。

⑦ 氨水（1＋10）。

⑧ 碳酸铵溶液（200g/L）：储存于塑料瓶中。

⑨ 苯甲酰苯胺（BPHA）-乙醇溶液（20g/L）：溶解 2g BPHA 于 100mL 乙醇中。用时配制。

⑩ 8-羟基喹啉溶液：5g 8-羟基喹啉溶于 100mL 乙酸溶液（2mol/L）中，用中速滤纸过滤，保存于棕色玻璃瓶中。

⑪ 乙酸-乙酸钠缓冲溶液：将等体积的无水乙酸钠溶液（2mol/L）和乙酸溶液（2mol/L）混合，并调节至 pH 为 4.8。

⑫ 铝标准储存溶液：称取 1.000g 纯铝置于聚乙烯塑料杯中，加入 20mL 水及 3g 氢氧化钠，待其溶解完全后，用盐酸（1＋1）慢慢中和至出现沉淀并过量 20mL，加热使其溶解（不断搅拌）。冷却后，移入 1000mL 容量瓶中，用水稀释至刻度，混匀。此溶液 1mL 含 1mg 铝。

⑬ 铝标准溶液Ⅰ：移取 50.0mL 铝标准储存溶液置于 500mL 容量瓶中，加 10mL 盐酸（1＋1），用水稀释至刻度，混匀。此溶液 1mL 含 100μg 铝。

⑭ 铝标准溶液Ⅱ：移取 50.0mL 铝标准溶液Ⅰ置于 500mL 容量瓶中，加入 2mL 盐酸（1＋1），用水稀释至刻度，混匀。此溶液 1mL 含 10μg 铝。

⑮ 2,4-二硝基酚饱和溶液。

⑯ 分光光度计。

⑰ 酸度计。

⑱ 振荡器。

3. 操作步骤

将试样（铝含量为 0.02％～0.05％试样称 0.3000g；铝含量为 0.05％～0.1％试样称 0.2000g；铝含量为 0.1％～0.3％试样称 0.1000g）置于 150mL 烧杯中，盖上表面皿。加入 10mL 盐酸（1＋1），低温加热，待试样完全溶解后，取下冷却，将溶液移入 100mL 容量瓶中，用水定容。同时做空白试验。

分别移取 10.0mL 试液与空白试验溶液置于 100mL 分液漏斗中。加入 1mL 硫代乙醇酸溶液、1 滴 2,4-二硝基酚饱和溶液，用碳酸铵溶液调至黄色，然后再过量 5mL，加水稀释至约 30mL。加入 1mL BPHA-乙醇溶液，混匀，放置 10min。加入 15mL 苯，振荡 3min，静置分层，弃去水相。加入 15mL 水洗涤有机相，振荡 15s，静置分层，弃去水相，加入 15mL 盐酸（0.2mol/L）振荡 3min，静置分层。

将水相移入 50mL 分液漏斗中，加 1 滴 2,4-二硝基酚饱和溶液，用氨水调至黄色，滴加盐酸（1＋10）至黄色恰好消失，加入 5mL 乙酸-乙酸钠缓冲溶液、0.50mL 8-羟基喹啉溶液，混匀，放置 5min。加 10.0mL 三氯甲烷振荡 3min，静置分层，将有机相移入干燥的 10mL 比色管中。用 1cm 的比色皿，以空白试验的溶液为参比，于波长 390nm 处测量其吸光度，从工作曲线上查出相应的铝量。

工作曲线：移取 0mL、0.50mL、1.00mL、1.50mL、2.00mL、2.50mL 中铝标准溶液（10μg/mL）置于一组 100mL 分液漏斗中，加水 15mL。以下按测定试液的操作步骤进行，以试剂空白溶液为参比，测出吸光度，以铝量为横坐标，吸光度为纵坐标，绘制工作曲线。

铝的质量分数（%）按下式计算：

$$w(\text{Al}) = \frac{m_1 V_0 \times 10^{-6}}{m_0 V_1} \times 100$$

式中　m_0——从工作曲线上查得铝的质量，μg；

m_1——试样的质量，g；

V_1——分取试液的体积，mL；

V_0——试液的总体积，mL。

二、铜的测定

铜在镁中是杂质元素，其质量分数不得超过 0.2%。低质量分数铜通常采用分光光度法测定，具体分为铜试剂直接光度法、铜试剂铅盐置换萃取光度法、双环己酮草酰二腙光度法、新亚铜灵萃取光度法等。本实验采用新亚铜灵萃取光度法。

1. 新亚铜灵萃取光度法基本原理（GB/T 13748.8—2005）

试样用盐酸、过氧化氢溶解，加入盐酸羟胺，将铜（Ⅱ）还原至铜（Ⅰ），调节溶液酸度至 pH 为 5，铜与 2,9-二甲基-1,10-二氮杂菲（新亚铜灵）生成的黄色配合物，以三氯甲烷萃取，于波长 460nm 处测量其吸光度。

2. 试剂与仪器

① 三氯甲烷。

② 盐酸（1+1）。

③ 过氧化氢（1.10g/mL）。

④ 盐酸羟胺溶液（100g/L）。

⑤ 柠檬酸钠溶液（300g/L）。

⑥ 氨水（1+1）。

⑦ 2,9-二甲基-1,10-二氮杂菲（新亚铜灵）乙醇溶液（1g/L）。

⑧ 铜标准储存溶液：称取 1.000g 纯铜于 150mL 烧杯中，用 15mL 硝酸（1.40g/mL）溶解，煮沸除去氮的氧化物，冷却，移入 1000mL 容量瓶中，以水稀释至刻度，混匀。此溶液 1mL 含 1mg 铜。

⑨ 铜标准溶液Ⅰ：移取 25.0mL 铜标准储存溶液置于 250mL 容量瓶中，以水稀释至刻度，混匀。此溶液 1mL 含 100μg 铜。

⑩ 铜标准溶液Ⅱ：移取 25.0mL 铜标准溶液Ⅰ置于 250mL 容量瓶中，以水稀释至刻度，混匀。此溶液 1mL 含 10μg 铜。

⑪ 精密 pH 试纸。

⑫ 分光光度计。

⑬ 振荡器。

3. 操作步骤

将试样（铜含量为 0.0003%～0.001%，称 1g；铜含量为 0.001%～0.01%，称 0.5000g；铜含量为 0.01%～0.05%，称 0.1000g；铜含量为 0.05%～0.200%，称 0.1000g）置于 200mL 烧杯中，加入 15mL（铜含量为 0.0003%～0.001%，加 30mL）盐酸（1+1），滴加过氧化氢 3～5 滴，缓缓加热至试样完全溶解。煮沸除去过量的过氧化氢，蒸至约 5mL，冷却。同时做空白试验（注：含铝的镁合金，加入 0.5mL 50g/L 氟化钠溶液）。

将试液与空白试验的溶液分别移入 125mL 分液漏斗中，稀释至约 30mL。

若铜含量大于 0.05%，将试液移入 100mL 容量瓶中，以水稀释至刻度，混匀，移取（铜含量为 0.050%~0.2%，取 10mL）全部试液置于 125mL 分液漏斗中。

于分液漏斗中加入 15mL 柠檬酸钠溶液、5mL 盐酸羟胺溶液，用氨水调节溶液的 pH 为 5，再加入 5mL（铜的质量分数为 0.001%~0.010% 时加 20mL）新亚铜灵溶液（每加入一种试剂，均需混匀）。又加入 10.0mL 三氯甲烷，振荡 2min，静置分层后，将有机相用滤纸干过滤于 10mL 比色管中。用 1cm（铜含量为 0.0003%~0.001%，用 3cm）比色皿，以空白试验的溶液为参比，用分光光度计在波长 460nm 处测量其吸光度。从工作曲线上查出相应的铜量。

工作曲线：移取 0，1.00mL，2.00mL，3.00mL，4.00mL，5.00mL 铜标准溶液 II（铜含量为小于 0.001%，移取 0，2.00mL，4.00mL，6.00mL，8.00mL，10.00mL 铜标液）分别置于一组 125mL 分液漏斗中，并分别用水稀释至约 30mL。以下按试液的操作步骤（于分液漏斗中加入 15mL 柠檬酸钠溶液、5mL 盐酸羟胺溶液……）进行。

用 1cm（铜含量小于 0.001%，用 3cm）比色皿，以试剂空白为参比，用分光光度计在波长 460nm 处测量其吸光度，以铜量为横坐标，吸光度为纵坐标，绘制工作曲线。

铜的质量分数（%）按下式计算：

$$w(\text{Cu}) = \frac{m_1 V_0 \times 10^{-6}}{m_0 V_1} \times 100$$

式中　m_0——从工作曲线上查得铜的质量，μg；

　　　m_1——试样的质量，g；

　　　V_1——分取试液的体积，mL；

　　　V_0——试液的总体积，mL。

三、铁的测定

铁是镁及镁合金中有害杂质。人们常用邻二氮菲吸光光度法测定其含量。其 $\varepsilon = 1.1 \times 10^4$，选择性和稳定性均好，灵敏度也较高。

四、硅的测定

在镁中硅的质量分数要求不大于 0.3%，其测定方法一般采用硅钼蓝光度法，如果硅的质量分数大于 0.5%，则用重量法测定，测定方法参见钢铁分析中硅的测定部分。

五、锆的测定

镁合金中锆质量分数在 0.1%~0.7% 时，常采用二甲苯酚橙分光光度法来测定。

1. 基本原理

试样用盐酸及氢氟酸分解，加入高氯酸，冒烟除去氟离子。以高氯酸调整酸度，加入二甲苯酚橙与锆生成红色配合物，于分光光度计波长 540nm 处测量其吸光度。

2. 试剂与仪器

① 盐酸（1.19g/mL）。

② 氢氟酸（1.14g/mL）。

③ 高氯酸（1.69g/mL）。

④ 高氯酸（5.0mol/L）：移取 214mL 高氯酸（1.69g/mL）以水稀释至 500mL，混匀（需要时标定）。

⑤ 盐酸（1+1）。

⑥ 二甲苯酚橙溶液（1g/L）：过滤，储存于棕色瓶中。

⑦ 苯胂酸（20g/L）。

⑧ 锆标准储存溶液

制备：称取 1.77g 氯化锆酰（$ZrOCl_2 \cdot 8H_2O$）置于 400mL 烧杯中，加入 100mL 水及 166mL 盐酸（1+1）溶解，移入 500mL 容量瓶中，用水定容。此溶液 1mL 约含 1mg 锆。

标定：移取 20.0mL 锆标准储存溶液于 500mL 烧杯，先加水至 300mL，再加入 25mL 盐酸（1.19g/mL）、20mL 苯胂酸（20g/L）使锆沉淀，小心搅拌，加热至沸，再煮沸 10min，沉淀用中速定量滤纸过滤，用热盐酸（1+5）洗涤沉淀及滤纸 12~15 次。将沉淀和滤纸放入已恒重的瓷坩埚中，烘干、灰化后，在 1000～1050℃灼烧 2～3h，取出，置于干燥器中冷却，称量。重复灼烧至恒重。

接下式计算锆标准储存溶液中锆的浓度（mg/mL）：

$$c=\frac{m\times0.7403}{V}$$

式中　　m——二氧化锆的质量，mg；

　　　　V——移取标准储存溶液的体积，mL；

　0.7403——二氧化锆换算为锆的因数。

⑨ 锆标准溶液：根据标定结果移取适量锆标准储存溶液于 500mL 容量瓶中，加入 80mL 盐酸（1.19g/mL），用水定容。此溶液 1mL 含 40μg 锆。

⑩ 分光光度计。

3. 操作步骤

称取 0.5000g 试样，随同试样做空白试验。将试样置于 250mL 烧杯中，盖上表面皿。慢慢加入 10mL 盐酸（1+1），再加入 1 滴氢氟酸，加热至试样完全溶解。加入 20mL 高氯酸（1.69g/mL），加热蒸发至冒白色浓烟聚集在烧杯口部，继续冒烟 3min，取下冷却。加入约 50mL 水使盐类完全溶解，冷却，移入 100mL 容量瓶中，用水定容。

移取 5.00mL 上述试液于 100mL 容量瓶中，加入 10.0mL 高氯酸（5.0mol/L），混匀。加入 5.0mL 二甲苯酚橙溶液，用水定容。用 1cm 比色皿，以空白试验的溶液为参比，于分光光度计波长 540nm 处测量其吸光度，从工作曲线上查出相应的锆量。

工作曲线的绘制：移取 0、0.50mL、1.00mL、1.50mL、2.50mL、3.50mL、4.50mL 锆标准溶液（40μg/mL）分别置于一组 100mL 容量瓶中，加入 10.0mL 高氯酸（5.0mol/L），混匀，加入 5.0mL 二甲苯酚橙溶液，用水定容。用 1cm 比色皿，以试剂空白溶液为参比，用分光光度计于波长 540nm 处测量其吸光度。以锆量为横坐标，吸光度为纵坐标，绘制工作曲线。

六、铈的测定

镁合金中铈质量分数在 0.1%～0.5% 时，采用三溴偶氮胂分光光度法测定。

1. 基本原理

试样以盐酸溶解，在草酸存在下，铈与 2-(2-胂酸基苯偶氮)-7-(2,4,6-三溴苯偶氮)-1,8-二羟基-3,6-萘二磺酸（简称三溴偶氮胂）显色，用分光光度计于波长 632nm 处测量其吸光度。

2. 试剂与仪器

① 盐酸（1+1）。

② 草酸（$H_2C_2O_4 \cdot 2H_2O$）溶液（80g/L）。

③ 盐酸-草酸混合酸：于 600mL 盐酸（1+1）中加入 100mL 草酸溶液（80g/L），混匀。

④ 三溴偶氮胂溶液（0.85g/L）：称取 0.425g 三溴偶氮胂于 400mL 烧杯中，加入 250mL 无水乙醇，搅拌，使其完全溶解后，移入 500mL 容量瓶中，用水定容。

⑤ 铈标准储存溶液：称取 0.6142g 光谱纯二氧化铈（预先在 850℃灼烧 1h 并在干燥器中冷却至室温）于 300mL 烧杯中，加入 5mL 高氯酸（1.67g/mL）、5mL 过氧化氢（1.10g/mL），加热至完全溶解，蒸发至近干。取下冷却，加入 50mL 盐酸（1+1）、5～7 滴过氧化氢（1.10g/mL），加热使盐类完全溶解，煮沸分解过量的过氧化氢，取下冷却。移入 500mL 容量瓶中，补加 35mL 盐酸（1+1），用水定容。此溶液 1mL 含 1mg 铈。

⑥ 铈标准溶液Ⅰ：移取 25.0mL 铈标准储存溶液于 500mL 容量瓶中，加入 75mL 盐酸（1+1），以水定容。此溶液 1mL 含 50μg 铈。

⑦ 铈标准溶液Ⅱ：移取 20.0mL 铈标准溶液Ⅰ于 500mL 容量瓶中，用水定容。此溶液 1mL 含 2μg 铈。

⑧ 分光光度计。

3. 操作步骤

称取 0.5000g 试样，随同试样做空白试验。将试样置于 300mL 烧杯中，盖上表面皿。加入

20mL 水，然后分次加入总量为 15mL 的盐酸（1+1），待剧烈反应停止后，加热至试样完全溶解。取下冷却，如有不溶物，过滤除去，移入 500mL 容量瓶中，用水定容。

移取 5.00mL 上述试液于 50mL 容量瓶中，加入 7mL 盐酸-草酸混合酸、3.00mL 三溴偶氮胂溶液，用水定容。用 1cm 比色皿，以空白试验的溶液为参比，用分光光度计于波长 632nm 处测量其吸光度，从工作曲线上查出相应的铈量。

工作曲线的绘制：移取 0、2.00mL、4.00mL、6.00mL、8.00mL、10.0mL、12.5mL 铈标准溶液 II 分别置于一组 50mL 容量瓶中，加入 7mL 盐酸-草酸混合酸、3.00mL 三溴偶氮胂溶液，用水定容，用 1cm 比色皿，以试剂空白溶液为参比，于波长 632nm 处测量其吸光度。以铈量为横坐标，吸光度为纵坐标，绘制工作曲线。

任务七　钛合金分析

常量钛常用硫酸高铁铵滴定法测定；低含量钛常用分光光度法测定。钛的测定在模块五中已有介绍，在此侧重于钛合金中其他元素的分析。

一、铜的测定

钛合金中铜质量分数为 0.10％～5.00％时，采用铜试剂分光光度法测定。

1. 基本原理

试样用硫酸溶解，以柠檬酸配位钛，在氨性介质中有保护胶存在下，铜与铜试剂生成棕黄色胶体悬浮物，于 445nm 处测其吸光度。显色液中含有 0.1mg 以上的铬对测定有正干扰，可在测量吸光度的参比溶液中加入相应量的铬，消除其干扰。

2. 试剂与仪器

① 硝酸（1.42g/mL）。

② 氨水（0.90g/mL）。

③ 硫酸（1+1）。

④ 柠檬酸溶液（100g/L）。

⑤ 阿拉伯树胶溶液（5g/L）。

⑥ 二乙基二硫代氨基甲酸钠（铜试剂）溶液（5g/L）。

⑦ 铜标准储存溶液：称取 1.0000g 金属铜（≥99.95％）于 400mL 烧杯中，加入 20mL 硝酸（1+1），加热溶解并蒸发至近干，加入 10mL 硫酸，加热蒸发至冒硫酸烟，冷却。加入 50mL 水，煮沸至盐类溶解，冷却，移入 1000mL 容量瓶中，用水稀释至刻度。混匀。此溶液 1mL 含 1mg 铜。

⑧ 铜标准溶液：移取 10.00mL 铜标准储存溶液于 100mL 容量瓶中，用水定容。此溶液 1mL 含 100μg 铜。

⑨ 铬标准溶液：称取 0.100g 金属铬（≥99.9％）于 150mL 烧杯中，加入 10mL 盐酸（1.19g/mL），加热溶解，加入 5mL 硫酸，蒸发至冒硫酸烟，冷却。加入 50mL 水，混匀，冷却。移入 100mL 容量瓶中，用水稀释至刻度，混匀。此溶液 1mL 含 1mg 铬。

⑩ 分光光度计。

3. 操作步骤

按表 7-3 称样，精确至 0.0001g。

表 7-3　不同铜含量的称样量及试液的体积

铜质量分数/％	试样量/g	试液总体积/mL	分取试液体积/mL
0.10～0.50	0.5000	100	10.00
>0.50～2.00	0.5000	250	5.00
>2.00～5.00	0.2000	250	5.00

同时做空白试验。

将试样置于 200mL 烧杯中，加入 40mL 硫酸，加热至试样溶解。滴加硝酸至溶液紫色消失，加热煮沸除去氮的氧化物，冷却。

按表 7-3 将溶液移入适当的容量瓶中，用水稀释至刻度，混匀。按表 7-3 分取部分试液于 100mL 容量瓶中。加水至约 50mL，加入 10mL 柠檬酸溶液、10mL 氨水、10mL 阿拉伯胶溶液，混匀。加入 10mL 铜试剂溶液，用水稀释至刻度，混匀。

参比溶液：如果分取试液中含铬不大于 0.1mg，以空白试验溶液为参比溶液。如果分取试液中含铬量相同，再以水稀释至刻度，混匀。

将部分溶液移入 2cm 比色皿中，以参比溶液为参比，在波长 445nm 处测量吸光度，从工作曲线上查相应的铜量。

工作曲线：移取 0、0.50mL、1.00mL、1.50mL、2.00mL、2.50mL 铜标准溶液分别置于一组 100mL 容量瓶中，以下按前述操作步骤进行，用 2cm 比色皿，以标准系列中零浓度溶液为参比，于波长 445nm 处测量吸光度值，绘制工作曲线。

二、硅的测定

1. 钼蓝分光光度法测定硅的基本原理

当钛中硅质量分数为 0.010%～0.060% 时，用此法测定。

试样用氢氟酸溶解，以硼酸配位氟离子，用高锰酸钾氧化后，使钛水解成沉淀析出。当 pH 为 1.3～1.5 时，加入钼酸铵，使硅形成硅钼杂多酸，经还原成钼蓝后，过滤分离，于波长 700nm 处测量其吸光度值。

2. 试剂与仪器

① 硼酸：优级纯。

② 氢氟酸 (1+1)。

③ 氢氧化铵 (1+1)。

④ 钼酸铵溶液 (100g/L)：保存于聚乙烯塑料瓶中。

⑤ 酒石酸溶液 (500g/L)。

⑥ 高锰酸钾溶液 (50g/L)：保存于石英器皿中。

⑦ 高锰酸钾溶液 (10g/L)：保存于石英器皿中。

⑧ 还原剂溶液：称取 0.5g 1-氨基-2-萘酚-4-磺酸及 10g 无水亚硫酸钠于 250mL 烧杯中，加 100mL 水溶解，加入 1mL 冰乙酸，用水稀释至 200mL。有效期约 1 周。

⑨ 硫酸 (0.5mol/L)。

⑩ 硅标准储存溶液：称取 0.2139g 预先在 1000℃ 灼烧 1h 并置于干燥器中冷却至室温的二氧化硅 (99.9%) 和 5g 无水碳酸钠，置于铂坩埚中混匀，放入 950℃ 高温炉中熔融 15min，冷却。移入烧杯中，加入 300mL 热水，加热搅拌。浸出熔块，用水洗净坩埚，冷却，移入 1000mL 容量瓶中，用水稀释至刻度，混匀。立即移入干燥的聚乙烯塑料瓶中。此溶液 1mL 含 0.1mg 硅。

⑪ 硅标准溶液：移取 20.0mL 硅标准储存溶液置于 100mL 容量瓶中，用水稀释至刻度，混匀，立即移入干燥的聚乙烯塑料瓶中。此溶液 1mL 含 20μg 硅。

⑫ 分光光度计。

3. 操作步骤

准确称取 0.5g 试样，随同试料做空白试验。将试料置于 250mL 聚乙烯杯 (带盖) 中，加 40mL 水。缓慢滴入 4.0mL 氢氟酸，待试料完全溶解，加 100mL 水、5g 硼酸，摇动使之溶解。在摇动下滴加高锰酸钾溶液 (50g/L) 至溶液无色，再滴加高锰酸钾溶液 (10g/L) 至微红并过量 1 滴，盖严杯盖，置于沸水浴中加热 1.5h。取下聚乙烯杯，冷却至 20～30℃，用氢氧化铵和硫酸调节溶液酸度至 pH 为 1.3～1.5，加入 7mL 钼酸铵溶液，混匀。放置 20min。加入 7mL 酒石酸，混匀，立即加入 5mL 还原剂溶液，混匀，将溶液连同沉淀移入 200mL 容量瓶中，用水稀释至刻度，混匀。放置 30min。用定量滤纸干过滤，先将溶液注满滤纸，待注满的溶液滤完后，弃去，再过滤其余溶液。滤液移入 3cm 比色皿中，以水为参比，于波长 700nm 处测其吸光度，减去空白溶液的吸光度，从工作曲线上查出相应的硅量。

工作曲线：分别称取 0.500g 金属钛（硅质量分数小于 0.003%）置于一组 250mL 聚乙烯杯（带盖）中，分别加入 0、2.00mL、4.00mL、6.00mL、8.00mL、10.00mL 硅标准溶液，加水至 40mL，以下按"缓慢滴入 4.0mL 氢氟酸……"进行。用 3cm 比色皿，在 700nm 处测量吸光度并绘制工作曲线。

三、钼的测定

钛中钼的质量分数在 0.10%～12.00% 时，用硫氰酸盐分光光度法测定。

1. 基本原理

试样用硫酸溶解，在硫酸介质中以铜（Ⅱ）为催化剂，用硫脲将钼（Ⅵ）还原为钼（Ⅴ），并与硫氰酸盐生成橙红色配合物，于 465nm 处测量其吸光度。

2. 试剂与仪器

① 硝酸（1.42g/mL）。

② 硫酸（1+1）。

③ 硫氰酸钾溶液（500g/L）。

④ 硫酸铜溶液（10g/L）。

⑤ 硫脲溶液（100g/L）。

⑥ 钛基体溶液：称取 0.5g 金属钛（>99.9%）于 150mL 烧杯中，以下按操作步骤进行，此溶液 1mL 含 2mg 钛。

⑦ 钼标准储存溶液：称取 0.5000g 金属钼（>99.9%）于 400mL 烧杯中，加入 50mL 硫酸（1+1）、30mL 硝酸（1.42g/mL），加热使其完全溶解并继续加热至冒硫酸烟，冷却。加入 50mL 水，加热使盐类溶解，冷却。移入 500mL 容量瓶中，用水稀释至刻度，混匀。此溶液 1mL 含 1mg 钼。

⑧ 钼标准溶液：移取 10.00mL 钼标准储存溶液于 100mL 容量瓶中，用水稀释至刻度混匀。此溶液 1mL 含 100μg 钼。

⑨ 分光光度计。

3. 操作步骤

按表 7-4 称取试样，精确至 0.0001g。

表 7-4 钛中测钼的称样量及分取试液体积

钼含量/%	试样量/g	分取试液体积/mL	钼含量/%	试样量/g	分取试液体积/mL
0.10～0.50	0.5000	20.00	>2.00～5.00	0.2000	10.00
>0.50～200	0.5000	10.00	>5.00～12.00	0.2000	5.00

同时做空白试验。

将试样置于 150mL 烧杯中，加入 40mL 硫酸（1+1），加热至试样溶解，滴加硝酸（1.42 g/mL）至溶液紫色消失，煮沸除去氮的氧化物，冷却。移入 250mL 容量瓶中，用水稀释至刻度，混匀。

按表 7-4 分取试液于 100mL 容量瓶中，用水稀释至约 60mL。加入 20mL 硫酸（1+1），冷却，加入 4mL 硫氰酸钾溶液、1mL 硫酸铜溶液、10mL 硫脲溶液，每加入一种试剂均需混匀，用水稀释至刻度，混匀。放置 20min。用 1cm 比色皿，以空白试验溶液为参比，于 465nm 处测量其吸光度，从工作曲线上查得相应的钼量。

工作曲线的绘制：移取 0、0.50mL、1.00mL、2.00mL、3.00mL、4.00mL、5.00mL 铜标准溶液分别置于一组 100mL 容量瓶中，各加入与分取试液中钛量相当的钛基体溶液，用水稀释至 60mL，以下按试样测定所述操作进行。用 1cm 比色皿，以标准系列中零浓度溶液为参比，于波长 465nm 处测量其吸光度，以钼量为横坐标，吸光度为纵坐标，绘制工作曲线。

任务八　稀土元素的测定

由于稀土元素的性质极为相似，不易相互分离，应用时多用混合稀土，故一般分析多测其总量。常量分析为重量法和滴定法，在矿石及合金中为低含量稀土则用光度法。这里采用前者。

一、稀土总量的测定——草酸盐质量法

本方法适用于稀土及其化合物（氧化物、氢氧化物、氟化物、氯化物）中氧化稀土总量的测定，测定范围见表7-5。

表 7-5　稀土总量的测定范围

试 样	测定范围/%	试 样	测定范围/%
稀土金属	95.0～99.5	氟化稀土	65.0～80.0
氧化稀土	95.0～99.8	氯化稀土	40.0～60.0
氢氧化稀土	55.0～75.0		

本方法不适用于以钕、铒、铥、镱、镥为主体或钍、铅质量分数均大于0.1%的混合稀土金属中稀土元素总含量及其化合物（氧化物、氢氧化物、氟化物、氯化物）中氧化稀土总含量的测定。

1. 基本原理

试样用酸溶解，用氨水沉淀稀土，将钙、镁等分离。用盐酸溶解沉淀的稀土，在pH=2条件下用草酸沉淀稀土分离铁等。于1000℃将草酸稀土灼烧成氧化物，称其质量。根据氧化稀土总量以及试样所含各单一稀土的相对比例及其氧化物的组成，求算出稀土元素总量。

2. 试剂与仪器

① 高氯酸（1.67g/mL）。
② 过氧化氢（300g/L）。
③ 盐酸（1+1）。
④ 硝酸（1+1）。
⑤ 氨水（1+1）。
⑥ 草酸溶液（50g/L）。
⑦ 氯化铵-氨水洗液：100mL水中含2g氯化铵和2mL氨水。
⑧ 草酸洗液（2g/L）。
⑨ 盐酸洗液：100mL水中含2mL HCl。
⑩ pH从0.5～5.0的精密试纸。
⑪ 分析天平，精确度为0.1mg。
⑫ 高温炉，温度高于1000℃。
⑬ 干燥箱。
⑭ 铂坩埚。

3. 操作步骤

金属试样的制备：去掉金属锭表面油层，钻取不同部位试样，弃去开始钻出部分的试样，其余部分置于称量瓶中，立即称量。

氯化稀土试样的制备：将试样破碎，迅速置于称量瓶中，立即称量。

氧化稀土、氢氧化稀土、氟化稀土试样的制备：将试样于105℃烘1.5h，置于干燥器中，冷却至室温，立即称量。

称样：若为稀土金属，氧化稀土称0.3000g；若为氟化稀土，氢氧化稀土称0.4000g；若为氯化稀土，称取5.0000g。

稀土金属、氧化稀土、氢氧化稀土试样的溶解：将试料置于300mL烧杯中，加20mL水、

5mL HCl、1mL H_2O_2，低温加热至溶解完全，蒸发至 1mL 左右，加 20mL 水，加热使盐类溶解至清。过滤，滤液接收于 300mL 烧杯中，用盐酸洗液洗涤烧杯和滤纸 5～6 次，弃去滤纸。

氟化稀土试样的溶解：将试样置于 200mL 烧杯中，加 10mL HNO_3、1mL H_2O_2、3mL $HClO_4$，低温加热至冒高氯酸白烟。稍冷，用水洗器壁。加 2mL $HClO_4$，低温加热至冒高氯酸白烟，待试样溶解完全，蒸发至 1mL 左右。加 20mL 水，加热使盐类溶解至澄清。过滤，滤液接收于 300mL 烧杯中，用盐酸洗液洗烧杯和滤纸 5～6 次，弃去滤纸。

氯化稀土试样的溶解：将试样置于 200mL 烧杯中，加 20mL 水、5mLHCl、1mL H_2O_2，低温加热至溶解完全，蒸发至 5mL 左右。将溶液过滤至 250mL 容量瓶中，用盐酸洗液洗烧杯和滤纸 5～6 次，弃去滤纸（溶解含铈量高的试样时，应用 HNO_3 代替 HCl，低温加热并不断补加 H_2O_2）。用水稀释滤液至刻度，混匀。

移取 25mL 试液于 300mL 烧杯中。将试液以水稀释至 100mL，煮沸，滴加氨水至刚出现沉淀，然后加 0.1mL H_2O_2、20mL 氨水，煮沸。用定量滤纸过滤。沉淀用氯化铵-氨水洗液洗 4～5 次，弃去滤液。将沉淀连同滤纸放到原烧杯中，加 10mL HCl，加热使沉淀溶解。加 100mL 水，煮沸。加近沸的 50mL 草酸溶液，用氨水、HCl 和精密 pH 试纸调节 pH 为 2.0。煮沸或于 80～90℃保温 40min，冷却至室温，放置 2h。

用慢速定量滤纸过滤，用草酸洗液洗烧杯和沉淀 4～5 次。将沉淀连同滤纸放于 1000℃灼烧至质量恒定的铂坩埚中，低温加热，将沉淀和滤纸灰化。然后将铂坩埚及沉淀物于 1000℃灼烧 1h。取出，置于干燥器中，冷却至室温，称其质量。重复灼烧恒重，直至坩埚连同烧成物的质量恒定。

二、单一稀土金属及其化合物中稀土总量的测定——EDTA 滴定法

本方法用于测定单一稀土金属中稀土元素总含量及其化合物（氧化物、氢氧化物、氟化物、氯化物）中氧化稀土总含量。请参见 GB/T 14635—2008。

三、重稀土金属及其化合物中稀土总量的测定——EDTA 滴定法

本方法用于测定以重稀土钬、铒、铥、镱、镥为主体的混合稀土金属中稀土元素总含量及其化合物（氧化物、氢氧化物、氟化物、氯化物）中氧化稀土总含量。请参见 GB/T 14635—2008。

基础知识三　贵金属的分离和富集

样品的采集与制备可参考模块二分析。但由于是贵金属矿，有其特殊性，应加以注意。贵金属成矿机理比较特殊，它往往以单质形式存在于矿中，造成矿样含量分布很不均匀。因此采样必须科学，应有合理的代表性。矿样经几次粉碎、过筛、混匀、缩分、包装后待分析。

由于贵金属矿含量都很低，经上述制备好的试样在分析前必须经过贵金属的分离和富集。贵金属的分离和富集有两种方法：一种是干法分离和富集——火法试金（铅试金）；另一种是湿法分离和富集，我们分别加以介绍。

一、贵金属的干法分离和富集——火法试金

由于采用的捕集剂不同，火法试金可分为铅试金、锡试金、硫试金等。下面主要介绍铅试金的方法原理，其他几种只作简单的介绍。

1. 铅试金

铅试金是一个成熟、有效、古老的经典方法，是特别适用于金、银、铂、钯的分离富集的方法。但也有其缺点：需要庞大的设备；需要在高温下进行操作，体力消耗较大；在熔炼过程中产生大量的氧化铅蒸气，污染环境。所以分析工作者多年来一直想找到一种新的方法，取而代之。近年来在这方面已有所进展，有的方法可以与火法媲美，但对不同性质的样品适应性不如铅试金。所以铅试金仍被各实验室用于例行分析或用以检查其他方法的分析结果。

铅试金的整个过程，可以分为配料、熔炼、灰吹、分金等几个步骤。由于样品种类不同，配料方法和用量比不一样。根据配料的不同，铅试金又可分为面粉法、铁钉法、硝石法等。面粉法是以小麦粉作还原剂。铁钉法是以铁钉为还原剂，铁钉还可以作为脱硫剂，用于含硫高的试样。

硝石法是以硝酸钾作为氧化剂，用于含大量砷、碲、锑及高硫的试样分解，此法不易掌握，一般不常用。常用的为面粉法，是用面粉将 PbO 还原为铅，铅和贵金属形成合金。

（1）配料　在熔炼前要在试样中加入一定量的捕集剂、还原剂和助熔剂等。

① 捕集剂　铅试金以氧化铅为捕集剂。在熔炼过程中氧化铅被还原剂还原为金属铅，它能与试样中的贵金属生成合金，一般称"铅扣"，与熔渣分离。

对氧化铅的纯度要求不严，只要是不含贵金属的氧化铅如密陀僧等，就可以采用。

② 还原剂　加入还原剂是为了使氧化铅还原为铅。可用炭粉、小麦粉、糖类、酒石酸、铁钉（铁粉）、硫化物等，国内多采用小麦粉。

③ 助熔剂　常采用的助熔剂有玻璃粉、碳酸钠、氧化钙、硼酸、硼砂、二氧化硅等。根据样品的成分，加入不同量的这些助溶剂，可降低熔炼温度，使熔渣的流动性比较好，使铅扣和熔渣容易分离。

配料是铅试金的一个关键步骤，配料不适当会使铅试金失败。配料是根据试样的种类，按一定比例称取捕集剂、还原剂、助熔剂的细粉和试样混合均匀。各实验室的配料比例不完全相同，但大同小异。可以参考表 7-6 进行配料。

表 7-6　铅试金中常见矿石配料

矿石名称	各组分的称取量/g								矿石表面特征
	试样	氧化铅	碳酸钠	玻璃粉	硼砂	小麦粉	硝石	其他	
普通氧化矿石	50	60	60	5～20	30	3.0	—	—	呈泥黄色或浅红色,含高价金属氧化物
强氧化性矿石	50	60	60	25～45	30	3.0～5.0	—	—	呈深红色、深黑色、深咖啡色,含大量高价金属氧化物如软锰矿、赤铁矿
一般硅酸盐矿石	50	60	60～80	0	20	1～2.5	—	—	白色或灰白色,有时含有小量硫化物
一般硫化矿石	50	80	60～80	0～10	25	0	1～15	—	呈灰白色或灰黑色,含较小量硫化物
含硫较高的硫化矿石	25	80	40	20	20	0	1～15	—	黑色或灰黑色,含较小量硫化物
碳酸盐	50	60	60	30～60	30	2.5～3.5	—	—	密度较小,用盐酸检查时冒大量气泡
焙烧后的矿石	50	60	60	20～40	30	2.5～5.0	—	—	含硫太高的硫化矿石先焙烧后再配料
磁铁矿	50	35	60	60	40	7.0	—	—	黯黑红色,黑色较重,具有磁性
铬铁矿	50	60	70	60	50	2.5～3.0	—	CaO 15	灰黑色,绿黑色较重
矾土矿	50	60	70	30	25	2.5	—	冰晶石 15	灰色或略有红色
蛇纹岩,橄榄岩	50	60	70	30	25	2.5	—	—	
钛磁铁矿	30	30～35	45	50	20	7.0	—	—	深红色、黯黑红色,黑色较重
含砷、锑矿石	15	120	15	30	20	5～6	—	—	

试样和各种试剂应当混合均匀，使熔炼过程还原出来的金属铅珠能均匀地分布在试样中，发挥溶解贵金属的最大效能。混匀时应防止试样飞扬。混匀的方法有下述四种。

① 试样和各种试剂放在试金坩埚中，用金属匙或刮刀搅拌均匀。

② 在玻璃纸上来因翻滚混合均匀，连纸一起放入试金坩埚中。把玻璃纸的还原力也计算进去，少加些小麦粉等。

③ 把试样和各种试剂称于一个广口瓶中，加盖摇匀，然后倒入试金坩埚中。

④ 将试样和各种试剂称于1g重的长宽各30cm的聚乙烯塑料袋中，缚紧袋口，摇动5min，即可混匀。然后连塑料袋放入试金坩埚中。配料时应把塑料袋的还原力计算进去，减少还原剂的用量。

(2) 熔炼　将盛有混合料的坩埚放在试金炉中，加热。于是氧化铅还原为金属铅，捕集试样中的贵金属后，凝聚下降到坩埚底部，形成铅扣。这个过程称为熔融。在这个过程中应注意形成的铅扣的大小和造渣情况，并防止贵金属挥发损失。

常用的试金炉有柴油炉、焦炭炉和电炉三种，以电炉较为方便。

试样和各种试剂的总体积不要超过坩埚容积的3/4，根据配料多少可以采用不同型号的坩埚。在坩埚中的混合料上面覆盖一层食盐或硼玻璃粉，它们可以防止爆溅和贵金属的挥发；并能防止氧化铅侵蚀坩埚。坩埚放进试金炉后，应慢慢升高温度，以防水分和二氧化碳等气体迅速逸出，造成样品的损失。升温到600～700℃后，保持30～40min，使加入的还原剂及试样中的某些还原性组分与氧化铅作用生成金属铅，铅溶解贵金属形成合质金。然后升温至800～900℃，坩埚中的物料开始熔融，渐渐能流动。反应中产生的二氧化碳等气体逸出时，对熔融物产生搅拌作用，促使铅更好地起捕集和凝聚作用。铅合金的密度较熔渣为大，逐渐下降到坩埚底部。最后升温到1100～1200℃，保持10～20min，使熔渣与铅合金分离完全。取出坩埚，倒入干燥的铁铸型中。当温度降到700～800℃时，用铁筷挑起熔渣，观察造渣情况，以便改进配料比。若造渣酸性过强，则流动性较差，影响铅的沉降；若碱性过强，则对坩埚侵蚀严重，可能引起坩埚穿孔，造成返工。

熔融体冷却后，从铁铸型中倒出，将铅扣上面的熔渣弃去，把铅扣锤打成正方体。所得铅扣重最好在25～30g之间，以免贵金属残存在熔渣中。如铅扣过大（＞40g）或过小（＜15g），应当返工。铅扣过大，说明配料时加的还原剂太多；铅扣太小，说明加入的还原剂太少。所以重作时应当适当地减少或增加还原剂的用量。可根据还原剂的还原力，计算出应补加或减少多少还原剂。

还原剂的还原力的计算方法：若所用还原剂为纯炭粉，其和氧化铅在熔炼过程发生下列反应：

$$2PbO + C = 2Pb + CO_2$$

由反应式可以计算出1g碳能还原氧化铅生成34g铅。

假设用蔗糖作还原剂，反应如下：

$$24PbO + C_{12}H_{22}O_{11} = 24Pb + 12CO_2 + 11H_2O$$

根据反应式可计算出1g蔗糖能还原氧化铅生成14.5g铅。试金工作者常称：蔗糖的还原力为14.5g；碳的还原力为34g；小麦粉的还原力为10～12g；粗酒石酸的还原力为8～12g等。

试样的组成是复杂的，有的具有氧化能力，有的具有还原能力。有还原能力的试样应当少加还原剂；有氧化力的试样应当多加还原剂。例如，含有硫化物的试样，应当少加还原剂，因为硫化物能作用如下：

$$3PbO + ZnS = ZnO + SO_2 + 3Pb$$

遇到陌生的样品，难以通过观察确定配料比时，可以通过化验测定各个元素的含量，或通过物相分析测定出主要矿物组分的含量，也可以进行试样的氧化力或还原力的试验，以决定配料的组成和比例。

锤击铅扣时，如果发现铅扣脆而硬，这就表示铅扣中含有铜、砷或锑等。遇到这种情况，需要少称样，改用KNO_3配料，重新熔炼。

矿石和围岩矿物的主要造渣成分为：SiO_2、FeO、CaO、MgO、K_2O、Na_2O、Al_2O_3、MnO、CuO、PbO等。这些氧化物中，除了很少的氧化物能单独在试金炉温度下熔融外，大多数不熔，因而需要加入助熔。若为酸性氧化矿石，应加入碱性助熔剂；碱性氧化矿石则应加入酸性助熔剂。下面是有关的反应式。

酸性样品：

$$SiO_2(硅酸盐) + Na_2CO_3 === Na_2SiO_3 + CO_2\uparrow$$
$$SiO_2(硅酸盐) + CaO === CaSiO_3$$
$$2SiO_2(硅酸盐) + 4KNO_3 === 2K_2SiO_3 + 5O_2 + 2N_2$$

碱性样品：

$$CaO + Na_2B_4O_7 === Ca(BO_2)_2 \cdot 2NaBO_2$$
$$CaO + SiO_2 === CaSiO_3$$

硫化物样品（加铁钉或铁粉）：

$$CuS + Fe === FeS + Cu$$

（3）灰吹　灰吹是将铅扣中的铅氧化为氧化铅，后者能被灰皿吸收而贵金属不被氧化，呈圆球体留在灰皿上，与铅分离。

灰皿是由骨灰和水泥加水捣和压制而成的，加水不宜太多，以能成团为度。在压皿机上压制成灰皿，阴干备用。水泥和骨灰的比例各实验室不同。含骨灰多的灰皿吸收氧化铅的性能较好，但灰皿成型较困难。灰皿为多孔性、耐高温、耐腐蚀的浅皿，重约 40～50g。使用前，将清洁的灰皿放在 1000℃ 以上的高温炉中，预热 10～20min，以驱除灰皿中的水分和气体。加热后，如发现灰皿有裂缝，应当弃去不用。降温后，将铅扣放于灰皿中央，加热至 675℃，铅扣熔融显出银一样的光泽。微微打开炉门，但不要大开门，以防冷空气直接吹到灰皿上，使铅的氧化作用太激烈，发生爆溅现象。这时铅被氧化成氧化铅，氧化铅逐渐由铅扣表面脱落下来，被灰皿吸收。铜、镍等杂质被氧化为 CuO 和 NiO 等，对灰皿也有湿润作用，渗透到灰皿中去。

灰吹温度不宜太高，一般控制在 800～850℃，使铅恰好保持在熔融状态。若温度过低，氧化铅与铅扣不易分离。氧化铅将铅扣包住，可使铅立即凝固，这种现象叫做"冻结"。凝固后再进行加温灰吹，会使贵金属损失加大。合适的温度能使氧化铅挥发至灰皿边沿上出现羽毛状的结晶；若羽毛状氧化铅结晶出现在灰皿表面上，则说明温度太低。

微量的杂质如铜、铁、锌、钴、镍等，部分转变为氧化物被灰皿吸收，还有部分挥发掉。铅也是如此，大部分成为氧化铅被灰皿吸收，小部分挥发掉。贵金属大都不被氧化，例如金、银、铂、钯等，它们的内聚力较强，凝聚成球状，不被灰皿吸收，也不挥发。在铅扣中的铅几乎全部消失后，可以看到球面上覆盖着一个彩虹镜面（或称辉光点）。随后这个彩虹镜面消失，圆球变为银灰色，将炉门关闭 2min，进一步除去微量残余的铅，然后取出灰皿冷却。若不经过 2min 的除铅过程，则在取出灰皿时，因微量的余铅激烈氧化发生闪光，会造成贵金属的损失。

炉温过高也会造成贵金属的损失。虽然金、银、铂、钯等挥发甚微，但在高温下，它们会部分地被氧化而随氧化铅渗入灰皿中。灰吹过程温度愈高，金、银、铂、钯的损失愈大，所以应当严格控制温度在 800～850℃。

（4）分金与称量　分金是指将火法试金得到的金属合粒中的金和银分离的过程，它适用于金和银的重量法测定。若所得金银合粒中只有金和银，因银溶于热稀硝酸而金不溶，可利用这个区别把金和银分离开。

分离手续：称量金银合粒，得金和银的合量。然后，将合粒锤成 1mm 厚的薄片，投入盛有 10～20mL 热稀硝酸的试管中，在水浴上加热 20～30min。银溶解后，金成黑色金片残留在稀硝酸中。将稀硝酸溶液大部分倾泻弃去。用手斜持试管慢慢顺试管壁加入 10mL $HNO_3(1+1)$，注意防止加酸时将金片冲碎，放回水浴中，再加热 10～20min，进行第二次分解。将试管从水浴中取出，慢慢地加水充满试管。取一个坩埚盖，盖住试管口，用手指压紧，将试管翻转倒立在坩埚盖上。然后，将试管和其中的酸液猛然移开。这时金片和少量的酸液留在坩埚盖内，倾斜坩埚盖除去酸液，剩下黑色金片在盖中，放在电热板上烘干。取下冷却后，在酒精灯上用吹管吹出的火焰，直接灼烧坩埚盖中的黑色金片，使它转变为黄色金片。放入干燥器中，冷却后在试金天平上称量，得金的重量。合粒的重减去金的重即为银的重，最后计算试样中金、银的含量，以 g/t 来表示。

如果合粒经硝酸处理后，不是黑色而仍为黄色，这表示金和银及杂质分离不完全，应当补加适量的银于合粒中，用 2g 重的铅皮包裹起来，进行再次灰吹和分金。合粒中的金、银比，最好保持在表 7-7 中所列的数值。

表 7-7　合粒中的金银比

金重/mg	Ag：Au	金重/mg	Ag：Au
<0.1	30：1	>10	4：1
>0.2	10：1	>50	21/4：1
>1.0	6：1		

若样品中含银量不够，除上述加银的方法外，还可以在试样和试剂混合均匀后，覆盖氯化钠或硼砂玻璃之前，加入适量的硝酸银溶液。在这种情况下，需要另取样测定银。

若灰吹得到的合粒呈白色，表示银已足量，不需要另外加银。若合粒为黄色或红黄色，这表示合粒中金多，需要加银。

从灰皿中取出来的合粒应当用硬刷子刷净，锤成 1mm 厚薄片，以利硝酸将银及微量杂质溶解。在锤击过程中，若发现合粒较硬应放在灰皿中再热至暗红色。拿出后，用钢辊机压轧成长条状。若薄片碾压的边缘不规则，则用硝酸分金时，可能有细粒从金片上掉下来，影响测定结果。遇到这种情况，最好重新煅烧，再次碾压成 1.5mm 薄片，然后进行分金。

分金用的硝酸不能含有盐酸和氯气。

（5）铅试金中铂族元素的行为　铂族元素在铅试金中表现的行为很复杂，如钌与锇在熔炼过程及灰吹过程容易被氧化成四氧化物而挥发，所以用铅试金法测定钌和锇是困难的。

铱在铅试金的熔炼过程中，不与铅生成合金，而是悬浮在熔融的铅中。所以当铅扣与熔渣分离时，铱的损失很严重。在灰吹过程中，铑不溶于银，氧化损失严重。因此，铱、铑采用铅试金分离富集，是不合适的。

铂、钯在铅试金中的行为与金相似，在熔炼过程溶于铅，在灰吹过程溶于银，在熔炼和灰吹过程都损失很微。只有含镍的样品使铂、钯损失严重，可以改用锍试金、锑试金进行分离和富集。

（6）金与银、铂、钯的分离　若试样中有金、银、铂、钯，则进行铅试金时，灰吹后得到的合粒为灰色。含铂、钯量较大时，在灰吹过程中，铅未被完全氧化并被灰皿吸收之前，熔珠可能发生"凝固"，得到的金属合粒表面粗糙。

金属合粒中的银比铂、钯多十倍以上时，须用稀硝酸分金多次。铂、钯可以随银完全溶于酸而与金分离。将残留的金洗涤、烘干、称量，得到金的测定结果。

分离金以后的酸性溶液，加热蒸发除酸，通入硫化氢将银沉淀，硫化银可以将铂、钯等硫化物共沉淀下来。将沉淀用薄铅片包裹起来，再进行灰吹。得到的金属合粒用浓硫酸加热处理，银溶而铂、钯不溶，因此得以分离。也可以用王水溶解上述硫化物。加入氨水，若有不溶残渣，过滤除去。将滤液蒸干，加水溶解后，加入饱和氯化钾酒精溶液。放置，使铂形成 $K_2[PtCl_6]$ 沉淀，用恒重的玻璃砂漏斗过滤。用 80% 酒精洗涤后，放在恒温箱中干燥，然后称重。这个方法只适用于含铂高的样品。银、铂、钯也可以在同一溶液中用原子吸收分光光度法、发射光谱分析法等测定。

2. 锡试金

锡试金用氧化锡作捕集剂。锡可以与铂族元素生成金属互化物，如 $PtSn$、$PtSn_2$、$PdSn$、$RhSn$、$IrSn$ 等。锡的熔点低，而氧化锡易还原成金属锡，容易与矿渣分离。锡溶于 HCl，而铂、钯不溶，可借此使锡与铂、钯分离。

用 SnO_2 作捕集剂时，最好用适量的粉末状焦炭作还原剂并加入适量的硼砂及硝石作助熔剂，这样，在进行熔炼时，就可以得到适当大小的锡扣，锡扣和熔渣分离完全。

锡试金的配料比如下：SnO_2 30g，Na_2CO_3 50g，SiO_2 20g，KNO_3 4g，硼砂 6g，焦炭粉 5g。若试样为精矿，可将 SiO_2 用量减少到 15g。

熔剂和试样混匀后，放入坩埚，在高温炉中进行熔炼。熔炼后得到的锡扣，可以不必经过灰吹；或经过简单的灰吹，使锡扣减到 0.5～1g，即停止灰吹。熔炼过程中，试样中的贵金属和铅、镍等与锡形成合金，原子序数较小的金属造渣。锡扣直接用浓盐酸处理，锡绝大部分被溶解，而贵金属和铜等不溶解。不溶残渣用王水等溶解，若采用测定钯、铂的方法不受铜的干扰，便可直接测定。否则，可用离子交换等方法分离铜等，然后测定铂、钯。

3. 锍试金

锍试金的捕集剂主要成分为氧化镍和硫，还有试样中的硫化铜、硫化铁等，它们是贵金属的主要捕集剂。锍试金的熔炼同铅试金相似，助溶剂为碳酸钠、硼砂、玻璃粉等，捕集剂为氧化镍和硫，熔炼得到约12g重的锍扣。一般配料时多加一点 SiO_2，熔炼出酸性较强的熔渣，使锍扣和熔渣容易分离。配料比为：氧化镍8g，硫化铁15g，硫黄1.5g，硼砂30g，玻璃粉40g，碳酸钠35g，面粉3g，氧化钙10g。

若试样为基性或超基性岩，取样30g时，可以不加氧化钙。硫化铁用量可根据样品的含硫量适当减少。

高温形成的贵金属硫化物，对酸比较稳定，而贱金属的硫化物易被酸溶解。因此用酸处理锍扣，可以使贵金属与贱金属分离。

锍扣先用热盐酸分解，分解速度快慢与酸度及扣的粒度和成分有关。含铁多的锍扣，破碎成3～4mm的小块，即易分解；不含铁而含铜的锍扣，需破碎至 0.2mm 以下才能分解。

贵金属的硫化物在盐酸中也会缓慢地溶解而造成损失，损失量的多少与盐酸的浓度有关。例如，采用浓盐酸时，锇的损失可达10%，而用 6mol/L HCl 时则锇的损失可降至1%以下。其他贵金属的损失量都不大。

锍扣中含有较多的铁时，经盐酸处理后会剩下一些黑色絮状的贱金属硫化物，继续加热处理亦难完全溶解。这时可在热溶液中加入过量的氯化铁，以促使贱金属硫化物溶解，但应注意反应产生的硫。如果产生的硫很多，可能把未起反应的硫化物包藏起来，使分离效果不好。所以在加氯化铁之前，须加入盐酸煮1h左右，同时充分搅拌，使硫化物分散开。用氯化铁处理后，贵金属损失量增加。金的损失达15%，铂族个别元素的损失达4%。

锍扣先后经盐酸和氯化铁处理后，再经过滤，不溶的贵金属可用发射光谱法、原子吸收分光光度法等测定。

二、贵金属的湿法分离和富集

贵金属样品可用王水溶解，用盐酸赶去硝酸，得到 $H[AuCl_4]$、$H_2[PtCl_6]$、$H_2[PdCl_4]$ 等的溶液。以钯为主的矿物易溶于王水；以铂为主的矿物，如砷铂矿、硫铂矿等不溶于王水，需要先经过灼烧，使砷化物、硫化物等分解，以除去硫、砷，然后用甲酸将灼烧后生成的铂、钯等贵金属化合物还原为金属，再用王水溶解。铂族金属的互化物矿物，如钯铱矿、铱铂矿等以及含有贵金属的铬铁矿，不溶于王水，可用过氧化钠熔融分解。含贵金属的溶液可采用沉淀、吸附、离子交换、萃取、色谱等方法进行分离富集。

1. 沉淀法——碲共沉淀分离法

在热盐酸溶液中，氯化亚锡能将亚碲酸（H_2TeO_3）还原，生成单质碲的棕色胶状沉淀，并能使少至微克量的贵金属还原为金属而与碲入沉淀。一般金属离子在强酸性溶液中不被氯化亚锡还原为金属，因此，用这种方法可使贵金属与贱金属分离。若溶液中硝酸没有除净，则会影响沉淀的析出，可以加尿素消除硝酸的影响，也可以用较活泼的金属如锌、镁、铝等，代替氯化亚锡作还原剂。

得到的沉淀可溶于王水或含溴的氢溴酸中。碲一般不干扰贵金属的测定。若碲对所采用的分析方法有干扰，可将上述沉淀放在高温炉中低温灼烧，使碲氧化为 TeO_2 挥发逸去，然后用王水等溶解，以备测定。

若溶液中有汞、硒、砷等，则它们也会被氯化亚锡还原为单质而随着金、铂、钯、碲等沉淀下来。可用灼烧的方法使它们和碲一同挥发除去：余下的是金、银、铂、钯等，用王水溶解。

银的卤化物溶解度较小。在盐酸溶液中生成絮状氯化银沉淀，能吸附金、铂、钯等离子，影响测定结果。在酸性溶液中用溴化物作沉淀剂，得到溴化银，沉淀紧密，不吸附金、铂、钯等。而且溴化银的溶度积（7.7×10^{-13}）比氯化银的（1.5×10^{-10}）为小，沉淀更安全。

2. 吸附法

常用活性炭和泡沫塑料作金的吸附剂。在盐酸或硝酸介质中它们都能吸附金，效果良好，适应性广泛。用活性炭吸附分离金的方法历史悠久，但至今吸附理论还没有定论。有人认为活性炭颗粒吸附 H^+ 而带有正电荷，然后吸附 $[AuCl_4]^-$。也有人认为 Au^{3+} 的氧化能力较强，能与炭发生氧化还原反应，生成单质金，沉淀在活性炭上。关于塑料吸附金的理论，有人认为塑料中有氨基化合物，能与金离子发生配位作用。

活性炭在使用之前，要用氢氟酸和盐酸等处理，并加入少量的纸浆，以备应用。

用活性炭吸附金有两种操作方法：①将试样溶解后，滤去不溶残渣，在滤液中加入 0.5～1g 活性炭，搅拌，使活性炭吸附溶液中的金（称动态吸附）。②预先将活性炭做成交换柱，使溶液通过交换柱将金吸附（称静态吸附）。这两种方法都可得到良好的效果。

用泡沫塑料吸附金的方法：将泡沫塑料作为滤纸，平放在小的布氏漏斗中，试液用它进行吸滤，金离子即被吸留在泡沫塑料中。

经吸附金后的活性炭和泡沫塑料洗涤、烘干、灼烧，得到的金，在氯化钠存在下用稀王水溶解。然后根据金的大致含量，采用合适的方法进行测定。

在溶液中加入硫脲等还原剂，可以使铂、钯等沉淀于活性炭上。

3. 离子交换法

Au^{3+}、Pt^{4+}、Pd^{4+} 等在盐酸介质中形成氯配阴离子：$[AuCl_4]^-$、$[PtCl_6]^{2-}$、$[PdCl_6]^{2-}$。它们遇到阴离子交换树脂时被吸附，借此可使金、铂、钯等与贱金属离子分离。生产上采用的阴离子交换树脂型号很多：如 717 型树脂，和金、铂、钯氯配离子的反应如下：

$$R—N(CH_3)_3OH + [AuCl_4]^- \longrightarrow R—N(CH_3)_3—AuCl_4 + OH^-$$

离子交换分离金、铂、钯，可以采用静态吸附分离法，也可以采用动态吸附分离法。将吸附有金、铂、钯的树脂，放在高温炉中烘干、灼烧，得到金属金、铂、钯等。

三、钯的选择分离

钯的分离比较容易，许多含肟功能团的有机试剂能与 Pd^{2+} 形成配合物沉淀，而铂族其他元素不沉淀。

丁二肟在微酸性介质中可与钯生成沉淀。硫酸介质中丁二肟不能定量地将钯沉淀，但加入过量的氯化钠后，可使钯沉淀完全。在热溶液中沉淀钯时，由于常用的丁二肟溶液中含有酒精，它可以很快地将 Pt^{4+} 还原为 Pt^{2+}；Pt^{2+} 可以与丁二肟生成配合物沉淀而沾污钯的沉淀，使它的颜色由橙黄变为黄绿。遇到这种情况，可以在溶液中先加几滴硝酸，以防铂被酒精还原。丁二肟钯的沉淀体积大，不易过滤和洗涤。当钯含量达到数十毫克时，需要进行吸滤，并且要进行再沉淀。在氨性溶液中加入 EDTA 防止镍沉淀，然后加入丁二肟，可使钯沉淀得更完全。

α-亚硝基-β-萘酚与钯形成配合物沉淀的能力也很强，几微克的钯即可被它沉淀。

碘化物可以定量地沉淀钯。碘与其他铂族元素不生成沉淀，故可以从小量铂中分离钯。碘化钾不超过反应所需量的 5 倍时，不影响碘化钯的溶解度，过量太多时形成可溶的 $K_2[PdI_4]$。铜量不大于钯量的 5 倍时不干扰。

采用上述分离方法时，若溶液中有金离子存在，丁二肟可将金离子还原为金属金而沾污钯的沉淀；若溶液中有 Ag^+，则用碘化钾沉淀钯时，沉淀会被碘化银沾污。

 阅读材料一 贵金属

一、贵金属

贵金属元素，一般是指金、银和铂族（钌、铑、钯、锇、铱、铂）共 8 个元素。我们在这里重点介绍金、银、铂、钯 4 个元素的分析方法，也涉及其他 4 个元素。

贵金属元素在周期表中位于第五、六周期的第Ⅷ族和第ⅠB 副族中。铂族元素位于周期表 d 区，为 d

轨道电子填充，而且是 d 电子的后期填充，轨道数没有增加，但原子核中质子数明显的增加，因而对外层电子的库仑力作用加强，使它们的价电子不容易失去，所以铂族电子的化学性质不活泼。金银的电子排布是随着铂族元素的排布下来的，所以它们的化学性质也不活泼。

铂族元素可以分为两组：钌、铑、钯为轻族；锇、铱、铂为重族。

贵金属元素的化学性质虽不活泼，但它们富延展性和导电性，而且具有较高的熔点和沸点（见表7-8），这些特殊性质使它们成为国民经济建设中不可缺少的重要材料。

表 7-8　贵金属的几个物理常数

物理常数	钌(Ru)	铑(Rh)	钯(Pd)	锇(Os)	铱(Ir)	铂(Pt)	金(Au)	银(Ag)
原子半径/nm	0.1247	0.1241	0.1278	0.1254	0.1255	0.1280	0.144	0.144
密度/(g/cm³)	12.2	12.44	11.9	22.48	22.4	21.45	19.32	10.5
熔点/℃	2310	1966	1552	3045	2410	1772	1064.4	961.9
沸点/℃	2900	3727	3140	5027	4130	3827	2870	2210
硬度	6.5	—	4.8	7	6~6.5	4.3	2.5~3	2.5~4

贵金属在国民经济建设中显得越来越重要。金和铂为良导体，在空气中长期放置不被氧化，抗酸碱的腐蚀性很强，具有耐高温的特性。在现代电子工业和航天工业中可用它们制造重要的仪器元件。钯铱铂耐酸碱、耐高温，这种性质使它们成为人造丝、玻璃纤维工厂中制造拔丝头的材料。铂和钯具有特殊的表面吸附能力，如 1 体积的钯可以吸收 900 体积的氢气，虽然体积明显增大，但仍保持金属状态。被吸附的氢气变为原子状态，十分活泼，能与氯、溴、碘反应生成氢卤酸；与 3 价铁接触使其变成 2 价；与二氧化硫接触使其还原成单质硫。钯的细粉末 1 体积能吸附氢气或氧气 1000 体积。所以铂、钯在现代化学工业中是很重要的催化剂。

银的化学性质虽不如金、铂，但比一般重金属稳定。导电导热性较好，且比较廉价，在现代电子工业中常用来制作电子元件。卤化银容易被光分解，在电影、电视和照相行业中，用它制感光材料。金银用来制造货币已有久远历史。现在的金仍为国际贸易通用货币。金、银、铂制造的首饰、工艺品也越来越受百姓青睐。这样社会对金、银、铂的需求量就扩大，这就要求加快贵金属的勘探和开采，贵金属的分析也要跟上去。

二、金、银、铂、钯在自然界的存在

1. 金在自然界的存在

金在地壳中的丰度为 5×10^{-3} g/t。

由于金的化学性质不活泼，金在自然界不形成硫、氧等的化合物，大都以自然金存在；但在自然界里很少遇到化学纯的金。自然金中常含有铜、银、汞、锑等元素。因为金对氧的亲和力很小，所以金不随岩浆活动进入硅酸盐矿物晶体中。它的合质金矿物有：铜金矿，含铜达 20%；钯金矿，含钯达 5%~11%、银 4%；铋金矿，含铋达 4%；银金矿，含银 15%~50% 和少量的铜和铁。金矿著名的还有金碲矿（$AuTe_2$）；针碲金矿（AuTe）；自然碲矿（$AuAgTe_4$）；金汞膏矿（含 34.2%~41.6% 金）等。其他矿床含金的情况：方铅矿中有时含金达 0.003%；闪锌矿含金达 0.002%。金为亲铁元素，在陨石中金的含量也较高。黄铁矿、黄铜矿、斑铜矿、方铅矿、毒砂、辉钼矿中也常含有金。现已发现海水中含有微量的金。砂金矿也是金的主要工业矿床。由于金的化学性质很稳定，并且相对密度（19.3）较大，自然金不受风化作用，常沉积在风化矿物中。在砂岩、砾岩、古河床等机械沉积物中常发现有工业价值的金。

金矿中金的边界品位为 3g/t，工业品位为 5g/t。沙金容易开采，所以规定其工业品位为 0.2~0.3g/m³。

2. 银在自然界的存在

银在地壳中的丰度为 0.1g/t。

银主要以硫化物的形式存在于自然界。大部分的银和铜矿、铜铅锌多金属矿、铜镍矿以及金矿中伴生。一般含银品位达到 5~10g/t 即有工业开采价值。常在开采和提炼铜、铅、锌、镍或金等主要组分时回收银。

3. 铂、钯在自然界的存在

铂族元素在自然界的分布量很微，它们在地壳中的丰度（g/t）分别为：铂 5×10^{-3}；钯 1×10^{-2}；铱 1×10^{-3}；铑 1×10^{-3}；锇 5×10^{-2}；钌 5×10^{-3}。

铂、钯和金一样，往往以游离状态存在。它们和铁、钴、镍在元素周期表上同属于第Ⅷ族元素，所以也具有铁、钴、镍的亲硫性质。铂族之间，以及它们与铁、钴、镍、铜、金、银、汞、锡、铅等元素之间都能构成金属互化物。铂族元素还可以与非金属性较强的第Ⅵ主族元素氧、硫、硒、碲以及第Ⅴ主族元素砷、锑、铋等组成不同类型的化合物。目前已知的铂族元素的矿物有120多种。例如自然铂，可含铂84%以上，其余成分为铁，以及少量的钯、铱、镍、铜等。自然钯主要为钯，含有少量的铂、铱、铑等。铋金矿含有8.2%～11.6%的钯，其余为金，以及少量的银和铂。铂、钯的硫、砷化物矿物有砷铂矿（$PtAs_2$）、硫镍钯铂矿（Pt、Pd、Ni）S 等。

另外，一些普通金属矿物如黄铜矿、镍黄铁矿、黄铁矿、铬铁矿等以及普通非金属矿物如橄榄石、蛇纹石、透辉石等，也可能含有微量铂族元素。

三、金、银、铂、钯的化学性质

1. 金的化学性质

金的外层和次外层电子的排布为 $5d^{10}6s^1$。金与其他元素起化学反应时，可以失掉一个 6s 电子，形成 1价化合物；还可以给出一个或两个 5d 轨道上的电子，形成 2 价或 3 价的化合物。但金的 2 价化合物不稳定，而 1 价和 3 价的化合物比较稳定。所以一般常见到的为 1 价或 3 价金化合物，2 价金的化合物只有在特定的条件下才能得到。

Au^+ 在水溶液中发生歧化反应，生成金属金和 Au^{3+}，所以 Au^+ 的化合物在水溶液中不存在。但是 Au^+ 和某些配位基形成配离子后较为稳定，例如 $[Au(CN)_2]^-$、$[Au(S_2O_3)_2]^{3-}$ 和 $[Au(SO_3)_2]^{3-}$ 等，在水溶液中很稳定。Au^{3+} 比 Au^+ 形成配合物的能力为强。Au^+ 的配合物配位数多为 2（可能为 sp 杂化键）；Au^{3+} 的配合物，配位数多为 4（可能是 dsp^2 杂化键）。

无机配位基与金离子配位能力的强弱顺序一般为：$CN^- > S_2O_3^{2-} > Cl^- > SCN^- \geqslant NH_3 > Br^- > I^-$。这些性质在金的分离、富集、掩蔽和光度分析中常用到。一些有机试剂与金的离子也形成配合物，而且反应的选择性和灵敏度更好些。

（1）金的氯化物　金不溶解于一般酸，而溶解于王水或含强氧化剂的盐酸溶液中，生成金氯酸 $HAuCl_4$，这是溶解金矿石常采用的方法。有时在溶解过程中加入 NaCl、$FeCl_3$ 等，以增加溶液中的 Cl^- 浓度，从而加快溶解速度并增加保存过程的稳定性。

在 25℃的 0.2～2mol/L HCl 溶液中，金属金和金氯酸可以发生反应，产生 Au^+ 的氯配合物，反应如下：

$$[AuCl_4]^- + 2Au + 2Cl^- \longrightarrow 3[AuCl_2]^-$$

反应不能进行到底，其平衡常数 $K = 1.8 \times 10^{-8}$。

Au^{3+} 的电极电位，在文献上有几种不同的数据，这是因为 Au^{3+} 在水溶液中可以水化，影响它的电位测定。Au^{3+} 在盐酸介质中常形成稳定的 $[AuCl_4]^-$，它的不稳定常数 $K = 10^{-30}$；在稀盐酸溶液中，常有水合离子 $[AuCl_4(H_2O)_2]^-$ 存在，只有 pH 小于 4.2 时，Au^{3+} 才能以单纯的氯配离子的形式存在。

$[AuCl_4]^-$ 虽然很稳定，但仍能被 Fe^{2+}、Ti^{3+}、Sn^{2+}、Cu^+ 等还原为金属金。

$$3Fe^{2+} + [AuCl_4]^- \longrightarrow Au + 3Fe^{3+} + 4Cl^-$$

虽然 Fe^{3+} 和 $[AuCl_4]^-$ 发生氧化还原反应，但它们的电极电位相差较小：

$$[FeCl_4]^- + e \longrightarrow Fe^{2+} + 4Cl^- \ (1mol/L \ HCl) \qquad \varphi^{\ominus} = 0.70V$$

$$[AuCl_4]^- + 3e \longrightarrow Au + 4Cl^- \qquad \varphi^{\ominus} = 1.00V$$

所以一般不用亚铁盐直接滴定法测定金，而常加入过量的亚铁将 Au^{3+} 还原为 Au，然后用高锰酸钾或重铬酸钾滴定过剩的亚铁。这个方法在测定高含量合质金中采用。

金标准溶液的保存问题：Au^{3+} 浓度为 2.5～25μg/mL 的溶液，盛于玻璃容器中可稳定 300 天。金的浓度更低时，可被玻璃器皿吸附。pH=2 时，吸附金的量最多，玻璃器皿吸附约 30%，石英器皿吸附约 60%，在 pH2～7 时，滤纸吸附金高达 40%，因此，制备金的标准溶液时，不能用滤纸过滤。为了提高 $[AuCl_4]^-$ 的稳定性，有人建议在金的标准溶液中加入 NaCl、KCl 和碱土金属的氯化物。

（2）金的溴化物和碘化物　金的溴化物有 AuBr 和 $AuBr_3$。AuBr 溶解于 KBr 溶液中；$[AuBr_2]^-$ 常发生歧化作用，生成金属金和 $[AuBr_4]^-$，反应如下：

$$AuBr + Br^- \longrightarrow [AuBr_2]^-$$

$$3[AuBr_2]^- \longrightarrow 2Au + [AuBr_4]^- + 2Br^-$$

$[AuBr_4]^-$ 在水溶液中能发生自身氧化还原反应：

$$[AuBr_4]^- \Longleftrightarrow [AuBr_2]^- + Br_2$$

这个反应不能进行到底，它的平衡常数 $K = 3 \times 10^{-10}$。$[AuBr_4]^-$ 的溶液在保存过程中比 $[AuCl_4]^-$ 溶液更不稳定。

Na［$AuBr_4$］溶液为红棕色，稀溶液为橙色。

KI 与 ［$AuCl_4$］$^-$ 或 ［$AuBr_4$］$^-$ 作用能生成 AuI 和 I_2。反应如下：

$$［AuCl_4］^- + 3I^- \longrightarrow AuI + I_2 + 4Cl^-$$

AuI 不溶于水，而可溶于碘化钾溶液：

$$AuI + I^- \longrightarrow ［AuI_2］^-$$

上述反应产生的碘可以用硫代硫酸钠溶液滴定。此反应常被用于金的滴定法和电位法测定。

（3）金的氰化物　AuCN 为六角形粉末状结晶，姜黄色，不溶于水和乙醇等，但溶于 KCN 溶液，在 4.78% KCN 溶液中溶解度最大。

$$AuCN + CN^- \longrightarrow ［Au(CN)_2］^-$$

［$Au(CN)_2$］$^-$ 的不稳定常数 $K = 5 \times 10^{-39}$，所以这个配合物很稳定。KCN 很早就被人们用到采金工业中。将金与砂的混合物用 NaCN 溶液浸泡，与空气充分接触，金被溶解生成 ［$Au(CN)_2$］$^-$，砂石不溶，达到砂石和金分离的目的。反应如下：

$$4Au + 8CN^- + O_2 + 2H_2O \longrightarrow 4［Au(CN)_2］^2 + 4OH^-$$

含金的溶液用锌粉等处理，则金由溶液中析出：

$$2［Au(CN)_2］^- + Zn \longrightarrow ［Zn(CN)_4］^{2-} + 2Au$$

［$Au(CN)_2$］$^-$ 可被异戊醇或乙醇和丙酮混合液萃取，借此可使金与干扰测定的离子分离。

在 0.1mol/L KCl 溶液中，K［$Au(CN)_2$］产生极谱波，其半波电位为 $-1.4V$。

$AuCl_3$ 能与 KCN 发生配位反应成一系列 Au^{3+} 的氰配合物 ［$Au(CN)_n$］$^{(n-3)-}$。在中性或酸性介质中 Au：CN 为 1：4，在氨性溶液中（pH9.75）为 1：5；在强碱性溶液中（pH≥11.6）为 1：6。

在 pH3.7 的介质中，［$AuCl_4$］$^-$ 催化 ［$Fe(CN)_6$］$^{4-}$ 的分解，形成普鲁士蓝。这个反应比较灵敏，可以用来鉴定金；也可以用来进行金的催化光度法测定。

（4）金的硫代硫酸盐　硫代硫酸钠与 ［$AuCl_4$］$^-$ 作用，首先将 Au^{3+} 还原为 Au^+，然后 $S_2O_3^{2-}$ 与 Au^+ 形成配离子 ［$Au(S_2O_3)_2$］$^{3-}$。这个配合物比较稳定，它的不稳定常数 $K = 10^{-26}$。反应如下：

$$［AuCl_4］^- + 2S_2O_3^{2-} \longrightarrow AuCl + S_4O_6^{2-} + 3Cl^-$$

$$AuCl + 2S_2O_3^{2-} \longrightarrow ［Au(S_2O_3)_2］^{3-} + Cl^-$$

这也是采用硫代硫酸钠作滴定剂，测定高含量金的反应基础。

（5）金与有机试剂的反应　许多有机试剂能与金离子形成配合物。只有仅含有羧基和羟基配位基的有机配位剂不与金形成配合物；含有氰根、硝基、氨基及含硫基团的有机试剂与 Au^+ 或 Au^{3+} 形成配合物。Au^+ 与含有这些配位基的有机试剂形成的配合物的配位数为 2，3 价金的配合物配位数为 4。

Au^{3+} 的氧化还原电位比较高（1～1.5V），常常还能将有机试剂氧化成有色物质，可用于金的测定。有机试剂与金的反应可归纳为 4 种类型。

① 仅与金离子发生配位反应而不发生氧化还原反应的有机试剂。例如乙二胺（NH_2—CH_2—CH_2—NH_2），常用符号 en 表示，在水溶液中与 ［$AuCl_4$］$^-$ 作用，生成乙二胺的金离子 ［$Au(en)_2$］$^{3+}$。

在碱性溶液中，由氨基上给出一个氢离子，变成 ［$Au(en)_2$］$^{2+}$，最大吸收波长为 300mm，$\varepsilon = 2.6 \times 10^3$，可以进行光度分析。无水乙二胺和 AuCl 反应，生成 ［Au(en)］Cl。［$Au(en)_2$］Cl_3 与 KBr 作用，生成黄色沉淀。［$AuBr_4$］$^-$ 加入 en 也生成同样的黄色沉淀。反应如下：

$$［Au(en)_2］Cl_3 + 3KBr \longrightarrow ［Au(en)_2］Br_3 + 3KCl$$

$$［AuBr_4］^- + 2en \longrightarrow ［Au(en)_2］Br_3 + Br^-$$

$$\text{（黄色沉淀）}$$

② 含有还原性较强的基团的有机试剂，首先将 Au^{3+} 还原为 Au^+，然后与 Au^+ 形成配合物。例如，硫代米蚩酮，又名 4,4'-双-(二甲基胺)-二苯甲硫酮，其结构式为：

$$(CH_3)_2N—\underset{S}{\overset{C}{—}}—N(CH_3)_2$$

可用符号 TMK 表示，它与 Au^{3+} 反应，首先将其还原为 Au^+，然后起配位反应，反应过程如下：

$$2TMK + Au^{3+} \longrightarrow 2TMK^+ + Au^+$$

$$TMK + Au^+ + Cl^- \longrightarrow AuTMKCl$$

$$\text{（红色沉淀）}$$

AuTMKCl 溶于异戊醇等有机溶剂。这是硫代米蚩酮萃取比色测金的基本反应。

又如硫脲与 Au^{3+} 的作用，也是先将 Au^{3+} 还原为 Au^+，然后发生配位反应。Au^+ 和硫脲生成的配合物较稳定，所以目前在淘金工业中用它代替 KCN 提取砂石中的金，以减轻对操作工人的毒害和环境污染。

③ 有些有机试剂能被 Au^{3+} 氧化，发生明显的颜色改变。如联苯胺，N,N,N',N'-四甲基-邻-联甲苯胺等。

④ 有些有机试剂可把 Au^{3+} 或 Au^+ 还原至 Au^0，如甲醛、抗坏血酸、氢醌等。其中氢醌的反应是定量的，常用于滴定法及电位法测金，反应式如下：

$$2HAuCl_4 + 3 \,\, \begin{array}{c} OH \\ \bigcirc \\ OH \end{array} \longrightarrow 2Au + 3 \,\, \begin{array}{c} O \\ \bigcirc \\ O \end{array} + 8HCl$$

2. 银的化学性质

银的化合物多为 1 价。在有配位剂存在下，用强氧化剂可以把它氧化为 2 价。3 价化合物很少见。

金属银形成 Ag_2S 的能力很强，长期放置在含微量硫化氢空气中，会变成黑色的 Ag_2S。

金属银不溶于 HCl 和稀 H_2SO_4，溶于浓 H_2SO_4 或 HNO_3。

金属银不与碱发生反应。

(1) 银的氧化物和氢氧化物　Ag^+ 在水中成为 $[Ag(H_2O_2)]^{2+}$ 配离子，在中性或碱性溶液中释放出两个质子而形成 $[Ag(OH)_2]^-$。在银盐溶液中慢慢加入氨时，生成白色的 AgOH 沉淀。在银盐溶液中若加入强碱即生成棕色的 Ag_2O 沉淀。

(2) 银的盐类和配合物　Ag^+ 和氨水作用，生成银氨配离子 $[Ag(NH_3)_2]^+$。含 Ag^+ 的溶液中加入 KCN 时，首先出现 AgCN 沉淀，进一步加入过量 KCN 即形成 $[Ag(CN)_2]^-$ 配离子。

硝酸银为无色菱形结晶，易溶于水。固体硝酸银在空气中逐渐变黑，部分生成金属银。

硝酸银与磷酸作用，生成黄色难溶于水的 Ag_3PO_4 沉淀，它溶于无机酸和氨水中。

焦磷酸银（$Ag_4P_2O_7$）为白色，难溶于水。若加入过量的焦磷酸，则生成 $[Ag(P_2O_7)_2]^{7-}$ 配离子。

硫酸银（Ag_2SO_4）为无色菱形结晶，微溶于水，有过量的 SO_4^{2-} 时，形成 $[AgSO_4]^-$ 和 $[Ag(SO_4)_2]^{3-}$ 配离子。

亚硫酸银（Ag_2SO_3）为不溶于水的白色沉淀，见光变成黑红色，随后变黑。

Ag^+ 和硫代硫酸盐能形成多种配离子。银盐溶液中加入硫代硫酸盐时，首先产生 $Ag_2S_2O_3$ 白色沉淀，由于 Ag_2S 的析出而逐渐变黑。$Ag_2S_2O_3$ 溶于过量的 $Na_2S_2O_3$ 中，形成 $[Ag_2(S_2O_3)_3]^{4-}$、$[Ag_2(S_2O_3)_4]^{6-}$ 等配离子。

Ag^+ 与含 SCN^- 的溶液能形成白色凝胶状的 AgSCN 沉淀。此沉淀溶于氨水，不溶于稀酸，溶于浓硝酸，生成 Ag_2SO_4：

$$6AgSCN + 4H_2O + 16HNO_3 \longrightarrow 3Ag_2SO_4 + 3(NH_4)_2SO_4 + 6CO_2 + 16NO$$

若用硫酸溶解 AgSCN，则生成 Ag_2S：

$$2AgSCN + 2H_2SO_4 + 3H_2O \longrightarrow 2NH_4HSO_4 + COS + CO_2 + Ag_2S$$

AgCN 和过量的 NaSCN 作用形成复杂的配离子 $[Ag(SCN)_2]^-$、$[Ag(SCN)_3]^{2-}$ 和 $[Ag(SCN)_4]^{3-}$ 等，还可以形成多核配离子。

$[Ag(SCN)_2]^-$ 和各种阳离子作用生成 $KPb[Ag(SCN)_2]^-$、$Zn[Ag(SCN)_2]_2$ 和 $[Cd(NH_3)_2] \cdot [Ag(SCN)_2]_2$、$[Cd(NH_3)_6][Ag(SCN)_2]_2$ 和 $[Cu(NH_3)_4][Ag(SCN)_3]$ 等配合物。

在 $AgNO_3$ 溶液中用 KSCN 进行滴定时，形成的 AgSCN 沉淀吸附 $AgNO_3$ 或 KSCN。

Ag_2SeO_4、Ag_2CrO_4、Ag_2MoO_4 和 Ag_2WO_4 等都是难溶盐，在分析中可用于分离或测定。

(3) 银的卤化物和它们的配合物　AgF 为层状晶体，溶于水。

AgCl 为白色胶状沉淀，溶于过量的含 Cl^- 的溶液中，形成 $[AgCl_2]^-$、$[AgCl_4]^{8-}$ 等配离子。

AgBr 为黄色乳状沉淀，若受光照能被还原。在过量的 Br^- 溶液中形成 $[AgBr_2]^-$、$[AgBr_3]^{2-}$、$[AgBr_4]^{3-}$ 等。在这个溶液中也可以观察到双核的 $[Ag_2Br_6]^{4-}$ 生成。

AgI 不溶于硝酸，微溶于氨水中，易溶于 KCN 和 $Na_2S_2O_3$ 溶液中。

Ag^+ 和过量的 I^- 形成较易溶的配离子 $[AgI_2]^-$、$[AgI_3]^{2-}$ 和 $[AgI_4]^{3-}$。也有双核配离子 $[Ag_2I_6]^{4-}$ 和 $[Ag_3I_8]^{5-}$ 等。

$[AgI_8Br]^{3-}$、$[AgI_2Br]^{2-}$、$[AgIBr_2]^{2-}$ 和 $[AgICl_2]^{2-}$ 等较复杂的配离子稳定性高。

(4) 其他无机盐　过氯酸银 $AgClO_4$ 溶于水和一些有机溶剂中。$AgClO_3$ 溶于水，$AgBrO_3$ 微溶于水，$AgIO_3$ 难溶于水。

$AgNO_3$ 溶液和 $K_4[Fe(CN)_6]$ 生成白色 $Ag_4[Fe(CN)_6]$ 或 $KAg_3[Fe(CN)_6]$ 沉淀，不溶于硝酸和氨水中，但能溶于过量的 KCN 溶液中。

$Ag_4[Fe(CN)_6]$ 的溶度积很小（$10^{-40.81}$）。

若采用 $Na_4[Fe(CN)_6]$ 或 $Li_4[Fe(CN)_6]$，只能生成 $Ag_4[Fe(CN)_6]$，不生成 $NaAg_3[Fe(CN)_6]$ 或 $LiAg_3[Fe(CN)_6]$。

(5) 银的有机化合物　Ag^+ 和许多有机化合物，例如，烃类、羧酸、氨基酸、硫代酸等有机化合物形成配合物。

乙炔与银氨配离子作用，形成白色的乙炔银沉淀，它有强烈的爆炸性。

在乙酸钠（或钾）溶液中加入 $AgNO_3$ 时，生成乙酸银白色结晶状沉淀。

在草酸钾（或钠）溶液中加入 $AgNO_3$ 时，生成的白色乳状草酸银（$Ag_2C_2O_4$）沉淀。这个沉淀能溶于氨水和硝酸中。

酒石酸盐溶液中加入 $AgNO_3$ 时，生成酒石酸银 $Ag_2C_4H_4O_6$ 白色乳状沉淀。沉淀能溶于硝酸和氨水中，若加入过量酒石酸钠，则生成酒石酸银配合物。

柠檬酸盐与硝酸银作用，生成柠檬酸银沉淀，并可溶于硝酸和氨水中。若加入过量的柠檬酸钠，则形成柠檬酸银配合物。

(6) 银的催化作用　银可以加速某些化学反应。如在锰的光度法分析中，用过硫酸铵氧化锰时，常加入 $AgNO_3$ 作催化剂。

氯化银能加速 Cl^- 还原铈的反应：

$$Ce(Ⅳ) + Cl^- \longrightarrow Ce(Ⅲ) + Cl^0$$

使黄色溶液变为无色。

3. 铂的化学性质

铂的颜色介于银和锡之间。从表 3-1 可看到它的密度、熔点和沸点都很高，但硬度较低，而延展性很好。铂的化学稳定性很好，致密的铂在 500℃ 以上才与氟开始起反应，1000℃ 才与氯气作用。由于铂的这些特性，分析工作中常采用铂坩埚熔矿或用酸处理样品。铂能溶于王水、盐酸-过氧化氢、盐酸-高锰酸钾、盐酸-过氯酸等。热浓硫酸能慢慢溶解铂成 $Pt(OH)(HSO_4)_3$。熔融的碳酸钠、碳酸钾对铂的腐蚀作用很小；熔融的硝酸盐和硫酸盐则有明显的腐蚀作用；熔融的苛性碱或过氧化钠对铂也有明显的腐蚀作用。

铂的最外层和次外层的电子排布为 $5d^8 6s^2$，所以它可以失去 6s 轨道上的第二个电子，成为 Pt^{2+}，或再失去两个 d 电子成为 Pt^{4+}。它们都有生成配合物的性质，特别是 Pt^{4+} 的卤素配合物在分析中有重要的应用。

铂溶解于王水或含过氧化氢的盐酸中，生成氯铂酸 $H_2[PtCl_6]$。溶液加热蒸干后，析出红褐色的 $H_2[PtCl_6] \cdot 6H_2O$ 结晶，易溶于水和酒精。氯铂酸和 K^+ 和 NH_4^+ 反应，从而生成 $K_2[PtCl_6]$ 或 $[NH_4]_2[PtCl_6]$ 沉淀。氯铂酸钾是最难溶的钾盐之一，所以很早就被用于铂和钾的重量法测定。

$H_2[PtCl_6]$ 与 $AgNO_3$ 作用生成淡黄色的 $Ag_2[PtCl_6]$ 沉淀，而不是 $AgCl$ 沉淀。

$H_2[PtCl_6]$ 与 KI 作用时，Pt^{4+} 还原为 Pt^{2+}，生成 $H_2[PtI_4]$ 并产生 I_2，后者可用标准硫代硫酸钠溶液还原。这是碘量法测定铂的反应基础。

如控制适当的酸度，则 $H_2[PtCl_6]$ 与 KI 不发生氧化还原反应，而形成红色的 $H_2[PtI_6]$，是光度法测定铂的反应基础。

铂族金属的亚硝酸配盐，在分析中比较重要。在中性或微酸性溶液中，$NaNO_2$ 与 $H_2[PtCl_4]$ 或 $H_2[PdCl_4]$ 反应生成 $Na_2[Pt(NO_2)_4]$ 和 $Na_2[Pd(NO_2)_4]$。在溶液中加入碱溶液，绝大部分的贱金属即形成氢氧化物、碳酸盐或碱式盐从溶液中沉淀出来，从而达到使贵金属和贱金属分离的目的。在分离贱金属后的溶液中加入浓盐酸，加热破坏亚硝酸盐后，铂、钯的氯配盐重新生成。

4. 钯的化学性质

钯在铂族中密度最小，但最富于延展性，熔点和沸点较铂族其他元素略低（参看表7-8）。

钯的外层电子构型与铂相似，它在化合物中常呈 2 价和 4 价，但它的 2 价化合物较 4 价的化合物稳定，而铂的 4 价化合物较 2 价的稳定。这是铂、钯化学性质的重要区别。

钯溶解于王水中，成为深红色的 $H_2[PdCl_6]$ 溶液。这个化合物不稳定，在 HCl 存在下蒸干时形成 $PdCl_2$ 的无定形沉淀。KCl 或 NH_4Cl 与 $H_2[PdCl_6]$ 反应生成 $K_2[PdCl_6]$ 或（NH_4）$_2[PdCl_6]$ 的亮红色结晶状沉淀。当 $PdCl_2$ 或 $[PdCl_4]^{2-}$ 与过量的氨水共同煮沸时，形成 $[Pd(NH_3)_4]Cl_2$ 配合物。

钯盐溶液中加入 KI 或 HI 时，反应生成黑色的 PdI_2 沉淀。PdI_2 不溶于盐酸，而溶于过量的 KI 溶液，使溶液呈红色，可用于光度法测定。

钯溶于热浓硫酸中，生成 $PdSO_4 \cdot 2H_2O$，易溶于水，成为橙黄色溶液。在浓硫酸中加入酒精或草酸等还原剂，可以将钯离子还原为金属钯。

将金属钯溶解于浓 HNO_3，可以得到 $Pb(NO_3)_2$ 的棕黄色结晶。若将金属钯溶于 HNO_3（1+4）中，在溶解过程中不放出氧化氮气体，而是产生的硝酸钯中含有亚硝基或亚硝酰基。

$Pd(NO_3)_2$ 的溶液加入 KBr 煮沸时，形成钯的含水溴化物沉淀。

任务九　贵金属分析

样品经过相应的准备、处理、分离、富集后，可以分别进行测定。

一、金的测定

金的测定方法很多，这里重点介绍几种测定方法。

1. 滴定法

Au^{3+}/Au^+ 和 Au^+/Au 的标准电极电位分别为 +1.41V 和 +1.50V。因此金离子的氧化能力是比较强的，它能与许多试剂起氧化还原反应。Au^{3+} 和 Au^+ 又能与许多试剂形成稳定的配合物。利用金的这两类反应，可进行金的氧化还原滴定法测定。

（1）碘量法　用碘量法测定金准确度比较高，但测定范围为 0.1～100mg，所以只适用于含量高的金矿石的分析和选矿中金的测定。

在含 Au^{3+} 的溶液中加入 KI，即发生氧化还原反应而生成碘，用标准 $Na_2S_2O_3$ 溶液滴定碘，以淀粉为指示剂。反应如下：

$$[AuCl_4]^- + 3I^- \longrightarrow AuI + I_2 + 4Cl^-$$
$$2Na_2S_2O_3 + I_2 \longrightarrow 2NaI + Na_2S_4O_6$$

（2）氢醌滴定法　氢醌又名苯二酚，在弱酸性溶液中，它可以将 Au^{3+} 定量地还原为金属金。利用此反应可进行金的测定。适宜的酸度为 pH2.5～3.2，从反应式可看出，在滴定过程中产生酸，如酸度太高，会使反应进行不完全，导致测定结果偏低。因此常用 H_3PO_4-KH_2PO_4 缓冲溶液来保持溶液的 pH 稳定。

氢醌的标准电极电位为 +0.699V；$HAuCl_4/Au$ 的电位为 +0.989V。两者相差不大，所以恰恰到终点时，反应较慢，应当缓慢地滴定。

少量铜、银、铁、镍、锌、铅和镉等不影响测定，1mg 以上的锑使结果偏低。锑、砷、碲等可以经灼烧除去。

氢醌溶液不易被空气氧化，其标准溶液可以长期保存。

$AuCl_3$ 溶液放置时间较长时，Au^{3+} 可以被溶液中或空气中的还原性物质还原成 Au^+ 或 Au。所以放置过久的溶液，要加入 NaCl（KCl）和王水，在水浴上蒸发至成湿盐，把金再定量地氧化成 Au^{3+}，然后进行测定。王水在蒸发过程中生成部分 NOCl。当加水稀释时，NOCl 能还原 Au^{3+}。所以蒸发时最好蒸至无酸味为止，为了避免实验室空气中的还原性物质的影响，应当立刻进行滴定。缓冲溶液中的磷酸常含有还原性物质，可以预先用氯气处理消除。

用氢醌滴定金时，可采用联苯胺、联甲苯胺或联邻甲氧苯胺作指示剂。滴定接近终点时，反应进行得很慢，常出现终点返回的现象，所以应当小心滴定至无色。若采用联苯胺作指示剂，则到达终点时溶液由黄色变为无色，而滴定过程中生成的金属金也为黄色，所以金含量高时影响终点的观察。Au^{3+} 的浓度较大时，联苯胺被 Au^{3+} 氧化为棕红色，也影响终点的观察。所以目前各实验室采用大茴香胺代替联苯胺等作指示剂，或采用电极电位法指示终点，测定结果更准确。

2. 光度法

光度法测定金的方法很多。第一类是将金离子还原为胶体金进行比色，由于测定条件要求太严，目前在生产中不常用。第二类是利用金的离子能氧化许多有机试剂，产生特殊的颜色，进行光度法测定。例如，N,N,N',N'-四甲基-邻联甲苯胺为无色，被 Au^{3+} 氧化后为橙色。这类反应选择性较差，生产上很少应用。第三类是利用 Au^{3+}（或 Au^+）与一些有机试剂形成有色的配合物或缔合物，其中有的方法选择性比较好，灵敏度也高；形成的有色配合物还可以为有机溶剂所萃取而与干扰离子分离。这类反应在金的分析中有重要的应用。下面介绍其中的几个。

（1）孔雀绿光度法　在 $0.4\sim0.6mol/L$ HBr 介质中，$[AuBr]^{4+}$ 与带正电荷的孔雀绿离子形成缔合物沉淀，其结构式如下：

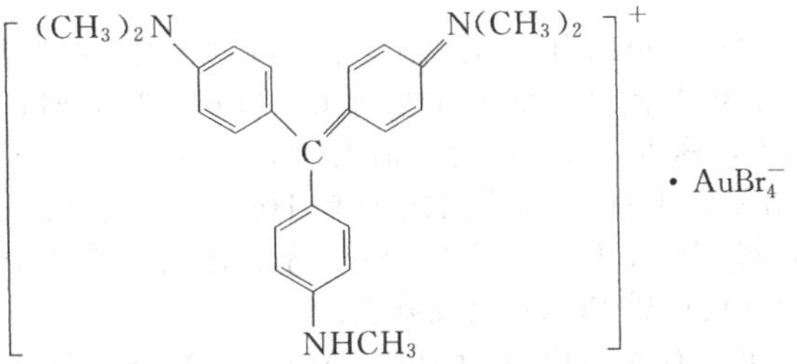

此沉淀溶于苯、甲苯、四氯化碳、甲乙酮、异戊醇、异丙醚等有机溶剂，萃取液呈蓝绿色，摩尔吸光系数为 7×10^4；在 640nm 处有最大吸收峰，可用以进行金的光度法测定。$[AuCl_4]^-$ 有类似的反应。

用苯或甲苯等萃取后，孔雀绿和金形成的缔合物进入苯层，而过剩的显色剂留在水相中，因此空白很小。在 10mL 苯溶液中可测 $0\sim30\mu g$ 金，相对误差为 $3\%\sim10\%$。这是一个较好的光度测定方法。

（2）结晶紫比色法　结晶紫和孔雀绿都属于三苯甲烷类染料，结晶紫的结构式为：它和金的溴或氰配离子也形成缔合物，可用苯等萃取后，于 590nm 处进行光度法测定。

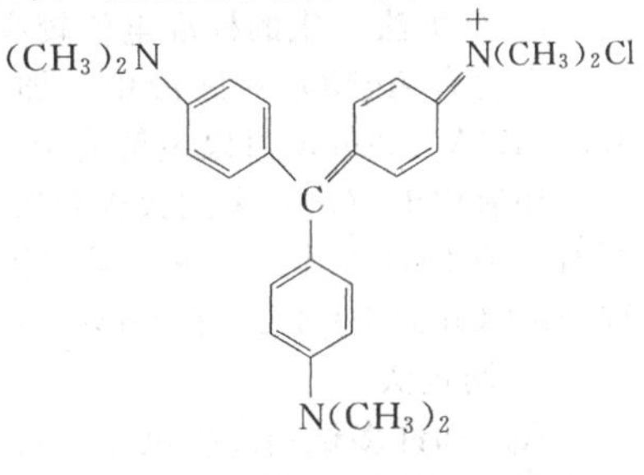

（3）硫代米蚩酮（TMK）光度法　硫代米蚩酮光度法测定金，是目前最受重视的光度法测定金的方法。用 TMK 在异戊醇溶液中的最大吸收波长为 440nm，而 $[AuTMK]Cl$ 在异戊醇中的最大吸收波长为 545nm，摩尔消光系数为 1.5×10^5。此配合物对 pH 变化很敏感，最适宜的 pH 为 3.02 ± 0.2。Ag^+、Hg_2^{2+}、Pd^{2+} 等干扰测定，贱金属不干扰测定。

3. 原子吸收分光光度法

原子吸收分光光度法测定金，干扰少，重现性好，灵敏度高，目前在国内外已被广泛采用。金试样经王水溶解后，不必除硝酸，直接用原子吸收分光光度法测定。

为了消除干扰并提高灵敏度和准确度，常采用前面所述的方法分离富集，然后进行金的原子吸收分光光度法测定。

目前生产中常采用的方法是在稀盐酸介质中用乙酸丁酯萃取金，Fe^{3+} 等不被萃取，因而可以分离。用有机相喷雾直接测定，较水相喷雾灵敏度为高。测定范围为 $0.5\sim500g/t$。

也可以用石墨炉进行直接测定。但因取样少，代表性差，又没有经过分离，干扰多，所以准确度很低。有人提出在稀盐酸溶液中加入双硫腙，用抗坏血酸还原，生成金的沉淀后，用硝酸纤维薄膜做滤纸进行过滤、洗涤。将沉淀和硝酸纤维薄膜滤纸一同放入 1mL 容量瓶中，加入 0.8mL 二甲基亚砜，在 80℃ 水浴上加热溶解滤纸和沉淀。稀释至刻度，取 50mL，在石墨炉中进行原子吸收分光光度法测定。灵敏度可达 $2\times10^{-8}\%\sim5\times10^{-8}\%$。

4. 发射光谱法

用发射光谱法直接在试样中测金，灵敏度一般仅能达到 10g/t；即使选择最佳的条件，灵敏度也只能达到 1g/t。目前多用大样 5～10g，王水溶矿，活性炭吸附，烘干后直接用光谱法测定；或灰化后，用灰分摄谱测定。此法可测至 $6×10^{-7}\%$。

例如，取样 20g，用稀王水溶矿，用 717 型阴离子交换树脂（或活性炭等）作吸附剂分离富集；灰化，加炭粉至总量为 5mg，再加入 10mg 缓冲剂（5% Na_2CO_3，0.2% ZrO_2，炭粉），摄谱、定量，测定下限可达到 $1×10^{-6}\%$。

二、银的测定

由于银和它的化合物被广泛的应用，人们很早就对银的检测方法有所研究。下面简要介绍几种银的测定方法。

1. 重量法

（1）以卤化物的形式称重 银的卤化物溶解度小，可以利用银的卤化物溶解度小的性质进行重量法测定银。例如，在含银的稀硝酸溶液中加入 Cl^-（Br^-、I^-）时，形成 AgCl（AgBr、AgI）沉淀，过滤，于 110℃烘干，称重。沉淀银时，加入的 Cl^-（Br^-、I^-）沉淀剂应适量，以防形成银卤配离子，影响测定结果。干扰银离子测定的有 Hg^+、Cu^+、Pb^{2+}、Pd^{2+} 等，可以预先用 HNO_3-HCl 混合酸煮沸，将 Hg^+、Cu^+、Te^+、Pd^{2+} 等氧化成高价离子，消除它们的共沉淀干扰。Pb^{2+} 可以预先加入硫酸使形成 $PbSO_4$ 沉淀除去。

（2）其他沉淀形式称重 有人采用 Ag_2CrO_4、$AgIO_3$、Ag_2S、AgCN、AgSCN、Ag_2WO_4 等形式的盐类称重，也有人提出以配合物形式称重法，例如，以 $Ag[Cr(NH_3)_2(SCN)_4]$、$Ag_2[Fe(CN)_5NO_2]$、$[Cu(en)_2][AgI_2]_2$ 或 $[CuPr_2][AgI_2]_2$ 等形式（Pr 为丙二胺，en 为乙二胺）。后面的几种方法，适用于测定微量的银（含 0.005～0.0005g 的银试样），测定误差为千分之几。

（3）以金属形式称重

① 火试金法 将火法试金中得到的金银合粒，称其总重量。然后用硝酸分金后，得到的纯金粒再称重，两次称重的差值即为银的含量。

② 电解法 银的标准电位较高，易被电解得到金属银，这个方法重现性很好。

在含有 $AgNO_3$ 的试液中，加入 1～2g KCN，在搅拌下进行分解，电流强度 0.5A，电压 3.7～4.5V，20min 可以电解完全一个含有 0.5g 银的溶液。

还有内电解法，采用火棉胶覆盖的铅为阳极或者采用铜为阳极，在毫克级银的试液中，加入酒石酸或 EDTA 作掩蔽剂。采用铅阳极时，溶液中允许 Ag：Pb 为 1：3000；采用铜阳极时，允许 Ag：Cu 为 1：300。在 90～95℃进行内电解 30～35min，可以完成一个测定。

2. 滴定法

Ag^+ 和许多试剂发生沉淀、氧化还原和配位反应，所以可以派生出许多滴定法。

（1）沉淀滴定法 1877 年由 Volhard 提出沉淀滴定法测定银，故常称 Volhald 法。采用 KSCN 或 NH_4SCN 为滴定剂，以铁明矾作指示剂，在 0.4～0.6mol/L HNO_3 溶液中进行滴定，发生如下的反应：

$$Ag^+ + SCN^- \longrightarrow AgSCN \downarrow$$

当 KSCN 和溶液中的 Ag^+ 沉淀完全后，SCN^- 和 Fe^{3+} 开始发生反应：

$$Fe^{3+} + 3SCN^- \longrightarrow Fe(SCN)_3$$

用来指示滴定终点。Ni^{2+}、Co^{2+}、Pb^{2+}、Cu^{2+}、Hg^{2+} 等与 SCN^- 形成配合物，干扰滴定。硝酸与硫氰酸产生红色化合物，影响终点观察。

AgSCN 沉淀吸附 Ag^+，使结果偏低。加入苯和氯仿等可以防止 AgSCN 沉淀的吸附作用。

（2）氧化还原滴定法 在 pH4～4.65 的溶液中，用 $FeSO_4$ 标准溶液滴定，Ag^+ 被 Fe^{2+} 还原为金属银，以变色胺蓝为指示剂。

用抗坏血酸、果糖、葡萄糖或甲醛为还原剂，也能将 Ag^+ 还原为金属银。

在 2mol/L H_2SO_4 的 Ag^+ 试液中，加入过量的标准 $Fe(NH_3)_2(SO_4)_2$ 溶液，然后用 $Ce(SO_4)_2$ 或 $K_2Cr_2O_7$ 标准溶液返滴定过量的 Fe^{2+}，以邻苯氨基苯酸为指示剂，由 Fe^{2+} 的差值计算出银的含量。

（3）配位滴定法 EDTA 与 Ag^+ 形成配合物的能力较小，若在强碱性溶液中进行滴定，干扰离子太多，不宜采用。可以采用间接配位滴定法。Ag^+ 能从 $[Ni(CN)_4]^{2-}$、$[Cd(CN)_4]^{2-}$ 中定量地将 Ni^{2+} 或 Cd^{2+} 置换出来。反应如下：

$$2Ag^+ + [Ni(CN)_4]^{2-} \longrightarrow 2[Ag(CN)_2]^- + Ni^{2+}$$

然后用 EDTA 滴定释放出的 Ni^{2+} 或 Cd^{2+}，得到银的含量。

3. 光度法

Ag^+ 能和一些有机试剂形成配合物。例如，双硫腙、铜试剂、罗丹宁等和银离子形成有色的配合物，可以利用这一特性进行光度法测定银。

双硫腙光度法测定银：双硫腙在微酸性（pH4～5）介质中和 Ag^+ 作用生成酮式配合物，此配合物为黄色，可被苯或四氯化碳等以及其他非极性溶剂萃取，在 460nm 处有最大吸收峰。双硫腙试剂本身在 456nm 和 620nm 处有吸收峰，干扰测定，所以常在 570nm 处测定。

双硫腙光度法测定银，可以在水相或有机相中进行。

Pb^{2+}、Cu^{2+}、Ni^{2+}、Co^{2+}、Fe^{3+}、Mn^{2+} 等干扰测定，可以加入 EDTA 掩蔽，消除它们的干扰。

在硝酸和醋酸钠缓冲溶液中，在含有双硫腙 EDTA 的体系中，用苯萃取时，仅 Ag、Hg、Pd、Pt 进入有机相。然后用 NaCl-HCl 溶液反萃取，银以氯配阴离子进入水相，可与汞等干扰物质分离。水相中的银二次用双硫腙-苯萃取，进行光度法测定银。

4. 电化学分析法

（1）电位滴定法 在氨性介质中，插入银电极和参比电极，用毫伏计指示，用标准卤化物溶液进行滴定。AgI 的溶解度比较小，所以常采用 KI 为滴定剂，在氨性溶液中进行滴定。若有 Pd^{2+}、Pt^{2+} 存在会干扰测定，可选用 Cl^- 为沉淀剂进行分离，过滤，用氨水溶解沉淀，然后用标准 KI 溶液滴定。测定范围为 $3.7 \times 10^{-3} \sim 3.7 \times 10^{-5}$ mol/L 银，相对误差 $\leqslant 4.5\%$。

若采用 AgI-Ag_2S 压片的银离子选择电极，用直接电位法测定银，以 $MgCl_2$ 为离子强度调节剂，测定 Ag^+ 的下限可达到 10^{-7} mol/L。溶液的温度、pH 值、氧化还原性以及光照都会影响直接电位法测定银的准确度。

（2）极谱法 银和汞都是不活泼的元素，它们之间的电位差不多。当 Ag^+ 还原时，汞在滴汞电极上要溶出，所以采用经典极谱法不易测得 Ag^+ 的扩散电流值。只有采用 $Na_2S_2O_3$、KCN 等和 Ag^+ 形成配合物后，使 Ag^+ 的还原电位移至更负，才能进行银的经典极谱分析。

5. 原子吸收分光光度法

银的最灵敏吸收线为 328.1nm，原子吸收法检出银的绝对限度为 ppb（10^{-9}）级。采用空气-乙炔火焰，以银空心阴极灯为辐射光源。标准曲线与光密度和溶液中银的浓度有关。曲线中有两段成直线，其范围为 10～100μg/mL 和 200～1300μg/mL；在 100～200μg/mL 这一段为非直线关系。当银浓度为 10～100μg/mL 时，平均测定误差为 8%；当浓度为 200～1300μg/mL 时，平均误差降到 1%。当 Mg^{2+}、Ca^{2+}、Sr^{2+}、Ba^{2+}、Fe^{3+}、Al^{3+}、Mn^{2+}、Zn^{2+}、Co^{2+}、Ni^{2+}、Cu^{2+}、Bi^{2+}、Pb^{2+}、Hg^{2+} 等离子超过 100 倍时，不影响大量银的测定结果。

6. 发射光谱法

银的分析线和浓度范围如下。

分析线：328.07nm　　浓度范围：0.3～1μg

　　　　338.29nm　　　　　　　0.3～1μg

　　　　520.91nm　　　　　　　100～300μg

　　　　546.55nm　　　　　　　100～300μg

　　　　243.78nm　　　　　　　500μg

银的这些分析线是псп-28 中型石英摄谱仪上得到的谱线，这是大致的灵敏线。灵敏线与样品成分及工作条件有关。当样品中含有大量铜和锌时，银的 328.07nm 灵敏线靠近铜的 327.50nm 线和锌的 328.29nm 线，所以被它们的背景覆盖，这时只有采用 338.29nm 线测定银。但若样品中含有大量锑时，这条线也不能用。这时只有采取分离富集的方法，把干扰元素分离除去，然后再进行银的测定。

三、铂、钯的测定

铂、钯的测定方法也很多，有化学分析法和仪器分析法，下面简要地介绍几个重要的测定方法。

1. 重量法

(1) 氯铂酸铵重量法测定铂　　在含氯铂酸根的溶液中加入过量的 NH_4Cl，生成 $(NH_4)_2[PtCl_6]$ 沉淀，过滤、烘干、称重，得到铂的含量。这是一个古老的方法。这个方法对铂的选择性比较好，除了 Ir^{4+} 和 Sn^{4+} 能与 NH_4Cl 形成沉淀外，其他离子不生成沉淀。但是 $(NH_4)_2[PtCl_6]$ 溶解度比较大，是这个方法的缺点。可以在滤液中通入 H_2S，回收残余的铂，加以补救。

(2) 丁二肟重量法测定钯　　许多肟类有机化合物和 Pd^{2+} 形成配合物沉淀，可用于做钯的重量法测定。如丁二肟和 Pd^{2+} 形成稳定的配合物，有固定的组成，为橙黄色疏松的絮状沉淀，可以过滤、洗涤、于110℃烘干、称重，测得钯的含量。也可以在高温炉中灼烧成金属钯，称重测定。在盐酸浓度较高的介质和硫酸介质中沉淀不完全。铂族其他元素在通常条件下，不与丁二肟发生作用。若有 Pd^{2+} 时与沉淀剂形成沉淀，沾污钯的沉淀，使它呈现黄绿色。

2. 光度法

(1) 氯化亚锡还原光度法测定铂　　在盐酸介质中 $[PtCl_6]^{2-}$ 被氯化亚锡还原，产生稳定的黄色，可借以进行铂的光度法测定。还原产物既不是金属铂，也不是 $PtCl_2$，而是 $[PtSn_4Cl_4]^{4+}$ 异配位体配合物，灵敏度比较高。这个方法很古老，但至今还在应用。反应如下：

$$[PtCl_6]^{2-} + SnCl_2 \longrightarrow SnCl_4 + PtCl_2 + 2Cl^-$$

$$PtCl_2 + 5SnCl_2 \longrightarrow [PtSn_4Cl_4]^{4+} + SnCl_4 + 4Cl^-$$

在这个配离子中，Pt 为零价。

此配离子在 0.3mol/L HCl 介质中颜色最深；酸度大于或小于 0.3mol/L 时，颜色变浅。它能被乙醚、乙酸乙酯等萃取，因而可以进一步提高测定的灵敏度。

氯化亚锡可以还原许多金属离子，生成有色物质，干扰铂的测定。如溶液中含有钯，则在开始加入氯化亚锡时，溶液呈现深橙色；继续加入氯化亚锡时溶液变为绿色。含铑的溶液加入氯化亚锡后，由粉红色转变为黄色；含铱的由橙色变为浅黄色；含钌的由橙色变为浅蓝色。金离子会被氯化亚锡还原为金属金，呈现紫色，经过萃取分离会使铂的结果偏低。

当溶液中含有硒和碲时，它们被氯化亚锡还原为单质，与铂发生共沉淀。

在水溶液中 Pt-SnCl₂ 配合物的最大吸收波长为 403nm。在乙酸戊酯萃取剂中的最大吸收波长为 398nm。在 10mL 乙酸戊酯中的测定下限为 1μg 铂。

(2) DDO 光度法测定铂和钯　　DDO 为双十二烷基二硫代乙酰胺的缩写。它能与 Pd^{2+} 和 Pt^{2+} 生成有色的螯合物沉淀。

用三氯甲烷或三氯甲烷-石油醚萃取，可借以进行铂、钯的光度法测定。

钯的这一配合物为黄色，最大吸收波长为 445nm，适于在 pH1～4.5 范围内比色。用目视法在 2mL 萃取液中最低能检出 0.2μg 钯。DDO 对钯有很高的选择性。金在 100μg 以上影响测定；铂族其他元素在高价状态不干扰测定；贱金属也不干扰。本法的缺点是显色慢，须在 30～40℃ 显色 1.5h，并且需要使不溶于酸性介质的 DDO 试剂呈细粉状均匀地分散在溶液中。

Pt^{4+} 不与 DDO 反应，可加入氯化亚锡使它还原为 Pt^{2+}，Pt^{2+} 与 DDO 生成红色螯合物，能溶于三氯甲烷或三氯甲烷-石油醚。其最大吸收波长为 510nm，在 1～5mol/L 范围内符合比耳定律。用目视法在 2mL 萃取溶液中最低可测定 0.2μg 铂。所以在测定钯后的溶液中加入氯化亚锡将 Pt^{4+} 还原为 Pt^{2+}，可以连续测定铂和钯。若溶液中有硒或碲，则加入氯化亚锡后，硒、碲还原为单质，与铂发生共沉淀，严重影响铂的测定。

火法试金得到的贵金属合粒，经王水溶解、加盐酸除硝酸，或王水直接溶矿经过强碱性阴离子交换树脂分离富集铂和钯，树脂灰化后，再用王水溶解，制成盐酸溶液，可用于测定钯和铂。

（3）α-联糠肟光度法测定钯及氯化亚锡光度法测定铂　α-联糠肟又名α-呋喃二肟，它和Pd^{2+}形成黄色的配合物，为三氯甲烷等有机溶剂萃取，最大吸收波长为380nm，比色范围为$0.5\sim4mol/L$。大量其他铂族元素及贱金属不干扰，只有Fe^{3+}与试剂形成异配位体配合物，但Fe^{3+}含量在0.5mg以下时不干扰。在$0.1\sim1.4mol/L$ HCl介质中显色为宜。酸度过高时显色慢；酸度低时显色较快，但铁的干扰加剧。

α-联糠肟为白色粉末，溶于酒精和乙醚。它与二价钯反应生成的2：1螯合物，可用三氯甲烷萃取。

测定钯后连续测定铂，是利用在盐酸溶液中氯化亚锡与铂形成黄色的配合物，其最大吸收波长为403nm。注意，有硒和碲时，加入氯化亚锡后它们会和铂形成共沉淀；金也形成金属金沉淀；镍和铬的离子有颜色，也干扰测定，应预先把这些干扰离子除去。

3. 催化极谱法

在1.5mol/L HCl、0.001mol/L六亚甲基四胺底液中，有铂时，于-1.0V产生氢的催化波。或在$0.75mol/L\ H_2SO_4$、1.5% NH_4Cl、0.004mol/L六亚甲基四胺底液中测定。在导数示波极谱上可测铂$0.00005\mu g/mL$的催化波（峰电位为-1.0V，对饱和甘汞电极）。

操作手续：试样经过火法试金分离富集，王水溶解，反复加盐酸除硝酸$2\sim3$次。分取1/10溶液，在50mL容量瓶中用$1.5mol/L\ H_2SO_4$稀释至刻度，摇匀。根据含量高低，吸取$1\sim2mL$溶液于25mL烧杯中，加入10mL 1.5mol/L HCl、1.5% NH_4Cl、0.004mol/L六亚甲基四胺混合液为底液，于-0.75V扫描示波导数极谱图。

标准同试样测定手续，通过比较得出结果。

4. 快速火法试金-原子吸收分光光度法测定金、铂、钯

金、铂、钯能与碲形成金属互化物。若在锡试金的配料中加入少量的碲，则碲可起金、铂、钯的载体或固定剂的作用。当用浓盐酸溶解锡扣时，金、铂、钯的碲互化物不溶解。过滤后得到金、铂、钯的不溶残渣。这个方法具有快速、准确、适用性广泛等优点。

当试样中含有大量的硫、砷和锑时，要焙烧除去。若为铬铁矿，则要加入过氧化钠（用量为试样的1.5倍），于700℃焙烧1h。然后研磨，配料，进行锡试金。

在配料时加入$15\sim20mg$碲。这少量的碲可承载铂、钯、金总量7mg；在实际试样中这些贵金属的含量小于毫克级。熔炼时把坩埚放在试金炉中，在1250℃下保持90min，注意不要使熔融物变为黏稠、成块或上部结壳。将熔融体倒入铁模中，冷后将锡扣与熔渣分离。

得到的锡扣放在坩埚中，在高温炉中升温至$600\sim1000$℃熔化，取出将熔融体倒入水中，就能使合粒碎成细粉。将细粉放入烧杯中，加入150mL浓盐酸，加热溶解。残渣下降，倾去清液，加入浓盐酸和浓过氧化氢，加热溶解。用原子吸收分光光度法测定金、铂、钯。残存在溶液中的银、铑、钌等不干扰测定。

5. 发射光谱法测定金、铂、钯

贵金属矿样直接用光谱法测定时，准确度常达不到要求。应该用铅试金或锍锑试金分离富集后得到的合粒摄谱测定。

（1）铅试金-光谱法测定金、铂、钯　铅试金前配料时加入$4\sim10mg$银，灰吹后得到的合粒约$4\sim10mg$，合粒以银为主，称为银合粒，可以直接摄谱，不必加缓冲剂，一般不爆溅。将银合粒放在碳棒（直径4.5mm，孔深5mm，内径2.0mm）顶端的小孔中。此碳棒为阳极，通12A直流电流。曝光100s，前20s银挥发完毕；随着挥发的为金，最后为钯和铂，90s可以挥发完毕。为了防止铂渗透到碳棒中去，多摄谱10s，共为100s。

制取标准银合粒的手续：剪裁一块直径150mm的铅片，重约25g，锤成盘形。在盘中放入相当于$4\sim10mg$银的硝酸银溶液和0.5g硫酸羟胺，并在盘中准确加入金、铂、钯的标准溶液，每个元素的加入量为$0.01\sim600\mu g$，三种元素的总重量在每个盘中不超过$1000\mu g$。应使加入的溶

液体积尽量地小，以免溶液中的盐酸穿透铅盘。小心烘干，将铅的薄盘折叠起来，放入试金炉中进行灰吹，得到的银合粒与加入的银量相差无几。

试样制备手续：试样碎至 70%～80% 通过 200 号筛。试样中含有大量的硫化物时，应放在高温炉中逐渐升温至 650℃，灼烧 1h 除硫。分析微克级的金、铂、钯试样时称取 100～1000g 试样进行铅试金富集。一般情况，取样 10～50g。

分析线和浓度范围的关系，见表 7-9。

表 7-9　分析线和浓度范围

元素	分析线/nm	浓度范围/μg	元素	分析线/nm	浓度范围/μg
Au	267.595	0.01～3		340.458	0.01～1
	274.826	2～300		342.124	0.1～3
	270.059	20～600	Pd		
Pt	265.945	0.01～1		344.140	0.5～5
	264.496	1～30		292.240	5～300
	269.843	10～300			

(2) 锍锑试金-光谱法测定铂族元素　锍试金和锑试金得到的合粒不能直接在碳电极上弧烧，因为贵金属的沸点较高。当锑、铜等成分蒸发后，剩下的微克量的贵金属很容易溅失。可在电极孔中垫一些单质硅（1～3mm 深，约 7～21mg）。硅既能与贵金属生成硅化物又能与碳黏结，并有稳定弧焰的作用而对黑度不发生显著影响。

垫入硅后，贵金属的蒸发提前，与不垫硅的情况不同。不垫硅时，铂族元素都集中在弧烧的最后阶段蒸发出来。而垫入硅后则在弧烧正常后的整个过程都有贵金属元素蒸发。

选用表 7-10 所列的分析线。采用灵敏线时，锇、铱、铂和金的检测下限约为 0.1μg，其余元素达 0.05μg 以下。

表 7-10　贵金属的分析线

元　素	分析线/mm	激发电位/eV	测定范围/μg
Pd	344.139	5.05	0.2～10
	302.791	5.05	5～50
	300.978	7.23	50～500
Pt	299.797	4.23	0.1～10
	313.939	4.01	5～200
	307.194	5.29	50～500
Rh	343.489	3.60	0.01～1
	339.685	3.64	0.5～5
	319.119	4.58	5～100
Ir	322.078	4.20	0.1～20
	313.332	4.74	5～50
Ru	343.674	3.75	0.05～5
	342.832	3.61	0.05～5
	333.955	4.80	5～100
Os	305.866	4.05	0.1～15
	315.625	4.57	5～50
Au	312.232	5.10	<50

四、贵金属分析应用实例

（一）金的测定

1. 氢醌法

（1）原理　把金溶于王水成三价金离子，在适宜的 pH 下，它能将无色的指示剂大茴香胺氧化成橘红色，然后用还原剂氢醌作标准溶液来滴定至橘红色消失为止。

（2）主要试剂

① H_3PO_4-KH_2PO_4 缓冲溶液（pH2～2.5）：称取 50g KH_2PO_4，溶于 450mL 水中，加入 15mL 磷酸。用磷酸和 NaOH 溶液调 pH 至 2～2.5。应保证该缓冲液里不含有还原性物质。若有，则应加饱和氯水，煮沸除过量氯。取几毫升溶液，加一滴大茴香胺指示剂，红色不消失为合格。冷却后用水稀至 500mL。

② 氢醌标准溶液：称取氢醌 0.8375g，溶于 400mL 水中，加盐酸 8.3mL，用水稀释至 1000mL 摇匀，备用。此溶液每毫升相当于 1mg 金。用时稀释 10 倍或 20 倍。其滴定度用金标准液标定。

③ 金标准溶液：取纯金 1g，置于 50mL 烧杯中，加入新配制的王水 20mL 和 KCl 1g，加热溶解。低温蒸发至小体积，移入 1000mL 容量瓶中，加盐酸 165mL，用饱和氯水稀至刻度，摇匀，此溶液每毫升含金 1mg。用以标定氢醌溶液时，应取一定量溶液，加热除去氯气，稀至每毫升含 20μg 金。

④ 大茴香胺指示剂：称取 0.1g 大茴香胺，加几毫升乙酸，在水浴上加热溶解，冷却后稀释至 100mL。

⑤ 活性炭纸浆：将活性炭粉碎至 100 目细度，用水-H_2SO_4-H_3PO_4（2∶1∶1）溶液浸泡 24h，抽滤洗涤至中性。再用 H_2F_2（1+1）浸泡 35h，抽滤洗涤至中性，与定量滤纸浆按 1∶1 混合。

（3）操作步骤 称取 10～20g 试样于坩埚中，加热至 600～700℃，灼烧 40min，转入 400mL 烧杯中。不含硫、汞、有机物的试样可以免去灼烧步骤。加入 50mL HCl，煮沸 15min。冷却后加入 15mL HNO_3，再加热溶解 1～1.5h 蒸发至 30mL 后，取下，加入 10mL 动物胶，以保护金。加水稀释至 200mL，用盛有活性炭纸浆的布氏漏斗抽滤，用 5～10mL HCl 洗涤 10 次，再用水洗涤 3～5 次。放入 20mL 磁坩埚中，放进高温炉里，低温灰化至黑炭消失，升温至 750℃，保持 30min。取出冷却，加入 3～5mL 王水和饱和硫酸钾溶液 3～5 滴，放在水浴上蒸干，再加入 2mL 盐酸，蒸干以除硝酸。取下，加入热的 H_3PO_4-KH_2PO_4 缓冲溶液 5mL、1 滴大茴香胺指示剂。用氢醌标准液滴定，至橘红色消失且不再出现为终点。由氢醌溶液的滴定度计算出金的含量。

2. 硫代米蚩酮光度法测定金

（1）原理 硫代米蚩酮（TMK）与 1 价金离子形成红色配合物［AuTMK］Cl，它可以被异戊醇、甲基异丁酮等有机溶剂萃取，颜色稳定。它在异戊醇中的最大吸收波长为 545nm，要求 pH 值为 3.02。

（2）主要试剂

① 乙酸-乙酸铵缓冲液：400mL 乙酸（1+1）与 15mL 氨水混合（pH≈3.8）。

② 王水。

③ 混合液：100mL 40% 柠檬酸铵溶液；100mL 30% 六亚甲基四胺水溶液；100mL 含有 15mL 氨水 10% EDTA（二钠盐）的溶液，此三种溶液混合备用。

④ 硫代米蚩酮溶液：0.01%；乙醇溶液（加热溶解，置于暗处）。

⑤ 硫代米蚩酮的异戊醇溶液：0.0004%；4mL 0.01% 的硫代米蚩酮乙醇溶液加 96mL 异戊醇混合。此液不稳定，随用随配。

⑥ 氯化铁溶液：15%（用 10% 盐酸配制）。

⑦ 金标准液：称取纯金粉（99.99%）0.5000g，用王水在水浴上溶解后，加 0.5g 氯化钠，用 1mol/L HCl 冲洗转入 1000mL 容量瓶中，以 1mol/L HCl 稀释至刻度，摇匀。此溶液含金 500μg/mL。分取此溶液以 1mol/L HCl 稀释配成 10μg/mL，1μg/mL 金的工作溶液。

标准系列的配制：吸取含金为 0、0.03μg、0.06μg、0.10μg、0.20μg、0.40μg、0.70μg、1.00μg、2.00μg 的金标准液于 25mL 比色管中，加入 0.5mL 15% 氯化铁溶液，其他步骤同试样分析。

（3）操作步骤 取 1～2g 试样于瓷坩埚中，在 600～700℃ 灼烧 1h，取出冷却后，倒入 50mL 小烧杯中，加 5mL 王水，在水浴上加热蒸干，取下，加 10mL 3% HCl 浸取，搅拌澄清。

吸取 5mL 清液于 25mL 比色管中，以水稀释至 10mL，加入 2mL 混合溶液，1mL 乙酸-乙酸铵缓冲液及 2mL 0.0004％硫代米蚩酮的异戊醇溶液，萃取振荡 50 次，待静置分层后与标准色阶比较。

（二）铅试金-DDO-光度法测定铂、钯

1. 原理

DDO 是双十二烷基二硫代乙酰胺的缩写。它能与 Pd^{2+}、Pt^{2+} 形成有色的螯合物沉淀。用三氯甲烷或三氯甲烷-石油醚萃取，就可以对铂、钯进行光度法测定。

2. 主要试剂

① DDO-丙酮溶液：0.2％。

② 三氯甲烷-石油醚混合溶剂：1：3。

③ 氯化亚锡溶液：45g $SnCl_2 \cdot 2H_2O$ 溶于 100mL 浓盐酸。

④ 钯标准溶液：称取金属钯 0.1000g，置于 100mL 烧杯中，加王水溶解，加入 0.2g NaCl，在水浴上蒸干。用 8mol/L HCl 赶硝酸三次。加入 10mL 盐酸和 20mL 水，溶解后移入 100mL 容量瓶，用水稀释至刻度，摇匀。此溶液 1mL 含 1mg 钯。绘制标准曲线用的标准溶液可取此溶液适当稀释而成。

⑤ 铂标准溶液：配法与钯同，1mL 含 1mg 铂。

⑥ 钯、铂混合标准溶液：每毫升含钯、铂各 5μg，盐酸浓度为 8mol/L。

标准曲线的绘制：吸取含钯和铂各 0、2.5μg、5.0μg……25μg 的钯、铂混合标准溶液，分别置于 25mL 比色管中。用 8mol/L HCl 稀释至 15mL。沿管壁加入 0.2％DDO 溶液 1mL，迅速摇匀，浸入 30～40℃的温水中保温 1.5h。冷却后，加 5mL 三氯甲烷-石油醚混合溶剂，萃取 1min，静置分层。吸出有机相，用 1cm 比色皿于 445nm 处测量吸光度，绘制钯的标准曲线。

在分离后的水相中，加入 1～2mL 三氯甲烷-石油醚混合溶剂，略加振荡，将有机相全部吸出弃去。在水相中准确加入 5mL 三氯甲烷-石油醚混合溶剂、1mL 0.2％ DDO-丙酮溶液和 0.5mL 45％氯化亚锡溶液，萃取 1min，静置分层。吸出有机相，用 1cm 比色皿于 510nm 处，测量吸光度，绘制铂的标准曲线。

3. 操作步骤

按表 7-6 配料，在其中加入 3mg 银（在坩埚中加 $AgNO_3$ 溶液）进行熔炼，灰吹，得到的合粒放在小烧杯中，加入 3mL HNO_3(1+1)，加热至合粒溶解。蒸发至 0.5～1mL。加入 8mol/L HCl 5mL、5％ NaCl 溶液 3 滴，蒸发至小体积，再移至水浴上蒸干。滴加 5～6 滴 8mol/L HCl，重复蒸干三次，以除尽硝酸。加入 8mol/L HCl 10mL，加热使 AgCl 溶解，冷却后用 8mol/L HCl 转移到 50mL 分液漏斗中，控制体积在 15mL 左右。加入乙酸丁酯 10mL，萃取 1min 以分离金。水相放入 25mL 比色管中，按标准曲线的绘制手续显色和比色测定钯和铂。有机相可测定金。若不测定金，而试样中金含量小于 20μg，则可不经乙酸丁酯萃取的分离手续，直接将溶液移入 25mL 比色管中，进行钯和铂的测定。

如钯和铂的含量低于 5μg，最好用目视比色。手续同上，但改用 2mL 溶剂萃取比色。

（三）双硫腙光度法测定银

1. 原理

银离子能和一些有机试剂形成配合物。例如，能和双硫腙、铜试剂、罗丹宁等形成有色配合物。利用这一性质可以用光度法对它进行测定。

双硫腙在微酸性（pH4～5）介质中和银离子作用生成酮式配合物，此配合物为黄色，可用苯或四氯化碳等非极性溶剂萃取。并在 570nm 处测定。加入 EDTA 可排除铅、铜离子的干扰。

2. 主要试剂

① 固体 NH_4Cl：于 105～110℃烘干，研细备用。

② 双硫腙-苯溶液：0.003％；现用现配，在分光光度计上调至吸光度为 0.6～0.7。

③ 银标准溶液：吸取 1mg/mL 银标准液 5mL，放于 1000mL 容量瓶中，用 6％ NaCl 溶液稀释至刻度，摇匀，此溶液含银 5μg/mL。

标准曲线的绘制 取含银为 0、5μg、10μg、20μg 的银标准溶液，分别放于 100mL 分液漏斗中，各加 6％ NaCl 溶液稀释至 15mL，加入 10％ EDTA 溶液 10mL、HNO_3-NaAc 缓冲溶液 10mL，摇匀。加入双硫腙-苯溶液 10mL，萃取 1min。待分层后，有机相用 1cm 比色皿，于 620nm 处测量吸光度。

3. 操作步骤

称取 0.5～1g 试样，放于瓷坩埚中，加入 NH_4Cl 10g，搅拌均匀。在小电炉上加热至 NH_4Cl 分解完全。加入煮沸的 6％ NaCl 溶液 20mL，浸泡数分钟后，用冷 6％ NaCl 溶液将坩埚中的试液转移至 50mL 的容量瓶中，稀释至刻度，摇匀，放置澄清。

吸取 10～20mL 澄清液，放于 150mL 烧杯中，加入 10％ EDTA 溶液 10mL，煮沸 1～2min。冷却，将溶液移入 100mL 分液漏斗中，加入双硫腙-苯溶液 10mL，萃取 1min。分层后，有机相用 1cm 比色皿于 620nm 处测量吸光度。

思　考　题

1. 简述金属材料一般采制试样的原则和方法。

2. 为什么钢铁分析中一般不测定铁，而铝及铝合金中常要求测定铁？铁不是铝合金中合金元素，为什么常要测定它？

3. 测定铝盐中铝含量时，准确称取试样 0.2800g，溶解后加入 0.05000mol/L EDTA 标准溶液 25.00mL，在 pH＝3.5 时，加热煮沸，使 Al^{3+} 与 EDTA 反应完全后，调节溶液的 pH 为 5.0～6.0，加入二甲酚橙指示剂，用 0.02500mol/L $Zn(Ac)_2$ 标准溶液 22.50mL 滴定至红色，求铝的质量分数。

（答案：6.62％）

4. 称取含 MnO_2 的试样 0.5000g，在酸性溶液中加入过量的 $Na_2C_2O_4$ 0.6020g 缓慢加热。待反应完全后，过量的 $Na_2C_2O_4$ 在酸性介质中用 $c(KMnO_4)＝0.0400mol/L$ 的高锰酸钾溶液滴定，求试样中 MnO_2 的质量分数。

（答案：29.43％）

5. 称取 0.5000g 铜锌镁合金，溶解后配成 100.0mL 试液。移取 25.00mL 试液调至 pH＝6.0，用 PAN 作指示剂，用 37.30mL 0.05000mol/L EDTA 滴定 Cu^{2+} 和 Zn^{2+}。另取 25.00mL 试液调至 pH＝10.0，加 KCN 掩蔽 Cu^{2+} 和 Zn^{2+} 后，用 4.10mL 等浓度的 EDTA 溶液滴定 Mg^{2+}。然后再滴加甲醛解蔽 Zn^{2+}，又用上述 EDTA 13.40mL 滴定至终点。计算试样中铜、锌、镁的质量分数。

（答案：铜 60.75％，锌 35.05％，镁 3.99％）

6. 0.4987g 铬铁矿试样经 Na_2O_2 熔融后，使其中的 Cr^{3+} 氧化为 $Cr_2O_7^{2-}$，然后加入 10mL 3mol/L H_2SO_4 及 50mL 0.1202mol/L 硫酸亚铁溶液处理。过量的 Fe^{2+} 需用 15.05mL K_2CrO_7 标准溶液滴定，而标准溶液相当于 0.006023g。试求试样中的铬的质量分数。若以 Cr_2O_3 表示时又是多少？

（答案：15.53％，22.69％）

7. 用碘量法测定铜，什么情况下可考虑加入硫氰酸盐？加入硫氰酸盐目的何在？

8. 根据所学的多元素系统分析流程，自拟一个铝合金中多元素系统分析流程。

模块八　中间控制分析

1. 了解粗铅精炼的生产过程。
2. 掌握粗铅精炼除铜时的控制分析方法。
3. 掌握粗铅精炼除锡时的控制分析方法。
4. 熟悉铅电解液的分析项目及方法。
5. 熟悉铅阳极泥的分析项目及方法。
6. 了解铅湿法冶炼过程中的环保分析项目。
7. 掌握原子吸收分光光度计的原理与操作。

【能力目标】

1. 会进行粗铅精炼除铜时的控制分析。
2. 会进行粗铅精炼除锡时的控制分析。
3. 会分析电解液和阳极泥的相关组分含量。
4. 能进行原子吸收分光光度计的操作。
5. 会对铅冶炼的废水进行监测。

【典型工作任务】

通过实例，了解中间控制分析的意义，学习粗铅精炼的工艺流程，熟悉粗铅精炼过程的控制分析与环境监测，培养良好的职业素养和职业道德。

本模块以粗铅精炼为例介绍冶金生产过程的中控分析及环境监测。

基础知识一　粗铅精炼

粗铅中一般含有 1%～4% 的杂质成分，如金、银、铜、铋、砷、铁、锡、锑、硫等，见表 8-1。

表 8-1　粗铅的化学成分

编号	化学成分/%									
	Pb	Cu	As	Sb	Sn	Bi	S	Fe	Au/(g/t)	Ag/(g/t)
1	96.37	1.631	0.494	0.350	0.170	0.089	0.247	0.098	5.5	1844.4
2	96.06	2.028	0.446	0.660	0.019	0.110	0.230	0.049	5.9	1798.6
3	96.85	1.106	0.957	0.470	0.043	0.074	0.360	0.052	6.2	1760.1
4	96.67	0.940	0.260	0.820	—	0.068	0.200	—	—	5600
5	98.92	0.190	0.006	0.720	无	0.005		0.006		1412
6	96.70	0.940	0.450	0.850	0.210	0.066	0.200	0.027	—	—

粗铅需经过精炼才能广泛使用。精炼目的：一是除去杂质。由于铅含有上述杂质，影响了铅的性质，使铅的硬度增加、韧性降低，对某些试剂的抗蚀性能减弱，使之不适于工业应用。用这样的粗铅去制造铅白、铅丹时，也不能得到纯净的产品，因而降低了铅的使用价值。所以，要通过精炼，提高铅的纯度。二是回收贵金属，尤其是银。粗铅中所含贵金属价值有时会超过铅的价

值，在电解过程中金银等贵金属富集于阳极泥中。

粗铅精炼的方法有两类，第一类为火法精炼，第二类为先用火法除去铜与锡后，再铸成阳极板进行电解精炼。目前世界上火法精炼的生产能力约占 80%。采用电解精炼的国家主要有中国、日本、加拿大等国。我国大多数企业粗铅的处理均采用电解法精炼。

火法精炼的优点是设备简单、投资少、占地面积小。含铋和贵金属少的粗铅易于采用火法精炼。火法精炼的缺点是铅的直收率低、劳动条件差、工序繁杂，中间产品处理量大。

电解精炼的优点是能使铋及贵金属富集于阳极泥中，有利于综合回收，因此金属回收率高、劳动条件好，并产出纯度很高的精铅。其缺点是基建投资大，且电解精炼仍需要火法精炼除去铜锡等杂质。

一、粗铅的火法精炼

无论是火法精炼还是电解精炼，在精炼前通常都需除去粗铅中的铜和砷、锑、锡。如是电解精炼，阳极板要含 0.3%～0.8%锑，此时要对阳极板含锑进行调整。粗铅的火法精炼工艺流程如图 8-1 所示。

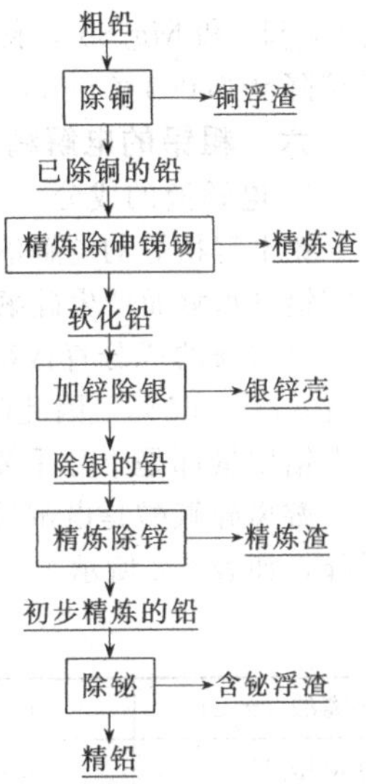

二、粗铅除铜精炼

粗铅可通过溶析和加硫除铜精炼。

1. 熔析除铜

熔析除铜的基本原理是基于铜在铅液中的溶解度随着温度的下降而减少，当含铜高的铅液冷却时，铜便成固体结晶析出，由于其密度较铅小（约为 9），因而浮至铅液表面，以铜浮渣的形式除去。当粗铅中含砷锑较高时，由于铜对砷、锑的亲和力大，能生成难溶于铅的砷化铜和锑化铜，而与铜浮渣一道浮于铅液表面而与铅分离。实践证明，含砷、锑高的粗铅，经熔析除铜后，其含铜量可降至 0.02%～0.03%。粗铅中含砷、锑低时，用熔析除铜很难使铅液含铜降至 0.06%。

2. 加硫除铜

粗铅经熔析脱铜后，一般含铜仍超过 0.04%，不能满足电解要求，需再进行加硫除铜。在熔融粗铅中加入元素硫时，首先形成 PbS，其反应如下：

$$2[Pb]+2S \longrightarrow 2[PbS]$$

继而发生以下反应：

$$[PbS]+2[Cu] \longrightarrow [Pb]+Cu_2S$$

Cu_2S 比铅的密度小，且在作业温度下不溶于铅水，因此，形成的固体硫化渣浮在铅液面上。最后铅液中残留的铜一般为 0.001%～0.002%。

加硫除铜的硫化剂一般采用硫黄。加入量按形成 Cu_2S 时所需的硫计算，并过量 20%～30%。加硫作业温度对除铜程度有重大影响，铅液温度越低，除铜进行得越完全，一般工厂都是在 330～340℃范围内。加完硫黄后，应迅速将铅液温度升至 450～480℃，大约搅拌 40min 以后，待硫黄渣变得疏松、呈棕黑色时，表示反应到达终点，则停止搅拌进行捞渣，此种浮渣由于含铜低，只约 2%～3%，而铅高达 95%，因此返回熔析过程。加硫除铜后铅含铜可降至 0.001%～0.002%，送去下一步电解精炼。

图 8-1 粗铅火法精炼工艺流程图

三、粗铅的加锌除银

经过除砷锑锡之后的铅，应分离回收其中的金银，现在普遍采用加锌法回收。在作业温度下，金属锌能和铅中的金银形成化合物，其化合物不溶于铅而成含银（和金）的浮渣（常称银锌壳）析出。锌与金生成 $AuZn$、Au_3Zn、$AuZn_3$，熔点分别为 725℃、644℃、475℃。锌与银生成 Ag_2Zn_3、Ag_2Zn_5，熔点分别为 665℃、636℃。Zn 与 Ag 还形成 α 固熔体（0～26.6% Zn）和 β 固熔体（26.6%～47.6% Zn）。铅中的铜、砷、锡和锑均能与锌反应形成化合物，所以除银前要尽可能将这些杂质除净，以免影响除银效果和增加锌消耗。作业温度越低，加锌量越多，铅液最终含银越低，银回收率越高。

金和锌的相互反应比银更为强烈，加少量的锌便能使金与锌优先反应而得到含金较高的富金壳。

四、粗铅的除锌

加锌提银后的铅液中常含有 $0.6\% \sim 0.7\%$ Zn 和前述精炼过程未除净的杂质，还需进一步精炼除去。除锌的方法主要有：氧化除锌、氯化除锌、碱法除锌、真空脱锌等方法。氧化除锌是较古老的方法。氯化法是向铅液中通入氯气，将锌变成 $ZnCl_2$ 除去，其缺点是有过量未反应的氯气逸出污染环境，且除锌不彻底。

五、粗铅的除铋

火法精炼采用钙镁除铋法。钙或镁都可以与铅中的铋生成金属间化合物而将铋除去，但单独用钙或镁均难取得良好效果，通常须两者同时使用，铋含量可降至 $0.001\% \sim 0.007\%$。如果要继续降低铋含量，钙镁用量将急剧增加，为节约钙镁用量，利用锑与钙镁生成极细而分散性很强的 Ca_3Sb_2 和 Mg_3Sb_2，使铅中不易除去的铋与这种极细的化合物生成 $Sb_5Ca_5Mg_{10}Bi$ 而除去，则可将铋降至 $0.004\% \sim 0.005\%$。因此除铋作业可分成钙镁除铋和加锑深度除铋两步进行。

六、粗铅的电解精炼

1. 电解液的成分

铅电解精炼的电解液是硅氟酸与硅氟酸铅的水溶液。铅在电解液中呈 2 价离子存在，由于硅氟酸铅易水解而产生硅氟酸，因此电解液中必须加入适量的游离硅氟酸，以抑制硅氟酸铅的水解。

电解液的成分直接影响了电能消耗指标。根据工厂实践，在槽电压的组成中，电解液的电压降占 $56\% \sim 62\%$，因此降低电解液的比电阻（即提高电导率），对降低槽电压和电能消耗，保证析出铅质量都是十分重要的。

游离硅氟酸是电解液性质的一个重要因素，随着电解液中游离酸含量的增加，槽电压不断的下降，如表 8-2 所示。

表 8-2　游离酸与槽电压的关系（$D_k = 194 A/m^2$）

游离酸/(g/L)	94.72	95.97	99.46	99.51	100.78
槽电压/V	0.460	0.454	0.452	0.440	0.432

提高电解液中游离硅氟酸，不仅是为了改善电导率，而且还能提高电流效率和阴极结晶质量。在其他条件相同时，电解液的游离硅氟酸浓度愈低，则电流效率也愈低，这是阴极结晶恶化和电路电压升高所致。例如，当游离酸为 $50 \sim 70 g/L$ 时，电流效率可达 95%，而游离酸降至 $20 g/L$ 时，电流效率下降到 $83\% \sim 85\%$。因此，生产中一般采用酸度较高的电解液，有的工厂游离酸高达 $90 \sim 100 g/L$，但当超过 $120 g/L$ 后，比电阻降低不大，而酸的损失则随酸度的升高而增加。

一般情况下，适当地提高电解液中的含铅浓度是有利的，因为高铅浓度的电解液可以获得致密光滑而且坚固的阴极析出物。如果铅离子浓度过低，会引起杂质在阴极析出，并且生成海绵状的阴极沉淀，但电解液中铅离子浓度不能太高，因为太高时会导致阴极长成粗粒的结晶。严重时会破坏电解作业的正常进行，因此工厂实践要求电解液中的铅是中等含量。

各工厂的生产条件不同，电解液成分控制范围差异也较大，随着电流密度的提高，电解液中的铅、酸浓度也相应提高。

电解液除了控制其铅、酸浓度外，还要控制杂质金属的含量，电解液中常见的杂质金属有 Fe、As、Sb、Zn、Sn，其最大浓度可达到：Fe $2.5 \sim 3.2 g/L$，As $0.39 g/L$，Sb $0.8 \sim 1.1 g/L$，Zn $0.33 g/L$，Sn $0.6 g/L$，Ni、Co、Cu、Ag 含量很少。电解液成分实例见表 8-3。

表 8-3　电解液成分实例

成分		总硅氟酸	Pb	游离硅氟酸	Cu	As	Bi	Sb	Sn	Fe
g/L	1	140~180	80~130	60~90	<0.002	<0.001	<0.003	<0.8	<1	<3
	2	110~140	80~110	50~80	<0.002	<0.001	<0.002	<0.8	<0.1	3~4

2. 电极反应及杂质在电解过程中的行为

铅电解过程中杂质的行为取决于它的标准电位及其在电解液中浓度，各种金属的标准电位见表 8-4。

表 8-4　25℃时各种金属的标准电位　　　　　单位：V

元素	阳离子	电位	元素	阳离子	电位
锌	Zn^{2+}	−0.7628	氢	H^+	0
铁	Fe^{2+}	−0.409	锑	Sb^{2+}	±0.1
镉	Cd^{2+}	−0.4026	铋	Bi^{2+}	0.2
钴	Co^{2+}	−0.28	砷	As^{2+}	0.3
镍	Ni^{2+}	−0.23	铜	Cu^{2+}	0.3402
锡	Sn^{2+}	−0.1364	银	Ag^{2+}	0.7996
铅	Pb^{2+}	−0.1263	金	Au^{2+}	1.68

铅阳极中，常会有金、银、锡、锑、铋和砷等杂质。杂质在阳极中，除以单体存在外，还有固溶体、金属固化物、氧化物和硫化物等形态。这种多金属的阳极，在电解过程中的溶解是很复杂的。按照不同的行为性质，可将阳极中的杂质分为三类。

第一类杂质，包括电化序在铅以上的较负电性金属：Zn、Fe、Cd、Co、Ni 等；

第二类杂质，包括电化序在铅以下的较正电性金属：Sb、Bi、As、Cu、Ag、Au 等；

第三类杂质，是标准电位与铅非常接近，但稍负电性金属 Sn。

在电解时，第一类杂质金属随铅一道进入溶液，但这些金属的析出电位比铅负，而且在正常情况下浓度极小，不会在阴极上放电析出。

第二类金属杂质的电位比铅正，电化序位置比铅更低，因此很少进入电解液，只残留在阳极泥中，当阳极泥散碎或脱落时，这些杂质将带入电解液中，影响电解过程，尤以铜、锑、银和铋等特别显著。

铜：阳极含铜应小于 0.06%。当大于 0.06% 时，将导致阳极泥变得坚硬致密，阻碍铅的正常溶解，使电压升高而引起其他杂质金属的溶解和析出。所以粗铅电解前必须先进行火法初步精炼，使铜降至 0.06% 以下。

锑、砷、铋：锑是阳极中的一特殊成分，锑对铅电解过程的正常进行有着重大的影响，电解过程中，锑在阳极表面与铅形成铅锑合金网状结构，包裹阳极泥，使之具有适当的强度而不脱落，又因为其标准电位较正，在电解过程中很少进入电解液中。因此，阳极中保留适当的锑是必要的，一般控制在 0.3%～0.8%。

任务一　电解铅除铜分析

1. 方法提要

试样用酸分解后，在微酸性或氨性溶液中，2 价铜离子与铜试剂生成黄棕色配合物，用三氯甲烷萃取后，与标准液进行目视比色。

2. 试剂配制

① 标准储存液：准确称取 0.0300g 金属铜于 100mL 烧杯中，加入硝酸（1+1）加热溶解完全（煮沸驱除氮的氧化物），冷却，转移到 100mL 容量瓶中，定容，此溶液含铜即为 0.03mg/mL。

② 0.2% 的 DDTC 水溶液：称取 0.2g 铜试剂，溶于 100mL 水中。

③ 50% 柠檬酸铵溶液：500g 柠檬酸铵溶于 500mL 水中，加入甲酚红指示剂 4 滴，用氨水中和至溶液呈粉红色，再加入 200mL DDTC 水溶液，加入 100mL 三氯甲烷萃取，提纯，弃去有机物。

④ 0.1% 甲酚红指示剂：0.1g 甲酚红溶于 100mL 50% 的乙醇溶液中。

⑤ 硝-酒混合酸：称取 20g 酒石酸溶解于 100mL 水中，加入 20mL 硝酸，摇匀即可。

3. 分析步骤

（1）配制标准色溶液　准确移取 2mL 铜标准储存溶液于 100mL 比色管中，加入 15mL 50% 柠檬酸铵溶液，然后加入 10mL 0.2% 的 DDTC 溶液，以甲酚红为指示剂，用氨水中和至粉红色，再加入 10mL 三氯甲烷，用水定容至 100mL，用力振荡，充分萃取，静置，此比色管底部的颜色即为含铜 0.06% 的标准色。

（2）试样分析　称取 1g 除铜以后的粗铅试样，加入 20mL 硝-酒混合酸，加热至溶解完全，冷却后移入 100mL 比色管中，加入 15mL 50% 的柠檬酸铵溶液，10mL 0.2% 的 DDTC 溶液，以甲酚红为指示剂，用氨水中和至粉红色，再加入 10mL 三氯甲烷，用水定容至 100mL，用力振荡，充分萃取，静置，比较比色管底部的颜色，若比标准色颜色深，则铜含量高于 0.06%，若颜色较标准色浅，则铜含量低于 0.06%。

4. 注意事项

调节 pH 值时，氨水切勿过量，最终以稀氨水调至恰好变为红色即可，若 pH 大于 9，则萃取率降低。

任务二　调整锑量的控制分析

1. 试剂

① H_2SO_4（相对密度：1.84）。

② HCl（相对密度：1.19）。

③ 甲基橙指示剂（0.1%）。

④ $KBrO_3$（0.1mol/L）。

溴酸钾标准溶液的配制：称溴酸钾 2.8g，用少量水溶解稀至 1000mL 备用。

溴酸钾标准溶液的标定：称取纯金属锑 0.1～0.3g 于 500mL 的锥形瓶中加 20mL 浓硫酸，加热溶解，使溶液完全透明，然后移于高温处急热使硫酸白烟冲出瓶口约 5s，冷却至室温。加 80mL 水、20mL 浓盐酸，加热到 80℃，加 1～2 滴甲基橙，在不断摇动下，用溴酸钾标准溶液滴定，临近终点时，再将溶液加热至 80～90℃，补加 2 滴甲基橙，继续滴定至红色褪去即为终点。

溴标准溶液滴定度的计算

$$T = \frac{G}{V}$$

式中　T——溴酸钾标准溶液的滴定度，g/mL；

　　　G——称样重量，g；

　　　V——溴酸钾消耗的体积，mL。

2. 测定步骤

准确称量试样 0.5g 于 500mL 锥形瓶中，加入 20mL 浓硫酸，加强热溶解，使溶液透明，取下冷却，加水 80mL、盐酸 20mL，加热至 80℃，加 3 滴甲基橙指示剂，立即用溴酸钾滴定至溶液颜色由红色变为无色为终点。

3. 计算

$$w(Sb) = \frac{TV}{G} \times 100\%$$

式中　T——溴酸钾标准溶液对锑的滴定度，g/mL；

　　　V——所消耗溴酸钾标准溶液的体积，mL；

　　　G——所称试样的质量，g。

任务三　铅电解液分析

含少量杂质的阳极板，在 H_2SiF_6 和 $PbSiF_6$ 的水溶液中进行电解时可得到纯度高的铅，而杂质进入阳极泥中。铅电解液的化学成分（g/L）主要为 H_2SiF_6（140～180）、Pb（80～120）、Ag（<0.001）、Bi（0.002）、Cu（<0.002）、Sn（<0.1）、F^-（<3）等。此外，还有一定量的胶质添加剂，如氨基乙酸等。

1. 方法提要

本法基于以硫酸钾与试液中 Pb^{2+}、SiF_6^{2-} 生成 $K_2SO_4 \cdot PbSO_4$ 复盐和 K_2SiF_6 沉淀。但硅氟酸钾在热水中水解生成等当量的氟氢酸，用氢氧化钠标准溶液滴定后，在乙酸盐介质中 pH=5.5～5.8，以二甲酚橙为指示剂，EDTA 法滴定铅。

$$K_2SiF_6 + 3H_2O =\!=\!= 2KF + H_2SiO_3 + 4HF$$

测定范围：酸，10～300g/L；铅，10～300g/L。

2. 试剂

① 硫酸钾饱和溶液。

② pH=5.5 的乙酸-乙酸钠缓冲溶液。

③ 0.1% 酚酞指示剂。

④ 0.1% 二甲酚橙指示剂。

⑤ 0.1mol/L 氢氧化钠标准溶液（配制及标定方法略）。

氢氧化钠标准溶液对硅氟酸的滴定度按下式计算：

$$T_{总酸} = \frac{G \times 36.02}{204.2} \times V$$

式中　G——标定 NaOH 时称取邻苯二钾酸氢钾的重量，g；

　　　V——标定时 NaOH 溶液消耗的体积，mL；

36.02——$\frac{1}{4}$ H_2SiF_6 的摩尔质量；

204.2——邻苯二钾酸氢钾的摩尔质量。

⑥ EDTA 标准溶液。

3. 分析步骤

吸取 1mL 铅电解液于 250mL 烧杯中，加 10mL 水，在不断搅拌下加入 35mL 饱和硫酸钾溶液，放置 30min，用慢速定量滤纸过滤，将沉淀洗涤干净。

（1）硅氟酸（总酸）的测定　将上述沉淀和滤纸放入原烧杯，加入 100mL 沸水，摇匀，硅氟酸水解完全，滴加 2 滴酚酞指示剂，用 0.1mol/L NaOH 标准溶液滴定至微红色为终点。

总酸含量（g/L）按下式计算：

$$\rho(硅氟酸 [总酸]) = TV_1 \times 1000/V$$

式中　T——氢氧化钠标准溶液对硅氟酸的滴定度，g/mL；

　　　V_1——试样消耗氢氧化钠标准溶液的体积，mL；

　　　V——试样的体积，mL。

（2）铅量的测定　滴定总酸后的试液，立即趁热加 30mL 乙酸-乙酸钠缓冲溶液，加热，搅拌至硫酸铅沉淀溶解完全，取下冷却，以二甲酚橙为指示剂，用 EDTA 标准溶液滴定溶液由紫红色变为亮黄色为终点。

铅的含量（g/L）按下式计算：

$$\rho(Pb) = TV_2 \times 1000/V$$

式中　T——EDTA 标准溶液对铅的滴定度，g/mL；

　　　V_2——试样消耗 EDTA 标准溶液的体积，mL；

　　　V——试样的体积，mL。

（3）游离酸含量（g/L）的计算

$$\rho(游离酸) = \rho(总酸) - \rho(铅) \times 0.7$$

4. 注意事项

① 本法适用于新电解液中硅氟酸的测定。

② 硫酸钾必须饱和。

③ 玻璃吸管易腐蚀，应经常更换，最好用塑料吸管。盛氟化物溶液应尽量使用塑料器皿、塑料漏斗、塑料烧杯。

任务四　精炼除锡控制分析

1. 试剂

① 硝酸：保证试剂，相对密度 1.42；1+1、0.2mol/L 和 0.5mol/L 溶液。由浓硝酸煮沸 10～15min，排氮的氧化物后配制。

② 硫酸：保证试剂，相对密度 1.84；1+1、1+9 和 1+50 溶液。

③ 酒石酸：50% 和 5% 溶液。

④ 硝酸铵。

⑤ 氨水：保证试剂，相对密度 0.90。

⑥ 刚果红试纸。

⑦ 铜铁试剂：1% 溶液。

⑧ 苯基荧光酮（0.03% 乙醇溶液）：将 0.03g 苯芴酮溶解在 100mL 含有 1mL 硫酸（1+1）的乙醇溶液中，在水浴上加热溶解至透明为止。

⑨ 0.5% 明胶溶液：新配制。

⑩ 0.1mol/L 高锰酸钾溶液。

⑪ 金属锡。

⑫ 锡的标准溶液（甲）：将 0.1000g 金属锡溶解在浓硫酸 10mL 中，蒸发至冒三氧化硫白烟为止。冷却后，用硫酸溶液（1+9）移入 1000mL 容量瓶中，并稀释至刻度，摇匀。此溶液每 1mL 含 0.1mg 锡。

⑬ 锡的标准溶液（乙）：取锡的标准溶液（甲）10mL，移入 100mL 容量瓶中，加入硫酸（1+9）至刻度线，摇匀。此溶液每 1mL 含 10μg 锡。

2. 分析步骤

当分析 Pb-1（铅锭牌号，下同）、Pb-2 时，称取 1.0000g 试样；分析 Pb-3、Pb-4、Pb-5、Pb-6 时称取 0.5g 试样，加入含有 0.5mL 50% 酒石酸的硝酸（1+1）溶液 10mL，加热溶解（在分析 Pb-6 时将溶液移入 100mL 容量瓶中，用 1+1 硝酸溶液稀释至刻度，摇匀，分取 4mL 溶液进行测定）。

试样溶解后，在水浴上蒸干，加入 0.5mol/L 硝酸 10mL（取 1.0000g 试样时），或加入 0.5mol/L 硝酸 5mL（试样在 0.5g 以下时）；微热使可溶性盐溶解。此后往溶液中加入 4～5 滴 0.1mol/L 高锰酸钾，5min 后，以氨水中和至开始生成沉淀为止。然后注入 0.5mol/L 硝酸溶液，溶解析出全部沉淀，并将溶液移入 100mL 的分液漏斗中，用 0.5mol/L 硝酸溶液 20mL（当取试样 1.0000g 时）或者 10mL（当取试样 0.5000g 以下时）洗涤烧杯，洗液并入分液漏斗，加水稀释至 40mL（当取试样 1.0000g 时）或 20mL（当取试样 0.5000g 以下时）。向溶液中注入 1% 的铜铁试剂 4mL（称样量 1.0000g 时）或 2mL（当取试样 0.5000g 时），摇匀，然后加三氯甲烷 5mL，振摇 1min。萃取操作如此反复进行三次（每次铜铁试剂和三氯甲烷的加入量与第一次相同），萃取液合并于另一个分液漏斗中，水溶液弃去。

往有机层中每次加入 5mL 0.2mol/L 硝酸洗涤 3 次（每次振摇 20s），水层弃去。将有机层移入另一个烧杯中，在电热板上高温加热除去大部分三氯甲烷，然后注入浓硝酸 5mL，在水浴上加热至三氯甲烷完全除去为止。冷却后加入硫酸（1+1）5mL，加热至生成三氧化硫白烟。如果溶液是黑色，则应加入少许硝酸铵晶粒，重新蒸发至冒三氧化硫白烟。冷却后，用少量水洗涤杯壁，再蒸发到容积为 0.2～0.3mL，放冷注入 5% 酒石酸溶液 5mL，微热，冷却后移入 25mL 容量瓶中 [若存在有硫酸铅时，用一张致密滤纸滤出。用硫酸溶液（1+50）洗涤硫酸铅沉淀物]，用硫酸溶液（1+50）洗涤烧杯。

加氨水中和至溶液直到刚果红试纸呈碱性反应为止。然后加入硫酸溶液（1＋1）1.5mL、0.5％明胶溶液 2.5mL 和 0.03％苯基荧光酮溶液 5mL（每加一种试剂后均振摇混匀溶液），加水稀释至标线，摇匀。放置 20min 后，在 490～500nm 处测定溶液的吸光度。

标准曲线的绘制：分别取锡的标准溶液（乙）0.0、0.5mL、1.0mL、2.0mL、3.0mL、4.0mL 于 6 个 25mL 容量瓶中，加入 5％酒石酸溶液 5mL，加氨水中和至溶液直到刚果红试纸呈碱性反应为止。然后加入硫酸溶液（1＋1）1.5mL、0.5％明胶溶液 2.5mL 和 0.03％苯基荧光酮溶液 5mL（每加一种试剂后均成混匀溶液），加水稀释至标线，摇匀。放置 20min 后，在 490～500nm 处测定溶液的吸光度。以未加锡标液的溶液为参比，以锡的质量（μg）为横坐标，以相应的吸光度为纵坐标，绘制标准曲线。

分析试样的同时，必须进行与分析过程中使用的所有试剂的空白试验。

3. 结果计算

$$w(\text{Sn}) = \frac{d - d_1}{G \times 10^4}$$

式中　d——试样测得吸光度自标准曲线查出的锡的含量，μg；

　　　d_1——从标准曲线上查出的空白试液中锡的含量，μg；

　　　G——试样重量，g。

基础知识二　阳极泥分析

电解铅时，残留的杂质大部分黏附在阳极表面，因搅动而掉入电解槽底部的，即为阳极泥。阳极泥的化学成分大致为：Pb（8％～12％）、Bi（10％～13％）、Sb（30％～33％）、As（18％～20％）、Au（0.05％）、Ag（6％～8％）。铅阳极泥湿法处理工艺控制分析项目包括阳极泥的分析，浸出渣、沉铅渣、锑渣、铋渣、沉砷渣、一次烟灰、二次烟灰及电解液、外排液等液体样的分析。其中阳极泥的分析项目有 H_2O、Pb、Sb、As、Cu、Bi、Te、Ag、Au 等。

一、H_2O 的测定

在感量 0.1g 的架盘天平上称 100g 阳极泥于已知恒重的表面皿上，在烘干箱内以 100～105℃烘干 1h，取出在干燥器内冷却至室温称重。

计算：
$$w(\text{H}_2\text{O}) = \frac{G_1 - G_2}{G_1} \times 100\%$$

式中　G_1——阳极泥湿重，g；

　　　G_2——烘干后阳极泥重，g。

二、Pb 的测定

1. 方法提要

试样以王水（HNO_3-HCl，1∶3 体积比）溶解，以氢溴酸蒸干除去易挥发元素，以硫酸铅形式沉淀使铅与其他金属分离，沉淀用 pH＝5.5～6.0 的乙酸-乙酸钠缓冲溶液浸取，以 EDTA 标准溶液滴定，测定其铅含量。

2. 试剂

酒石酸（10％）、饱和硫脲、盐酸羟胺、氢溴酸、盐酸、硝酸、硫酸、二甲酚橙指示剂（0.1％，限两周内使用）、缓冲液（20％，将 20g NaAc 溶解于水中，加 10mL 冰醋酸，以水稀释至 100mL）、EDTA 标准溶液（0.025mol/L）。

EDTA 标准溶液的配制：称取乙二胺四乙酸二钠盐 9.306g，以水溶解后稀释至 1000mL，放置一周后标定。

标定：吸取 5mL（0.01g/mL）Pb 标准溶液于 250mL 烧杯中，加浓硫酸 10mL，低温蒸至冒白烟，再于高温处冒浓白烟，取下冷却，以下同样品操作方法。

计算：
$$T(\text{EDTA/Pb}) = \frac{0.01 \times 5}{V}$$

式中 $T(\text{EDTA}/\text{Pb})$——EDTA 对铅的滴定度，g/mL；

V——消耗 EDTA 的体积，mL。

3. 分析程序

称取试样 0.5～1.0000g 于 250mL 烧杯中，以 H_2O 润湿，加 15mL 王水，加热溶解完全，蒸至 2mL，加 5mL 氢溴酸摇匀，继续蒸至近干，再加 5mL 氢溴酸低温蒸干，加 10mL 浓硫酸蒸发至冒白烟，再于高温处冒浓白烟，取下冷却加 10％酒石酸 40mL，微沸 7～10min，冷却至室温过滤，将沉淀放回原烧杯中，加 HAc-NaAc 缓冲液 30mL，加热微沸 5～10min，加 H_2O 50mL、饱和硫脲 2mL、盐酸羟胺 0.1g、二甲酚橙指示剂 3～4 滴，以标准 EDTA 滴至亮黄色为终点。

4. 结果计算

$$w(\text{Pb}) = \frac{TV}{G} \times 100\%$$

式中 T——EDTA 对 Pb 的滴定度，g/mL；

V——消耗 EDTA 体积，mL；

G——称取样品重，g。

三、铋的测定

1. 方法提要

试样以硝酸和酒石酸分解后，在 pH 1.5～1.8 时，用 EDTA 配位滴定。

2. 试剂

饱和硫脲、抗坏血酸、硝酸、20％酒石酸、0.1％二甲酚橙指示剂，pH 1.4～3 的精密试纸，20％ HAc-NaAc 缓冲溶液（同铅的分析试剂），0.025mol/L EDTA 标液（配制与标定同铅的分析试剂）。

以 0.025mol/L EDTA 对 Pb 的滴定度换算成对 Bi 的滴定度。

$$T(\text{EDTA}/\text{B}) = T(\text{EDTA}/\text{Pb}) \times M(\text{Bi})/M(\text{Pb})$$

3. 分析程序

称取试样 1.0000g 于 250mL 烧杯中，加 20％酒石酸 5mL，摇匀，加 10mL 硝酸，加热溶解完全，低温蒸至 5～6mL，加水至 80mL，加抗坏血酸 0.2g 搅拌过滤，滤液中加饱和硫脲 10mL，以 20％ HAc-NaAc 缓冲液调 pH＝1.5～1.8，加 0.1％二甲酚橙 3～4 滴，用 0.025mol/L EDTA 标液滴至由红色变至亮黄色为终点。

4. 结果计算

$$w(\text{Bi}) = \frac{TV}{G} \times 100\%$$

式中 T——EDTA 对 Bi 的滴定度，g/mL；

V——消耗 EDTA 的体积，mL；

G——样品重，g。

四、Sb、As 连续测定

1. 方法提要

试样经高温浓硫酸强溶，使其溶解完全，用 Na_2S 将锑、砷还原为 Sb^{3+}、As^{3+}，以 $Ce(SO_4)_2$ 选择滴定 Sb 含量，以 $KBrO_3$ 滴定 As 含量。

2. 试剂

盐酸、硫酸、无水 Na_2SO_4、Na_2S、0.1％甲基橙。

0.05mol/L 硫酸铈标准溶液配制：称取 $[\text{Ce}(SO_4)_2 \cdot 4H_2O]$ 20.2g 于 100mL 烧杯中，以 8％硫酸加热溶解并冷却至室温，再以 8％硫酸稀至 1000mL，放置一周后标定。

0.05mol/L 硫酸铈标准溶液标定：吸取 Sb 标液（0.01g/mL）5mL，加水 80mL、盐酸 15mL，加热至 80℃，加 0.1％甲基橙 2 滴，立即用配好的硫酸铈滴定至红色消失为终点。

$$T[\text{Ce}(SO_4)_2/\text{Sb}] = 0.01 \times 5/V$$

式中 $T[\text{Ce}(SO_4)_2/\text{Sb}]$——硫酸铈对锑的滴定度，g/mL；

V——消耗硫酸铈的体积，mL。

0.01mol/L $KBrO_3$ 溶液的配制：称取 1.7g 溴酸钾，用少量水溶解，稀释至 1000mL，待标。

0.01mol/L $KBrO_3$ 溶液的标定：吸取 Sb（0.01g/mL）的标准溶液 5mL，于 500mL 锥形瓶中，加水 50mL、盐酸 20mL，煮沸，加甲基橙指示剂 2 滴，趁热用溴酸钾标液滴至无色为终点。

0.01mol/L $KBrO_3$ 溶液对锑、砷滴定度的计算：

$$T(KBrO_3/Sb) = 0.01 \times 5/V$$
$$T(KBrO_3/As) = T(KBrO_3/Sb)M(As)/M(Sb)$$

式中　$T(KBrO_3/Sb)$——溴酸钾对锑的滴定度，g/mL；

$T(KBrO_3/As)$——溴酸钾对砷的滴定度，g/mL；

V——消耗溴酸钾溶液的体积，mL。

3. 分析程序

称取备好的试样 0.1～0.2000g 于 500mL 锥形瓶中，加无水 Na_2SO_4 2～3g、浓硫酸 20mL，混匀，高温溶解完全，取下冷却至室温，加 0.2～0.5g Na_2S 继续强热还原完全无硫黄，取下冷却，加水 80mL、盐酸 20mL，加热微沸 2～3min，加甲基橙 2～3 滴，趁热以标准硫酸铈溶液滴至红色恰好消失，以消耗标准硫酸铈溶液的体积计算 Sb 含量；然后将滴定后的溶液再加热 80℃以上，加甲基橙 2 滴，以标准 $KBrO_3$ 溶液滴至红色消失，以耗用 $KBrO_3$ 标准溶液的体积计算 As 含量。

4. 结果计算

$$w(Sb) = \frac{T_1 V_1}{G} \times 100\%$$

式中　T_1——$Ce(SO_4)_2$ 对 Sb 的滴定度，g/mL；

V_1——消耗 $Ce(SO_4)_2$ 体积，mL；

G——样品重，g。

$$w(As) = \frac{T_2 V_2}{G} \times 100\%$$

式中　T_2——$KBrO_3$ 对 As 的滴定度，g/mL；

V_2——消耗 $KBrO_3$ 体积，mL。

技能实训一　阳极泥分析

一、铜的测定

1. 原理

试样先加入硫化钠溶液处理，分离锑、砷。沉淀用硝酸（1+1）溶解，用高氯酸处理后，用饱和乙酸钠溶液调至 pH 为 3～4，加入碘化钾，Cu^{2+} 与 I^- 作用游离出 I_2，以淀粉为指示剂，用硫代硫酸钠标准滴定溶液滴定 I_2，由消耗硫代硫酸钠标准滴定溶液的体积计算铜的含量。测定范围：1%～10%。

2. 主要试剂

① 硫酸（1+1）。

② 氨水（1+1）。

③ 淀粉溶液（0.5%）：称 0.5g 淀粉于 200mL 烧杯中，量取 100mL 蒸馏水，将 5mL 于 200mL 装有淀粉的烧杯中，使其成糊状，剩余的 95mL 蒸馏水放于电炉上加热至沸腾，然后把沸腾的蒸馏水倒入淀粉中继续加热煮沸 2min，加热过程中要搅拌。

④ 硫代硫酸钠标准滴定溶液（约 0.1mol/L 硫代硫酸钠）：称取硫代硫酸钠 25g，溶于预先煮沸过的冷水中，加碳酸钠 0.1g，稀释至 1L，摇匀，放置一周后进行标定。

标定：称取 3 份 0.13g 金属铜（99.99%）分别置于 3 个 250mL 烧杯中，加入 40mL 硝酸（1+3），盖上表面皿，低温加热溶解完全，加 10mL 溴水，在电炉上小火加热 10min，取下冷却，用氨水把铜调出来（溶液呈蓝色，且不再加深）且过量 1mL，用氟化氢铵将溶液调回原色，加入 4mL 冰乙酸，加入碘化钾固体（黄色不再加深），用硫代硫酸钠标准滴定溶液滴定至淡（亮）黄色加淀粉溶液，溶液呈蓝色，用硫代硫酸钠标准滴定溶液滴定至蓝色消失，加入硫氰化钾固体，此时溶液呈蓝色，用硫代硫酸钠标准滴定溶液滴定至亮黄色，即为终点。

$$T = \frac{M}{V}$$

式中　T——硫代硫酸钠对金属铜的滴定度，g/mL；

　　　M——称取金属铜质量，g；

　　　V——消耗硫代硫酸钠标准溶液体积，mL。

3. 分析步骤

称取 1.5000g 试样置于 250mL 烧杯中，加入 25mL 硫化钠溶液（100g/L），在温度 100℃ 时加热 10min。取下冷却至室温，用慢速滤纸过滤，沉淀完全转移至滤纸上。用热的硫化钠溶液（20g/L）洗涤烧杯、沉淀各 2 次，再用水洗涤各 4 次。取下滤纸展开置于原烧杯中，加入 20mL 硝酸（1+1），煮沸 10min，使滤纸破碎。冷却 3min，移入 500mL 容量瓶中，用水定容。用中速滤纸干过滤。

移取 25.00mL 试液于原烧杯中，加入 2mL 高氯酸，加热至杯口冒烟，稍冷却，加 20mL 水稀释，用饱和乙酸钠溶液调节 pH 至 3～4，加入 5mL 硫酸钠溶液（100g/L）（大量铅的存在会引起淀粉变黑，干扰终点判断，加入硫酸钠溶液可消除其影响）、3 滴淀粉溶液（5g/L）、5mL 碘化钾溶液（100g/L），迅速用硫代硫酸钠标准滴定溶液滴定至淡蓝色。加 5mL 硫氰化钾溶液（250g/L），充分搅拌，继续用硫代硫酸钠标准滴定溶液滴定至淡黄色。

4. 结果计算

$$w(\text{Cu}) = \frac{VT}{G} \times 100\%$$

式中　T——硫代硫酸钠对金属铜的滴定度，g/mL；

　　　G——称取试样质量，g；

　　　V——消耗硫代硫酸钠标准溶液体积，mL。

5. 注意事项

① 大量铅的存在干扰终点判断，可加硫酸钠溶液消除影响，这样可以保证碘化钾不消耗于 2 价铅形成黄色沉淀；

② 少量铋与碘离子形成黄色配合物，影响终点判断，在加入碘化钾溶液之前，先加入淀粉溶液消除干扰。

二、铅的测定

1. 方法要点

试样用氯酸钾饱和的硝酸分解，使铅呈硫酸铅沉淀。过滤，使其与共存元素分离，然后将硫酸铅转化为乙酸铅，在 pH 为 5.5～6.0 的乙酸-乙酸钠缓冲溶液中，以二甲酚橙为指示剂，用 EDTA 标准滴定溶液滴定。由消耗的 EDTA 标准滴定溶液体积计算铅的质量分数。铁、铝、铜、锌、钴、镍、锰等元素在 pH 为 5.5～6.0 时能被 EDTA 配位而干扰测定。铅生成硫酸铅沉淀时与上述元素分离除去，如沉淀中夹杂少量铁时，可加入抗坏血酸掩蔽；少量的铋加巯基乙酸掩蔽。

测定范围：35%～80%。

2. 主要试剂

① 乙酸-乙酸钠缓冲溶液（pH 为 5.5～6.0）：称取 375g 无水乙酸钠溶于水中，加入 50mL 冰乙酸，用水稀释至 2500mL，混匀。

② EDTA 标准滴定溶液：称取 8g 乙二胺四乙酸二钠于 300mL 烧杯中，加水微热溶解，冷却，移入 1000mL 容量瓶中，用水定容。

标定：称取三份 0.2000g 铅（质量分数≥99.99%）分别置于 3 个 300mL 烧杯中，加入 20mL 硝酸（1+1），加热至完全溶解，取下稍冷，加入 10mL 硫酸加热至冒烟取下，冷却，放置

1h，以下按分析步骤进行滴定。

$$T = \frac{M}{V}$$

式中　　T——EDTA 对金属铅的滴定度，g/mL；

　　　　M——称取金属铅质量，g；

　　　　V——消耗 EDTA 标准溶液体积，mL。

3. 分析步骤

称取 0.3000g 试样于 300mL 烧杯中，用少量水润湿，加入 15mL 氯酸钾饱和的硝酸，加盖表面皿，置于电热板上加热溶解，若试样中含硅量大于 20mg 时，需加入 0.5g 氟化铵，待样品完全溶解，取下稍冷，加入 10mL 硫酸，继续加热至冒浓烟约 2min，取下冷却，用水吹洗表面皿及杯壁，加水稀释至 50mL，煮沸 10min，流水冷却，于室温放置 1h。

用慢速定量滤纸过滤。用硫酸（2＋98）洗涤烧杯 2 次，洗涤沉淀 4 次，用水洗涤烧杯 1 次，弃去滤液。将滤纸展开，连同沉淀移入原烧杯中，加入 30mL 乙酸-乙酸钠缓冲溶液，用水吹洗杯壁，盖上表面皿加热微沸 10min，搅拌使沉淀溶解，取下冷却，加水至 150mL。加入 0.1g 抗坏血酸和 3～4 滴二甲酚橙溶液（1g/L），用 EDTA 标准滴定溶液滴定至溶液由酒红色变为亮黄色，即为终点。若待测溶液中含铋量大于 1mg 时，在滴定前加入 2～4mL 巯基乙酸（1＋99）后再滴定。

4. 结果计算

$$w(\text{Pb}) = \frac{VT}{G} \times 100\%$$

式中　　T——EDTA 对金属铅的滴定度，g/mL；

　　　　G——称取试样质量，g；

　　　　V——消耗 EDTA 标准溶液体积，mL。

5. 注意事项

① 乙酸-乙酸钠缓冲溶液应控制 pH＝5.5～6.0，配制时应检查 pH，如不符合，应进行调整。

② 硫酸冒烟的温度不宜太高，时间不宜过长，否则铁、铝、铋等元素易生成难溶硫酸盐，夹杂在硫酸铅沉淀中。

③ 3 价铁离子阻碍二甲酚橙的变色，使终点变化不明显，故必须洗净或用抗坏血酸掩蔽。

技能实训二　原子吸收法测定废水中的镉、铜、铅、锌

1. 方法原理

将样品（或消解）处理好的试样直接吸入火焰，火焰中形成的原子蒸气对光源发射的特征谱线产生选择性吸收，在一定条件下吸光度与浓度成正比，可据此进行定量分析。

地下水和地面水中的共存离子和化合物在常见浓度下不干扰测定，当 Ca 大于 1000mg/L 时抑制 Cd 的吸收。在弱酸条件下样品中 Cr(Ⅵ) 的含量大于 30mg/L 时使 Pb 的结果偏低，加入 1% 抗坏血酸将 6 价铬还原成 Cr^{3+}。

本法适用于测定地下水、地面水和废水，适用范围与仪器特征有关。一般为 Cd 0.05～1mg/L；Cu 0.05～5mg/L；Pb 0.2～10mg/L；Zn 0.05～1mg/L。

2. 仪器和试剂

① 原子吸收分光光度计及所测元素的空心阴极灯和其他必要的附件。

② 硝酸（优级纯）、高氯酸（优级纯）、去离子水。

③ 金属标准储备液：准确称取 0.5000g 光谱纯金属，用适量硝酸（1＋1）溶解，必要时加热直至溶解完全，用水稀释至 500mL，此溶液 1mL 含 1.00mg 金属。

④ 混合标准溶液：用 0.2% 硝酸稀释金属标准储备溶液配制而成，使配成的混合标准溶液为每毫升含 Cd、Cu、Pb、Zn 分别为 10.0μg、50.0μg、100.0μg 和 10.0μg。

3. 分析程序

(1) 样品预处理　取 100mL 水样放入 200mL 烧杯中，加入硝酸 5mL，在电热板上加热消解（不要沸腾）。蒸至 10mL 左右，加入 5mL 硝酸和 2mL 高氯酸，继续消解，直至 1mL 左右。如果消解不完全，再加入硝酸 5mL 和高氯酸 2mL，再次蒸至 1mL 左右。取下冷却，加水溶解残渣，通过预先用酸洗过的中速滤纸滤入 100mL 容量瓶中，用水稀释至标线。取 0.2% 硝酸 100mL，按上述相同的程序操作，以此为空白样。

(2) 样品测定　按表 8-5 所列参数选择分析线和调节火焰。仪器用 0.2% 硝酸调零。吸入空白样和试样，测量其吸光度。扣除空白样吸光度后，从标准曲线上查出试样中的金属浓度。也可从仪器上直接读出试样中的金属浓度。

表 8-5　分析线波长和火焰类型

元素	分析线波长/nm	火焰类型	元素	分析线波长/nm	火焰类型
Cd	228.8	乙炔-空气　氧化型	Pb	283.3	乙炔-空气　氧化型
Cu	324.7	乙炔-空气　氧化型	Zn	213.8	乙炔-空气　氧化型

(3) 标准曲线　吸取混合标准溶液 0、0.50mL、1.00mL、3.00mL、5.00mL、10.00mL 分别放入 6 个 100mL 容量瓶中，用 0.2% 硝酸稀释定容。此混合标准系列各金属的浓度见表 8-6。按样品测定的步骤测量吸光度。用经空白校正的各标准的吸光度相应的浓度作图，绘制标准曲线。

表 8-6　标准系列的配制和浓度

使用混合标准溶液体积/mL		0	0.50	1.00	3.00	5.00	10.00
标准系列金属浓度/(μg/mL)	Cd	0	0.05	0.10	0.30	0.50	1.00
	Cu	0	0.25	0.50	1.50	2.50	5.00
	Pb	0	0.50	1.00	3.00	5.00	10.0
	Zn	0	0.05	0.10	0.30	0.50	1.00

注：定容体积 100mL。

4. 结果计算

$$w_{被测金属} = m/V$$

式中　$w_{被测金属}$——被测金属的含量，mg/L；

m——从标准曲线上或仪器直接读出的被测金属量，μg；

V——分析用的水样体积，mL。

思　考　题

1. 称取基准物质邻苯二甲酸氢钾 0.5025g，标定 NaOH 溶液的浓度，达到滴定终点时，消耗 NaOH 溶液 25.50mL，计算 NaOH 溶液的浓度。

（答案：0.09650mol/L）

2. 含有惰性杂质的 $CaCO_3$ 试样 0.2564g，若加入 40.00mL 0.2017mol/L HCl 溶液使之溶解，煮沸除去 CO_2，过量的 HCl 再用 0.1995mol/L NaOH 溶液返滴，消耗 NaOH 溶液 17.12mL，计算试样中 $CaCO_3$ 的含量。

（答案：90.81%）

3. 已知高锰酸钾溶液测 $CaCO_3$ 的滴定度 $T = 0.005005g/mL$，求此高锰酸钾溶液的浓度及它对 H_2O_2 的滴定度。

（答案：0.02002mol/L；0.001702g/mL）

4. 称取 0.4830g $Na_2B_4O_7 \cdot 10H_2O$ 基准物质，标定 H_2SO_4 溶液的浓度，以甲基红作指示剂，消耗 H_2SO_4 溶液 20.84mL，求 $c\left(\dfrac{1}{2}H_2SO_4\right)$ 和 $c(H_2SO_4)$。

（答案：0.1215mol/L；0.06077mol/L）

5. 用邻苯二甲酸氢钾标定 NaOH 溶液（浓度大约为 0.1mol/L），希望用去的 NaOH 溶液为 25mL 左右，应称取邻苯二甲酸氢钾多少克？

（答案：0.5g）

6. 称取铜合金试样 0.2316g，溶解后加入过量的 KI，生成的 I_2 用 0.1100mol/L $Na_2S_2O_3$ 标准溶液滴定，终点时共消耗 $Na_2S_2O_3$ 标准溶液 23.32mL，计算试样中铜的质量分数。

（答案：70.39%）

7. 计算换算系数：（1）以 AgCl 为称量形式测定 Cl^-；（2）以 Fe_2O_3 为称量形式测定 Fe 和 Fe_3O_4；（3）以 $Mg_2P_2O_7$ 为称量形式测定 P 和 P_2O_5。

［答案：（1）0.2473；（2）0.6995，0.9666；（3）0.2783，0.6377］

8. 称取不纯的 $KHC_2O_4 \cdot H_2C_2O_4$ 样品 0.5200g，将试样溶解后，沉淀出 CaC_2O_4，灼烧成 CaO 后称重为 0.2140g，计算试样中 $KHC_2O_4 \cdot H_2C_2O_4$ 的质量分数。

（答案：80.04%）

模块九 气体分析

【学习目标】

1. 了解工业气体的种类、特点及分析方法。
2. 了解不同状态下气体试样的采取方法。
3. 掌握吸收体积法、燃烧法测定的原理。
4. 了解气体分析仪器的基本部件及作用。
5. 掌握烟道气的分析原理及方法。
6. 掌握工业废气中 SO_2 的测定原理及方法。

【能力目标】

1. 能熟练地计算气体分析的结果。
2. 会选择合适的吸收剂及正确安排气体吸收顺序。
3. 会使用奥氏气体分析仪分析烟道气各成分含量。

【典型工作任务】

通过实例，学习气体样品的采集，了解奥氏气体分析仪的构造，会选择合适的吸收剂分析烟道气，会测定工业废气，培养懂理论、会操作、能分析、素养好的化验员。

基础知识 工业气体的分类与分析

工业生产中常使用气体作为原料或燃料；工业生产的化学反应常常有副产物废气；燃料燃烧后也产生废气（如烟道气）；生产厂房空气中常混有一定量生产气体。

一、工业气体的分类

在冶金工业所遇到的气体大致可以分为 4 类：气体燃料（即煤气）、各种炉的燃烧废气、在炉内生成的气体（即炉气）和厂房空气。

气体燃料中的主要成分为 CO、H_2、C_nH_m、CH_4、CO_2 及 N_2 等，燃烧废气中主要成分为 CO_2、CO、N_2 及 O_2，炉气中主要成分多为 CO_2、CO、SO_2 及 O_2 等，厂房空气一般多少含有生产用的气体，因设备漏气而散入空气中。气体燃料分析是为了控制煤气的生产以及计算煤气的发热量。燃料废气的分析是为了控制燃烧过程。炉气的分析则在于控制和调节生产过程，厂房内空气的分析在于检查通风的情况，确定有无有毒气体，其含量是否有碍于工作人员的健康等。

根据以上情况看来，冶金企业中所遇到的气体主要含有 CO、H_2、C_nH_m、CH_4、CO_2 及 N_2 等。由于气体物质本身质量小，流动性大，不易称量，体积与温度和压力有关等特性，故分析方法与一般的重量分析和容量分析方法大不相同。

气体混合物组成的表示通常采用体积分数，有时也用每升中的克数来表示含量。

二、气体分析方法

气体的分析方法有化学分析法、物理分析法和物理化学分析法。化学分析法是根据气体的某一化学特性进行测定的，如吸收法、燃烧法或二者的结合，此法简单、快捷，应用较广；物理分析法则是根据气体的物理特性，如密度、热导率、折射率、热值等进行测定的，如热传导法、磁力法、质谱法等；物理化学分析法是根据气体的物理化学特性来进行测定的，如电导法、色谱法和红外光谱法。

（一）吸收法

1. 吸收体积法（或气体容量法）

　　利用气体的化学特性，使混合气和特定试剂接触。则混合气体中的被测组分与试剂发生化学反应被定量吸收，其他组成则不发生反应（或不干扰）。如果吸收前后的温度及压力一致，则吸收前后的体积之差即为被测组分的体积。根据吸收前后体积之差＝被测组分体积，计算出体积比（V/V）。

　　例如，含 CO_2 和 O_2 的混合气体分析，利用 O_2 不被 KOH 吸收的特性，将混合气体通入 KOH 溶液，CO_2 即被吸收生成 K_2CO_3，因 O_2 不被吸收，则吸收后减少的体积即 CO_2，由此可以算出 CO_2 和 O_2 的含量。这种方法还适用于液体试样和固体试样。如钢铁样中 C 的测定，就是利用试样燃烧产生的 CO_2 用 KOH 吸收进行测定，故此类方法又叫气体容量法。

$$\text{固体} \xrightarrow{\text{通}O_2,125℃} \begin{Bmatrix} O_2 \\ CO_2 \end{Bmatrix} \xrightarrow{KOH} \begin{Bmatrix} O_2 \\ K_2CO_3 \end{Bmatrix} \xrightarrow{\text{测体积差}} V(CO_2) \longrightarrow w(C)$$

　　（1）气体吸收剂　用来吸收气体的化学试剂称为气体吸收剂。气体吸收剂分为液态（如 KOH 溶液是 CO_2 良好的吸收剂）、固态（如固态海绵状钯是 H_2 良好的吸附剂）。

　　常见的气体吸收剂有如下几类。

　　① KOH 溶液：吸收 CO_2、NO_2、SO_2、H_2S，一般使用 33％的 KOH 溶液。吸收 CO_2 时只用 KOH 而不用 $NaOH$，因浓的 $NaOH$ 溶液易起泡沫，且生成的 Na_2CO_3 溶液堵塞管路。

　　② 焦性没食子酸碱溶液：焦性没食子酸（1,2,3-三羟基苯）的碱溶液是 O_2 的吸收剂。焦性没食子酸与 KOH 作用生成焦性没食子酸钾。反应的温度不低于 15℃，且酸性气体和氧化性气体应预先除去。

　　③ 亚铜盐溶液：亚铜盐的盐酸溶液或亚铜盐的氨溶液是 CO 的吸收剂。在剩余气体中常混有氨气，影响气体的体积，故在测量剩余气体体积之前，应将气体通过硫酸溶液以除去氨。亚铜盐溶液也能吸收氧气、乙炔、乙烯及酸性气体。

　　④ 饱和溴水：不饱和烃的吸收剂，能和烯烃以及炔烃发生加成反应，苯不与溴反应，但能缓慢溶解于溴水中，所以苯也可以一起被吸收。

　　⑤ 碘溶液：强还原性气体 SO_2 和 H_2S 的吸收剂。

　　⑥ 硫酸-高碘酸钾溶液：NO_2 的吸收剂。

　　⑦ 硫酸汞或硫酸银的硫酸溶液：硫酸在有硫酸汞（或硫酸银）作为催化剂时，能与不饱和烃作用生成烃基磺酸、亚烃基磺酸、芳烃磺酸等。

　　（2）气体吸收的顺序　在混合气体中，每一种吸收剂所能吸收的气体组分并非一种气体。因此在吸收过程中，必须根据实际情况合理安排吸收顺序，才能消除气体组分间的相互干扰，得到准确的结果。

　　以煤气为例，煤气中各种成分的吸附剂及吸附顺序见表 9-1，混合气与吸附剂作用情况见表 9-2。

$$\text{煤气主要成分}\begin{cases} CO_2 \\ \text{不饱和烃}\begin{cases} \text{烯(乙、丙、丁)} \\ \text{炔(乙)} \\ \text{苯、甲苯} \end{cases}\text{吸收容量法} \end{cases}\text{吸收法} \\ O_2 \\ CO \\ CH_4 \\ H_2 \end{cases}\text{燃烧法} \\ N_2\text{不被吸收,不能燃烧}$$

　　① KOH 溶液只吸附 CO_2；

　　② 饱和溴水只吸附不饱和烃，其他的不干扰，但是要用碱溶液除去吸附时混入的溴蒸气，此时 CO_2 也被吸附，故排在 KOH 之后；

　　③ 焦性没食子酸的碱溶液能吸附碱性气体 CO_2，所以排在 KOH 之后；

　　④ 氯化亚铜氨溶液不但吸附 CO 而且吸附 CO_2、O_2、C_nH_m 等，故应为第 4 位。

表 9-1　煤气中各种成分的吸附剂及吸附顺序

成分	吸附剂	反　　应	顺序
CO_2	33％KOH	$CO_2 + 2KOH \Longrightarrow K_2CO_3 + H_2O$	(1)
C_nH_m	饱和溴水(臭)(石蜡封口)	$CH_2 = CH_2 + Br_2 \Longrightarrow CH_2Br-CH_2Br(1)$ $CH \equiv CH + 2Br_2 \Longrightarrow CHBr_2-CHBr_2(1)$ 加成反应　苯缓慢溶解于溴水,不与之反应	(2)
	浓硫酸、Ag_2SO_4 或 $HgSO_4$ 作催化剂	$CH_2 = CH_2 + H_2SO_4 \longrightarrow CH_3-CH_2OSO_2OH$ $C_6H_6 + H_2SO_4 \longrightarrow C_6H_5SO_3H + H_2O$ 强氧化性磺化反应	
O_2	焦性没食子酸的碱溶液	$C_6H_3(OH)_3(邻苯三酚) + 3KOH \xrightarrow{中和} C_6H_3(OK)_3 + 3H_2O$ $2C_6H_3(OK)_3 + \frac{1}{2}O_2 \xrightarrow{被氧化} C_6H_2(OK)_3-C_6H_2(OK)_3$ (六氧基联苯钾) $+ H_2O$	(3)
	保险粉 $Na_2S_2O_4$ 蒽醌-β-磺酸钠作催化剂	$2Na_2S_2O_4 + O_2 + 2H_2O \longrightarrow 4NaHSO_3$	
CO	氯化亚铜氨溶液	$Cu_2Cl_2 \cdot 2CO + 4NH_3 + 2H_2O \longrightarrow CuCOONH_4-$ $CuCOONH_4 + 2NH_4Cl$	(4)
	氯化亚铜盐酸溶液	$Cu_2Cl_2 + 2CO \longrightarrow Cu_2Cl_2 \cdot 2CO$	
CH_4	燃烧法测,无适当的吸收剂	$CH_4 + 2O_2 \longrightarrow CO_2 + 2H_2O \quad V_缩 = 2V(CH_4)$	(5)
H_2	海绵状钯(吸收)	$2H_2 + O_2 \longrightarrow 2H_2O \quad V_缩 = \frac{3}{2}V(H_2)$	
	常用燃烧法		
N_2	剩余部分	$V(N_2) = V_总 - V_{其它}$	(6)

表 9-2　混合气与吸附剂作用情况

吸收剂 ＼ 气体	CO_2	C_nH_m	O_2	CO	CH_4	H_2	N_2	编号
KOH(33％)	√	×	×	×	×	×	×	(1)
饱和溴水	√	√	×	×	×	×	×	(2)
焦性没食子酸的碱溶液	√	√	√	×	×	×	×	(3)
氯化亚铜氨溶液	√	√	√	√	×	×	×	(4)
燃烧法	√	√	√	√	√	√	×	(5)

注：√表示发生了相互作用或干扰；×表示不干扰。

2. 吸收滴定法

综合使用吸附法和滴定法测定气体(或可以转化为气体的其他物质)含量的分析方法称为吸收滴定法。其原理是使混合气体通过特定的吸收剂,待测组分与吸收剂发生反应而被吸收,然后在一定条件下,用特定的标准溶液滴定,根据消耗标准溶液的用量,便可以计算出待测组分的含量。吸收滴定法也广泛用于气体分析中,吸收可作为富集样品的手段,它主要用于微量气体组分的测定,也可以进行常量组分的测定。

例如,焦炉煤气中少量硫化氢的测定,就是使一定量的气体试样通过乙酸镉溶液。硫化氢被吸收生成黄色的硫化镉沉淀,然后将溶液酸化,加入过量碘标液,－2 价的硫被氧化为单质硫,剩余的碘用硫代硫酸钠标准溶液滴定,由碘的消耗量计算出硫化氢的含量。

又如钢样中硫的燃烧中和法就是：

$$钢铁样品 \longrightarrow SO_2 \xrightarrow{\text{经过 } H_2O_2 \text{ 溶液}} H_2SO_4 \xrightarrow{NaOH} 检验$$

表 9-3 中列出了常见气体的吸收滴定。

表 9-3　常见气体的吸收滴定

气体		吸　收　反　应	滴　定　反　应
H_2S		$H_2S + CdAc_2 \longrightarrow CdS\downarrow + 2HAc$	$CdS + 2HCl + I_2 \longrightarrow 2HI + CdCl_2 + S\downarrow$ $I_2(剩余) + 2Na_2S_2O_3 \longrightarrow Na_2S_4O_6 + 2NaI$
NH_3		$2NH_3 + H_2SO_4(标准过量) \longrightarrow (NH_4)_2SO_4$	$H_2SO_4(剩标) + 2NaOH \longrightarrow Na_2SO_4 + 2H_2O$
Cl_2		$Cl_2 + 2KI \longrightarrow 2KCl + I_2(定量析出)$	$I_2 + 2Na_2S_2O_3 \longrightarrow Na_2S_4O_6 + 2NaI$
SO_2	H_2O_2 吸收	$SO_2 + H_2O \longrightarrow H_2SO_3$ $H_2SO_3 + H_2O_2 \longrightarrow H_2SO_4 + H_2O$	$H_2SO_4 + 2NaOH(标准) \longrightarrow Na_2SO_4 + 2H_2O$
	I_2 吸收	$SO_2 + I_2(过标) + 2H_2O \longrightarrow H_2SO_4 + 2HI$	$I_2(剩余) + 2Na_2S_2O_3(标准) \longrightarrow Na_2S_4O_6 + 2NaI$
HCl	$NaOH$ 吸收	$HCl + NaOH(标准过量) \longrightarrow NaCl + H_2O$	$2NaOH(剩余) + H_2SO_4 \longrightarrow Na_2SO_4 + 2H_2O$
	$AgNO_3$ 吸收	$HCl + AgNO_3(标准过量) \longrightarrow AgCl + HNO_3$	$AgNO_3(剩余) + NH_4SCN \longrightarrow AgSCN + NH_4NO_3$

3. 吸收重量法

综合应用吸收法和重量分析法，测定气体物质或可以转化为气体物质的元素含量的方法称为吸收重量法。其原理是使混合气体通过固体（或液体）吸收剂，待测气体与吸收剂发生反应（或吸附），使吸收剂增加一定的质量，根据吸收剂增加的质量，计算出待测气体的含量。此法主要用于微量气体组分的测定，也可以进行常量组分的测定。

大气中 SO_2 被 PbO_2 吸收氧化为 $PbSO_4$，再经 Na_2CO_3 溶液处理，使 $PbSO_4$ 转化为 $PbCO_3$，释放出的 SO_4^{2-} 用 $BaSO_4$ 重量法测定就属于这一类。又如测定混合气体中二氧化碳时，使混合气体通过固体的碱石灰或碱石棉，二氧化碳被吸收，再精确称量吸收剂吸收气体前后的质量，根据吸收剂前后的质量之差，便可算出二氧化碳含量。

吸收重量法还可以用于有机化合物中碳、氢等元素含量的测定。

$$有机化合物有 \begin{cases} C \\ H \end{cases} \xrightarrow{O_2 \text{ 气流中燃烧}} \begin{cases} CO_2 \text{ 碱石棉吸收} \\ H_2O \text{ 过氯酸镁吸收} \end{cases}$$

根据吸附剂增加的重量计算 C、H 的含量。

（二）燃烧法

利用可燃烧性气体的性质进行测定的方法，特别适用于无适当吸收剂的化学性质比较稳定的气体。

根据可燃性气体燃烧后，其体积缩减 $V_缩$、消耗氧的体积 $V(O_2)$ 或生成 CO_2 的体积 $V(CO_2)$ 与可燃性气体的体积 $V_{可燃}$ 的比例关系，由测定的 $V_缩$、$V(O_2)$ 或 $V(CO_2)$ 计算 $V_{可燃}$，从而求得其含量。$V_{可燃}$ 与 $V_缩$、$V(O_2)$ 或 $V(CO_2)$ 有一定的比例关系，是计算的依据，也是燃烧法的主要理论依据。

1. 燃烧的方法

燃烧法共分为三类：爆燃法、缓燃法、氧化铜燃烧法。

爆炸上限：使可燃性气体能引起爆炸的最高含量（含量指可燃性气体与空气或氧气的浓度关系百分比）。

爆炸下限：使可燃性气体能引起爆炸的最低含量。

氢气的爆炸极限是：$4.1\% \sim 74.2\%$。即氢气在空气中的体积占 $4.1\% \sim 74.2\%$ 时，此混合气体有爆炸性。下限以下可避免爆炸，上限以上氧气不足，可燃气体不能完全燃烧。

（1）爆燃法（爆炸燃烧法）　可燃气体与空气或氧气混合，其比例能使可燃气体完全燃烧且在爆炸极限内的方法。其特点是所需时间最少即快速。

（2）缓燃法（缓慢燃烧法）　可燃气体与空气或氧气混合，且浓度控制在爆炸极限以下，使之经过炽热的铂质螺丝而引起缓慢燃烧。特点：需时太长。适合于可燃性组分浓度较低的混合气体或空气中可燃物的测定。

（3）氧化铜燃烧法　利用氧化铜在高温下的氧化活性，使可燃性气体缓慢燃烧。特点：不要加入燃烧所需氧，所用的氧气由氧化铜还原得出。CuO使用后，可在400℃通入空气使之氧化即可再用。优点：因不通入氧气，可减少一次体积测量而减少误差，并且测量后的计算也因不加入氧气而简化。

2. 可燃气体燃烧后的计算

如果气体混合物中含有若干种可燃气体，先用吸收法除去干扰组分，再取一定量的剩余气体或全部，加入过量空气或氧气，使之燃烧。测量其体积的缩减，消耗氧的体积以及生成二氧化碳的体积，就可以计算出原可燃性气体的体积并求得其体积分数。

（1）根据体积缩减计算　可燃气体燃烧后，有的体积减小。例如，氢气的燃烧

$$2H_2（可燃性气体）+O_2 \longrightarrow 2H_2O(l)$$

解　$\dfrac{V(H_2)}{V_缩}=\dfrac{2}{3}$　$V_缩=\dfrac{3}{2}V(H_2)$；$\dfrac{V(H_2)}{V(O_2)}=\dfrac{2}{1}$，$V(O_2)=\dfrac{1}{2}V(H_2)$

对于甲烷的燃烧：

$$CH_4（可燃性气体）+2O_2 \longrightarrow CO_2+H_2O$$

解　$\dfrac{V(CH_4)}{V_缩}=\dfrac{1}{2}$　$V_缩=2V(CH_4)$；$\dfrac{V(CH_4)}{V_缩}=\dfrac{1}{2}$　$V(O_2)=2V(CH_4)$

$\dfrac{V(CH_4)}{V(CO_2)}=\dfrac{1}{1}$　$V(CH_4)=V(CO_2)$

对于一氧化碳的燃烧：

$$2CO（可燃性气体）+O_2 \longrightarrow 2CO_2$$

解　$\dfrac{V(CO)}{V_缩}=\dfrac{2}{1}$　$V_缩=\dfrac{1}{2}V(CO)$　$V(O_2)=\dfrac{1}{2}V(CO)$

$\dfrac{V(CO)}{V(CO_2)}=\dfrac{2}{2}$　$V(CO_2)=V(CO)$

（2）根据耗氧量的计算　由上述反应可看出，H_2 或 CO 燃烧时，耗氧量均是可燃气体体积的一半，即：

$$V(O_2)=\dfrac{1}{2}V(CO)，V(O_2)=\dfrac{1}{2}V(H_2)$$

而 CH_4 燃烧时耗氧量是其本身的 2 倍，$V(O_2)=2V(CH_4)$。

（3）根据生成的 CO_2 的体积计算　H_2 燃烧时无 CO_2 生成，CH_4、CO 燃烧时，生成与本身体积相同的 CO_2。

由上可知，气体燃烧后，其体积的缩减、耗氧量及生成的 CO_2 等都与其本身体积有一定的比例关系，因此测量这些体积的变化就可以求出被测组分的含量。常见可燃气体的燃烧反应及其有关的体积变化关系见表9-4。

表 9-4　常见可燃气体的燃烧反应及其有关的体积变化关系

气体名称	燃烧反应	可燃气体体积	消耗 O_2 体积	缩减体积	生成 CO_2 体积
氢气	$2H_2+O_2 \longrightarrow 2H_2O$	$V(H_2)$	$\dfrac{1}{2}V(H_2)$	$\dfrac{3}{2}V(H_2)$	0
一氧化碳	$2CO+O_2 \longrightarrow 2CO_2$	$V(CO)$	$\dfrac{1}{2}V(CO)$	$\dfrac{1}{2}V(CO)$	$V(CO)$
甲烷	$CH_4+2O_2 \longrightarrow CO_2+2H_2O$	$V(CH_4)$	$2V(CH_4)$	$2V(CH_4)$	$V(CH_4)$
乙烷	$2C_2H_6+7O_2 \longrightarrow 4CO_2+6H_2O$	$V(C_2H_6)$	$\dfrac{7}{2}V(C_2H_6)$	$\dfrac{5}{2}V(C_2H_6)$	$2V(C_2H_6)$
乙烯	$C_2H_4+3O_2 \longrightarrow 2CO_2+2H_2O$	$V(C_2H_4)$	$3V(C_2H_4)$	$2V(C_2H_4)$	$2V(C_2H_4)$

三、气体分析的计算示例

1. 一元可燃气体燃烧后的计算（含一种可燃性气体）

可用吸收法除去干扰组分（如 O_2，CO_2 等），再加入一定量的 O_2 或空气，燃烧后根据体积的变化或生成 CO_2 的体积，可计算可燃性气体含量。

【例 9-1】 一混合气体有 N_2、O_2、CO_2、CO，取样 50mL 测 CO，测 CO 时 O_2、CO_2 有干扰，吸收干扰物后再补充 O_2 使混合气燃烧测出生成 CO_2 的体积 $V(CO_2)=20.00mL$，求混合气体中 CO 的含量。

解 $2CO+O_2 \Longrightarrow 2CO_2$

$$V(CO)=V(CO_2)=20.00mL, w(CO)=\frac{V(CO)}{V_{总}}=\frac{20.00}{50.00}=0.4000=40.00\% 。$$

2. 二元可燃性气体含量的测定（含两种可燃性气体）

先吸收除去干扰组分，经空气或充分的 O_2 燃烧后，测 $V_{缩}$、$V(O_2)$、$V(CO_2)$，列出相关的方程式求解。二元可燃气体含量测定方程见表 9-5。

表 9-5　二元可燃气体含量测定表

混合气	化学反应式	联立方程式（选其中两个）	解联立方程式
CH_4 与 CO	$CH_4+2O_2 \longrightarrow CO_2+2H_2O$ $2CO+O_2 \longrightarrow 2CO_2$	$V_{缩}=\frac{2}{1}V(CH_4)+\frac{1}{2}V(CO)$ (1) $V(O_2)=\frac{2}{1}V(CH_4)+\frac{1}{2}V(CO)$ (2) $V(CO_2)=V(CH_4)+V(CO)$ (3)	(1)(2)联立： $V(CO)=\frac{4V(CO_2)-2V_{缩}}{3}$ $V(CH_4)=\frac{2V_{缩}-V(CO_2)}{3}$
CH_4 与 H_2	$CH_4+2O_2 \longrightarrow CO_2+2H_2O$ $2H_2+O_2 \longrightarrow 2H_2O$	$V_{缩}=\frac{2}{1}V(CH_4)+\frac{1}{2}V(H_2)$ (1) $V(CO_2)=V(CH_4)$ (2) $V(O_2)=\frac{2}{1}V(CH_4)+\frac{1}{2}V(H_2)$ (3)	(1)(2)(3)联立： $V(CH_4)=\frac{3V(O_2)-V_{缩}}{4}$, $V(H_2)=V_{缩}-V(O_2)$ $V(CO_2)=V(CH_4)$, $V(H_2)=2V(O_2)-4V(CO_2)$ $V(CO_2)=V(CH_4)$, $V(H_2)=\frac{2V_{缩}-4V(CO_2)}{3}$

【例 9-2】 CH_4、CO 和 N_2 的混合气 20.00mL。加一定量过量的 O_2，燃烧后体积缩减 21.00mL，生成 CO_2 18.00mL，计算各种成分的含量。

解 反应式如下：

$$CH_4+2O_2 \longrightarrow CO_2+2H_2O$$
$$2CO+O_2 \longrightarrow 2CO_2$$
$$\begin{cases} V_{缩}=\frac{2}{1}V(CH_4)+\frac{1}{2}V(CO)=21.00 \\ V(CO_2)=V(CH_4)+V(CO)=18.00 \end{cases}$$

解联立方程时可得：

$V(CH_4)=8.00mL$，$V(CO)=10.00mL$，$V(N_2)=2.00mL$

$$w(CO)=\frac{10.00}{20.00}=0.5000=50.00\%$$

$w(CH_4)=0.4000=40.00\%$，$w(N_2)=0.1000=10.00\%$

【例 9-3】 含有 CO_2、O_2、CO、CH_4、H_2、N_2 的混合气体 100.0mL，用吸收法吸收 CO_2、O_2、CO 后，其体积依次减少至 88.5mL、79.0mL、75.8mL，取剩余气体 25.0mL，加入过量氧气进行燃烧，体积缩减了 16.0mL，生成了 5.0mL CO_2。求气体中各成分的体积分数。

解 由题意可知：

$$w(CO_2) = \frac{100-88.5}{100} \times 100\% = 11.5\%$$

$$w(O_2) = \frac{88.5-79}{100} \times 100\% = 9.5\%$$

$$w(CO) = \frac{79-75.8}{100} \times 100\% = 3.2\%$$

$$V(CO_2) = V(CH_4) = 5.0mL$$

$$V_{减} = 2V(CH_4) + \frac{3}{2}V(H_2) = 16mL$$

$$V(H_2) = 4.0mL$$

$$w(CH_4) = \frac{5}{100} \times \frac{75.8}{25} \times 100\% = 15.2\%$$

$$w(H_2) = \frac{4}{100} \times \frac{75.8}{25} \times 100\% = 12.1\%$$

$$w(N_2) = 1 - 11.5\% - 9.5\% - 3.2\% - 15.2\% - 12.1\% = 48.5\%$$

【例 9-4】 含 CH_4、H_2 和 N_2 的混合气 20.00mL。精确加入空气 80.00mL。燃烧后用 KOH 溶液吸收生成的 CO_2，剩余气体的体积为 68.00mL，再用没食子酸的碱溶液吸收剩余的 O_2 后，体积为 66.28mL。计算混合气体中 CH_4、H_2 和 N_2 的体积含量。

解 $CH_4 + 2O_2 \longrightarrow CO_2 + 2H_2O$，$2H_2 + O_2 \longrightarrow 2H_2O$

（1）求消耗 O_2 的体积

燃烧前准确加入 80.00mL 空气，空气中含 O_2 20.90%，所以加入的 O_2 的体积是：

$$V(O_2) = 80.0 \times 20.90\% = 16.72mL$$

燃烧后吸收法测得 O_2：$V(O_2) = 68.0 - 66.28 = 1.72mL$

则消耗的 O_2 为：$V(O_2) = 16.72 - 1.72 = 15.00mL$

H_2、CH_4 耗氧体积为：$\frac{1}{2}V(H_2) + 2V(CH_4) = 15.00mL$ （1）

（2）再求 $V_{总缩}$ 和 $V(CO_2)$

燃烧后除去 CO_2 后剩余体积为 68.00mL，所以燃烧中的总体积缩减与生成 CO_2 的总体积的和共为 $100 - 68.00 = 32.00mL$。

其中：$V_{总缩} = \frac{3}{2}V(H_2) + 2V(CH_4)$，$V(CO_2) = 0 + V(CH_4)$

$$2V(CH_4) + \frac{3}{2}V(H_2) + V(CH_4) = 32.00 \qquad\qquad (2)$$

联立式（1）、式（2）解方程可得：

$V(H_2) = 12.70mL$，$V(CH_4) = 4.33mL$ 则 $V(N_2) = 2.97mL$

$$w(H_2) = \frac{12.7}{20.00} = 63.5\%，w(CH_4) = 21.65\%，w(N_2) = 14.85\%$$

四、气体分析的其他方法

其他的气体分析方法包括气相色谱法、电导法、库仑法、热导法、红外光谱法、激光雷达技术和气体分析仪等。

任务一　烟道气分析

通过烟道气分析，能判断气体的生产过程，以及它所参与的生产反应是否正确进行；能确定燃烧的情况以断定操作过程进行的正确性。烟道气的主要测定的项目为 RO_2（CO_2 与 SO_2 的总和）、O_2、CO_2 与 N_2。

一、常见的气体分析仪

常见的气体分析仪有奥氏（QF）和苏式（BT_H）气体分析仪。由于用途和仪器型号不同，其结构和形状也不相同，但是它们的基本原理却是一样的。

改良式奥氏气体分析仪由一个量气管、4个吸收瓶和1个爆炸瓶组成，可进行二氧化碳、氧气、甲烷、氢气和氮气混合气体的分析测定，如图9-1所示。其特点是构造简单、轻便、易操作，分析速度快，但精度不高，不能适用于更复杂的混合气体的分析。苏式气体分析仪如图9-2所示，它由一支双臂式量气管、7个吸收瓶、1个氧化铜燃烧管、1个缓燃管等组成。可进行煤气全分析或者更复杂的混合气体分析。仪器构造较为复杂，分析速度慢，但精度高，适用性较广。

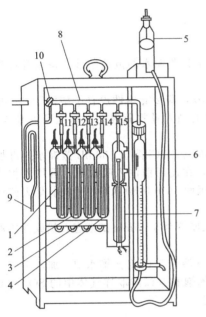

图 9-1　改良奥氏气体分析仪（QF190型）

1～4—吸收瓶；5—水准瓶；6—量气管；
7—缓慢燃烧管；8—梳形管；9—进样口；
10—三通旋塞；11～15—旋塞

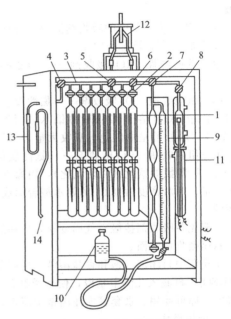

图 9-2　苏式气体分析仪

1—吸收管（7个）；2—旋塞（7个）；3—梳形管；
4～7—三通旋塞；8—旋塞；9—量气管；
10—水准瓶；11—缓慢燃烧管；12—氧化铜燃烧管；
13—过滤管；14—进样口

二、烟道气取样设备

1. 取样管

用于插入被测气体介质抽吸气样。300℃以下采用铁管；300～600℃采用下锈钢管或优质碳钢管，600℃以上采用水冷钢管或陶瓷管和石英玻璃管，700℃以下，还可采用紫铜管。

2. 集气瓶（取样器）

用于连续抽取贮存气体样品，供分析器分析。可以用两只2～5L的细口瓶组成集气瓶，置换液配制与封闭液相同，也可用8～12只容积为250mL的集气瓶，瓶上下带有旋塞，瓶内先充满置换液，分前后两排布置，组成一组合取样器，采用它可在取样管每移动一点时迅速抽一瓶气样，这样就可用最短的时间将某一截面多点气样抽取一遍，重复数遍，然后集中分析，以求取各点和该截面气体组成的平均值。另外还可用球胆容器和抽气双连球作贮气球，吸取气样。

3. 过滤器

用于滤去气样中的灰尘或其他杂质。取样管前可装陶瓷质过滤器，取样管与集气瓶或奥式分析器之间可加装500mL内盛饱和食盐水的洗净瓶，或内装干棉絮和无水氯化钙（$CaCl_2$）的U形过滤器。

4. 橡皮管

用于连接取样管和集气瓶或分析器，要求弹性好，畅通无阻，严密不漏气，长度尽可能缩短，以减少延时。

5. 抽气装置

蒸汽或压缩空气喷射的抽气机、吸风机、排气囊或分析器的平衡瓶等。

三、奥氏气体分析法操作步骤

1. 仪器准备

① 将仪器洗净晾干，正确安装，并检查校正至严密不漏。

② 依次将各组吸收瓶和平衡瓶中注入新配制的吸收剂（约为吸收瓶总容积的 60%）和封闭液。

③ 将各组吸收瓶中的吸收剂液面都调整到上部刻线位置。

2. 吸收剂配制及排列顺序

第一组吸收瓶　RO_2 吸收剂——100g KOH 溶于 200mL 蒸馏水的澄清溶液。每毫升可吸收 40mL RO_2。

第二组吸收瓶　O_2 吸收剂——焦性没食子酸的碱溶液，即 20g 焦性没食子酸溶于 60mL 蒸馏水；180g KOH 溶于 120mL 蒸馏水，两溶液在临使用前倒入吸收瓶混合。每毫升可吸收 8～13mL O_2，吸收前呈血红色，吸收大量 O_2 后呈深棕色。

第三组吸收瓶　CO 吸收剂——氨性氯化亚铜，即 50g NH_4Cl 溶于 150mL 蒸馏水，再加入 40g Cu_2Cl_2 和数卷铜丝（以防氧化），用橡皮塞塞紧贮存，在使用前注入吸收瓶，再加入相当溶液 1/3 量、相对密度为 0.91 的氨水混合而成。每毫升能吸收 10～16mL CO，吸收前呈天蓝色透明溶液。

为避免各吸收剂接触空气而变质，应在缓冲瓶中注入厚度为 3～5mm 的液态石蜡或变压器油等，封闭吸收剂液面。

平衡瓶中封闭液（饱和食盐溶液）的配制：150g NaCl 溶于 500mL 蒸馏水中，加入 5～10mL 浓 H_2SO_4，再滴入几滴甲基橙，使呈微红色，然后通烟气饱和（以防取样气体中的 SO_2 和 CO_2 再吸收）即可使用。水套管内注满常温清水，起恒温作用。

3. 分析操作

按照 RO_2、O_2、CO 的分析顺序，采用往复升降平衡瓶的办法，把分析器量气管中的 100mL 分析气样先后压入（或抽出）吸收瓶中后，将吸收剂面升至吸收瓶刻线原位，关闭旋塞（二通阀），对齐量气管与平衡瓶的液位（凹面），读取气样减少后的体积数，每组吸收瓶均需重复试验，直至量气管内气样体积不再减少（说明吸收反应已完全），则每组吸收瓶吸收反应后气样所减少的体积数，即为被吸收气体成分的体积分数。

四、计算

1. 计算试样中 RO_2、O_2、CO、N_2 的体积分数

$$\varphi(RO_2) = \frac{100 - V_1}{100} \times 100\%$$

$$\varphi(O_2) = \frac{V_1 - V_2}{100} \times 100\%$$

$$\varphi(CO) = \frac{V_2 - V_3}{100} \times 100\%$$

$$\varphi(N_2) = 100\% - [\varphi(RO_2) + \varphi(O_2) + \varphi(CO)]$$

式中　$\varphi(RO_2)$，$\varphi(O_2)$，$\varphi(CO)$，$\varphi(N_2)$——烟道气中各气体成分的体积分数；

　　　　V_1，V_2，V_3——在气体分析器第一、二、三组吸收瓶吸收后量气管上的最终读数，mL。

2. 计算空气过剩系数

根据烟气成分分析结果，按下式计算空气过剩系数

$$\alpha = \frac{\varphi(N_2)}{\varphi(N_2) - \frac{79}{21}[\varphi(O_2) - 0.5\varphi(CO)]}$$

式中 α——空气过剩系数；

                   79/21——空气中 N_2 和 O_2 各占的体积分数；

$\varphi(O_2)$、$\varphi(CO)$、$\varphi(N_2)$——烟道气分析所得各气体成分的体积分数。

3. 注意事项

① 为增加气体分析结果的代表性和可靠性，同一个测点，应重复多次取样分析，或同一截面应选取多个测点取样分析，取各次或各点分析所得数值的算术平均值作为该点或该截面烟气分析的最后结果。

② 分析过程应避免环境温度有过头波动而导致气体容积的变化，引起分析误差。环境温度20℃或稍高时较宜，因15℃以下时，吸收 O_2 极缓慢，分析结果不准确。

③ 吸收 CO 不宜时间太长，以防已吸收的 CO 再逸放出来。

④ 升降平衡瓶切勿过高过低，严防封闭液或吸收剂进入梳形管，升降速度不宜过快过猛，避免空气或气样越过吸收瓶底连接管而逸出，产生测量误差。

⑤ 分析过程中，需经常检查仪表的严密性。

任务二 二氧化硫气体分析

SO_2 是主要的大气污染物之一，它对呼吸道黏膜有强烈的刺激性，吸入后对呼吸器官造成损伤，可导致支气管炎，甚至肺水肿等症状。

测定 SO_2 的常用方法有盐酸副玫瑰苯胺分光光度法、酸碱滴定法、碘量法、库仑法和溶液电导法等，盐酸副玫瑰苯胺分光光度法是我国大气环境质量标准规定的标准分析法。

一、盐酸副玫瑰苯胺分光光度法

1. 方法提要

用氯化汞和氯化钾（钠）配制成采样用的吸收液——四氯汞钾（或四氯汞钠），吸收采样空气中的 SO_2，生成稳定的二氯亚硫酸配合物，此配合物与甲醛作用生成羟甲基磺酸，再与盐酸副玫瑰苯胺反应生成紫色配合物，于波长 575nm 处进行分光光度法测定，反应如下：

$$HgCl_2 + 2KCl \longrightarrow K_2[HgCl_4]$$
$$[HgCl_4]^{2-} + SO_2 + H_2O \longrightarrow [HgSO_3Cl_2]^{2-} + 2H^+ + 2Cl^-$$
$$[HgSO_3Cl_2]^{2-} + HCHO + 2H^+ \longrightarrow HgCl_2 + HOCH_2SO_3H$$
$$\text{羟甲基磺酸}$$
$$(C_6H_4NH_2HCl)_3CCl + HOCH_2SO_3H \longrightarrow (C_6H_4NH_2)_2C(C_6H_4NCH_2SO_3H) +$$
$$H_2O + 4H^+ + 4Cl^-$$

温度对显色有较大影响，温度越高，空白值越大。温度高显色反应速率快，褪色也快，最好使用恒温水浴控制显色温度，在 20～30℃且温差不超过 2℃。

酸度对测定影响也较大，若 pH 为 1.6 ± 0.1，配合物呈红紫色，$\lambda_{max} = 548nm$，且空白值大；若溶液 pH 为 1.2 ± 0.1，配合物呈紫色，$\lambda_{max} = 575nm$，空白值小。国标规定溶液 pH 为 1.2 ± 0.1。

干扰物主要是 NO_x、O_3 及某些重金属元素，样品放置一段时间 O_3 可自行分解，显色前可加入氨基磺酸钠以消除 NO_x 的干扰，EDTA、H_3PO_4 可消除 Fe、Cr 等的干扰。

由于本法用到汞盐，为避免汞盐的污染，可直接用甲醛溶液代替汞盐作吸收液。

2. 试剂与仪器

① 氢氧化钠溶液：$c(NaOH) = 2.0mol/L$。

② 甲醛缓冲溶液。

③ 氨磺酸钠溶液：0.3%。

④ 盐酸溶液：1mol/L。

⑤ 磷酸溶液：4.5mol/L。

⑥ 盐酸副玫瑰苯胺（PRA）溶液：0.025%。

⑦ 二氧化硫标准溶液。

⑧ 分光光度计。

⑨ 多孔玻板吸收管（10mL）：用于 30～40min 采样。

⑩ 空气采样器，流量 0.1～1L/min。

3. 测定步骤

(1) 采样　根据空气中二氧化硫浓度的高低，采用内装 10mL 吸收液的 U 形多孔玻板吸收管，以 0.5L/min 的流量采样 30～60min。同时测定现场的气温、气压，将采样体积换算成标准状况下的采样体积 V_0。

$$V_0 = V_t \times \frac{273p}{(273+t) \times 760}$$

式中　t——采样现场的温度，℃；

V_t——采样现场温度为 t（℃）时所采空气的体积，L；

p——采样现场的气压，mmHg。

(2) 标准曲线的绘制　取 7 支 25mL 具塞比色管，按表 9-6 配制标准系列溶液。

表 9-6　二氧化硫标准色阶

比色管编号	0	1	2	3	4	5	6
二氧化硫标准溶液体积/mL	0.00	0.50	1.00	2.00	5.00	8.00	10.00
甲醛缓冲吸收液体积/mL	10.00	9.50	9.00	8.00	5.00	2.00	0.00
二氧化硫含量/(μg/L)	0.0	1.0	5.0	10.0	25.0	40.0	50.0

各管中分别加入 1.0mL 0.3% 氨磺酸钠溶液、0.5mL 2.0mol/L 氢氧化钠溶液和 1mL 水，充分混匀后，再迅速加入 2.5mL 0.025% PRA 溶液，立即盖塞颠倒混匀，放入恒温水浴中显色 5～20min。于波长 570nm 处，用 1cm 比色皿，以水为参比，测定各管吸光度。以吸光度值为纵坐标，二氧化硫含量（μg）为横坐标，绘制标准曲线。

(3) 试样的测定

① 30～60min 试样：将吸收管试样溶液全部移入 25mL 比色管中，用 2mL 吸收液分 2 次洗涤吸收管，合并洗液于比色管中，用水将吸收液体积补足至 10mL。放置 20min，使臭氧完全分解。以下步骤同标准曲线绘制，测定吸光度。

② 24h 试样：将吸收瓶中试样溶液移入 50mL 容量瓶中，用少量吸收液洗涤吸收瓶，洗涤液并入容量瓶中，再用吸收液稀释至刻度，摇匀。吸取稀释后的试样溶液 10mL 于 25mL 比色管中，放置 20min。以下步骤同标准曲线绘制，测定吸光度。

(4) 结果计算　二氧化硫的浓度按下式计算：

$$\rho = \frac{m}{V_0} \times D$$

式中　ρ——样品中二氧化硫的浓度，mg/m³；

m——由标准曲线上查得 SO_2 的含量，μg；

D——稀释倍数（30～60mL 试样为 1，24h 试样为 5）；

V_0——换算为标准状况下的采样体积，L。

二、碘量法

(一) 方法原理

SO_2 既有氧化性又有还原性，在分析 SO_2 时是利用它的强还原性，碘量法反应如下：

$$SO_2 + I_2 + 2H_2O \longrightarrow H_2SO_4 + 2HI$$
$$I_2 + 2Na_2S_2O_3 \longrightarrow 2NaI + Na_2S_4O_6$$

一般常采用的方法是：加入过量的碘标液氧化气体中的 SO_2，过量的碘以淀粉为指示剂，用标准硫代硫酸钠溶液滴定至蓝色消失为终点。该法缺点是当含有 SO_2 的气体通过碘溶液时，碘可能会被气体带走而影响测定结果。因此可以先在碘溶液中加入一定量的淀粉，使碘转变为不挥发的蓝色化合物，以减少损失，在此蓝色碘溶液中通过含有 SO_2 的气体直至深蓝色变为淡蓝色，此时可认为一定量的碘被 SO_2 全部还原而达到等当点。

在实际操作中，通常用量气管收集不能与碘反应的余气，根据碘的用量和余气的体积，计算出气体中 SO_2 的含量。

（二）试剂与仪器

1. 试剂

① 碘化钾：分析纯。

② 碘标准溶液：$c\left(\dfrac{1}{2}I_2\right) = 0.1mol/L$。

③ 硫代硫酸钠标准溶液：0.1mol/L。

④ 20％硫酸溶液。

⑤ 淀粉溶液：5g/L。

⑥ 重铬酸钾：优级纯。

2. 仪器

① 反应管。

② 量气管。

③ 水准瓶。

④ 温度计。

⑤ 铁架台和止水夹。

⑥ 乳胶管。

⑦ 吸量管和移液管。

⑧ 滴定分析常用玻璃器皿。

（三）标准溶液的配制与标定

1. 0.1mol/L 硫代硫酸钠标准溶液的配制与标定

（1）配制　称取 $Na_2S_2O_3 \cdot 5H_2O$ 52g，溶于 2000mL 经新煮沸并冷却的水中，摇匀，置于棕色瓶中，放置 2 周后标定。

（2）标定

① 称取在 105℃已烘至恒重的基准重铬酸钾 0.13g 左右（准确称至 0.0001g）于 250mL 碘量瓶中，加入 30mL 水溶解完全。

② 加入 2g 碘化钾及 20％硫酸 20mL，摇匀，在暗处放置 10min。

③ 用已经配制好的硫代硫酸钠溶液滴定至淡黄色，加入 3mL 淀粉指示剂，继续滴定至溶液由蓝色变为墨绿色为终点。

④ 同时做空白试验。

⑤ 结果计算

$$c = \dfrac{m}{(V - V_0) \times 49.03 \times 10^{-3}}$$

式中　c——硫代硫酸钠标准溶液的浓度，mol/L；

　　　m——称取基准重铬酸钾的质量，g；

　　　V——基准重铬酸钾消耗硫代硫酸钠溶液的体积，mL；

　　　V_0——空白试样消耗硫代硫酸钠溶液的体积，mL；

　　49.03——$\dfrac{1}{6}K_2Cr_2O_7$ 的摩尔质量。

2. $c\left(\dfrac{1}{2}I_2\right) = 0.1mol/L$ 碘标准溶液的配制与标定

（1）配制　准确称取 175g 碘化钾溶于 500mL 水中，再称取 65g 碘，放置于盛有碘化钾的烧杯中，待溶解完全后，稀释至 5000mL，置于棕色瓶中，待标。

（2）标定

① 准确移取 $10\sim20\text{mL}$ [$V(\text{mL})$] 0.1mol/L 的硫代硫酸钠，置于 250mL 碘量瓶中，加入 100mL 水。

② 用待标定的碘标液滴定，近终点时加入 3mL 淀粉指示剂，继续滴定至出现稳定的蓝色为终点，记录消耗碘标液的体积 $V_1(\text{mL})$。

③ 同时做空白试验，方法如下：准确移取 0.05mL 碘标液，加水约 100mL，加入 3mL 淀粉指示剂，用硫代硫酸钠标准溶液滴定至蓝色褪去为终点，记录所消耗的硫代硫酸钠标准溶液的体积 $V_2(\text{mL})$。

④ 结果计算

$$c=\frac{(V-V_2)c_1}{V_1-0.05}$$

式中 c——$\left(\dfrac{1}{2}\text{I}_2\right)$ 碘标液的物质的量浓度，mol/L；

c_1——硫代硫酸钠标准溶液的浓度，mol/L。

3. $c\left(\dfrac{1}{2}\text{I}_2\right)=0.01\text{mol/L}$ 碘标准溶液的配制

用移液管准确移取 0.1mol/L 的碘标液 100mL 置于 1000mL 容量瓶中，用水稀释至刻度，摇匀，此溶液即为 $c\left(\dfrac{1}{2}\text{I}_2\right)=0.01\text{mol/L}$ 碘标准溶液。

（四）SO_2 气体分析步骤

测定气体 SO_2 的装置如图 9-3 所示。

容积约 500mL 的吸收瓶 1，其中装有一支下端拉成毛细管的管子，以便导入气体，2 为容积约 5L 具有下口的吸气瓶，下口插入一支向下弯成直角的管子。由活塞 6 控制水的流出，由吸气瓶中流出的水量，可借量筒 5 测量，吸气瓶用橡皮塞塞住，在橡皮塞中插入温度计 4、压力计 3。

吸气瓶通过活塞 7，由气体通道直接导入或由取样瓶中吸入气体。

在测定 SO_2 的装置的吸收瓶 1 中倒入 300mL 水及 5mL 淀粉溶液，并加入数滴碘溶液直至呈现淡蓝色，然后由滴定管滴入 10mL 0.1mol/L 的碘标液，并把吸收瓶与气体来源相通，另一方面吸收瓶的出气管（短管）与装满水的吸气管相连接。

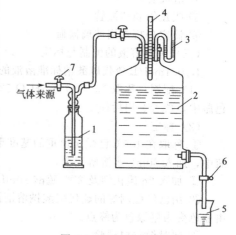

图 9-3　SO_2 的分析装置

当活塞 7 关闭时，打开活塞 6，此时有少量水流出，如果仪器严密，水会很快停止流出，然后不必关闭活塞 6，把一个空量筒 5 放在排水管下面，再慢慢开启活塞 7，使气体通过吸收瓶 1 中的溶液，气体通过的速度以每秒发生 $2\sim3$ 个气泡为止。

不时摇动吸收瓶，不断通入气体直至溶液的颜色自深蓝色变成淡蓝色（与未滴定 10mL 碘标液以前的颜色相同），此时关闭活塞 7，等吸气管中的水停止流出时再关闭活塞 6，记录由吸气管流出的水的体积（V），同时记录吸气管中的表压 P_1（此时为负压），温度 t 以及大气压 P。

1. 测定准备

① 检查量气管、水准瓶及仪器装置是否漏气。

② 用移液管准确移取 0.01mol/L 或 0.1mol/L 碘标准溶液 10mL，注入反应管中，加水至反应管容量的 $1/3$ 处，加淀粉指示剂 3mL，塞紧橡皮管备用。

③ 检查各采样点是否畅通，在正压下采样时应排气数分钟，在负压下采样时利用排水吸气法将样气吸出，充分置换后进入反应管中的气体，以便进行测定。

2. 测定方法

① 排气数分钟后，关闭活塞，连接好反应装置。

量气管水位调准至"0"，按气体的通入遵循长进短出的原则，将反应管分别与量气管一端和气体入口连接好。

② 打开活塞，调整好气流速度，使气流能连续冒出气泡，直至将溶液颜色刚刚消失时停止通气。

③ 使量气管水位与水准瓶水位对水平，读取量气管内气体体积和温度。

④ 分析完毕，应先拔去与量气管一端连接的乳胶管，再拔去与气流连接的一端，防止量气管中水倒流。

3. 根据余气体积和温度，计算 SO_2 含量

$$\varphi(SO_2) = \frac{cV \times 11.2}{V_0 + cV \times 11.2} \times 100\%$$

式中　c——碘标液的物质的量浓度，mol/L；

　　　V——碘标液的用量，mL；

　　　V_0——标准状态下余气的体积，mL；

　　　11.2——1mol SO_2 在标准状态下所占的体积，mL。

4. 注意事项

① 本法对硫酸生产中转化器入口、出口以及尾气中 SO_2 含量的分析均适用。

② 在不同采样点测定时，需用的碘标液浓度及体积不同，应根据气体中 SO_2 含量而定。

③ 操作中应严格控制好气流速度及反应终点。

④ 根据转化前后对 SO_2 气体含量的测定，即可计算出相应的转化率。转化率的计算公式：

$$转化率 = \frac{(A-B) \times 100}{A \times (1 - 0.015 \times B)}$$

式中　A——入口气体中 SO_2 体积分数；

　　　B——出口气体中 SO_2 体积分数。

思　考　题

1. O_2、CO_2、CO、C_nH_m 常用什么吸收剂？吸收顺序如何？为什么？

2. 氢在过量氧气中燃烧的结果是气体体积由 90mL 缩减至 75.5mL，求氢气的原始体积。

（答案：9.67mL）

3. CH_4、CO 和 N_2 的混合气 40.00mL。加一定量过量的 O_2，燃烧后体积缩减 21.00mL，生成 CO_2 18.00mL，计算各种成分的含量。

（答案：25%，20%，55%）

4. 含 CH_4、H_2 和 N_2 的混合气 20.00mL。精确加入空气 80.00mL。燃烧后用 KOH 溶液吸收生成的 CO_2，剩余气体的体积为 68.00mL，再用没食子酸的碱溶液吸收剩余的 O_2 后，体积为 66.28mL。计算混合气体中 CH_4、H_2 和 N_2 的体积分数。

（答案：63.5%，21.65%，14.85%）

5. 一混合气体有 N_2、O_2、CO_2、CO，取样 50mL 测 CO，测 CO 时 O_2、CO_2 有干扰，吸收干扰物后再补充 O_2 使混合气燃烧，测出生成 CO_2 的体积 $V(CO_2) = 20.00mL$，求混合气体中 CO 的含量。

（答案：40%）

附　录

附录一　常用掩蔽剂

序号	名称	掩蔽剂
1	Ag^+	CN^-,Cl^-,Br^-,I^-,SCN^-,$S_2O_3^{2-}$,NH_3
2	Al^{3+}	EDTA,F^-,OH^-,柠檬酸,酒石酸,草酸,乙酰丙酮,丙二酸
3	As^{3+}	S^{2-},二巯基丙醇,二巯基丙磺酸钠
4	Au^+	Cl^-,Br^-,I^-,CN^-,SCN^-,$S_2O_3^{2-}$,NH_3
5	Ba^{2+}	F^-,SO_4^{2-},EDTA
6	Be^{2+}	F^-,EDTA,乙酰丙酮
7	Bi^{3+}	F^-,Cl^-,I^-,SCN^-,$S_2O_3^{2-}$,二巯基丙醇,柠檬酸
8	Ca^{2+}	F^-,EDTA,草酸盐
9	Cd^{2+}	I^-,CN^-,SCN^-,$S_2O_3^{2-}$,二巯基丙醇,二巯基丙磺酸钠
10	Ce^{3+}	F^-,EDTA,PO_4^{3-}
11	Co^{2+}	CN^-,SCN^-,$S_2O_3^{2-}$,二巯基丙醇,酒石酸
12	Cr^{3+}	EDTA,H_2O_2,$P_2O_7^{4-}$,三乙醇胺
13	Cu^{2+}	I^-,CN^-,SCN^-,$S_2O_3^{2-}$,二巯基丙醇,二巯基丙磺酸钠,半胱氨酸,氨基乙酸
14	Fe^{3+}	F^-,CN^-,$P_2O_7^{4-}$,三乙醇胺,乙酰丙酮,柠檬酸,酒石酸,草酸,盐酸羟胺
15	Ga^{3+}	Cl^-,EDTA,柠檬酸,酒石酸,草酸
16	Ge^{4+}	F^-,酒石酸,草酸
17	Hg^{2+}	I^-,CN^-,SCN^-,$S_2O_3^{2-}$,二巯基丙醇,二巯基丙磺酸钠,半胱氨酸
18	In^{3+}	F^-,Cl^-,SCN^-,EDTA,巯基乙酸
19	La^{3+}	F^-,EDTA,苹果酸
20	Mg^{2+}	F^-,OH^-,乙酰丙酮,柠檬酸,酒石酸,草酸
21	Mn^{3+}	CN^-,F^-,二巯基丙醇
22	Mo(Ⅴ,Ⅵ)	柠檬酸,酒石酸,草酸
23	Nd^{3+}	EDTA,苹果酸
24	NH_4^+	HCHO
25	Ni^{2+}	F^-,CN^-,SCN^-,二巯基丙醇,氨基乙酸,柠檬酸,酒石酸
26	Np^{4+}	F^-
27	Pb^{2+}	Cl^-,I^-,SO_4^{2-},$S_2O_3^{2-}$,OH^-,二巯基丙醇,巯基乙酸,二巯基丙磺酸钠
28	Pd^{2+}	CN^-,SCN^-,I^-,$S_2O_3^{2-}$,乙酰丙酮

序号	名称	掩 蔽 剂
29	Pt^{2+}	CN^-,SCN^-,I^-,$S_2O_3^{2-}$,乙酰丙酮,三乙醇胺
30	Sb^{3+}	F^-,Cl^-,I^-,$S_2O_3^{2-}$,OH^-,柠檬酸,酒石酸,二巯基丙醇,二巯基丙磺酸钠
31	Sc^{3+}	F^-
32	Sn^{2+}	F^-,柠檬酸,酒石酸,草酸,三乙醇胺,二巯基丙醇,二巯基丙磺酸钠
33	Th^{4+}	F^-,SO_4^{2-},柠檬酸
34	Ti^{3+}	F^-,PO_4^{3-},三乙醇胺,柠檬酸,苹果酸
35	$Tl(Ⅰ,Ⅲ)$	CN^-,半胱氨酸
36	U^{4+}	PO_4^{3-},柠檬酸,乙酰丙酮
37	$V(Ⅱ,Ⅲ)$	CN^-,EDTA,三乙醇胺,草酸,乙酰丙酮
38	$W(Ⅵ)$	EDTA,PO_4^{3-},柠檬酸
39	Y^{3+}	F^-,环己二胺四乙酸
40	Zn^{2+}	CN^-,SCN^-,EDTA,二巯基丙醇,二巯基丙磺酸钠,巯基乙酸
41	Zr^{4+}	CO_3^{2-},F^-,PO_4^{3-},柠檬酸,酒石酸,草酸
42	Br^-	Ag^+,Hg^{2+}
43	BrO_3^-	SO_3^{2-},$S_2O_3^{2-}$
44	$Cr_2O_7^{2-}$,CrO_4^{2-}	SO_3^{2-},$S_2O_3^{2-}$,盐酸羟胺
45	Cl^-	Hg^{2+},Sb^{3+}
46	ClO^-	NH_3
47	ClO_3^-	$S_2O_3^{2-}$
48	ClO_4^-	SO_3^{2-},盐酸羟胺
49	CN^-	Hg^{2+},HCHO
50	EDTA	Cu^{2+}
51	F^-	H_3BO_3,Al^{3+},Fe^{3+}
52	H_2O_2	Fe^{3+}
53	I^-	Hg^{2+},Ag^+
54	I_2	$S_2O_3^{2-}$
55	IO_3^-	SO_3^{2-},$S_2O_3^{2-}$,N_2H_4
56	MnO_4^-	SO_3^{2-},$S_2O_3^{2-}$,N_2H_4,盐酸羟胺
57	NO_2^-	Co^{2+},对氨基苯磺酸
58	$C_2O_4^{2-}$	Ca^{2+},MnO_4^-
59	PO_4^{3-}	Al^{3+},Fe^{3+}
60	S^{2-}	$MnO_4^-+H^+$
61	SO_3^{2-}	$MnO_4^-+H^+$,Hg^{2+},HCHO
62	SO_4^{2-}	Ba^{2+}
63	WO_4^{2-}	柠檬酸盐,酒石酸盐
64	VO_3^-	酒石酸盐

附录二 常用基准物质的干燥条件和应用范围

基准物质		干燥后组成	干燥条件/℃	标定对象
名称	化学式			
碳酸氢钠	$NaHCO_3$	Na_2CO_3	270~300	酸
十水合碳酸钠	$Na_2CO_3 \cdot 10H_2O$	Na_2CO_3	270~300	酸
硼砂	$Na_2B_4O_7 \cdot 10H_2O$	$Na_2B_4O_7 \cdot 10H_2O$	放在含 NaCl 和蔗糖饱和水溶液的干燥器中	酸
碳酸氢钾	$KHCO_3$	K_2CO_3	270~300	酸
草酸	$H_2C_2O_4 \cdot 2H_2O$	$H_2C_2O_4 \cdot 2H_2O$	室温空气干燥	碱或 $KMnO_4$
邻苯二甲酸氢钾	$KHC_8H_4O_4$	$KHC_8H_4O_4$	110~120	碱
重铬酸钾	$K_2Cr_2O_7$	$K_2Cr_2O_7$	140~150	还原剂
溴酸钾	$KBrO_3$	$KBrO_3$	130	还原剂
碘酸钾	KIO_3	KIO_3	130	还原剂
铜	Cu	Cu	室温干燥器中保存	还原剂
三氧化二砷	As_2O_3	As_2O_3	室温干燥器中保存	氧化剂
草酸钠	$Na_2C_2O_4$	$Na_2C_2O_4$	130	氧化剂
碳酸钙	$CaCO_3$	$CaCO_3$	110	EDTA
锌	Zn	Zn	室温干燥器中保存	EDTA
氧化锌	ZnO	ZnO	900~1000	EDTA
氯化钠	NaCl	NaCl	500~600	$AgNO_3$
氯化钾	KCl	KCl	500~600	$AgNO_3$
硝酸银	$AgNO_3$	$AgNO_3$	225~250	氯化物

附录三 常用指示剂

（1）酸碱指示剂

名称	变色 pH 范围	颜色变化	配制方法
百里酚蓝 0.1%	1.2~2.8 8.0~9.6	红→黄 黄→蓝	0.1g 指示剂与 4.3mL 0.05mol/L NaOH 溶液一起研匀，加水稀释成 100mL
甲基橙 0.1%	3.1~4.4	红→黄	将 0.1g 甲基橙溶于 100mL 热水
溴酚蓝 0.1%	3.0~4.6	黄→紫蓝	0.1g 溴酚蓝与 3mL 0.05mol/L NaOH 溶液一起研磨均匀，加水稀释成 100mL
溴甲酚绿 0.1%	3.8~5.4	黄→蓝	0.01g 指示剂与 21mL 0.05mol/L NaOH 溶液一起研匀，加水稀释成 100mL
甲基红 0.1%	4.8~6.0	红→黄	将 0.1g 甲基红溶于 60mL 乙醇中，加水至 100mL
中性红 0.1%	6.8~8.0	红→黄橙	将中性红溶于乙醇中，加水至 100mL
酚酞 1%	8.2~10.0	无色→淡红	将 1g 酚酞溶于 90mL 乙醇中，加水至 100mL
百里酚酞 0.1%	9.4~10.6	无色→蓝色	将 0.1g 指示剂溶于 90mL 乙醇中加水至 100mL
茜素黄 0.1%混合指示剂	10.1~12.1	黄→紫	将 0.1g 茜素黄溶于 100mL 水中

名称	变色 pH 范围	颜色变化	配制方法
甲基红-溴甲酚绿	5.1	红→绿	3 份 0.1%溴甲酚绿乙醇溶液与 1 份 0.1%甲基红乙醇溶液混合
百里酚酞-茜素黄 R	10.2	黄→紫	将 0.1g 茜素黄和 0.2g 百里酚酞溶于 100mL 乙醇中
甲酚红-百里酚蓝	8.3	黄→紫	1 份 0.1%甲酚红钠盐水溶液与 3 份 0.1%百里酚蓝钠盐水溶液
甲基橙-靛蓝(二磺酸)	4.1	紫→绿	1 份 1g/L 甲基橙水溶液与 1 份 2.5g/L 靛蓝(二磺酸)水溶液
溴百里酚绿-甲基橙	4.3	黄→蓝绿	1 份 1g/L 溴百里酚绿钠盐水溶液与 1 份 2g/L 甲基橙水溶液
甲基红-亚甲基蓝	5.4	红紫→绿	2 份 1g/L 甲基红乙醇溶液与 1 份 2g/L 亚甲基蓝乙醇溶液
溴甲酚绿-氯酚红	6.1	黄绿→蓝紫	1 份 1g/L 溴甲酚绿钠盐水溶液与 1 份 1g/L 氯酚红钠盐水溶液
溴甲酚紫-溴百里酚蓝	6.7	黄→蓝紫	1 份 1g/L 溴百里酚紫钠盐水溶液与 1 份 1g/L 溴百里酚蓝钠盐水溶液
中性红-亚甲基蓝	7.0	紫蓝→绿	1 份 1g/L 中性红乙醇溶液与 1 份 1g/L 亚甲基蓝乙醇溶液
溴百里酚蓝-酚红	7.5	黄→紫	1 份 1g/L 溴百里酚蓝钠盐水溶液与 1 份 1g/L 酚红钠盐水溶液
百里酚蓝-酚酞	9.0	黄→紫	1 份 1g/L 百里酚蓝乙醇溶液与 3 份 1g/L 酚酞乙醇溶液
酚酞-百里酚酞	9.9	无色→紫	1 份 1g/L 酚酞乙醇溶液与 1 份 1g/L 百里酚酞乙醇溶液
甲基黄 0.1	2.9～4.0	红→黄	0.1g 指示剂溶于 100mL90%乙醇中
苯酚红 0.1	6.8～8.4	黄→红	0.1g 苯酚红溶于 100mL60%乙醇中

(2) 氧化还原指示剂

名 称	变色范围 $\varphi^{\ominus}/V$	颜色		配 制 方 法
		氧化态	还原态	
二苯胺 1%	0.76	紫	无色	将 1g 二苯胺在搅拌下溶于 100mL 浓硫酸和 100mL 浓磷酸,储于棕色瓶中
二苯胺黄酸钠 0.5%	0.85	紫	无色	将 0.5g 二苯胺黄酸钠溶于 100mL 水中,必要时过滤
邻菲罗啉-Fe(II) 0.5%	1.06	淡蓝	红	将 0.5g $FeSO_4 \cdot 7H_2O$ 溶于 100mL 水中,加 2 滴硫酸,加 0.5g 邻菲罗啉
N-邻苯氨基苯甲酸 0.2%	1.08	紫红	无色	将 0.2g 邻苯氨基苯甲酸加热溶解在 100mL 0.2% Na_2CO_3 溶液中,必要时过滤
淀粉 1%				将淀粉加少许水调成浆状,在搅拌下加入 100mL 沸水中,微沸 2min,放置,取上层溶液使用

(3) 金属指示剂

名称	离解平衡及颜色变化	配制方法
铬黑 T(EBT)	H_2In^-（紫红）$\xrightarrow{pK_{a_2}=6.3}$ HIn^{2-}（蓝）$\xrightarrow{pK_{a_3}=11.55}$ In^{3-}（橙）	与 NaCl 1：100
二甲酚橙(XO)	H_3In^{4-}（黄）$\xrightarrow{pK=6.3}$ H_2In^{5-}（红）	0.5%乙醇或水溶液
K-B 指示剂	H_2In（红）$\xrightarrow{pK_{a_1}=8}$ HIn^-（蓝）$\xrightarrow{pK_{a_2}=13}$ In^2（酒红）	0.2 酸性铬蓝 K 和 0.2 萘酚绿 B 溶于水
钙指示剂	H_2In^-（酒红）$\xrightarrow{pK_{a_1}=7.4}$ HIn^2（蓝）$\xrightarrow{pK_{a_2}=1.5}$ In^{3-}（酒红）	5%乙醇溶液
吡啶偶氮萘酚(PAN)	H_2In^+（黄绿）$\xrightarrow{pK_{a_1}=1.9}$ HIn（黄）$\xrightarrow{pK_{a_2}=12.2}$ In^-（淡红）	1%乙醇溶液
磺基水杨酸	H_2In（红紫）$\xrightarrow{pK_{a_1}=2.7}$ HIn^-（无色）$\xrightarrow{pK_{a_2}=13.1}$ In^{2-}（黄）	10%水溶液
酸性铬蓝 K	红→蓝	0.1%乙醇溶液
PAR	红→黄	0.05%或 0.2%水溶液
钙镁试剂	H_2In^-（红）$\xrightarrow{pK_{a_1}=8.1}$ HIn^{2-}（蓝）$\xrightarrow{pK_{a_2}=12.4}$ In^{3-}（红橙）	0.05%水溶液

附录四　实验室中常用酸碱的相对密度和浓度

（1）常用碱溶液的相对密度及浓度

相对密度 d_4^{15}	氨水		氢氧化钠		氢氧化钾	
	g/100g	mol/L	g/100g	mol/L	g/100g	mol/L
0.88	35.0	18.0				
0.90	28.3	15.0				
0.91	25.0	13.4				
0.92	21.8	11.8				
0.94	15.6	8.6				
0.96	9.9	5.6				
0.98	4.8	2.8				
1.05			4.5	1.25	5.5	1.0
1.10			9.0	2.5	10.9	2.1
1.15			13.5	3.9	16.1	3.3
1.20			18.0	5.4	21.2	4.5
1.25			22.5	7.0	26.1	5.8
1.30			27.0	8.8	30.9	7.2
1.35			31.8	10.7	35.5	8.5

（2）常用酸溶液的相对密度及浓度

相对密度 d_4^{15}	盐酸		硝酸		硫酸	
	g/100g	mol/L	g/100g	mol/L	g/100g	mol/L
1.02	4.13	1.15	3.7	0.6	3.1	0.3
1.04	8.16	2.3	7.26	1.2	6.1	0.6
1.05	10.2	2.9	9.0	1.5	7.4	0.8
1.06	12.2	3.5	10.7	1.8	8.8	0.9
1.08	16.2	4.8	13.9	2.4	11.6	1.3
1.10	20.0	6.0	17.1	3.0	14.4	1.6
1.12	23.8	7.3	20.2	3.6	17.0	2.0
1.14	27.7	8.7	23.3	4.2	19.9	2.3
1.15	29.6	9.3	24.8	4.5	20.9	2.5
1.19	37.2	12.2	30.9	5.8	26.0	3.2
1.20			32.3	6.2	27.3	3.4
1.25			39.8	7.9	33.4	4.3
1.30			47.5	9.8	39.2	5.2
1.35			55.8	12.0	44.8	6.2
1.40			65.3	14.5	50.1	7.2
1.42			69.8	15.7	52.2	7.6
1.45					55.0	8.2
1.50					59.8	9.2
1.55					64.3	10.2
1.60					68.7	11.2
1.65					73.0	12.3
1.70					77.2	13.4
1.84					95.6	18.0

附录五　常用标液的保存期限

标准溶液			保存期限/月
名称	分子式	浓度/(mol/L)	
各种酸标液		各种浓度	3
氢氧化钠	NaOH	各种浓度	2
氢氧化钾乙醇液	KOH	0.1 与 0.5	0.25
硝酸银	$AgNO_3$	0.1	3
硫氰酸铵	NH_4SCN	0.1	3
高锰酸钾	$KMnO_4$	0.1	2
高锰酸钾	$KMnO_4$	0.05	1
溴酸钾	$KBrO_3$	0.1	3
碘液	I_2	0.1	1
硫代硫酸钠	$Na_2S_2O_3$	0.1	3
硫代硫酸钠	$Na_2S_2O_3$	0.05	2
硫酸亚铁	$FeSO_4$	0.1	3
硫酸亚铁	$FeSO_4$	0.05	3
亚砷酸钠	Na_3AsO_3	0.1	1
亚硝酸钠	$NaNO_2$	0.1	0.5
EDTA	Na_2H_2Y	各种浓度	3

附录六　常用的缓冲溶液

（1）几种常用缓冲溶液的配制

pH	配 制 方 法
0	1mol/L HCl[①]
1	0.1mol/L HCl
2	0.01mol/L HCl
3.6	NaAc·3H$_2$O 8g，溶于适量水中，加 6mol/L HAc 134mL，稀释至 500mL
4.0	NaAc·3H$_2$O 20g，溶于适量水中，加 6mol/L HAc 134mL，稀释至 500mL
4.5	NaAc·3H$_2$O 32g，溶于适量水中，加 6mol/L HAc 68mL，稀释至 500mL
5.0	NaAc·3H$_2$O 50g，溶于适量水中，加 6mol/L HAc 34mL，稀释至 500mL
5.7	NaAc·3H$_2$O 100g，溶于适量水中，加 6mol/L HAc 13mL，稀释至 500mL
7	NH$_4$Ac 77g，用水溶解后，稀释至 500mL
7.5	NH$_4$Cl 60g，溶于适量水中，加 15mol/L 氨水 1.4mL，稀释至 500mL
8.0	NH$_4$Cl 50g，溶于适量水中，加 15mol/L 氨水 3.5mL，稀释至 500mL
8.5	NH$_4$Cl 40g，溶于适量水中，加 15mol/L 氨水 8.8mL，稀释至 500mL
9.0	NH$_4$Cl 35g，溶于适量水中，加 15mol/L 氨水 24mL，稀释至 500mL
9.5	NH$_4$Cl 30g，溶于适量水中，加 15mol/L 氨水 65mL，稀释至 500mL
10.0	NH$_4$Cl 27g，溶于适量水中，加 15mol/L 氨水 197mL，稀释至 500mL
10.5	NH$_4$Cl 9g，溶于适量水中，加 15mol/L 氨水 175mL，稀释至 500mL
11	NH$_4$Cl 3g，溶于适量水中，加 15mol/L 氨水 207mL，稀释至 500mL
12	0.01mol/L NaOH[②]
13	0.1mol/L NaOH

[①] Cl$^-$ 对测定有妨碍时，可用 HNO$_3$。

[②] Na$^+$ 对测定有妨碍时，可用 KOH。

（2）不同温度下，标准缓冲溶液的 pH

温度/℃	0.05mol/L 草酸三氢钾	25℃饱和酒石酸氢钾[①]	0.05mol/L 邻苯二甲酸氢钾[①]	0.025mol/L KH$_2$PO$_4$ + 0.025mol/L Na$_2$HPO$_4$[①]	0.008695mol/L KH$_2$PO$_4$ + 0.03043mol/L Na$_2$HPO$_4$[①]	0.01mol/L 硼砂[①]	25℃饱和氢氧化钙
10	1.670	—	3.998	6.923	7.472	9.332	13.011
15	1.672	—	3.999	6.900	7.448	9.276	12.820
20	1.675	—	4.002	6.881	7.429	9.225	12.637
25	1.679	3.559	4.008	6.865	7.413	9.180	12.460
30	1.683	3.551	4.015	6.853	7.400	9.139	12.292
40	1.694	3.547	4.035	6.838	7.380	9.068	11.975
50	1.707	3.555	4.060	6.833	7.367	9.011	11.697
60	1.723	3.573	4.091	6.836	—	8.962	11.426

[①] 为国际上规定的标准缓冲溶液。

附录七 相对原子质量

按元素符号的字母顺序排列

符号	名称	相对原子质量	符号	名称	相对原子质量	符号	名称	相对原子质量
Ac	锕	227	Ge	锗	72.64(1)	Pr	镨	140.90765(2)
Ag	银	107.8682(2)	H	氢	1.00794(7)	Pt	铂	195.084(9)
Al	铝	26.9815386(8)	He	氦	4.002602(2)	Pu	钚	244
Am	镅	243.06	Hf	铪	178.49(2)	Ra	镭	226.03
Ar	氩	39.948(1)	Hg	汞	200.59(2)	Rb	铷	85.4678(3)
As	砷	74.92160(2)	Ho	钬	164.93032(2)	Re	铼	186.207(1)
At	砹	210	I	碘	126.90447(3)	Rh	铑	102.90550(2)
Au	金	196.966569(4)	In	铟	114.818(3)	Rn	氡	222
B	硼	10.811(7)	Ir	铱	192.217(3)	Ru	钌	101.07(2)
Ba	钡	137.327(7)	K	钾	39.0983(1)	S	硫	32.065(5)
Be	铍	9.012182(3)	Kr	氪	83.798(2)	Sb	锑	121.760(1)
Bi	铋	208.98040(1)	La	镧	138.90547(7)	Sc	钪	44.955912(6)
Bk	锫	247	Li	锂	6.941(2)	Se	硒	78.96(3)
Br	溴	79.904(1)	Lr	铹	262	Si	硅	28.0855(3)
C	碳	12.0107(8)	Lu	镥	174.9668(1)	Sm	钐	150.36(2)
Ca	钙	40.078(4)	Md	钔	258	Sn	锡	118.710(7)
Cd	镉	112.411(8)	Mg	镁	24.3050(6)	Sr	锶	87.62(1)
Ce	铈	140.116(1)	Mn	锰	54.938045(5)	Ta	钽	180.94788(2)
Cf	锎	251	Mo	钼	95.96(2)	Tb	铽	158.92535(2)
Cl	氯	35.453(2)	N	氮	14.0067(2)	Tc	锝	98
Cm	锔	247	Na	钠	22.98976928(2)	Te	碲	127.60(3)
Co	钴	58.933195(5)	Nb	铌	92.90638(2)	Th	钍	232.03806(2)
Cr	铬	51.9961(6)	Nd	钕	144.242(3)	Ti	钛	47.867(1)
Cs	铯	132.9054519(2)	Ne	氖	20.1797(6)	Tl	铊	204.3833(2)
Cu	铜	63.546(3)	Ni	镍	58.6934(2)	Tm	铥	168.93421(2)
Dy	镝	162.500(1)	No	锘	259	U	铀	238.02891(3)
Er	铒	167.259(3)	Np	镎	237	V	钒	50.9415(1)
Es	锿	252	O	氧	15.9994(3)	W	钨	183.84(1)
Eu	铕	151.964(1)	Os	锇	190.23(3)	Xe	氙	131.293(6)
F	氟	18.9984032(5)	P	磷	30.973762(2)	Y	钇	88.90585(2)
Fe	铁	55.845(2)	Pa	镤	231.03588(2)	Yb	镱	173.054(3)
Fm	镄	257	Pb	铅	207.2(1)	Zn	锌	65.38(4)
Fr	钫	223	Pd	钯	106.42(1)	Zr	锆	91.224(2)
Ga	镓	69.723(1)	Pm	钷	145			
Gd	钆	157.25(3)	Po	钋	209			

注：1. 本表数据源自 2007 年 IUPAC 元素周期表（IUPAC 2007 standard atomic weights），以^{12}C＝12 为标准。

2. 相对原子质量末位数的不确定度加注在其后的括号内。

附录八　常用洗涤剂

名称	配制方法	备注
合成洗涤剂	将合成洗涤剂粉用热水搅拌配成浓溶液	用于一般的洗涤
皂角水	将皂角捣碎,用水熬成溶液	用于一般的洗涤
铬酸洗液	取重铬酸钾(LR)20g 于 500mL 烧杯中,加 40mL 水,加热溶解,冷后,缓缓加入 320mL 浓硫酸(注意边加边搅拌),放冷后储于磨口细口瓶中	用于洗涤油污及有机物。使用时防止被水稀释。用后倒回原瓶,可反复使用,直至溶液变为绿色
高锰酸钾碱性洗液	取高锰酸钾(LR)4g,溶于少量水中,缓缓加入 100mL 100g/L 氢氧化钠溶液	用于洗涤油污及有机物。洗后玻璃壁上附着的 MnO_2 沉淀,可用粗亚铁或硫代硫酸钠溶液洗去
碱性酒精溶液	300～400g/L NaOH 酒精溶液	用于洗涤油污
酒精-硝酸洗液		用于沾有有机物或油污的结构较复杂的仪器。洗涤时先加入少量酒精于脏仪器中,再加入少量浓硝酸,即产生大量 NO_2,将有机物氧化而破坏

附录九　滤器及其使用

(1) 北京滤纸厂滤纸规格

编号	102	103	105	120
类别	定量滤纸			
灰分	0.02mg/张			
滤速/(s/100mL)	60～100	100～160	160～200	200～240
滤速区别	快速	中速	慢速	慢速
盒上色带标志	蓝	白	红	橙
实用例	$Fe(OH)_3$ $Al(OH)_3$	H_2SiO_3 CaC_2O_4	$BaSO_4$	
编号	127	209	211	214
类别	定性滤纸			
灰分	0.02mg/张			
滤速/(s/100mL)	60～100	100～160	160～200	200～240
滤速区别	快速	中速	慢速	慢速
盒上色带标志	蓝	白	红	橙

(2) 玻璃砂芯滤器规格及使用

滤板编号	滤板平均孔径/μm	一般用途
1	80~120	过滤粗颗粒沉淀,收集或分布粗分子气体
2	40~80	过滤较粗颗粒沉淀,收集或分布较粗分子气体
3	15~40	过滤化学分析中一般结晶沉淀和杂质,过滤水银,收集或分布一般气体
4	5~15	过滤细颗粒沉淀,收集或分布细分子气体
5	2~5	过滤极细颗粒沉淀,滤除较大细菌
6	<2	滤除细菌

注:新玻璃滤器使用前应先以热盐酸或铬酸洗液抽滤一次,并立即用水冲洗干净,使滤器中可能存在的灰尘杂质完全清除干净。每次用毕或经一定时间使用后,都必须进行有效的洗涤处理,以免因沉淀物堵塞而影响过滤功效。

(3) 玻璃滤器的化学洗涤液

过滤沉淀物	有效洗涤液	过滤沉淀物	有效洗涤液
脂肪,脂膏	CCl_4 或适当的有机溶剂	汞渣	热浓硝酸
黏胶,葡萄糖	盐酸,热氨水,50~100g/L 碱液,或热硫酸和硝酸的混合酸	HgS	热王水
有机物质	热铬酸洗液,或含有少量 KNO_3 和 $KClO_4$ 的浓硫酸,放置过夜	AgCl	$NH_3 \cdot H_2O$ 或 $Na_2S_2O_3$ 溶液
$BaSO_4$	100℃浓硫酸,或含 EDTA 的氨溶液,浸泡	铝和硅化合物残渣	先用 20g/L 氢氟酸,继用浓硫酸洗涤,立即用水洗,再用丙酮反复漂洗,至无酸痕为止

注:玻璃滤器不宜于过滤浓氢氟酸、热浓磷酸、热或冷的浓碱液,以免滤板的微粒被溶解,使滤孔扩大,或滤板脱裂。玻璃滤器不能用于过滤已经加过活性炭的溶液。

参 考 文 献

［1］北京矿冶研究总院测试研究所．有色冶金工业分析手册．北京：冶金工业出版社，2004．

［2］汪模辉、郎春燕主编．复杂物质分析．成都：电子科技大学出版社，2004．

［3］岩石矿物分析编写组编．岩石矿物分析．第 3 版．北京：地质出版社，1991．

［4］符斌主编．现代重金属冶金工业分析．北京：化学工业出版社，2006．

［5］蔡明招主编．实用工业分析．广州：华南理工大学出版社，2005．

［6］谢治民、易兵主编．工业分析．北京：化学工业出版社，2009．

［7］刘淑萍、吕朝霞等编．冶金工业分析与实验方法．北京：冶金工业出版社，2009．

［8］胡秋娈主编．应用分析化学．西安：陕西科学技术出版社，2000．

［9］李广超主编．工业分析．北京：化学工业出版社，2007．

［10］张燮主编．工业分析化学．北京：化学工业出版社，2003．

［11］王海舟主编．钢铁及合金分析．北京：科学出版社，2004．

［12］杨金和主编．煤炭化验手册．北京：煤炭工业出版社，2004．

［13］张毅主编．岩石矿物分析．北京：地质出版社，1992．

［14］化学分离富集方法及应用编委会．化学分离富集方法．长沙：中南工业大学出版社，2001．

［15］吉分平主编．工业分析．第 2 版．北京：化学工业出版社，2008．

［16］林世光主编．冶金化学分析．北京：冶金工业出版社，1981．

［17］刘绍璞，朱鹏鸣等编．金属化学分析概论与应用．成都：四川科学技术出版社，1985．

［18］徐红娣、邹群编．电镀溶液分析技术．北京：化学工业出版，2003．

［19］陈必友主编．工厂分析化学手册．北京：国防工业出版社，1994．

［20］株洲冶炼厂等．有色冶金中的元素分离与测定．北京：冶金工业出版社，1979．

［21］王自森，符斌编．现代金银分析．北京：冶金工业出版社，2006．

［22］有色金属工业产品化学分析标准汇编（3）．北京：中国标准出版社，1992．

［23］黄运显，孙维贞编．常见元素化学分析方法．北京：化学工业出版社，2008．

［24］王建梅，王桂芝主编．工业分析．北京：高等教育出版社，2007．

［25］王海舟主编．冶金物料分析（上、下）．北京：科学出版社，2007．

［26］张树朝主编．现代轻金属冶金工业分析．北京：化学工业出版社，2007．

［27］林大泽，张永德，吴敏编．有色金属矿石及其选冶产品分析．北京：冶金工业出版社，2007．

［28］周巧龙，李久进编．冶金工业分析前沿．北京：科学出版社，2004．

［29］冶金工业信息标准研究院标准化研究所等编．钢铁及铁合金化学分析方法标准汇编．北京：中国标准出版社，2006．

［30］乐俊时主编．冶金工业分析．北京：冶金工业出版社，1998．

［31］王海舟主编．炉渣分析．北京：科学出版社，2006．

［32］鞍钢钢铁研究所、沈阳钢铁研究所．实用冶金工业分析——方法与基础．沈阳：辽宁科学技术出版社，1990．

［33］标准化工作指南（第 1 部分：标准化和相关活动的通用词汇）．GB/T 20000.1—2002．